高职高专土建专业"互联网+"创新规划教材

建 筑 结 构

主　编 ◎ 唐春平　胡肖一
副主编 ◎ 全世海　黄友林
　　　　范洁群
参　编 ◎ 张伯虎　贺华刚
　　　　武黎明　杨元秀

北京大学出版社
PEKING UNIVERSITY PRESS

内 容 简 介

建筑结构是土建类专业重要的专业基础课程之一。本书在编写时既贯彻先进的高职理念，又注意教材的理论完整性，注重培养学生的可持续发展能力，较好地实现了高职教材一直提倡的"理论必需、够用"的要求，体现高等职业教育的特点。本书内容精练、深入浅出、简明实用。

本书主要内容包括：绪论、建筑结构计算基本原则、钢筋和混凝土的力学性能、钢筋混凝土受弯构件、钢筋混凝土纵向受力构件、钢筋混凝土受扭构件、预应力混凝土构件、钢筋混凝土梁板结构、钢筋混凝土单层厂房、多层及高层钢筋混凝土结构、砌体结构、钢结构、建筑结构抗震设计。本书开创新意、例题量大，解题方法新颖，不拘泥于公式的死记硬背，每章末尾还有小结、单选题、判断题、简答题和计算题，便于学习。

本书可作为高等职业院校建筑工程技术及其相关专业的教材，也可用作成人高等教育和职业教育的相关教材，还可作为土木与建筑工程相关专业人员的学习和参考用书。

图书在版编目（CIP）数据

建筑结构 / 唐春平，胡肖一主编. —— 3 版. —— 北京：北京大学出版社，2025.7. ——（高职高专土建专业"互联网+"创新规划教材）. —— ISBN 978-7-301-36138-2

Ⅰ．TU3

中国国家版本馆 CIP 数据核字第 20259B4G82 号

书　　　名	建筑结构（第三版）
	JIANZHU JIEGOU（DI-SAN BAN）
著作责任者	唐春平　胡肖一　主编
策 划 编 辑	刘健军
责 任 编 辑	王莉贤　刘健军
数 字 编 辑	蒙俞材
标 准 书 号	ISBN 978-7-301-36138-2
出 版 发 行	北京大学出版社
地　　　址	北京市海淀区成府路 205 号　100871
网　　　址	http://www.pup.cn　新浪微博：@北京大学出版社
电 子 邮 箱	编辑部 pup6@pup.cn　总编室 zpup@pup.cn
电　　　话	邮购部 010-62752015　发行部 010-62750672　编辑部 010-62750667
印 刷 者	北京溢漾印刷有限公司
经 销 者	新华书店
	787 毫米×1092 毫米　16 开本　22 印张　556 千字
	2011 年 7 月第 1 版　2018 年 6 月第 2 版
	2025 年 7 月第 3 版　2025 年 7 月第 1 次印刷（总第 11 次印刷）
定　　　价	65.00 元

未经许可，不得以任何方式复制或抄袭本书之部分或全部内容。

版权所有，侵权必究

举报电话：010-62752024　电子邮箱：fd@pup.cn

图书如有印装质量问题，请与出版部联系，电话：010-62756370

第三版前言

《建筑结构》自出版以来，受到了广大读者的欢迎，多次重印。为更好地服务于读者，本书在保持第二版风格的基础上，增加课程思政元素，以现行规范为基准进行修订。本次修订主要完成以下内容。

1. 融入课程思政元素和党的二十大精神。结合专业技术规范，增强学生遵守行业规范标准和法律法规的意识。通过对实际工程案例的分析，使学生深刻认识到房屋结构设计与人民生命财产安全息息相关，从而增强学生的社会责任感和担当意识。在此过程中，我们致力于培养学生具备良好的职业道德，并引导学生传承爱岗敬业、无私奉献、精益求精的工匠精神。

2. 根据《建筑结构可靠性设计统一标准》(GB 50068—2018)的相关规定，更新了承载能力极限状态及正常使用极限状态公式，更新承载能力基本组合效应设计最不利值，正常使用极限状态标准组合及频遇组合计算公式。

3. 根据《建筑结构可靠性设计统一标准》(GB 50068—2018)的相关规定，将永久作用分项系数改为 1.3(当该效应对承载力不利时)或不大于 1.0(当该效应对承载力有利时)，可变荷载分项系数改为 1.5，并修订了相关章节的例题。

4. 根据《钢结构设计标准》(GB 50017—2017)，补充、完善了第 11 章的相关内容。

本书编写内容体现了新、准、全的特点。新，是指内容新颖。在编写本书时，编者参考《建筑结构荷载规范》(GB 50009—2012)、《混凝土结构设计标准》(2024 年版) (GB/T 50010—2010)、《砌体结构设计规范》(GB 50003—2011)、《钢结构设计标准》(GB 50017—2017)、《建筑抗震设计标准》(2024 年版)(GB/T 50011—2010)、《建筑工程抗震设防分类标准》(GB 50223—2008)、《混凝土结构施工图平面整体表示方法制图规则和构造详图（现浇混凝土框架、剪力墙、梁、板）》(22G101—1)、《混凝土结构施工图平面整体表示方法制图规则和构造详图（现浇混凝土板式楼梯）》(22G101—2)、《混凝土结构施工图平面整体表示方法制图规则和构造详图（独立基础、条形基础、筏形基础、桩基础）》(22G101—3)等，体现内容与时俱进。准，是指对结构设计原理的阐述准确，清晰易懂。针对高职高专学生基础参差不齐、学习时间紧、学习任务重的特点，本书理论叙述言简意赅，案例通俗易懂。全，是指内容全面。针对本课程专业性强，各部分内容联系紧密的特点，本书的编写力争内容全面、结构合理、实例紧密结合工程实际。

本书由重庆工商职业学院唐春平、胡肖一统稿并任主编，天津开放大学全世海、重庆工商职业学院黄友林和范洁群任副主编，西南石油大学张伯虎、重庆工商职业学院贺华刚和武黎明、中冶建工集团有限公司杨元秀参编。本书具体编写分工为：唐春平编写第 0 章、第 1 章，贺华刚编写第 2 章，武黎明编写第 3 章，胡肖一编写第 4 章、第 6 章、第 8 章，黄友林编写第 5 章，张伯虎编写第 7 章，范洁群编写第 9 章，全世海编写第 10 章、第 11 章，杨元秀编写第 12 章。

本书在编写过程中参考了许多网络资源及精品课程网站的资料，吸取了有关书籍和论文的观点，在此一并表示感谢！

由于编者水平有限，书中难免存在不足之处，恳请专家、同仁和广大读者批评指正！

编　者

2025 年 7 月

资源索引

目录

第 0 章　绪论 …………………………………………………………………………… **001**
　0.1　建筑结构的概念及分类 ……………………………………………………………… 003
　0.2　建筑结构的发展与应用状况 ………………………………………………………… 007
　0.3　建筑结构课程的内容、学习目标及学习要求 ……………………………………… 009
　本章小结 …………………………………………………………………………………… 011
　习题 ………………………………………………………………………………………… 011

第 1 章　建筑结构计算基本原则 ……………………………………………………… **012**
　1.1　荷载分类及荷载代表值 ……………………………………………………………… 014
　1.2　建筑结构的功能要求和极限状态 …………………………………………………… 016
　1.3　极限状态设计法 ……………………………………………………………………… 017
　本章小结 …………………………………………………………………………………… 021
　习题 ………………………………………………………………………………………… 022

第 2 章　钢筋和混凝土的力学性能 …………………………………………………… **023**
　2.1　钢筋的力学性能 ……………………………………………………………………… 025
　2.2　混凝土的力学性能 …………………………………………………………………… 027
　2.3　钢筋与混凝土之间的黏结 …………………………………………………………… 030
　本章小结 …………………………………………………………………………………… 032
　习题 ………………………………………………………………………………………… 033

第 3 章　钢筋混凝土受弯构件 ………………………………………………………… **034**
　3.1　构造要求 ……………………………………………………………………………… 035
　3.2　正截面承载力计算 …………………………………………………………………… 043
　3.3　斜截面承载力计算 …………………………………………………………………… 062
　3.4　变形及裂缝宽度验算 ………………………………………………………………… 073
　本章小结 …………………………………………………………………………………… 080
　习题 ………………………………………………………………………………………… 081

第 4 章　钢筋混凝土纵向受力构件 …………………………………………………… **084**
　4.1　受压及受拉构件的构造 ……………………………………………………………… 085
　4.2　轴心受压构件承载力计算 …………………………………………………………… 088

4.3 偏心受压构件承载力计算 ………………………………………………… 090
4.4 轴心受拉构件的正截面承载力计算 ……………………………………… 099
4.5 偏心受拉构件承载力计算 ………………………………………………… 100
本章小结 ………………………………………………………………………… 103
习题 ……………………………………………………………………………… 104

第5章 钢筋混凝土受扭构件 …………………………………………………… 107

5.1 纯扭构件承载力计算 ……………………………………………………… 109
5.2 弯剪扭构件承载力计算 …………………………………………………… 115
本章小结 ………………………………………………………………………… 122
习题 ……………………………………………………………………………… 122

第6章 预应力混凝土构件 ……………………………………………………… 124

6.1 预应力混凝土概述 ………………………………………………………… 125
6.2 预应力混凝土材料 ………………………………………………………… 128
6.3 张拉控制应力与预应力损失 ……………………………………………… 130
6.4 预应力混凝土构件主要构造要求 ………………………………………… 134
本章小结 ………………………………………………………………………… 138
习题 ……………………………………………………………………………… 138

第7章 钢筋混凝土梁板结构 …………………………………………………… 140

7.1 钢筋混凝土平面楼盖概述 ………………………………………………… 141
7.2 单向板肋梁楼盖的设计 …………………………………………………… 142
7.3 双向板肋梁楼盖的设计 …………………………………………………… 149
7.4 装配式楼盖设计 …………………………………………………………… 153
7.5 钢筋混凝土楼梯 …………………………………………………………… 155
7.6 钢筋混凝土雨篷 …………………………………………………………… 159
本章小结 ………………………………………………………………………… 160
习题 ……………………………………………………………………………… 161

第8章 钢筋混凝土单层厂房 …………………………………………………… 163

8.1 单层厂房的结构组成和结构布置 ………………………………………… 165
8.2 排架结构荷载及内力计算 ………………………………………………… 172
8.3 单层厂房主要构件设计 …………………………………………………… 179
本章小结 ………………………………………………………………………… 185
习题 ……………………………………………………………………………… 186

第9章 多层及高层钢筋混凝土结构 …………………………………………… 188

9.1 常用结构体系 ……………………………………………………………… 190

9.2	框架结构	193
9.3	剪力墙结构	200
9.4	框架-剪力墙结构	204

本章小结 ········ 205

习题 ········ 206

第10章 砌体结构 ········ 207

10.1	砌体结构概述	209
10.2	砌体材料及砌体的力学性能	212
10.3	砌体构件	217
10.4	砌体结构房屋构造要求	232
10.5	过梁、墙梁、挑梁	237

本章小结 ········ 239

习题 ········ 240

第11章 钢结构 ········ 242

11.1	钢结构概述	244
11.2	钢结构的材料	247
11.3	钢结构的连接	251
11.4	钢结构的计算	282
11.5	钢屋盖的设计	293

本章小结 ········ 300

习题 ········ 301

第12章 建筑结构抗震设计 ········ 304

12.1	地震基础知识	307
12.2	抗震设防与概念设计	309
12.3	建筑场地与地基基础抗震设计	310
12.4	多层与高层钢筋混凝土结构房屋主要抗震构造要求	314
12.5	砌体结构房屋的主要抗震构造要求	317
12.6	底部框架-抗震墙结构抗震构造措施	320

本章小结 ········ 322

习题 ········ 322

附录1 ········ 324

附录2 伴学内容及提示词 ········ 339

参考文献 ········ 342

第0章 绪 论

【教学目标】

通过本章的学习,掌握建筑结构的概念,会对建筑结构进行分类,了解建筑结构的发展与应用状况,为后续课程及章节的学习奠定基础。

【教学要求】

能力目标	知识要点	权重	自评分数
掌握建筑结构的概念	建筑结构是指建筑物中由若干个基本构件按照一定的组成规则,通过符合规定的连接方式所组成的能够承受并传递各种作用的空间受力体系	40%	
理解建筑结构的分类	建筑结构按承重结构所用材料可分为混凝土结构、砌体结构、钢结构和木结构等;按承重结构类型可分为砖混结构、框架结构、框架-剪力墙结构、剪力墙结构、筒体结构等	40%	
了解建筑结构的发展与应用状况	砌体结构、木结构、钢结构、混合结构等的发展与应用状况	20%	

章节导读

建筑结构由水平构件、竖向构件和基础组成。水平构件包括梁、板等，用以承受竖向荷载；竖向构件包括柱、墙等，用以支承水平构件或承受水平荷载；基础的作用是将建筑物承受的荷载传至地基。

建筑结构是指建筑物中由若干个基本构件按照一定的组成规则，通过符合规定的连接方式所组成的能够承受并传递各种作用的空间受力体系，又称骨架。

引例

古埃及在人类历史上最为显著的技术成就之一就是用石头建造了至今犹存的巨大金字塔(图 0.1)。金字塔是古埃及法老(国王)的陵寝。现存的 70 多座金字塔中最大的一座为修建于约公元前 2600 年的胡夫金字塔，塔高 146.5m，正方形底部，每边长约 230m，占地面积 $5.29 \times 10^4 m^2$，用 230 万块 3~30t 重的巨石，以 51° 的倾角向上修筑而成。其底部四边几乎是正北、正南、正东和正西方向，误差少于 1°，方位测定之准确令人吃惊。

古希腊的许多石砌建筑至今尚存残迹。如建于公元前 5 世纪的雅典娜神庙由白色大理石砌成，阶座上层面积达 $2800m^2$，四周回廊上立着 46 根高 10.4m 的大圆柱，如图 0.2 所示。

图 0.1 埃及金字塔

图 0.2 雅典娜神庙

古罗马成为一个强盛国家后建造了各种建筑，从许多至今犹存的遗迹可看出当时建筑技术的高超。如罗马角斗场平面为椭圆形，长短直径分别为 188m 和 156m，外墙高 48.5m，可容纳 5 万~8 万名观众。

现代高层、超高层建筑物(构筑物)和大跨度结构不断涌现，结构特异的"摩天大楼"层出不穷。如吉隆坡石油双塔(Petronas Twin Towers)是马来西亚首都吉隆坡的标志性城市景观之一，也是世界上目前最高的大楼之一，1998 年完工。双塔大厦共 88 层，高达 452m，它是两个独立的塔楼并由裙房相连，如图 0.3 所示。独立塔楼外形像两个巨大的玉米，故又名双峰大厦。上海世博会中国国家馆主体造型雄浑有力，宛如华冠高耸，天下粮仓，如图 0.4 所示。

图 0.3　吉隆坡石油双塔

图 0.4　上海世博会中国国家馆

引例小结

建筑结构虽然已经历了漫长的发展过程，但至今仍生机勃勃，不断发展。特别是近年来，建筑结构在设计理论、材料等方面都得到了迅猛发展。

我国在工程建设方面做出了巨大突破，不断创造着令世界瞩目的伟大工程，展现出强大的综合国力和创新能力，比如港珠澳跨海大桥、白鹤滩水电站、北京大兴国际机场等，这些工程不仅是我国现代化建设的伟大成就，也是人类工程史上的奇迹。它们彰显了中国人民的智慧和勇气，为我国的经济社会发展奠定了坚实基础，也为世界贡献了中国方案和中国力量。正如党的二十大报告提出的，中华民族凝聚力和中华文化影响力不断增强。

0.1　建筑结构的概念及分类

建筑是供人们生产、生活和进行其他活动的房屋或场所。各类建筑都离不开梁、板、墙、柱、基础等构件，它们相互连接形成建筑的骨架。建筑中由若干构件连接而成的能承受作用的平面或空间体系称为建筑结构。这里所说的"作用"，是指能使结构或构件产生效应(内力、变形、裂缝等)的各种原因的总称。作用可分为直接作用和间接作用。直接作用即习惯上所说的荷载，是指施加在结构上的集中力或分布力系，如结构自重、家具及人群荷载、风荷载等；间接作用是指引起结构外加变形或约束变形的原因，如地震、基础沉降、温度变化等。

建筑结构由水平构件、竖向构件和基础组成。水平构件包括梁、板等，用以承受竖向荷载；竖向构件包括柱、墙等，用以支承水平构件或承受水平荷载；基础的作用是将建筑物承受的荷载传至地基。

建筑结构按承重结构所用材料可分为混凝土结构、砌体结构、钢结构、木结构和混合结构等；按承重结构类型可分为砖混结构、框架结构、框架-剪力墙结构、剪力墙结构、筒体结构、排架结构、网架结构、悬索结构、壳体结构等。

建筑结构分类

0.1.1 混凝土结构

混凝土结构指由混凝土和钢筋两种基本材料组成的一种能共同作用的结构。自1824年波特兰水泥被发明出来，后来又出现了钢筋混凝土，目前混凝土结构已广泛应用于工程建设，如各类建筑物、构筑物、桥梁、港口码头、水利工程、特种结构等。混凝土结构的原材料(砂、石子等)来源丰富，钢材用量较少，结构承载力和刚度大，防火性能好，造价便宜。

随着科学技术的进步，钢与混凝土的组合结构也得到了很大发展，并已经应用到超高层建筑中。其构造有型钢构件外包混凝土，简称刚性混凝土结构；还有钢管内填混凝土，简称钢管混凝土结构，它们的主要优点是抗震性能比钢筋混凝土结构要好。

钢筋混凝土结构(图0.5)是混凝土结构的一种，是指由配置受力的普通钢筋、钢筋网或钢筋骨架的混凝土制成的结构，能明显提高结构或构件的承载能力和变形性能。

由于混凝土的抗拉强度和抗拉极限应变很小，钢筋混凝土结构在正常使用荷载下一般是带裂缝工作的，这是钢筋混凝土结构最主要的缺点。为了克服这一缺点，可在结构承受荷载之前，在使用荷载作用下可能开裂的部位，预先人为地施加压应力，以抵消或减少外荷载产生的拉应力，从而达到构件在正常的使用荷载下不开裂，或者延迟开裂、减小裂缝宽度的目的，这种结构称为预应力混凝土结构(图0.6)。

图0.5 钢筋混凝土结构施工

图0.6 预应力混凝土结构建筑物

特别提示

钢筋和混凝土是两种物理力学性质不同的材料，在钢筋混凝土结构中之所以能够共同工作，是因为以下三点原因。

(1) 钢筋表面与混凝土之间存在黏结作用。这种黏结作用由三部分组成：一是混凝土结硬时体积收缩，将钢筋紧紧握住而产生的摩擦力；二是由于钢筋表面凹凸不平而产生的机械咬合力；三是混凝土与钢筋接触面之间的胶结力。其中机械咬合力约占50%。

(2) 钢筋和混凝土的温度线膨胀系数几乎相同(钢筋为 $1.2\times10^{-5}/℃$，混凝土为 $1.0\times10^{-5}\sim1.5\times10^{-5}/℃$)，在温度变化时，二者的变形基本相等，不致破坏钢筋混凝土结构的整体性。

(3) 钢筋被混凝土包裹着，从而使钢筋不会因大气的侵蚀而生锈变质。

上述三个原因中，钢筋表面与混凝土之间存在黏结作用是最主要的原因。因此，钢筋混凝土构件配筋的基本要求，就是要保证二者共同受力、共同变形。

钢筋混凝土结构是混凝土结构中应用最多的一种，也是应用最广泛的建筑结构形式之一。它不但广泛应用于多层与高层住宅、宾馆、写字楼及单层与多层工业厂房等工业与民用建筑，而且应用于水塔、烟囱、核反应堆等特种结构。钢筋混凝土结构之所以应用如此广泛，主要是因为它具有如下优点。

(1) 就地取材。钢筋混凝土的主要材料是砂、石，水泥和钢筋所占比例较小。砂和石一般都可由建筑工地附近提供，水泥和钢材的产地在我国分布也较广。

(2) 耐久性好。钢筋混凝土结构中，钢筋被混凝土紧紧包裹而不致锈蚀，即使在侵蚀性介质条件下，也可采用特殊工艺制成耐腐蚀的混凝土，从而保证了结构的耐久性。

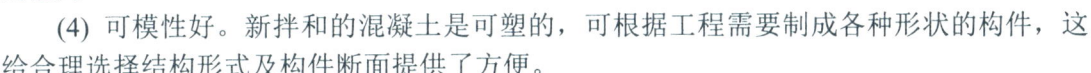
钢筋混凝土结构的特点

(3) 整体性好。钢筋混凝土结构特别是现浇结构有很好的整体性，这对于地震区的建筑物有重要意义，另外对抵抗暴风及爆炸和冲击荷载也有较强的能力。

(4) 可模性好。新拌和的混凝土是可塑的，可根据工程需要制成各种形状的构件，这给合理选择结构形式及构件断面提供了方便。

(5) 耐火性好。混凝土是不良传热体，钢筋又有足够的保护层，火灾发生时钢筋不致很快达到软化温度而造成结构瞬间破坏。

钢筋混凝土结构也有一些缺点，主要是自重大，抗裂性能差，现浇结构模板用量大，工期长，等等。但随着科学技术的不断发展，这些缺点可以逐渐克服。例如，采用轻质、高强的混凝土，可克服自重大的缺点；采用预应力混凝土，可克服容易开裂的缺点；掺入纤维做成纤维混凝土，可克服混凝土的脆性；采用预制构件，可减小模板用量，缩短工期。

0.1.2 砌体结构

砌体结构又称砖石结构，是砖砌体、砌块砌体、石砌体建造的结构的统称。砌体结构是我国建筑工程中最常用的结构形式之一。砖石砌体主要应用于多层住宅、办公楼等民用建筑的基础、内外墙身、门窗过梁、柱等构件，跨度小于24m且高度较小的俱乐部、食堂，以及跨度在15m以下的中小型工业厂房，60m以下的烟囱、料仓、地沟、管道支架和小型水池，等等。我国古代就用砖石砌体修建城墙、佛塔、宫殿和拱桥，闻名中外的万里长城、西安大雁塔等均为砖石砌体建造。

砌体结构主要有以下优点。

(1) 取材方便，造价低廉。砌体结构所需的原材料如黏土、砂子、天然石材等几乎到处都有，因而砌体结构比钢筋混凝土结构更为经济，并能节约水泥、钢材和木材。砌块砌体还可节约土地，使建筑向绿色建筑、环保建筑方向发展。

(2) 具有良好的耐火性及耐久性。一般情况下，砌体能耐受400℃的高温。砌体耐腐蚀性能良好，完全能满足预期的耐久年限要求。

(3) 具有良好的保温、隔热、隔声性能，节能效果好。

(4) 施工简单，技术容易掌握和普及，也不需要特殊的设备。

砌体结构的主要缺点是自重大、强度低、整体性差、砌筑劳动强度大。

砌体结构在多层建筑中应用广泛，特别是在多层民用建筑中，砌体结构占绝大多数。目前高层砌体结构也开始应用，最大建筑高度已达10余层。

0.1.3 钢结构

钢结构是指建筑物的主要承重构件全部由钢板或型钢制成的结构。由于钢结构具有承载能力高、质量较轻、钢材材质均匀、塑性和韧性好、制造与施工方便、工业化程度高、拆迁方便等优点，因此它的应用范围相当广泛。目前，钢结构多用于工业与民用建筑中的大跨度结构、高层和超高层建筑、重工业厂房、受动力荷载作用的厂房、高耸结构及一些构筑物等。钢结构的应用正日益增多，尤其是在高层建筑及大跨度结构(如屋架、网架、悬索等结构)中。

钢结构易腐蚀，需经常刷油漆维护，故维护费用较高。钢结构的耐火性差，当温度达到250℃时，钢结构的材质将会发生较大变化；当温度达到500℃时，钢结构会瞬间崩溃，完全丧失承载能力。

9·11事件前的纽约世贸中心双子塔大楼(图0.7)采用的是钢结构，在2001年9月11日被飞机撞击，因起火而倒塌，这是世界上第一幢因起火而倒塌的摩天大楼。该大楼能够承受撞击的横向冲击载荷，但是，随之发生的客机燃油产生的高温使钢框架软化，导致了被撞击楼层柱状结构的坍塌，进而触发了整个大楼的渐进式动力坍塌。

图0.7 9·11事件前的纽约世贸中心双子塔大楼

0.1.4 木结构

木结构是指全部或大部分用木材制作的结构。这种结构易于就地取材，制作简单，但易燃、易腐蚀、变形大，并且木材使用受到国家严格限制，因此已很少采用。

0.1.5 混合结构

由两种及两种以上材料共同组成的结构称为混合结构。混合结构包含的内容较多。多层混合结构一般以砌体结构为竖向承重构件(如墙、柱等)，而水平承重构件(如梁、板等)多采用钢筋混凝土结构，有时采用钢木结构。其中以砖砌体为竖向承重构件，钢筋混凝土结构为水平承重构件的结构体系称为砖混结构。高层混合结构一般是钢-混凝土混合结构，即由钢框架或型钢混凝土框架与钢筋混凝土筒体所组成的共同承受竖向和水平作用的结构。

钢-混凝土混合结构体系是近年来在我国迅速发展的一种结构体系。它不仅具有钢结构建筑自重轻、截面尺寸小、施工进度快、抗震性能好的特点，还兼有钢筋混凝土结构刚度大、防火性能好、成本低的优点，因而被认为是一种符合我国国情的较好的高层建筑结构形式。我国已经建成的上海金茂大厦(图 0.8)主楼 88 层、高 420.5m，就采用了钢-混凝土混合结构。

图 0.8　上海金茂大厦

0.2　建筑结构的发展与应用状况

我国应用最早的建筑结构是砖石结构和木结构，公元 595—605 年(隋代)，由李春建造的河北赵县的赵州桥是世界上最早的空腹式单孔圆弧石拱桥，该桥净跨 37.02m，拱矢 7.23m，桥面宽 9m；外形美观，受力合理，建造水平高。山西五台山佛光寺大殿(建于公元 857 年)、67.31m 高的应县木塔(建于公元 1056 年)均为别具一格的梁、柱木结构承重体系。

自 19 世纪中叶开始，钢结构得到了蓬勃发展。钢结构应用于高层建筑，始于 1885 年建成的美国芝加哥家庭保险大楼，该楼为铸铁框架，高 10 层。目前，我国最高的钢结构观光塔——广州塔的高度达 600m。我国是采用钢铁结构最早的国家之一。公元 60 年前后(汉明帝时代)，古人便用铁索建桥(比欧洲早 70 多年)。我国用铁造房的历史也比较悠久，例如现存的湖北玉泉寺的 13 层铁塔建于宋代，已有 900 多年的历史。

现代混凝土结构是随着水泥和钢铁工业的发展而发展起来的。1824 年，英国泥瓦工约瑟夫·阿斯普丁发明了波特兰水泥，随后混凝土问世。1850 年，法国人郎波特制成了铁丝网水泥砂浆的小船。1861 年，法国人莫尼埃获得了制造钢筋混凝土构件的专利。20 世纪 30 年代预应力混凝土结构的出现，是混凝土结构发展的一次飞跃。它使混凝土结构的性能得以改善，应用范围大大扩展。目前，钢筋混凝土结构房屋的代表为朝鲜平壤柳京饭店，高度达 330m。

建筑结构经历了漫长的发展过程，特别是近年来，在设计理论、材料等方面都得到了迅猛发展。

0.2.1 结构设计理论方面

建筑结构最初按弹性理论的允许应力法进行设计计算，此法把材料看成理想的弹性体，设计要求结构在使用时任何一点的应力不得超过其允许应力值。允许应力值等于材料强度 f 除以安全系数 k，其表达式为：$\sigma \leqslant [\sigma] = f/k$。

允许应力法的特点是以降低材料强度取值的方法来保证构件的安全性，安全系数 k 根据经验确定。

20 世纪 20 年代后期提出了破损阶段法，此法要求由最大荷载产生的结构内力 S 不大于结构的极限承载力 R，而最大荷载就等于荷载标准值乘以安全系数 k，截面的极限承载力 R 由试验经统计分析确定，其表达式为：$kS \leqslant R$。

破损阶段法的特点是用增大荷载取值的方法来保证构件的安全性，它考虑了材料的塑性，比允许应力法进了一步。

20 世纪 50 年代中期，极限状态法问世，这个方法规定了承载能力、变形和裂缝等的极限状态，用超载系数、材料匀质系数和工作条件系数三个分项系数代替单一的安全系数，要求荷载效应最大值 S_{max} 不超过截面最小抗力 R_{min}，其表达式为：$S_{max} \leqslant R_{min}$。

极限状态法的特点是在荷载及材料强度的取值上，开始引入数理统计的方法，再结合经验定出一些系数，因此极限状态法被称为半概率半经验的极限状态法。

自 20 世纪 70 年代以来，以数理统计为基础的结构可靠度理论进入工程实用阶段。目前许多国家已采用这种以概率理论为基础的极限状态法。以概率理论为基础的极限状态法的显著特点是运用概率理论对结构可靠性的度量给出了科学回答，明确了可靠度的定义及计算公式，但其由于还存在一定的近似性，被称为近似概率法。

目前有学者提出全过程可靠度理论，将可靠度理论应用到工程结构设计、施工与使用的全过程中，以保证结构的安全可靠。随着模糊数学的发展，模糊可靠度的概念正在建立。随着计算机的发展，工程结构计算正向精确化方向发展，结构的非线性分析是发展趋势。随着研究的不断深入、统计资料的不断积累，结构设计方法将会发展至全概率极限状态设计方法。

0.2.2 结构材料方面

(1) 混凝土结构的材料将向轻质、高强、新型、复合方向发展。目前美国已制成 C200 的混凝土，我国已制成 C100 的混凝土。随着高强钢筋、高强高性能混凝土以及高性能外加剂和混合材料的研制使用,纤维混凝土和聚合物混凝土的研究和应用有了很大发展。此外,轻质混凝土、加气混凝土、陶粒混凝土以及利用工业废渣的"绿色混凝土",不但改善了混凝土的性能,而且对节能和保护环境也有重要意义。轻质混凝土的强度目前一般只能达到 $5\sim20\text{N/mm}^2$,开发高强度的轻质混凝土是今后的方向。除此之外,防射线、耐磨、耐腐蚀、防渗透、保温等满足特殊需要的混凝土,以及智能型混凝土及其结构也在研究、运用之中。

(2) 高强钢筋快速发展。现在强度达 $400\sim600\text{N/mm}^2$ 的高强钢筋已开始应用,今后将会出现强度超过 1000N/mm^2 的钢筋。

(3) 砌体结构材料向轻质高强的方向发展。砌体结构材料向轻质高强的方向发展的途径有:一是空心砖,国外空心砖的抗压强度可达 $30\sim60\text{N/mm}^2$,甚至高达 100N/mm^2 以上,孔洞率也达 40% 以上;二是在黏土内掺入可燃性植物纤维或塑料珠,煅烧后形成气泡空心砖,它不仅自重轻,而且隔声、隔热性能好;三是高强砂浆。

墙体材料总的发展趋势是:节能、节土、低污染、轻质、高强度、配套化、易于施工、劳动强度低。墙体材料的发展遵循保护环境、节约能源、合理利用资源、发展绿色产品的原则。砌体结构的主要产品有灰砂砖、灰砂型加气混凝土砌块和板材、混凝土砌块、石膏砌块、复合轻质板材、烧结制品等。

(4) 钢结构材料向高效能方向发展,除提高材料强度外,还应大力发展型钢。如 H 型钢可直接作梁和柱,采用高强螺栓连接,施工非常方便。压型钢板作为一种新产品,可直接作屋盖,也可在上面浇一层混凝土作楼盖。作楼盖时压型钢板既是楼板的抗拉钢筋,又是模板。

0.2.3 工程实践方面

(1) 大跨度结构向空间钢网架、悬索结构、薄壳结构方向发展。空间钢网架最大跨度已超过 100m。

(2) 高层砌体结构开始应用。为克服传统砌体结构水平承载力低的缺点,可采取以下两个途径:一个途径是使墙体只受垂直荷载,将所有的水平荷载由钢筋混凝土内核芯筒承受,形成砖墙-筒体体系;另一个途径就是对墙体施加预应力,形成预应力砖墙。

(3) 组合结构成为结构发展的方向。目前劲性钢筋混凝土、钢管混凝土、压型钢板叠合梁等组合结构已广泛应用,在超高层建筑结构中还采用钢框架与内核芯筒共同受力的组合体系,能充分利用材料优势。

0.3 建筑结构课程的内容、学习目标及学习要求

建筑结构课程按内容的性质可分为结构基本构件和结构设计两大部分。根据受力与变形特点不同,结构基本构件可归纳为受弯构件、受拉构件、受压构件和受扭构件。结构设计包括混凝土结构、砌体结构、钢结构、建筑结构抗震设计等内容。通过对本课程的学习,

应能了解建筑结构的设计方法,掌握混凝土结构、砌体结构和钢结构基本构件的计算方法,理解结构构件的构造要求,并能处理建筑施工中的一般结构问题。

建筑结构课程是建筑工程技术等专业的主干专业课。对于期望从事结构设计、施工和工程管理等工作的学生而言,本课程是非常重要的。学习本课程,应注意以下几方面。

(1) 要注意与力学课程的区别和联系。本课程所研究的对象,除钢结构外都不符合匀质弹性材料的条件,因此力学公式多数不能直接应用,但从通过几何、物理和平衡关系来建立基本方程来说,结构计算与力学计算又是相同的。所以,在应用力学原理和方法时,本课程必须考虑材料性能上的特点,切不可照搬照抄。

(2) 本课程结构问题的答案往往不是唯一的,这一点和基础课的习题有所不同,即使是同一构件在给定荷载作用下,其截面形式、截面尺寸、配筋方式和数量都可以有多种答案。这时往往需要综合考虑适用、材料、造价、施工等多方面因素,才能做出合理选择。要注意培养自己综合分析问题的能力。

(3) 要重视各种构造措施。现行结构计算一般只考虑了荷载作用,其他影响(如混凝土收缩、温度影响以及地基不均匀沉降等)难以用计算公式表达。规范根据长期工程实践经验,总结出了一些构造措施来考虑这些因素的影响,它与结构计算是结构设计中相辅相成的两个方面。因此,学习时不但要重视各种计算,还要重视构造措施,设计时必须满足各项构造要求。除常识性构造规定外,对各种构造措施不能死记硬背,而应该着眼于理解。

(4) 本课程的学习必须与我国现行的有关标准、规范、规程密切结合。结构设计标准、规范、规程是国家颁布的关于结构设计计算和构造要求的技术规定和标准,设计、施工等工程技术人员都应遵循。有关标准、规范、规程有《建筑结构荷载规范》(GB 50009—2012)、《建筑结构可靠性设计统一标准》(GB 50068—2018)、《混凝土结构设计标准》(2024 年版)(GB/T 50010—2010)、《砌体结构设计规范》(GB 50003—2011)、《建筑地基基础设计规范》(GB 50007—2011)、《钢结构设计标准》(GB 50017—2017)、《建筑抗震设计标准》(2024 年版)(GB/T 50011—2010)、《建筑工程抗震设防分类标准》(GB 50223—2008)、22G101 系列等。我国标准、规范、规程有以下四种不同情况:一是强制性条文,虽是技术标准中的技术要求,但已具有某些法律性质,一旦违反,不论是否引起事故,都将被严厉惩罚,故必须严格执行;二是要严格遵守的条文,规范中正面词用"必须",反面词用"严禁",表示非这样做不可,但不具有强制性;三是应该遵守的条文,规范中正面词用"应",反面词用"不应"或"不得",表示在正常情况下均应这样做;四是允许稍有选择或允许有选择的条文,表示允许稍有选择时,在条件许可时首先应这样做,正面词用"宜",反面词用"不宜",表示允许有选择时,在一定条件可以这样做的,采用"可"表示。熟悉并学会应用有关标准、规范、规程是学习本课程的重要任务之一,应自觉结合课程内容对其进行学习,以达到逐步熟悉并正确应用的目的。

(5) 建筑结构跟力学、房屋建筑学、建筑材料等课程密切相关,它为建筑施工和预算等课程提供依据。本课程的理论来源于生产实践,它是前人大量工程实践的经验总结。学习建筑结构需要具备扎实的理论基础,在理论基础扎实的基础上注意实践,应通过实习、参观等渠道进行实践学习,同时加强练习、课程设计等,真正做到理论联系实际。

本章小结

本章主要介绍了学习建筑结构课程应具备的基础知识,主要讲解建筑和结构的关系、建筑结构的概念及分类。

建筑结构是指建筑物中由若干个基本构件按照一定的组成规则,通过符合规定的连接方式所组成的能够承受并传递各种作用的空间受力体系,又称骨架。

建筑结构按承重结构所用材料可分为混凝土结构、砌体结构、钢结构、木结构和混合结构等,按承重结构类型可分为砖混结构、框架结构、框架-剪力墙结构、剪力墙结构、筒体结构、排架结构、网架结构、悬索结构、壳体结构等。

在开启建筑结构课程的学习之前,还应理解本课程的内容、学习目标及学习要求。

习题

一、判断题

1. 结构自重、家具及人群荷载、风荷载是直接作用,即习惯上所说的荷载。（　　）
2. 梁、板主要承受竖向荷载,柱、墙主要支承水平构件或承受水平荷载,基础的作用是将建筑物承受的荷载传至地基。（　　）

二、单选题

1. 某厂房跨度42m,其结构宜采用(　　)。
   A. 钢筋混凝土结构　　　　　　B. 预应力混凝土结构
   C. 木结构　　　　　　　　　　D. 砌体结构
2. 地基与基础之间的关系表述正确的是(　　)。
   A. 地基由基础和基础以下的土层或岩层组成
   B. 地基是指基础下面的土层或岩层
   C. 地基是经过人工改良或加固而形成的基础
   D. 地基是建筑物的主要结构构件

三、简答题

1. 什么是建筑结构?
2. 建筑结构根据使用材料的不同可以分为哪几种类型?
3. 如何学好建筑结构课程?谈谈自己学习本课程的打算。

在线答题

第1章 建筑结构计算基本原则

教学目标

通过本章的学习,掌握荷载分类及荷载代表值、建筑结构的功能要求;熟悉建筑结构的极限状态;掌握极限状态设计法。

教学要求

能力目标	知识要点	权重	自测分数
掌握荷载分类及荷载代表值	荷载分类	10%	
	荷载代表值	10%	
掌握建筑结构的功能要求,并熟悉极限状态	建筑结构的功能要求	20%	
	建筑结构的极限状态	20%	
掌握极限状态设计法	极限状态设计法	40%	

第 1 章 建筑结构计算基本原则

■ 章节导读

建筑结构在正常使用和施工时,应能承受可能出现的各种作用;在正常使用时具有良好的工作性能;在正常维护条件下具有足够的耐久性能;在设计规定的偶然事件发生时及发生后,仍能保持必需的整体稳定性,概括起来就是安全性、适用性、耐久性,统称可靠性。

■ 引例

某综合楼工程由市电视台投资兴建,某建筑设计院设计,某建设监理公司对工程进行监理。该工程为 8 层现浇框架结构,建筑面积 2800m^2。2018 年 3 月开工,2019 年 5 月完成主体结构,2019 年 6 月 25 日 7 时发现底层一根中柱出现裂缝,位置在设计标高 0.2~0.5m 处,15 时左右该柱钢筋已外露,并向柱边弯曲,虽然采取了用槽钢临时支撑加固的措施,但没能阻止房屋的倒塌,当天 21 时整楼分两次倒塌,所幸人员及时撤离而无伤亡。事后经过分析和调查,该工程倒塌的主要原因有以下几方面。

(1) 结构布置不合理。这是框架破坏首先出现在两轴线相交柱处的重要原因。

(2) 设计计算错误。设计计算的错误主要有:没有考虑风荷载,有些荷载值取得偏小;底层框架柱的计算高度取值偏小;柱截面尺寸过小,如底层柱高 8m,柱截面仅为 350mm×350mm;框架配筋不足,例如某轴线上的 3 根柱,实际配筋比计算值少 22%~56%,框架梁配筋比计算值少 52%~67%。

(3) 建筑材料不满足要求。钢筋大部分为不合格品。倒塌后取样检查钢筋实际直径比钢印直径小,差值较大,力学性能试验有 65%不合格。混凝土质量低劣,水泥无合格证,混凝土未做配合比试验,施工现场不留试块,无法控制混凝土质量。

(4) 现浇楼板超厚 25%~50%,不仅加大了板的自重,而且梁、柱与基础的负荷也大幅度增加。钢筋保护层厚度不均匀,大多超厚。倒塌后实测有 8 根柱一侧的混凝土保护层厚度为 40mm。板的负弯矩区的主筋保护层厚度最大的达 70mm,其余均大于 40mm,承载能力大幅度下降。低估地基承载力。因地基产生明显的不均匀沉降,导致框架内产生较大的次应力。

(5) 乱改设计。未经设计单位同意,施工单位擅自更改图纸,造成底层框架柱的计算高度加大和承载力下降。

■ 引例小结

房屋倒塌事故在建筑工程中时有发生,不仅带来人员的伤亡,给工程本身也带来巨大的经济损失。作为工程技术人员,在自己平凡的岗位上坚守职责、牢守底线、遵纪守法、认真负责,只有这样,我们的工程结构才能确保安全。党的二十大报告提出,坚持安全第一、预防为主,建立大安全大应急框架,完善公共安全体系,推动公共安全治理模式向事前预防转型。只有这样才能减少或避免安全事故的发生。整个结构或结构的一部分超过某一特定状态就不能满足设计规定的某一功能要求,此特定状态就叫**结构的极限状态**。极限状态分为承载能力极限状态和正常使用极限状态。**承载能力极限状态**是指结构构件达到最大承载能力或不适于继续承载的变形,一旦超过此状态,就可能发生严重后果。**正常使用极限状态**是指结构或结构构件达到正常使用或耐久性能的某项规定限值。

1.1 荷载分类及荷载代表值

1.1.1 荷载分类

结构上的荷载按其作用时间的长短和性质可分为以下三类。

1. 永久荷载

永久荷载亦称恒荷载，是指在结构使用期间，其值不随时间变化，或者其变化与平均值相比可忽略不计的荷载。例如结构自重、土压力、预应力等。

2. 可变荷载

可变荷载也称活荷载，是指在结构使用期间，其值随时间变化，且其变化值与平均值相比不可忽略的荷载。例如楼面活荷载、屋面活荷载、吊车荷载、积灰荷载、风荷载、雪荷载等。

3. 偶然荷载

偶然荷载，是指在结构使用期间不一定出现，而一旦出现，其值很大且持续时间很短的荷载。例如地震、爆炸力、撞击力等。

1.1.2 荷载代表值

结构设计时，对于不同的荷载和不同的设计情况，应赋予荷载不同的量值，该量值即荷载代表值。《建筑结构荷载规范》(GB 50009—2012)给出了四种荷载的代表值：荷载标准值、可变荷载组合值、可变荷载频遇值、可变荷载准永久值。

1. 荷载标准值

荷载标准值就是结构在设计基准期内具有一定概率的最大荷载值，它是荷载的基本代表值。设计基准期为确定可变荷载代表值而选定的时间参数，一般取为 50 年。在使用期间，最大荷载值是随机变量，可以采用荷载最大值的概率分布的某一分位值来确定(一般取 95%保值率)，如办公楼的楼面活荷载标准值取 $2kN/m^2$。但是有些荷载或因统计资料不充分，可以不采用分位值的方法，而由经验确定。可变荷载标准值也可按《建筑结构荷载规范》(GB 50009—2012)的规定确定。

对于永久荷载，如结构自重及粉刷、装修、固定设备的重量，一般可按结构构件的设计尺寸和材料或结构构件单位体积(或面积)的自重标准值确定。例如取钢筋混凝土单位体积自重标准值为 $25kN/m^3$，则截面尺寸为 200mm×500mm 的钢筋混凝土矩形截面梁的自重标准值为 $0.2m×0.5m×25kN/m^3=2.5kN/m$。

对于自重变异性较大的材料，在设计中应根据其对结构有利或不利的情况，分别取其自重的下限值或上限值。

2. 可变荷载组合值

当有两种或两种以上的可变荷载同时作用于结构上时，除主导荷载(产生最大效应的荷载)仍可以其标准值为代表值外，其他伴随荷载均应以小于其标准值的组合值为代表值，此即**可变荷载组合值**。可变荷载组合值可表示为 $\psi_c Q_k$。其中 ψ_c 为可变荷载组合值系数，Q_k 为可变荷载标准值。

3. 可变荷载频遇值

对于可变荷载，在设计基准期内被超越的总时间仅为设计基准期一小部分的作用值，或在设计基准期内其超越频率在某一给定频率内的作用值称为**可变荷载频遇值**。可变荷载频遇值可表示为 $\psi_f Q_k$。其中 ψ_f 为可变荷载频遇值系数，Q_k 为可变荷载标准值。

4. 可变荷载准永久值

在验算结构构件变形和裂缝时，要考虑荷载长期作用的影响。对于永久荷载，其变异性小，取其标准值为长期作用的荷载。对于可变荷载，它的标准值中的一部分是经常作用在结构上的，与永久荷载相似。把在设计基准期内被超越的总时间为设计基准期一半(总的持续时间不低于 25 年)的作用值称为**可变荷载准永久值**。可变荷载准永久值可表示为 $\psi_q Q_k$，其中 ψ_q 为可变荷载准永久值系数，Q_k 为可变荷载标准值。

1.1.3 荷载设计值

荷载标准值与荷载分项系数的乘积称为**荷载设计值**。永久荷载和可变荷载具有不同的分项系数，永久荷载的分项系数 γ_G 和可变荷载的分项系数 γ_Q 应根据《工程结构通用规范》(GB 55001—2021)中 3.1.13 条文规定进行取值。

(1) 永久荷载：当对结构不利时，不应小于 1.3；当对结构有利时，不应大于 1.0。

(2) 预应力：当对结构不利时，不应小于 1.3；当对结构有利时，不应大于 1.0。

(3) 标准值大于 $4kN/m^2$ 的工业房屋楼面活荷载，当对结构不利时不应小于 1.4；当对结构有利时，应取为 0。

(4) 除第(3)条之外的可变荷载，当对结构不利时不应小于 1.5；当对结构有利时，应取为 0。

> **特别提示**
>
> 一般情况下，在承载能力极限状态设计中应采用荷载设计值，而在正常使用极限状态设计中应采用荷载标准值。

1.2 建筑结构的功能要求和极限状态

1.2.1 建筑结构的功能要求

建筑结构的功能要求

结构设计的目的是使所设计的结构能够满足由其用途所决定的全部功能要求。结构的功能要求包括以下几个方面。

(1) 安全性。结构在预定的使用期限内，应能承受正常施工、正常使用时可能出现的各种荷载、强迫变形(如超静定结构的支座不均匀沉降)、约束变形(当构件由于温度变化及收缩引起变形时，如果这种变形受到约束，就会产生约束变形)等的作用。在偶然荷载(如地震、强风)作用下或偶然事件(如火灾、爆炸)发生时和发生后，构件仅产生局部损坏，不会发生连续倒塌现象。

(2) 适用性。结构在正常使用的荷载作用下具有良好的工作性能，如不发生影响正常使用的过大的挠度、永久变形和动力效应(过大的振幅和振动)，不产生令使用者感到不安全的裂缝宽度。

(3) 耐久性。结构在正常使用和正常维护的条件下，在规定的环境中，在预定的使用期限内应有足够的耐久性，如不发生由于混凝土保护层碳化或氯离子的侵入而导致的钢筋锈蚀，从而影响结构的使用寿命。

这些功能要求概括起来可以称为结构的可靠性，即结构在规定的时间内(如设计使用年限 50 年)、规定的条件下(正常设计、正常施工、正常使用和维护，不考虑人为过失)，完成其预定功能的能力。

1.2.2 建筑结构的极限状态

结构能够满足功能要求而且能够良好地工作，称为结构"可靠"或"有效"，反之，则称为结构"不可靠"或"失效"。区分结构工作状态有效与失效的标志是"极限状态"。极限状态是结构或构件能够满足设计规定的某一功能要求的临界状态，且有明确的标志及限值。超过这一界限，结构或构件就不能再满足设计规定的该项功能要求，而进入失效状态。根据功能要求，结构的极限状态可分为以下两类。

1. 承载能力极限状态

承载能力极限状态是指结构或构件达到最大承载能力、出现疲劳破坏、发生不适于继续承载的变形或因结构局部破坏而引发连续倒塌。当结构或构件出现下列状态之一时，即认为超过了承载能力极限状态。

(1) 整个结构或其中的一部分作为刚体失去平衡(如倾覆、过大的滑移)。

(2) 结构构件或连接部位因材料强度被超过而遭破坏，包括承受多次重复荷载，构件产生的疲劳或破坏(如钢筋混凝土梁受压区混凝土达到抗压强度)。

(3) 结构构件或连接部位因产生过度的塑性变形而不适于继续承载(如受弯构件中的少筋梁)。

(4) 构件转变为机动体系(如超静定结构由于某些截面的屈服形成塑性铰,使结构成为几何可变体系)。

(5) 结构或构件丧失稳定(如细长柱达到临界荷载发生压屈)。

(6) 地基丧失承载力而破坏。

2. 正常使用极限状态

结构或构件达到正常使用或耐久性的某项规定限值为正常使用极限状态。当结构或构件出现下列状态之一时,应认为超过了正常使用极限状态。

(1) 影响正常使用或外观的变形(如梁产生超过了挠度限值的挠度)。

(2) 影响正常使用或耐久性的局部损坏(如不允许出现裂缝的构件开裂;或允许出现裂缝的构件,其裂缝宽度超过了允许限值)。

(3) 影响正常使用的振动。

(4) 影响正常使用的其他特定状态(如由于钢筋锈蚀产生的沿钢筋的纵向裂缝)。

1.3 极限状态设计法

在进行建筑构件设计时,应对两类极限状态,根据结构的特点和使用要求给出具体的标志和限值,以作为结构设计的依据。这种以结构的各种功能要求的极限状态作为结构设计依据的设计方法,称为**极限状态设计法**。

建筑结构设计方法

1.3.1 承载能力极限状态计算

(1) 结构或结构构件的破坏或过度变形的承载能力极限状态设计,应符合式(1-1)的规定。

$$\gamma_0 S_d \leqslant R_d \tag{1-1}$$

式中　γ_0——结构重要性系数,见表 1-1;
　　　S_d——承载能力极限状态的荷载效应组合设计值;
　　　R_d——承载能力极限状态的结构或结构构件的抗力设计值。

(2) 结构整体或其一部分作为刚体失去静力平衡的承载能力极限状态设计,应符合式(1-2)的规定。

$$\gamma_0 S_{d,dst} \leqslant S_{d,stb} \tag{1-2}$$

式中　$S_{d,dst}$——不平衡作用效应的设计值;
　　　$S_{d,stb}$——平衡作用效应的设计值。

表 1-1 结构重要性系数 γ_0

设计使用年限或安全等级	示 例	γ_0
5 年及以下或安全等级为三级	临时性结构	≥0.9
50 年或安全等级为二级	普通房屋或构筑物	≥1.0
100 年及以上或安全等级为一级	纪念性建筑和特别重要的建筑结构	≥1.1

(3) 基本组合的效应设计值按式(1-3)中最不利值确定。

$$S_d = S(\sum_{i\geq 1}\gamma_{G_i}G_{ik} + \gamma_P P + \gamma_{Q_1}\gamma_{L_1}Q_{1k} + \sum_{j>1}\gamma_{Q_j}\psi_{cj}\gamma_{L_j}Q_{jk}) \tag{1-3}$$

式中　$S(\cdot)$——作用组合的效应函数；

G_{ik}——第 i 个永久作用的标准值；

P——预应力作用的有关代表值；

Q_{1k}——第 1 个可变作用(主导可变作用)的标准值；

Q_{jk}——第 j 个可变作用的标准值；

γ_{G_i}——第 i 个永久作用的分项系数；

γ_P——预应力作用的分项系数；

γ_{Q_1}——第 1 个可变作用(主导可变作用)的分项系数；

γ_{Q_j}——第 j 个可变作用的分项系数；

γ_{L_1}、γ_{L_j}——第 1 个和第 j 个考虑结构设计使用年限的荷载调整系数，应按有关规定采用；

ψ_{cj}——第 j 个可变作用的组合值系数，应按有关规范的规定采用。

楼面和屋面活荷载考虑设计使用年限的荷载调整系数 γ_L 应按表 1-2 采用，对雪荷载和风荷载，不考虑荷载调整系数 γ_L。

表 1-2 楼面和屋面活荷载考虑设计使用年限的荷载调整系数 γ_L

结构设计使用年限/年	5	50	100
γ_L	0.9	1.0	1.1

注：① 当设计使用年限不为表中数值时，荷载调整系数 γ_L 可按线性内插确定。
　　② 对于荷载标准值可控制的活荷载，荷载调整系数 γ_L 取 1.0。

1.3.2 正常使用极限状态计算

在正常使用极限状态计算中，应根据不同的设计要求，采用荷载的标准组合、频遇组合或准永久组合，按式(1-4)进行设计。

$$S_d \leq C \tag{1-4}$$

式中　S_d——正常使用极限状态的荷载效应组合设计值；

C——结构构件达到正常使用要求的规定限值，应按各有关建筑结构设计规范的规定采用。

正常使用情况下荷载效应和结构抗力的变异性，已经在确定荷载标准值和结构抗力标准值时做出了一定程度的处理，并具有一定的安全储备。考虑到正常使用极限状态设计属于校核验算性质，所要求的安全储备可以略低一些，所以采用荷载效应及结构抗力标准值进行计算。

(1) 对于标准组合，荷载效应组合的设计值 S_d 按式(1-5)计算(仅适用于荷载与荷载效应为线性的情况)。

$$S_d = S(\sum_{i \geq 1} G_{ik} + P + Q_{1k} + \sum_{j>1} \psi_{cj} Q_{jk}) \tag{1-5}$$

标准组合是在设计基准期内根据正常使用条件可能出现最大可变荷载时的荷载标准值进行组合而确定的，在一般情况下采用这种组合值进行正常使用极限状态的验算。

(2) 对于频遇组合，荷载效应组合的设计值可按式(1-6)计算。

$$S_d = S(\sum_{i \geq 1} G_{ik} + P + \psi_{f1} Q_{1k} + \sum_{j>1} \psi_{qj} Q_{jk}) \tag{1-6}$$

式中　ψ_{f1}——可变荷载 Q_1 的频遇值系数；
　　　ψ_{qj}——可变荷载 Q_i 的准永久值系数。

> **特别提示**
>
> 频遇组合是采用考虑时间影响的频遇值为主导进行组合而确定的。当结构或构件允许考虑荷载总持续时间较短或出现次数较少时，则应按其相应的最大可变荷载的组合(频遇组合)进行正常使用极限状态的验算。例如，构件考虑疲劳的破坏时，应按所需承受的疲劳次数相应的频遇组合值进行疲劳强度的验算，但如果采用较大的荷载标准组合值进行验算，则构件将会超过所需承受的疲劳次数，亦即其实际设计使用年限超过了设计基准期，但该构件最终是要随着设计使用年限仅为设计基准期的结构其他构件的报废而报废的，可见按频遇组合值验算是较为经济合理的。

对于频遇组合的应用，尤其是当结构振动时涉及人的舒适性，影响非结构构件的性能和设备的使用功能时，应采用这种荷载组合进行极限状态的验算。在《建筑结构荷载规范》(GB 50009—2012)中提出了频遇组合的计算条文，但由于当前所给出的频遇组合值系数和对结构构件达到正常使用要求的相应规定限值尚不够完善，因此也没有明确规定其具体应用场合，当有成熟经验时，可以采用这种组合进行极限状态的验算。

(3) 对于准永久组合，荷载效应组合值可按式(1-7)计算。

$$S_d = S(\sum_{i \geq 1} G_{ik} + P + \sum_{j \geq 1} \psi_{qj} Q_{jk}) \tag{1-7}$$

准永久组合是采用设计基准期内持久作用的准永久值进行组合而确定的。它是考虑可变荷载的长期作用并具有自己独立性的一种组合形式。但在《混凝土结构设计标准》(2024年版)(GB/T 50010—2010)中，由于对结构抗力(裂缝、变形)试验研究的结果，多数是在荷载短期作用情况下取得的，因此对荷载准永久组合值的应用，考虑荷载长期作用时仅将它作为对结构抗力(刚度)降低的影响因素之一来采用。

【例1.1】 某办公楼钢筋混凝土矩形截面简支梁，安全等级为二级（γ_0=1.0），设计使用年限50年，截面尺寸$b \times h$ = 200mm×400mm，计算跨度l_0=5m，净跨度l_n=4.86m，承受均布线荷载：活荷载标准值7kN/m，恒荷载标准值10kN/m（不包括自重）。试计算按承载能力极限状态设计时的跨中弯矩设计值和支座边缘截面剪力设计值。

【解】钢筋混凝土的重度标准值为25kN/m³，故梁自重标准值为25kN/m³×0.2m×0.4m=2 kN/m。总恒荷载标准值G_k=10kN/m+2kN/m=12kN/m。恒荷载产生的跨中弯矩标准值和支座边缘截面剪力标准值分别为

$$M_{Gk} = \frac{1}{8} G_k l_0^2 = \frac{1}{8} \times 12 \times 5^2 = 37.5(kN \cdot m)$$

$$V_{Gk} = \frac{1}{2} G_k l_n = \frac{1}{2} \times 12 \times 4.86 = 29.16(kN)$$

活荷载产生的跨中弯矩标准值和支座边缘截面剪力标准值分别为

$$M_{Qk} = \frac{1}{8} Q_k l_0^2 = \frac{1}{8} \times 7 \times 5^2 = 21.875(kN \cdot m)$$

$$V_{Qk} = \frac{1}{2} Q_k l_n = \frac{1}{2} \times 7 \times 4.86 = 17.01(kN)$$

本例只有一个活荷载，即为第一可变荷载。故计算由活荷载弯矩控制的跨中弯矩设计值时，γ_G=1.3，γ_Q=1.5。由式(1-3)得由活荷载弯矩控制的跨中弯矩设计值和支座边缘截面剪力设计值分别为

$$M = \gamma_0 (\gamma_G M_{Gk} + \gamma_Q M_{Qk}) = 1.0 \times (1.3 \times 37.5 + 1.5 \times 21.875) = 81.5625(kN \cdot m)$$

$$V = \gamma_0 (\gamma_G V_{Gk} + \gamma_Q V_{Qk}) = 1.0 \times (1.3 \times 29.16 + 1.5 \times 17.01) = 64.423(kN)$$

得跨中弯矩设计值M = 81.5625kN·m，支座边缘截面剪力设计值V=64.423 kN。

【例1.2】 某办公楼楼面受均布荷载，其中由永久荷载引起的跨中弯矩标准值M_{Gk}=1.8kN·m，由可变荷载引起的跨中弯矩标准值M_{Qk}=1.5kN·m，安全等级为二级（γ_0=1.0），可变荷载组合系数ψ_c=0.7，设计使用年限为50年，求板跨中最大弯矩设计值。

【解】 基本组合效应设计值：

$$S_d = S(\sum_{i \geqslant 1} \gamma_{G_i} G_{ik} + \gamma_P P + \gamma_{Q_1} \gamma_{L_1} Q_{1k} + \sum_{j>1} \gamma_{Q_j} \psi_{cj} \gamma_{L_j} Q_{jk})$$

$$= 1.3 \times 1.8 + 1.5 \times 1.5 = 4.59(kN \cdot m)$$

故板跨中最大弯矩设计值为4.59kN·m。

1.3.3 耐久性验算

材料的耐久性是指它暴露在使用环境下，抵抗各种物理和化学作用的能力。对钢筋混凝土结构而言，钢筋被浇筑在混凝土内，混凝土起到保护钢筋的作用，如果能够根据其使用条件对结构进行正确的设计和施工，在使用过程中又能对混凝土认真地进行定期维护，则其使用年限可达百年以上。因此，它是一种很耐久的结构。

钢筋混凝土结构长期暴露在使用环境中，会使材料的耐久性降低。影响耐久性的因素主要有材料的质量、钢筋的锈蚀、混凝土的抗渗及抗冻性、除冰盐对混凝土的破坏等。设计使用年限为 50 年的结构混凝土耐久性的基本要求应符合表 1-3 的规定。

表 1-3　设计使用年限为 50 年的结构混凝土耐久性的基本要求

环境类别	最大水胶比	最低混凝土强度等级	最大氯离子含量/%	最大碱含量/(kg/m³)
一	0.60	C20	0.30	不限制
二 a	0.55	C25	0.20	3.0
二 b	0.50(0.55)	C35(C25)	0.15	
三 a	0.45(0.50)	C35(C30)	0.15	
三 b	0.40	C40	0.10	

注：① 氯离子含量系指其占胶凝材料总量的百分率。
② 预应力构件混凝土中的最大氯离子含量为 0.06%；其最低混凝土强度等级应按表中的规定提高两个等级。
③ 素混凝土构件的水胶比及最低强度等级的要求可适当放宽。
④ 有可靠工程经验时，二类环境中的最低混凝土强度等级可降级一级。
⑤ 处于严寒和寒冷地区二 b、三 a 类环境中的混凝土应使用引气剂，并可采用括号中的有关参数。
⑥ 当使用非碱活性骨料时，对混凝土中的碱含量可不进行限制。

设计使用年限为 100 年且处于一类环境中的混凝土结构应符合下列规定。

(1) 钢筋混凝土结构混凝土强度等级不应小于 C30，预应力混凝土结构最低强度等级为 C40。

(2) 混凝土中氯离子质量分数不得超过水泥质量的 0.06%。

(3) 宜使用非碱活性骨料；当使用碱活性骨料时，混凝土中的碱含量不得超过 3.0kg/m³。

(4) 混凝土保护层在使用过程中宜采取表面防护、定期维护等有效措施。

本 章 小 结

(1) 建筑结构的功能要求和极限状态。

建筑结构的功能要求：安全性、适用性、耐久性。结构在规定的时间内、规定的条件下，完成其预定功能的能力称为结构的可靠性。

结构的极限状态划分为两类：承载能力极限状态和正常使用极限状态。

(2) 极限状态设计法。

承载能力极限状态一般采用荷载的基本组合，实用设计表达式中应考虑结构的重要性系数。正常使用极限状态采用荷载的标准组合、频遇组合或准永久组合，实用设计表达式中不考虑结构的重要性系数。

习 题

一、判断题

1. 风荷载、雪荷载、爆炸力、撞击力都属于偶然荷载。 （ ）
2. 在承载能力极限状态设计中一般采用荷载设计值,而在正常使用极限状态设计中采用荷载标准值。 （ ）
3. 结构在正常使用时,应具有足够的耐久性能。 （ ）
4. 构件若超出承载能力极限状态,则有可能发生严重后果。 （ ）
5. 荷载设计值是荷载的标准值与荷载分项系数的乘积。 （ ）

二、单选题

1. 永久荷载的分项系数,当对结构不利时,不应小于( )。
   A. 1.2 B. 1.3 C. 1.4 D. 1.0
2. 当结构或构件出现下列( )状态时,即认为超过了正常使用极限状态。
   A. 结构转变为可变体系 B. 结构或构件丧失稳定
   C. 挠度超过允许限值 D. 结构发生倾覆
3. 如结构或结构的一部分作为刚体失去了平衡状态,就认为超出了( )。
   A. 承载能力极限状态 B. 正常使用极限状态
   C. 刚度 D. 强度
4. 下列几种状态中,不属于超过承载能力极限状态的是( )。
   A. 结构转变为机动体系 B. 结构丧失稳定
   C. 地基丧失承载力而破坏 D. 结构产生影响外观的变形
5. 结构的可靠性是指( )。
   A. 安全性、耐久性、稳定性 B. 安全性、适用性、稳定性
   C. 适用性、耐久性、稳定性 D. 安全性、适用性、耐久性

三、简答题

1. 结构的功能主要有哪几项?结构的极限状态有哪几类?主要内容是什么?
2. 什么是荷载的基本代表值?永久荷载的代表值是什么?可变荷载的代表值有几个?分别是什么?荷载设计值与标准值有何关系?
3. 影响混凝土结构耐久性的因素有哪些?

在线答题

第 2 章 钢筋和混凝土的力学性能

教学目标

通过本章的学习，了解影响混凝土强度的因素，掌握混凝土立方体抗压强度、轴心抗压强度、轴心抗拉强度及钢筋的力学性能，具备正确分析钢筋和混凝土力学性能的能力，能正确选用混凝土和钢筋，为后续章节的学习奠定基础。

教学要求

能力目标	知识要点	权重	自评分数
掌握钢筋的力学性能	钢筋的分类	20%	
	钢筋的强度	20%	
	钢筋的变形	10%	
	钢筋的选用	5%	
掌握混凝土的力学性能	混凝土的强度	15%	
	混凝土的变形	10%	
	混凝土的选用	5%	
掌握钢筋与混凝土之间的黏结	黏结的作用及强度	15%	

章节导读

钢筋混凝土构件是由钢筋和混凝土两种完全不同的材料组成的。钢筋和混凝土的强度、变形以及两者共同工作时的特性直接影响钢筋混凝土结构和构件的性能,是学习钢筋混凝土构件受力性能、计算理论和设计方法的基础。本章讲述钢筋与混凝土的主要物理力学性能以及混凝土与钢筋的黏结。

引例

随着现代高层、超高层建筑(构筑物)和大跨度结构的不断涌现,为设计、施工提供物质保障的工程材料也达到前所未有的水平。在建筑中为了表现建筑师的灵感,结构特异的新型建筑层出不穷。国家体育场"鸟巢"位于奥林匹克公园中心区南部,是2008年北京奥运会的主体育场,如图2.1所示。建筑顶面呈马鞍形,长轴(南北向)为332.3m,短轴(东西向)为296.4m,南北跨度方向最高点为68.5m,东西最低高度为42.8m。屋盖中间开洞长度为186.7m,宽度为127.5m。高度:地上为68.5m(钢屋盖顶),地下为7.1m。国家体育场空间钢结构由24榀钢桁架围绕着体育场内部碗状看台区旋转而成,其结构形式复杂,规模宏大、壮观,是钢筋与混凝土结构材料的完美组合。

图2.1 国家体育场"鸟巢"

引例小结

钢筋和混凝土材料广泛应用于水利、建筑、交通、港口等领域。从雄伟的水库大坝到高耸入云的摩天大楼,从四通八达的高速公路到通达全球的碧波港口,到处都有它们的身影。党的二十大报告提出,推动战略性新兴产业融合集群发展,构建新一代信息技术、人工智能、生物技术、新能源、新材料、高端装备、绿色环保等一批新的增长引擎。随着科技进步,合理选用建筑材料,并采用工业化的建造工艺,可以降低土木工程行业的碳排放,降低建筑材料对环境、健康与可持续发展的负面影响。工程人员只有正确了解建筑材料的优缺点,才能充分发挥其功能,做到物尽其用,为国家建设发展做出贡献。建筑材料知识和技能的掌握是工程建设从业人员所必备的基本专业素养和专业工作能力之一。无论是从事施工,还是从事规划设计、市政建设、工程监理、勘察设计等相关工作,都需要掌握建筑材料知识和技能。

2.1 钢筋的力学性能

材料的力学性能,主要是指材料在外力(荷载)作用下,有关抵抗破坏和变形能力的性质。

2.1.1 钢筋的种类和级别

混凝土结构采用的钢筋分为普通钢筋和预应力筋。

钢筋的成分、分类、级别、品种

1. 普通钢筋

《混凝土结构设计标准》(2024年版)(GB/T 50010—2010)规定,混凝土结构用的普通钢筋是热轧钢筋。热轧钢筋是低碳钢、低合金钢在高温状态下轧制而成的软钢,其单向拉伸下的力学试验,有明显的屈服点和屈服台阶,有较大的伸长率,断裂时有颈缩现象。

根据屈服强度标准值的高低,普通钢筋分为 4 个强度等级:300MPa、335MPa(现已淘汰)、400MPa、500MPa。普通钢筋分为 8 个牌号,其牌号为:HPB300、HRB335(现已淘汰)、HRBF335(现已淘汰)、HRB400、HRBF400、RRB400、HRB500、HRBF500。牌号中 HPB 系列是热轧光圆钢筋;HRB 系列是普通热轧带肋钢筋;HRBF 系列是采用控温轧制生产的细晶粒带肋钢筋;RRB 系列是余热处理钢筋,由轧制钢筋经高温淬水、余热处理后提高强度,其延性、可焊性、机械性能及施工适应性降低,一般可用于对变形性能及加工性能要求不高的构件中。牌号中的数值表示的是钢筋的屈服强度标准值。如 HPB300 表示的是屈服强度标准值为 300MPa 的热轧光圆钢筋。

2. 预应力筋

我国目前用于预应力混凝土结构中的预应力筋,主要分为 3 种,即预应力钢丝、钢绞线、预应力螺纹钢筋。

(1) 预应力钢丝。常用的预应力钢丝公称直径有 5mm、7mm 和 9mm 等规格,主要采用消除应力光面钢丝和螺旋肋钢丝。根据其强度级别可分为:中强度预应力钢丝,其极限强度标准值为 800~1270MPa;高强度预应力钢丝,其极限强度标准值为 1470~1860MPa 等。

(2) 钢绞线。钢绞线是由冷拉光圆钢丝,按一定数量捻制而成钢绞线,再经过消除应力的稳定化处理,以盘卷状供应的。常用的 3 根钢丝捻制的钢绞线表示为 1×3,公称直径为 8.6~12.9mm;常用的 7 根钢丝捻制的钢绞线表示为 1×7,公称直径为 9.5~21.6mm。

预应力筋通常由多根钢绞线组成,例如有 12—1×7—9.5,11.10,12.70,15.20,15.70,17.80 等型号规格的预应力钢筋。现以 12—1×7—9.5 为例,9.5 表示公称直径为 9.5mm 的钢丝,1×7—9.5 表示 7 条公称直径为 9.5mm 的钢丝组成一根钢绞线,而 12 表示 12 根这种钢绞线组成一束钢筋,总的含义为:一束由 12 根钢绞线(每根钢绞线由 7 条公称直径为 9.5mm 的钢丝捻制)组成的钢筋。

钢绞线的主要特点是强度高、抗松弛性能好、展开时较挺直。钢绞线要求内部不应有折断、横裂和相互交叉的钢丝,表面不得有油污等物质,以免降低钢绞线与混凝土之间的黏结力。

(3) 预应力螺纹钢筋。预应力螺纹钢筋是采用热轧、轧后余热处理或热处理等工艺制作而成的带有不连续无纵肋的外螺纹的直条钢筋，该钢筋在任意截面处可用带有匹配形状的内螺纹的连接器或锚具进行连接或锚固。钢筋直径为 18～50mm，具有高强度、高韧性等特点。要求钢筋端部平齐，不影响连接件通过。表面不得有横向裂缝、结疤，但允许有不影响钢筋力学性能和连接的其他缺陷。

2.1.2 钢筋与混凝土的共同工作

钢筋与混凝土是两种力学性质完全不同的材料，两者组合在一起能共同工作的原因主要有以下几方面。

(1) 混凝土硬化后，在钢筋与混凝土之间产生良好的黏结力，将两者可靠地黏结在一起，从而保证构件受力时，钢筋与混凝土共同变形而不产生相对滑动。

(2) 钢筋与混凝土两种材料的温度线膨胀系数大致相等。钢筋的线膨胀系数为 $2\times10^{-5}/℃$，混凝土为 1.0×10^{-5}～$1.5\times10^{-5}/℃$。所以，当温度发生变化时，两者不致产生较大的温度应力而破坏两者间的整体性。

(3) 钢筋被包裹在混凝土之中，混凝土能很好地保护钢筋免于锈蚀，从而增加了结构的耐久性，使结构始终处于整体工作状态。

2.1.3 混凝土结构钢筋的选用

1. 混凝土结构对钢筋性能的要求

《混凝土结构设计标准》(2024 年版)(GB/T 50010—2010)根据"四节一环保"的要求，提倡应用高强、高性能钢筋。其中高性能包括延性好、可焊性好、机械连接性能好、施工适应性强以及与混凝土的黏结力强等。

(1) 钢筋的强度：包括钢筋的屈服强度和极限强度。混凝土构件的设计计算主要采用钢筋的屈服强度(对无明显流幅的钢筋，取用的是条件屈服点)。采用高强度的钢筋可以节约钢材，取得较好的经济效果。

(2) 钢筋的延性：要求钢筋有一定的延性是为了确保钢筋在断裂前有足够的变形，以确保能给出混凝土构件在破坏前的预告信号，同时要保证钢筋冷弯的要求和钢筋的塑性性能。钢筋的伸长率和冷弯性能是施工单位验收钢筋是否合格的主要指标。

(3) 钢筋的可焊性：评定钢筋焊接后的接头性能的指标，可焊性好即要求钢筋在一定的工艺下焊接后不产生裂纹及过大的变形。

(4) 钢筋的机械连接性能：机械连接是钢筋连接的主要方式之一，目前我国工地上的机械接头大多采用直螺纹套筒连接，这就要求钢筋具有较好的机械连接性能，以便能在工地上把钢筋端头轧制螺纹。

结构材料

2. 混凝土结构钢筋的选用规定

混凝土结构钢筋应按下列规定选用。

(1) 纵向受力普通钢筋宜采用 HRB400、HRB500、HRBF400、HRBF500、

RRB400、HPB300 钢筋；梁、柱和斜撑构件的纵向受力普通钢筋宜采用 HRB400、HRB500、HRBF400、HRBF500 钢筋。

(2) 箍筋宜采用 HRB400、HRBF400、HPB300、HRB500、HRBF500 钢筋。

(3) 预应力筋宜采用预应力钢丝、钢绞线和预应力螺纹钢筋。

钢筋的强度标准值应具有不小于 95%的保证率。

构件中的钢筋可采用并筋的配置形式。直径 28mm 及以下的钢筋并筋数量不应超过 3 根；直径 32mm 的钢筋并筋数量宜为 2 根；直径 36mm 及以上的钢筋不应采用并筋。并筋应按单根等效钢筋进行计算，等效钢筋的等效直径应按截面面积相等的原则换算确定。

当进行钢筋代换时，除应符合设计要求的构件承载力、最大力下的总伸长率、裂缝宽度验算以及抗震规定以外，尚应满足最小配筋率、钢筋间距、保护层厚度、钢筋锚固长度、接头面积百分率及搭接长度等构造要求。

当构件中采用预制的钢筋焊接网片或钢筋骨架配筋时，应符合国家现行有关标准的规定。

各种公称直径的普通钢筋、预应力筋的公称截面面积及理论质量应按附录中附表 11～附表 14 采用。

2.2 混凝土的力学性能

2.2.1 混凝土强度

普通混凝土是由水泥、砂、石和水按一定配合比拌和，经凝固硬化后形成的人工石材。混凝土强度的大小不仅与组成材料的质量和配合比有关，而且与混凝土的养护条件、龄期、受力情况以及测定其强度时所采用的试件形状、尺寸和试验方法也有密切的关系。在研究各种单向受力状态下的混凝土强度指标时，必须以统一规定的标准试验方法为依据。

混凝土的力学性能

1. 混凝土的立方体抗压强度(f_{cu})

《混凝土结构设计标准》(2024 年版)(GB/T 50010—2010)规定，测定立方体抗压强度时，用边长为 150mm 的标准立方体试件，在标准养护条件下[温度(20±3)℃，相对湿度不小于 90%]，养护 28d 后在试验机上对其试压。试压时，试块表面不涂润滑剂，全截面受力，加荷速度每秒为 0.3～0.8N/mm²。试块加压至破坏时所测得的极限平均压应力，称为混凝土的立方体抗压强度，用符号 f_{cu} 表示。

混凝土强度等级用符号 C 表示，即 concrete(混凝土)第一个字母的大写，共有 14 个等级，包括 C15、C20、C25、C30、C35、C40、C45、C50、C55、C60、C65、C70、C75、C80。字母 C 后面的数字表示以 N/mm² 为单位的立方体抗压强度标准值(具有不小于 95%保证率)。

2. 混凝土的轴心抗压强度(f_c)

在实际工程中,受压构件往往不是立方体,而是棱柱体,因而采用棱柱体试件比立方体试件能更好地反映混凝土的实际抗压能力。用标准棱柱体试件测定的混凝土抗压强度称为混凝土的轴心抗压强度或棱柱体强度,用符号 f_c 表示。

试验表明,当棱柱体试件的高度 h 与截面边长 b 的比值为 2~4 时,混凝土的抗压强度比较稳定。这是因为在此范围内既可消除垫板与试件之间摩擦力对抗压强度的影响,又可消除可能的附加偏心距对试件抗压强度的影响。因此,我国混凝土材料试验中规定以 150mm×150mm×300mm 的试件作为试验混凝土轴心抗压强度的标准试件。

在钢筋混凝土结构中,计算受弯构件正截面承载力以及偏心受拉和受压构件时,采用混凝土的轴心抗压强度作为计算指标。

3. 混凝土的轴心抗拉强度(f_t)

混凝土的抗拉强度远小于其抗压强度,一般只有抗压强度的 1/18~1/9,因此,在钢筋混凝土结构中一般不采用混凝土承受拉力。

《混凝土结构设计标准》(2024 年版)(GB/T 50010—2010)采用直接测试法来测定混凝土抗拉强度,即在棱柱体试件(100mm×100mm×500mm)两端预埋钢筋(每端长度为 150mm、直径为 16mm 的变形钢筋),且使钢筋位于试件的轴线上,然后施加拉力,如图 2.2 所示,试件破坏时截面的平均拉应力即为混凝土的轴心抗拉强度,用符号 f_t 表示。

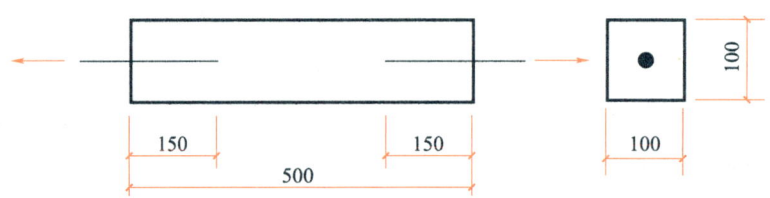

图 2.2 混凝土轴心抗拉试验

2.2.2 混凝土的变形

混凝土的变形分为两类:一类称为混凝土的受力变形,包括一次短期加荷的变形,在长期荷载作用下的变形等;另一类称为混凝土的体积变形,包括混凝土的收缩,由于温度变化产生的变形等。

1. 混凝土一次短期加荷的变形

混凝土在单向短期单调加荷作用下的变形性能,可见混凝土的应力-应变曲线(图 2.3)。

(1) 混凝土的应力-应变曲线的分析。

① OA 段:$\sigma \leqslant 0.3 f_c$,应力与应变呈线性关系,内部裂缝没有发展,试件可以近似地作为弹性体。此时变形主要是骨料和水泥结晶体的弹性变形,而水泥胶凝体的黏性流动以及初始微裂缝的变化很小。

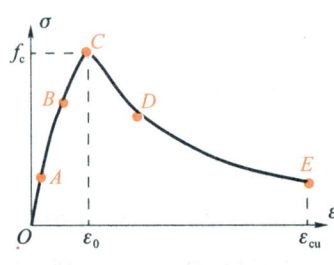

图 2.3 混凝土的应力-应变曲线

② *AB* 段：$\sigma = (0.3 \sim 0.8) f_c$，塑性变形逐渐增加，内部裂缝有所发展。混凝土表现出塑性性质，应变的增加开始大于应力的增加，应力-应变曲线偏离直线，曲线逐渐弯曲。这是由于水泥胶凝体的黏性流动以及混凝土中微裂缝的发展，新裂缝不断产生的结果。

③ *BC* 段：$\sigma = (0.8 \sim 1.0) f_c$，塑性变形显著增加，内部裂缝呈非稳定状态，$C$ 点的应力达到最大值，出现若干条通缝。

④ *CD* 段：试件承载力下降，应变继续增加，裂缝继续发展，最终宣告破坏。

(2) 混凝土的应力-应变曲线的特点。

通过混凝土的应力-应变曲线，可看出混凝土是一种弹塑性材料。混凝土的应力-应变曲线分为上升段和下降段，这就说明混凝土在破坏过程中承载力有一个从增加到减少的过程。

(3) 混凝土的弹性模量。

混凝土只有在应力很小($\sigma \leq 0.3 f_c$)时才存在弹性模量。通常取混凝土的应力-应变曲线原点处切线的斜率作为混凝土的弹性模量，又称其为初始弹性模量或原点模量，用 E_c 表示，单位为 N/mm²。混凝土弹性模量的计算公式为

$$E_c = \frac{10^5}{2.2 + 34.7 / f_{cu,k}} \tag{2-1}$$

式中　$f_{cu,k}$——混凝土立方体抗压强度标准值。

不同强度等级的混凝土的弹性模量可以查附表 4。

2. 混凝土在长期荷载作用下的变形

混凝土受到荷载作用后，在荷载(应力)不变的情况下，变形(应变)随时间而不断增长的现象称为混凝土的徐变。徐变将有利于结构的内力重分布，减少应力集中现象及减少温度应力等。但混凝土的徐变会使构件变形增大；在预应力混凝土构件中，徐变会导致预应力损失；对于长细比较大的偏心受压构件，徐变会使偏心距增大而降低构件承载力。

混凝土徐变产生的原因目前有着各种不同的解释，通常认为：混凝土产生徐变，一个原因是混凝土中一部分尚未转化为结晶体的水泥胶凝体，在荷载的长期作用下产生的塑性变形；另一个原因是混凝土内部微裂缝在荷载的长期作用下不断发展和增加，从而导致应变的增加。当应力不大时，产生徐变的原因以前者为主，当应力较大时，以后者为主。

影响混凝土徐变的因素如下。

(1) 加荷时混凝土的龄期越早，则徐变越大。因此，加强养护促使混凝土尽早结硬，对减小徐变是较有效的。蒸汽养护可使徐变减小 20%～35%。

(2) 持续作用的应力越大，徐变也越大。

(3) 水灰比大，水泥用量多，徐变大。

(4) 使用高质量水泥以及强度和弹性模量大、级配好的集料(骨料)，徐变小。

(5) 混凝土工作环境的相对湿度低则徐变大，高温干燥环境下徐变将显著增大。

3. 混凝土的收缩

混凝土在空气中结硬，体积减小的现象称为混凝土的收缩。混凝土的收缩是由于混凝土硬化过程中化学反应产生的凝缩和混凝土内的自由水蒸发产生的干缩。混凝土的收缩对混凝土构件是不利的。例如，混凝土构件受到约束时，混凝土的收缩将使混凝土构件中产生拉应力，在构件使用前就可能因混凝土收缩应力过大而产生裂缝。在预应力混凝土结构中，混凝土的收缩会引起预应力损失。

> **特别提示**
>
> 试验表明，混凝土的收缩随时间的增加而增长。一般在半年内可完成收缩量的80%～90%，两年后趋于稳定，最终收缩应变为 $2\times10^{-4}\sim5\times10^{-4}$。
>
> 试验还表明，水泥用量越多、水灰比越大，则混凝土的收缩越大；骨料的弹性模量越大、级配越好，混凝土浇捣越密实，则收缩越小。同时，使用环境湿度越大，收缩也越小。因此，加强混凝土的早期养护、减小水灰比、减少水泥用量、加强振捣是减小混凝土收缩的有效措施。

2.3 钢筋与混凝土之间的黏结

2.3.1 黏结作用

钢筋和混凝土之间的黏结是钢筋和混凝土这两种力学性质不同的材料在结构构件中能够形成整体共同工作的基础。通过对受弯构件的试验研究进行分析，发现：黏结力的存在使钢筋的应力沿其长度方向发生变化；没有钢筋应力的变化，就不存在黏结力。

钢筋和混凝土之间的黏结力主要由以下三个方面组成。

(1) 钢筋和混凝土接触面上的黏结——化学吸附力，亦称胶结力。这来源于浇筑时水泥浆体向钢筋表面氧化层的渗透和养护过程中水泥晶体的生长和硬化，从而使水泥胶体与钢筋表面产生吸附胶着作用。这种化学吸附力只能在钢筋和混凝土的界面处于原生状态时才存在，一旦发生滑移，它就失去作用，但其值很小，不起明显作用。

(2) 钢筋与混凝土之间的摩阻力。由于混凝土凝固时收缩，使钢筋与混凝土接触面上产生正应力，因此，当钢筋和混凝土产生相对滑移时(或有相对滑移的趋势时)，在钢筋和混凝土的界面上将产生摩阻力。光面钢筋与混凝土的黏结力主要靠摩阻力。

(3) 钢筋与混凝土的机械咬合力。对于光面钢筋，咬合力是指表面粗糙不平而产生的咬合作用；对于带肋钢筋，咬合力是指带肋钢筋肋间嵌入混凝土而形成的机械咬合作用，这是带肋钢筋与混凝土黏结力的主要来源。

光面钢筋和带肋钢筋黏结机理的主要差别：对于光面钢筋而言，钢筋和混凝土之间的黏结力主要来自胶结力和摩阻力，当外力较小时，钢筋与混凝土表面的黏结力主要以化学胶结力为主，钢筋与混凝土表面无相对滑移，随着外力的增加，胶结力被破坏，钢筋与混凝土之间有明显的相对滑移，这时黏结力主要是钢筋与混凝土之间的摩阻力。但对带肋钢筋而言，钢筋和混凝土之间的黏结力主要来自摩阻力和机械咬合力。

2.3.2 影响黏结强度的因素

黏结强度 τ_u 是指黏结破坏时钢筋与混凝土界面上的最大平均黏结应力,可由抗拔试验来测定,如图 2.4 所示。影响钢筋和混凝土之间黏结强度的因素很多,主要有钢筋的表面形状、混凝土强度等级、横向钢筋、保护层厚度和钢筋间距、受力情况、锚固长度等。我国《混凝土结构设计标准》(2024 年版)(GB/T 50010—2010)中规定了一些构造措施来保证钢筋与混凝土的黏结强度,这些构造措施有:控制钢筋保护层厚度、钢筋搭接长度、锚固长度、钢筋净距,受力光面钢筋端部做成弯钩等。

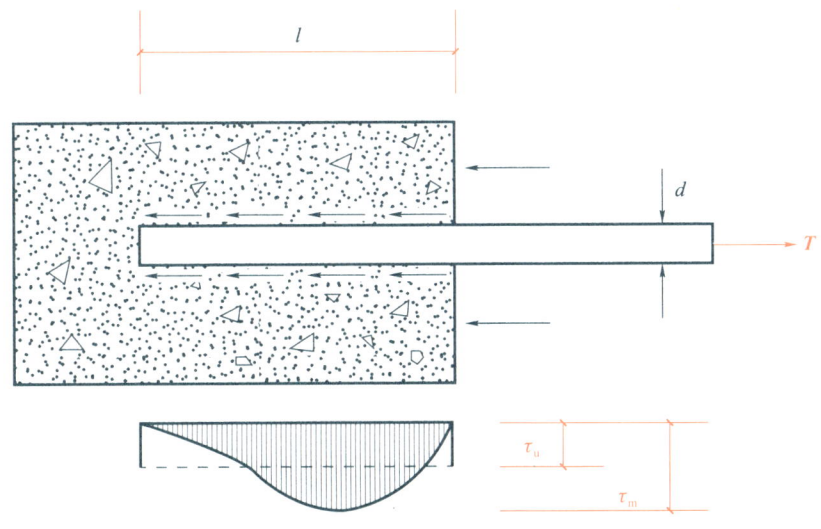

图 2.4 钢筋抗拔试验

1. 钢筋的表面形状

钢筋的表面形状对黏结强度有明显影响,带肋钢筋的黏结强度比光面钢筋高得多,大致可高出 2～3 倍,故钢筋混凝土结构中宜优先采用带肋钢筋。如果采用光面钢筋,其端部应做成弯钩形。直径较粗带肋钢筋的黏结强度比直径较细带肋钢筋低,因直径加大时相对肋的面积增加不多。

2. 混凝土强度等级

黏结强度随混凝土强度等级的提高而提高,但并非线性关系。带肋钢筋的黏结强度与混凝土的抗拉强度大致成正比。

3. 横向钢筋

横向钢筋的存在限制了径向裂缝的发展,使黏结强度得到提高。梁中如果配有箍筋可以延缓劈裂裂缝的发展或限制其宽度,从而提高黏结强度。因此在较大直径钢筋的锚固区和搭接长度范围内,以及当一排并列的钢筋根数较多时,均应增加一定数量的附加箍筋,以防止混凝土保护层的劈裂崩落。

4. 保护层厚度和钢筋间距

对带肋钢筋,当混凝土保护层太薄时,径向裂缝可能发展至构件表面,出现纵向劈裂裂缝。当钢筋的净间距太小时，其外围混凝土将发生贯穿整个梁宽的水平劈裂裂缝(沿钢筋水平处)，使整个混凝土保护层崩落。

因此，《混凝土结构设计标准》(2024 年版)(GB/T 50010—2010)规定了各类构件在不同使用环境下和不同混凝土强度等级时，混凝土保护层的最小厚度及钢筋之间的最小净间距。

5. 受力情况

当钢筋的锚固区有侧向压力作用时(如简支梁的支座反力)，黏结强度将提高。受压钢筋直径增大会增加对混凝土的挤压，而使摩擦作用增加。剪力产生的斜裂缝会使锚固钢筋受到销栓作用而降低黏结强度。受反复荷载作用的钢筋，肋前后的混凝土均会被挤碎，导致咬合作用下降而降低黏结强度。

6. 锚固长度

锚固长度较大时，平均黏结强度较小，但总黏结力随锚固长度的增加而增大。当锚固长度增加达到一定值，钢筋受拉达到屈服时未产生黏结破坏，该临界情况的锚固长度称为基本锚固长度 l_{ab}。《混凝土结构设计标准》(2024 年版)(GB/T 50010—2010)以抗拔试验为基础来确定基本锚固长度，根据试验结果，取钢筋受拉时的基本锚固长度为

$$l_{ab} = \alpha \frac{f_y}{f_t} d \tag{2-2}$$

式中　f_y——普通钢筋的抗拉强度设计值；

f_t——混凝土轴心抗拉强度设计值，当混凝土强度等级高于 C60 时，按 C60 取值；

α——锚固钢筋的外形系数，见表 2-1。

表 2-1　锚固钢筋的外形系数

钢筋类型	光面钢筋	带肋钢筋	刻痕钢丝	螺旋肋钢丝	三股钢绞线	七股钢绞线
α	0.16	0.14	0.19	0.13	0.16	0.17

注：光面钢筋是指 HPB300 级钢筋，其末端应做 180°弯钩，弯后平直段长度不应小于 3d，但作受压钢筋时可不做弯钩；带肋钢筋是指 HRB400 级钢筋及 HRB500 级钢筋。

本 章 小 结

本章是学习建筑结构课程应具备的基础知识和理论，也是全书的重点内容之一。

(1) 在工程中常用的混凝土强度有立方体抗压强度、轴心抗压强度和轴心抗拉强度等。其中混凝土立方体抗压强度是衡量混凝土强度最基本的指标，是评价混凝土强度等级的标准。

(2) 钢筋混凝土结构所用钢筋，按其力学性能的不同，可以分为有明显屈服点的钢筋和无明显屈服点的钢筋。

(3) 钢筋和混凝土的强度、变形以及两者共同工作时的特性直接影响钢筋混凝土结构和构件的性能。对于光面钢筋而言，钢筋和混凝土之间的黏结力主要来自胶结力和摩阻力，当外力较小时，钢筋与混凝土表面的黏结力主要以化学胶结力为主，钢筋与混凝土表面无相对滑移，随着外力的增加胶结力被破坏，钢筋与混凝土之间有明显的相对滑移，这时黏结力主要是钢筋与混凝土之间的摩阻力。但对带肋钢筋而言，钢筋和混凝土之间的黏结力主要来自摩阻力和机械咬合力。

习题

一、判断题

1. 混凝土立方体试块的尺寸越大,强度越高。（　　）
2. 普通热轧钢筋受压时的屈服强度与受拉时基本相同。（　　）
3. 钢筋经冷拉后,强度和塑性均可提高。（　　）
4. C20 表示混凝土的 f_{cu}=20N/mm²。（　　）
5. 混凝土抗拉强度随着混凝土强度等级的提高而增大。（　　）
6. 混凝土强度等级越高,胶结力越大。（　　）

二、单选题

1. 混凝土的弹性模量是指(　　)。
   A. 原点弹性模量　　　　　　　　B. 切线模量
   C. 割线模量　　　　　　　　　　D. 变形模量
2. 规范规定的受拉钢筋的基本锚固长度 l_{ab}(　　)。
   A. 随混凝土强度等级的提高而增大
   B. 随混凝土及钢筋等级提高而减小
   C. 随钢筋等级提高而降低
   D. 随混凝土等级提高而减小,随钢筋等级提高而增大
3. 属于有明显屈服点的钢筋是(　　)。
   A. 冷拉钢筋　　B. 钢丝　　　　C. 热处理钢筋　　D. 钢绞线
4. 钢材的含碳量越低,则(　　)。
   A. 屈服台阶越短,伸长率也越小,塑性越差
   B. 强度越高,塑性越好
   C. 屈服台阶越长,伸长率越大,塑性越好
   D. 强度越低,塑性越差
5. 钢筋的屈服强度是指(　　)。
   A. 比例极限　　B. 弹性极限　　C. 屈服上限　　D. 屈服下限

在线答题

三、简答题

1. 软钢和硬钢的区别是什么?设计时分别采用什么值作为依据?
2. 我国用于钢筋混凝土结构的钢筋有几种?我国热轧钢筋的强度分为几个等级?
3. 在钢筋混凝土结构中,宜采用哪些钢筋?
4. 简述混凝土立方体抗压强度、轴心抗压强度。
5. 混凝土的强度等级是如何确定的?
6. 简述混凝土在单向短期单调加荷作用下的应力-应变关系特点。
7. 什么叫作混凝土徐变?混凝土徐变对结构有什么影响?
8. 钢筋与混凝土之间的黏结力是如何组成的?

第 3 章　钢筋混凝土受弯构件

教学目标

通过对钢筋混凝土受弯构件的学习，掌握单筋矩形正截面、双筋矩形正截面和 T 形正截面承载力和斜截面承载力计算的原理，并能进行截面的设计和复核；了解受弯构件正常使用极限状态的验算方法，以及保证构件不超过正常使用极限状态的措施。

教学要求

能力目标	知识要点	权重	自评分数
理解钢筋混凝土受弯构件钢筋的种类、作用及配筋构造要求	受弯构件正截面的一般构造要求	15%	
	受弯构件斜截面的一般构造要求	15%	
掌握受弯构件正截面与斜截面的设计方法和复核	单筋矩形正截面承载力计算和复核	25%	
	双筋矩形正截面承载力计算和复核	25%	
	T 形正截面承载力计算及使用条件	15%	
了解受弯构件正常使用极限状态的验算方法,以及保证构件不超过正常使用极限状态的措施	受弯构件变形和裂缝的验算方法及保证构件不超过正常使用极限状态的措施	5%	

第 3 章　钢筋混凝土受弯构件

■ 章节导读

受弯构件正截面、斜截面承载力的计算是本章的重点，建议以单筋矩形截面梁的正截面承载力为基础，采用对比的方法学习双筋矩形截面和 T 形截面的正截面受弯承载力。在本章的学习中，重点掌握受弯构件正截面、斜截面的破坏形态及承载力的计算，熟悉受弯构件的构造要求。

■ 引例

某市百货商店工程，主体三层，局部四层，主体采用钢筋混凝土框架结构。框架柱横向开间间距 6.6m，层高 4.5m，混凝土强度等级为 C30。工程主体全部完工，尚未交付使用，梁和板即被发现较明显裂缝及较大挠度，最大裂缝宽度达到 3mm，无法正常使用。经检验，原设计有严重失误，主要为荷载漏算，框架内力计算有误，正截面受力钢筋配制过少，斜截面箍筋间距过大；施工质量管理不好，浇筑混凝土时，把板中的负弯矩钢筋踩下，造成板与梁连接附近出现通长裂缝。

■ 引例小结

建筑构件所处的受力状况决定了其破坏形态，受弯构件的梁和板除满足正截面和斜截面的承重能力极限状态及正常使用极限状态要求外，还必须满足构造要求。这样设计人员设计出来的建筑结构才能保证受弯构件的安全性，才能有效地防止受弯构件出现破坏性裂缝，避免事故的发生。工程技术人员在职业活动中需行为规范，具有社会责任感和使命感。党的二十大报告提出，在全社会弘扬劳动精神、奋斗精神、奉献精神、创造精神、勤俭节约精神，培育时代新风新貌。严谨的科学态度和勇于担当的社会责任感是工程技术人员必备的职业素养，我们要做有责任、有担当的时代新人。

3.1　构　造　要　求

截面上有弯矩和剪力共同作用，而轴力可以忽略不计的构件称为受弯构件。梁和板是建筑工程中典型的受弯构件，也是应用最广泛的构件。两者的区别仅在于，梁的截面高度一般大于截面宽度，而板的截面高度则远小于截面宽度。

3.1.1　截面形式与尺寸

梁的截面形式主要有矩形、T 形、Ⅰ形、花篮形、倒 L 形等（图 3.1）。其中，矩形截面由于构造简单、施工方便而被广泛应用。T 形截面虽然构造较矩形截面复杂，但受力较合理，因而应用也较多。板的截面形式一般为矩形、空心、槽形等（图 3.2）。

梁、板的截面尺寸必须满足承载力、刚度和裂缝控制要求，同时还应满足模数要求，以利模板定型化。

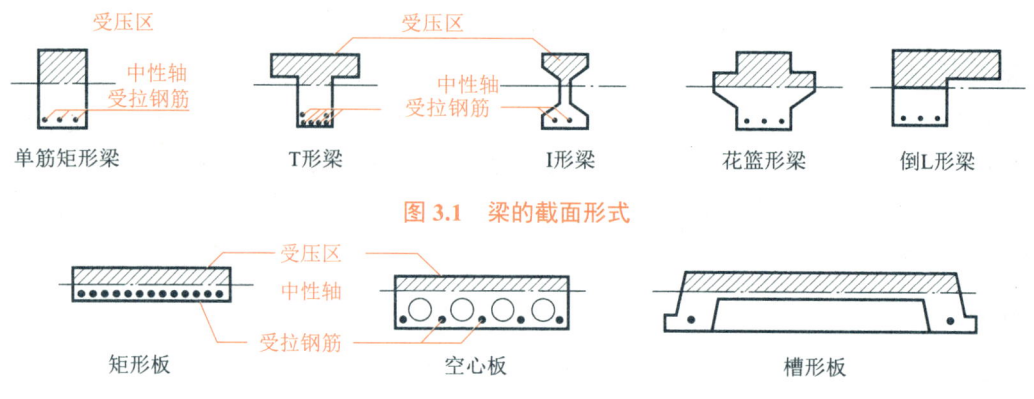

图 3.1 梁的截面形式

图 3.2 板的截面形式

按模数要求,梁的截面高度 h 一般可取 250mm、300mm、800mm、900mm、1000mm 等,$h \leqslant 800$mm 时以 50mm 为模数,$h > 800$mm 时以 100mm 为模数;矩形梁的截面宽度和 T 形梁截面的肋宽 b 宜采用 100mm、120mm、150mm、180mm、200mm、220mm、250mm,$b > 250$mm 时以 50mm 为模数。梁适宜的截面高宽比 h/b:矩形截面为 2~3.5,T 形截面为 2.5~4。

按构造要求,现浇板的厚度不应小于表 3-1 的数值。现浇板的厚度一般取 10mm 的倍数,工程中现浇板的常用厚度为 60mm、70mm、80mm、100mm、120mm。

表 3-1 现浇板的最小厚度

单位:mm

现浇板类型	现浇空心楼盖	实心楼板	实心屋面板	密肋楼盖		悬臂板		无梁楼板
				面板	肋高	悬臂长度 ≤500mm	悬臂长度 500~1000mm	
最小厚度	200	80	80	50	250	80	100	150

3.1.2 梁、板的配筋

1. 梁的配筋

梁中通常配置纵向受力钢筋、架立钢筋、弯起钢筋、箍筋等,构成钢筋骨架,如图 3.3 所示,有时还配置纵向构造钢筋及相应的拉筋等。

(1) 纵向受力钢筋。

正截面构造要求

根据纵向受力钢筋配置的不同,受弯构件分为单筋截面和双筋截面两种。前者指只在受拉区配置纵向受力钢筋的受弯构件;后者指同时在梁的受拉区和受压区配置纵向受力钢筋的受弯构件。配置在受拉区的纵向受力钢筋主要用来承受弯矩在梁内产生的拉力,配置在受压区的纵向受力钢筋则用来弥补混凝土受压能力的不足。由于双筋截面梁利用钢筋来协助混凝土承受压力,一般不经济。因此,实际工程中双筋截面梁一般只在有特殊需要时采用。

梁纵向受力钢筋的直径应当适中,太粗不便于加工,与混凝土的黏结力也差;太细则根数增加,在截面内不好布置,甚至降低受弯承载力。梁纵向受力钢筋的常用直径$d=12\sim25\text{mm}$。当$h<300\text{mm}$时,$d\geqslant8\text{mm}$;当$h\geqslant300\text{mm}$时,$d\geqslant10\text{mm}$。一根梁中同一种受力钢筋最好为同一种直径;当有两种直径时,其直径相差不应小于2mm,以便施工时辨别。梁中受拉钢筋的根数不应少于2根,最好不少于4根。纵向受力钢筋应尽量布置成一层,当一层排不下时,可布置成两层,但应尽量避免出现两层以上的受力钢筋,以免过多地影响截面受弯承载力。

为保证钢筋周围的混凝土浇筑密实,避免钢筋锈蚀而影响结构的耐久性,梁的纵向受力钢筋间必须留有足够的净距,如图3.4所示。当梁的下部纵向受力钢筋配置多于两层时,两层以上钢筋水平方向的中距应比下面两层的中距增大一倍。

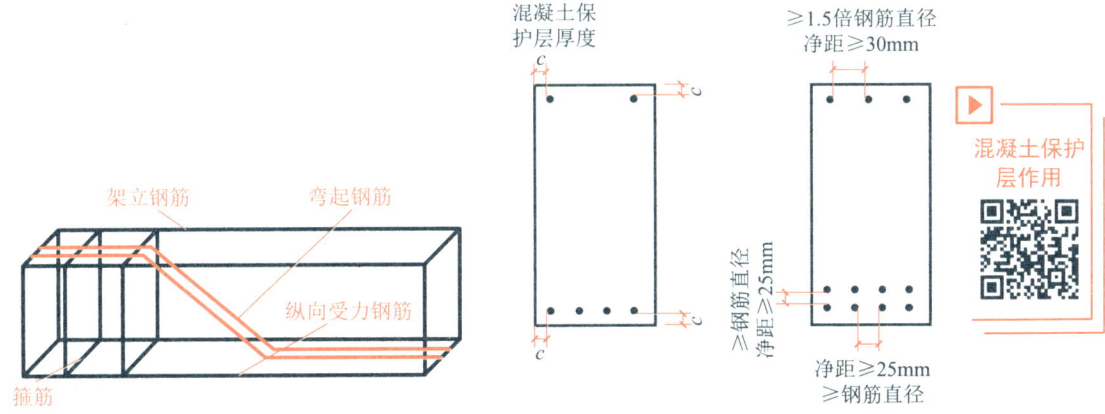

图3.3 梁的配筋　　　　图3.4 纵向受力钢筋的间距

(2) 架立钢筋。

架立钢筋设置在受压区外缘两侧,并平行于纵向受力钢筋。其作用一是固定箍筋位置,以形成梁的钢筋骨架;二是承受因温度变化和混凝土收缩而产生的拉应力,防止发生裂缝。受压区配置的纵向受压钢筋可兼作架立钢筋。

架立钢筋的直径与梁的跨度有关,其直径不宜小于表3-2所列数值。

表3-2　架立钢筋的最小直径

梁跨/m	<4	4~6	>6
架立钢筋最小直径/mm	8	10	12

(3) 弯起钢筋。

弯起钢筋在跨中是纵向受力钢筋的一部分,在靠近支座的弯起段(弯矩较小处)则用来承受弯矩和剪力共同产生的主拉应力,即作为受剪钢筋的一部分。钢筋的弯起角度宜取45°或60°;在弯终点外应留有平行于梁轴线方向的锚固长度,且锚固长度在受拉区不应小于$20d$,在受压区不应小于$10d$,梁底层钢筋中的角部钢筋不应弯曲。当按计算需设弯起钢筋时,前一排(对支座而言)弯起钢筋的弯起点至后一排的弯终点的距离不应大于表3-3中$V>0.7f_tbh_0$栏的规定。实际工程中第一排弯起钢筋的弯终点距支座边缘的距离通常取为50mm。

表 3-3　梁中箍筋和弯起钢筋的最大间距 S_{max}

单位：mm

梁高 h	$V>0.7f_tbh_0$	$V\leqslant 0.7f_tbh_0$
$150<h\leqslant 300$	150	200
$300<h\leqslant 500$	200	300
$500<h\leqslant 800$	250	350
$h>800$	300	400

注：bh_0 为梁中承受剪力的截面面积。

(4) 箍筋。

箍筋主要用来承受由剪力和弯矩在梁内引起的主拉应力，并通过绑扎或焊接把其他钢筋联系在一起，形成空间骨架。

箍筋应根据计算确定。按承载力计算不需要箍筋的梁，当梁的截面高度 $h>300$mm 时，应沿梁全长设置构造箍筋；当 $h=150\sim 300$mm 时，可仅在梁的端部各 1/4 跨度范围内设置构造箍筋，但当梁的中部 1/2 跨度范围内有集中荷载作用时，仍应沿梁的全长设置箍筋；若 $h<150$mm，可不设箍筋。

梁内箍筋宜采用 HPB300、HRB400、HRBF400、HRB500、HRBF500 级钢筋。箍筋直径，当梁截面高度 $h\leqslant 800$mm 时，不宜小于 6mm；当 $h>800$mm 时，不宜小于 8mm。当梁中配有计算需要的纵向受压钢筋时，箍筋直径还不应小于纵向受压钢筋最大直径的 1/4。为了便于加工，箍筋直径一般不宜大于 12mm。箍筋的常用直径为 6mm、8mm、10mm。

箍筋的最大间距应符合表 3-3 的规定。当梁中配有计算需要的纵向受压钢筋时，箍筋的间距不应大于 15d(d 为纵向受压钢筋的最小直径)，同时不应大于 400mm；当一层内的纵向受压钢筋多于 5 根且直径大于 18mm 时，箍筋间距不应大于 10d。

箍筋的形式可分为开口式和封闭式两种(图 3.5)。除无振动荷载且计算不需要配置纵向受压钢筋的现浇 T 形梁的跨中部分可用开口式箍筋外，其余均应采用封闭式箍筋。箍筋的肢数，当梁的宽度 $b\leqslant 150$mm 时，可采用单肢；当 $b\leqslant 400$mm，且一层内的纵向受压钢筋不多于 4 根时，可采用双肢箍筋；当 $b>400$mm，且一层内的纵向受压钢筋多于 3 根，或当梁的宽度不大于 400mm，但一层内的纵向受压钢筋多于 4 根时，应设置复合箍筋；梁中一层内的纵向受拉钢筋多于 5 根时，宜采用复合箍筋。

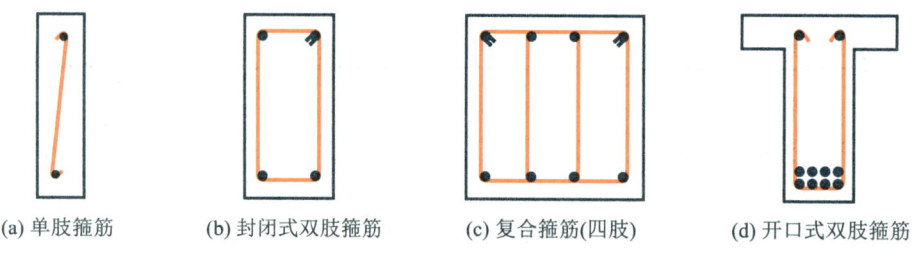

(a) 单肢箍筋　(b) 封闭式双肢箍筋　(c) 复合箍筋(四肢)　(d) 开口式双肢箍筋

图 3.5　箍筋的形式和肢数

梁支座处的箍筋一般从梁边(或墙边)50mm 处开始设置。支承在砌体结构上的独立梁，在纵向受力钢筋的锚固长度范围内应配置两道箍筋，其直径不宜小于纵向受力钢筋最大直径的 25%，间距不宜大于纵向受力钢筋最小直径的 10 倍。当梁与钢筋混凝土梁或柱整体连接时，支座内可不设置箍筋，如图 3.6 所示。

应当注意，箍筋是受拉钢筋，必须有良好的锚固。其端部应采用 135° 弯钩，弯钩端头直段长度不小于 50mm，且不小于 5d。

(5) 纵向构造钢筋及拉筋。

当梁的截面高度较大时，为了防止在梁的侧面产生垂直于梁轴线的收缩裂缝，同时也为了提高钢筋骨架的刚度，增强梁的抗扭作用，当梁的腹板高度 $h_w \geqslant 450$mm 时，应在梁的两个侧面沿梁高度配置纵向构造钢筋(也称腰筋)，并用拉筋固定(图 3.7)。每侧纵向构造钢筋(不包括梁的受力钢筋和架立钢筋)的截面面积不应小于腹板截面面积 bh_w 的 0.1%，且其间距不宜大于 200mm。此处 h_w 的取值为：矩形截面梁取截面有效高度，T 形截面梁取有效高度减去翼缘高度，I 形截面梁取腹板净高(图 3.8)。纵向构造钢筋一般不必做弯钩。拉筋直径一般与箍筋相同，间距常取为箍筋间距的两倍。

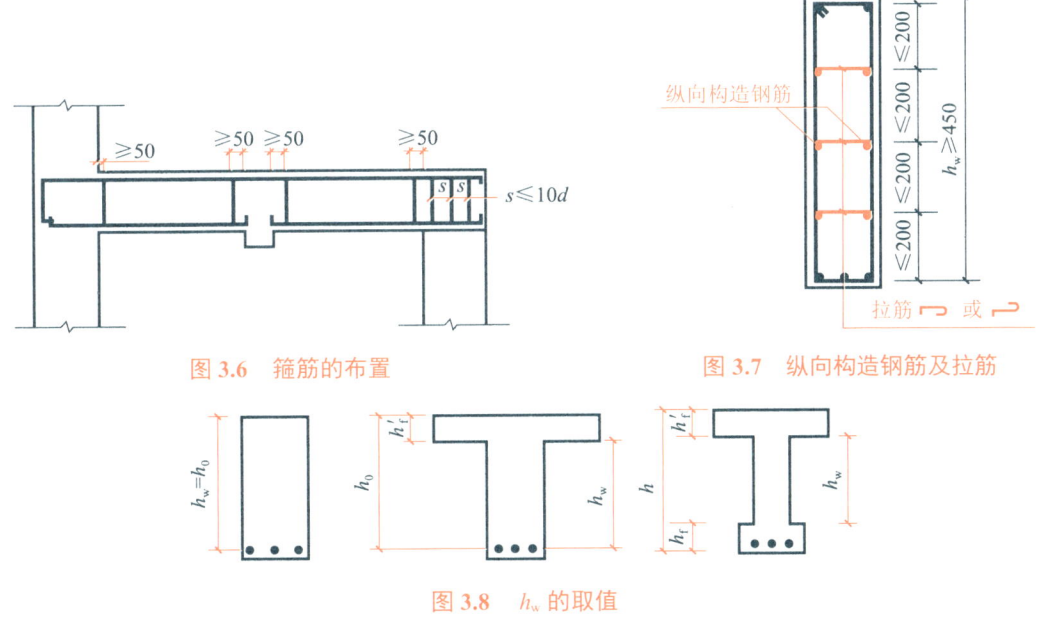

图 3.6　箍筋的布置　　　　图 3.7　纵向构造钢筋及拉筋

图 3.8　h_w 的取值

2. **板的配筋**

板通常只配置受力钢筋和分布钢筋(图 3.9)。

(1) 受力钢筋。

梁式板的受力钢筋沿板的短跨方向布置在截面受拉一侧，用来承受弯矩产生的拉力。板的受力钢筋的常用直径为 6mm、8mm、10mm、12mm。为了正常地分担内力，板中受力钢筋的间距不宜过大，但为了绑扎方便和保证浇捣质量，板的受力钢筋间距也不宜过密。当 $h \leqslant 150$mm 时，板的受力钢筋间距不宜大于 200mm；当 $h > 150$mm 时，不宜大于 $1.5h$，且不宜大于 300mm。板的受力钢筋间距通常不宜小于 70mm。

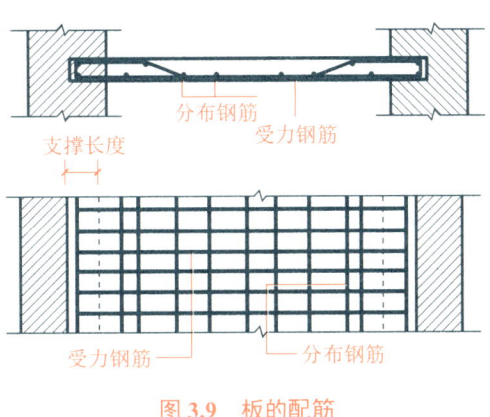

图 3.9　板的配筋

(2) 分布钢筋。

分布钢筋垂直于板的受力钢筋方向,在受力钢筋内侧按构造要求配置。分布钢筋的作用:一是固定受力钢筋的位置,形成钢筋网;二是将板上荷载有效地传到受力钢筋上去;三是防止因温度或混凝土收缩等原因产生沿跨度方向的裂缝。

分布钢筋宜采用 HPB300、HRB400 级钢筋,常用直径为 6mm、8mm。梁式板中单位长度上分布钢筋的截面面积不宜小于单位宽度上受力钢筋截面面积的 15%,且不宜小于该方向板截面面积的 0.15%。分布钢筋的直径不宜小于 6mm,间距不宜大于 250mm;当集中荷载较大时,分布钢筋截面面积应适当增加,间距不宜大于 200mm。分布钢筋应沿受力钢筋直线段均匀布置,并且受力钢筋所有转折处的内侧也应配置。

3. 混凝土保护层厚度

钢筋外边缘至混凝土外表面的距离称为**钢筋的混凝土保护层厚度**。其主要作用:一是保护钢筋不致锈蚀,保证结构的耐久性;二是保证钢筋与混凝土之间的黏结;三是在火灾等情况下,避免钢筋过早软化。纵向受力钢筋的混凝土保护层厚度不应小于钢筋的公称直径,并符合表 3-4 的规定。

表 3-4 混凝土保护层最小厚度

单位:mm

环境类别	板、墙、壳	梁、柱、杆
一	15	20
二 a	20	25
二 b	25	35
三 a	30	40
三 b	40	50

注:① 混凝土强度等级不大于 C25 时,表中保护层厚度数值应增加 5mm。
② 钢筋混凝土基础宜设置混凝土垫层,基础中钢筋的混凝土保护层厚度应从垫层顶面算起,且不应小于 40mm。

混凝土保护层厚度过大,不仅会影响构件的承载能力,而且会增大裂缝宽度。实际工程中,一类环境中梁、板的混凝土保护层厚度一般取为:混凝土强度等级≤C25 时,梁 35mm,板 20mm;混凝土强度等级≥C30 时,梁 20mm,板 15mm。当梁、柱中纵向受力钢筋的混凝土保护层厚度大于 40mm 时,应对保护层采取有效的防裂构造措施。

3.1.3 钢筋的锚固与连接

钢筋和混凝土之所以能共同工作,最主要的原因是两者之间存在黏结力。在结构设计中,常要在**材料**和**构造**方面采取一些措施,以使钢筋和混凝土之间具有足够的黏结力,确保钢筋与混凝土能共同工作。材料措施包括选择适当的混凝土强度等级,采用黏结强度较高的变形钢筋等;构造措施包括保证足够的混凝土保护层厚度和钢筋间距,保证受力钢筋有足够的锚固长度,光面钢筋端部设置弯钩,绑扎钢筋的接头保证足够的搭接长度并且在搭接范围内加密箍筋等。

1. 钢筋的锚固

钢筋混凝土构件中，某根钢筋若要发挥其在某个截面的强度，则必须从该截面向前延伸一个长度，以借助该长度上钢筋与混凝土的黏结力把钢筋锚固在混凝土中，这一长度称为锚固长度。钢筋的锚固长度取决于钢筋强度及混凝土强度，并与钢筋外形有关。它根据钢筋应力达到屈服强度时，钢筋才被拔动的条件确定。

钢筋的锚固

(1) 当计算中充分利用钢筋的抗拉强度时，普通受拉钢筋的锚固长度 l_a，按式(3-1)和式(3-2)计算，且不小于 200mm。

$$l_{ab} = \alpha \frac{f_y}{f_t} d \tag{3-1}$$

$$l_a = l_{ab} \zeta_a \tag{3-2}$$

式中　l_a——受拉钢筋的锚固长度；

　　　l_{ab}——受拉钢筋的基本锚固长度；

　　　f_y——普通钢筋、预应力筋的抗拉强度设计值；

　　　f_t——混凝土轴心抗拉强度设计值，当混凝土强度等级高于 C60 时，按 C60 取值；

　　　d——钢筋的公称直径；

　　　ζ_a——锚固长度修正系数；

　　　α——锚固钢筋的外形系数，按表 3-5 计算。

表 3-5　锚固钢筋的外形系数 α

钢筋类型	光面钢筋	带肋钢筋	螺旋肋钢丝	三股钢绞线	七股钢绞线
α	0.16	0.14	0.13	0.16	0.17

注：光面钢筋末端应做 180° 弯钩，弯后平直段长度不应小于 $3d$，但作受压钢筋时可不做弯钩。

式(3-2)中锚固长度修正系数 ζ_a 应按下列规定取用，当多于一项时，可按连乘计算，但不应小于 0.6。

① 当带肋钢筋直径大于 25mm 时乘以系数 1.1，在锚固区的混凝土保护层厚度大于钢筋直径的 3 倍且配有箍筋时乘以系数 0.8。

② 环氧树脂涂层带肋钢筋乘以系数 1.25。

③ 当钢筋在混凝土施工中易受扰动(如滑模施工)时乘以系数 1.1。

④ 除构造需要的锚固长度外，当纵向受力钢筋的实际配筋面积大于其设计计算面积时，如有充分依据和可靠措施，其锚固长度可乘以设计计算面积与实际配筋面积的比值(有抗震设防要求及直接承受动力荷载的构件除外)。

⑤ 当纵向受拉钢筋末端采用弯钩或机械锚固措施(图 3.10)时，包括附加锚固端头在内的锚固长度可乘以系数 0.7。

(2) 当计算中充分利用钢筋的抗压强度时，其锚固长度不应小于按式(3-2)计算的相应受拉钢筋锚固长度的 70%。

2. 钢筋的连接

钢筋的连接

钢厂生产的热轧钢筋，直径较细时采用盘条供货，直径较粗时采用直条供货。盘条钢筋长度较长，连接较少，而直条钢筋长度有限(一般 9～15m)，施工中常需连接。当需要采用施工缝或后浇带等构造措施时，也需要连接。

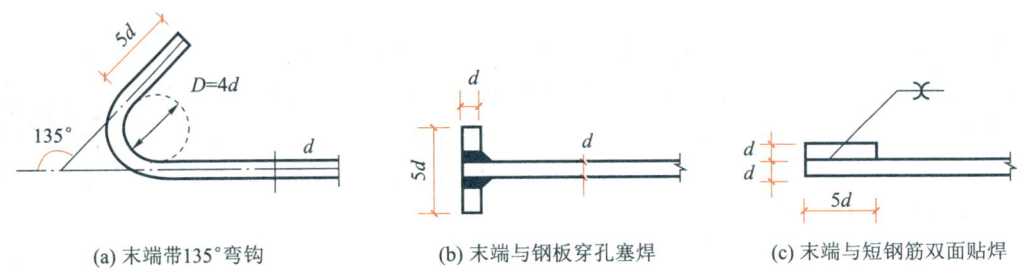

(a) 末端带135°弯钩　　(b) 末端与钢板穿孔塞焊　　(c) 末端与短钢筋双面贴焊

图 3.10　弯钩与机械锚固的形式及构造要求

钢筋的连接形式分为三类：绑扎搭接、机械连接、焊接。《混凝土结构设计标准》(2024年版)(GB/T 50010—2010)规定，轴心受拉及小偏心受拉构件的纵向受力钢筋不得采用绑扎搭接接头；直径大于 28mm 的受拉钢筋及直径大于 32mm 的受压钢筋不宜采用绑扎搭接接头。

钢筋连接的核心问题是要通过适当的连接接头将一根钢筋的力传给另一根钢筋。因为钢筋通过连接接头传力总不如整体钢筋，所以钢筋连接的原则是：接头应设置在受力较小处，同一根钢筋上应尽量少设接头；机械连接接头能产生较牢固的连接力，应优先采用机械连接。

钢筋的三种连接方式

(1) 绑扎搭接接头。

绑扎搭接接头的工作原理是通过钢筋与混凝土之间的黏结强度来传递钢筋的内力。因此，绑扎搭接接头必须保证足够的搭接长度，而且光面钢筋的端部还需做弯钩，如图 3.11 所示。

(a) 光面钢筋　　(b) 变形钢筋

图 3.11　钢筋的绑扎搭接接头

纵向受拉钢筋绑扎搭接接头的搭接长度 l_l 应根据位于同一连接区段内的钢筋搭接接头面积百分率，按式(3-3)计算，且不应小于 300mm。

$$l_l = \zeta l_a \geqslant 300\text{mm} \tag{3-3}$$

式中　l_a——受拉钢筋的锚固长度；
　　　ζ——受拉钢筋搭接长度修正系数，按表 3-6 采用。

表 3-6　受拉钢筋搭接长度修正系数

同一连接区段钢筋搭接接头面积百分率/%	≤25	50	100
搭接长度修正系数 ζ	1.2	1.4	1.6

纵向受压钢筋采用搭接连接时，其受压钢筋搭接长度不应小于按式(3-3)计算的受拉钢筋搭接长度的 70%，且在任何情况下均不应小于 200mm。

钢筋绑扎搭接接头连接区段的长度为 1.3 倍搭接长度，凡搭接接头中点位于该长度范围内的搭接接头均属同一连接区段，如图 3.12 所示。位于同一连接区段内的受拉钢筋搭接头面积百分率(即有接头的纵向受力钢筋截面面积占全部纵向受力钢筋截面面积的百分率),对于梁类、板类和墙类构件,不宜大于 25%;对于柱类构件,不宜大于 50%。当工程中确有必要增大受拉钢筋搭接接头面积百分率时,对于梁类构件,不应大于 50%;对于板类、墙类及柱类构件,可根据实际情况放宽。

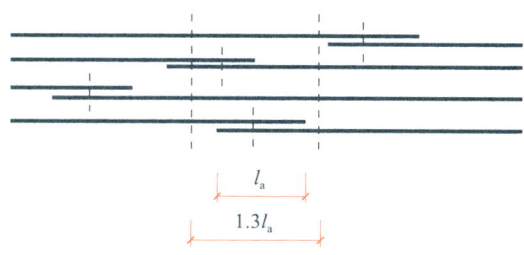

图 3.12 同一连接区段内的纵向受拉钢筋绑扎搭接接头

同一构件中相邻纵向的绑扎搭接接头宜相互错开。在纵向受力钢筋搭接长度范围内应配置箍筋,其直径不应小于搭接钢筋较大直径的 25%。当钢筋受拉时,箍筋间距 s 不应大于搭接钢筋较小直径的 5 倍,且不应大于 100mm;当钢筋受压时,箍筋间距 s 不应大于搭接钢筋较小直径的 10 倍,且不应大于 200mm。当受压钢筋直径大于 25mm 时,还应在搭接接头两个端面外 100mm 范围内各设置两个箍筋。

需要注意的是,上述搭接长度不适用于架立钢筋与纵向受力钢筋的搭接。架立钢筋与纵向受力钢筋的搭接长度应符合下列规定:架立钢筋直径<10mm 时,搭接长度为 100mm;架立钢筋直径≥10mm 时,搭接长度为 150mm。

(2) 机械连接接头。

纵向受力钢筋机械连接接头宜相互错开。钢筋机械连接接头连接区段的长度为 $35d$(d 为纵向受力钢筋的较大直径)。在受力较大处设置机械连接接头时,位于同一连接区段内纵向受拉钢筋机械连接接头面积百分率不宜大于 50%,纵向受压钢筋可不受限制;在直接承受动力荷载的结构构件中不应大于 50%。

(3) 焊接接头。

纵向受力钢筋的焊接接头应相互错开。钢筋焊接接头连接区段的长度为 $35d$(d 为纵向受力钢筋的较大直径)且不小于 500mm。位于同一连接区段内纵向受拉钢筋的焊接接头面积百分率不应大于 50%,纵向受压钢筋可不受限制。

3.2 正截面承载力计算

钢筋混凝土受弯构件通常承受弯矩和剪力的共同作用,其破坏有两种可能:一种是由弯矩引起的,破坏截面与构件的纵轴线垂直,称为沿正截面破坏;另一种是由弯矩和剪力共同作用引起的,破坏截面是倾斜的,称为沿斜截面破坏。所以,设计受弯构件时,需进行正截面承载力和斜截面承载力计算。

3.2.1 单筋矩形截面

1. 单筋矩形截面受弯构件沿正截面破坏的特征

钢筋混凝土受弯构件正截面的破坏形式与钢筋和混凝土的强度及纵向受力钢筋配筋率 ρ 有关。ρ 用纵向受力钢筋的截面面积与正截面的有效面积的比值来表示，即 $\rho = A_s / bh_0$，其中 A_s 为纵向受力钢筋截面面积，b 为梁的截面宽度，h_0 为梁的截面有效高度。

根据梁纵向受力钢筋配筋率的不同，钢筋混凝土梁可分为少筋梁、适筋梁和超筋梁 3 种类型。不同类型的梁具有不同的破坏特征，如图 3.13 所示。

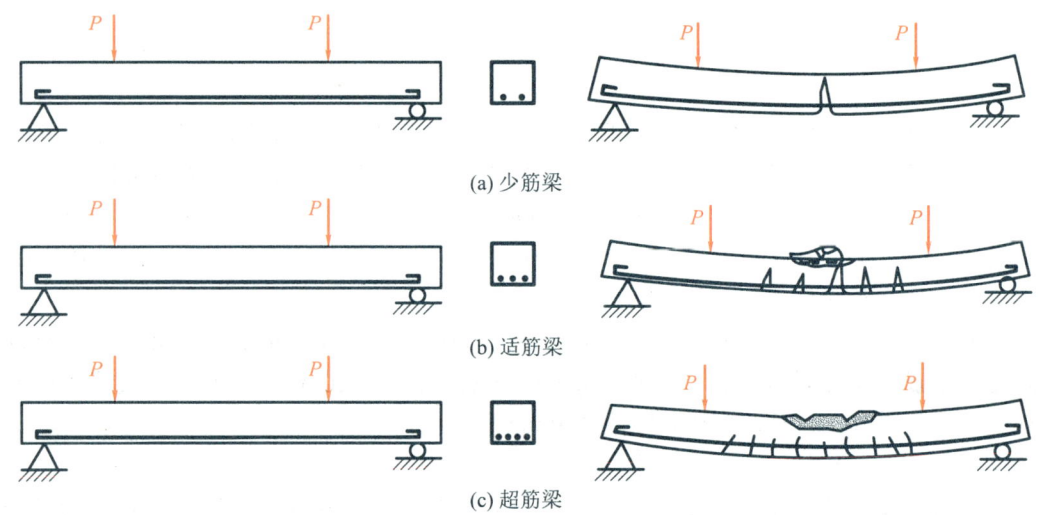

图 3.13 少筋梁、适筋梁和超筋梁的破坏特征

(1) 少筋梁。

配筋率小于最小配筋率的梁称为少筋梁。这种梁破坏时，裂缝往往集中出现一条，不但开展宽度大，而且沿梁高延伸较高。一旦出现裂缝，钢筋的应力就会迅速增大并超过屈服强度，钢筋进入强化阶段，甚至被拉断。在此过程中，裂缝迅速开展，构件向下挠曲，最后构件因裂缝过宽、变形过大而丧失承载力，甚至被折断。这种破坏是突然的，没有明显预兆，属于脆性破坏，实际工程中不应采用少筋梁。

(2) 适筋梁。

配置适量纵向受力钢筋的梁称为适筋梁。适筋梁从开始加载到完全破坏，其应力变化经历了 3 个阶段，如图 3.14 所示。

第Ⅰ阶段(弹性工作阶段)：荷载很小时，混凝土的压应力及拉应力都很小，应力和应变几乎呈直线关系，如图 3.14(a)所示。当弯矩增大时，受拉区混凝土表现出明显的塑性特征，应力和应变不再呈直线关系，应力分布呈曲线。当受拉边缘纤维的应变达到混凝土的极限拉应变 ε_{tu} 时，截面处于将裂未裂的极限状态，即第Ⅰ阶段末，用 I_a 表示，此时截面所承担的弯矩称为抗裂弯矩 M_{cr}，如图 3.14(b)所示。I_a 阶段的应力状态是抗裂验算的依据。

第Ⅱ阶段(带裂缝工作阶段)：当弯矩继续增加时，受拉区混凝土的拉应变超过其极限拉应变 ε_{tu}，受拉区出现裂缝，截面即进入第Ⅱ阶段。裂缝出现后，在裂缝截面处，受拉区混凝土大部分退出工作，拉力几乎全部由受拉钢筋承担。随着弯矩的不断增加，裂缝逐渐向上扩展，中和轴逐渐上移，受压区混凝土呈现出一定的塑性特征，应力图形呈曲线形，如图3.14(c)所示。第Ⅱ阶段的应力状态是裂缝宽度和变形验算的依据。

当弯矩继续增加，钢筋应力达到屈服强度 f_y，这时截面所承担的弯矩称为**屈服弯矩** M_y。它标志着截面进入第Ⅱ阶段末，以Ⅱ$_a$表示，如图3.14(d)所示。

第Ⅲ阶段(破坏阶段)：弯矩继续增加，受拉钢筋的应力保持屈服强度不变，钢筋的应变迅速增大，促使受拉区混凝土的裂缝迅速向上扩展，受压区混凝土的塑性特征表现得更加明显，压应力呈显著曲线分布[图3.14(e)]。到本阶段末(即Ⅲ$_a$阶段)，受压边缘混凝土压应变达到极限压应变，受压区混凝土产生近乎水平的裂缝，混凝土被压碎，甚至崩脱，截面宣告破坏，此时截面所承担的弯矩称为**破坏弯矩** M_u [图3.14(f)]。Ⅲ$_a$阶段的应力状态是构件承载力计算的依据。

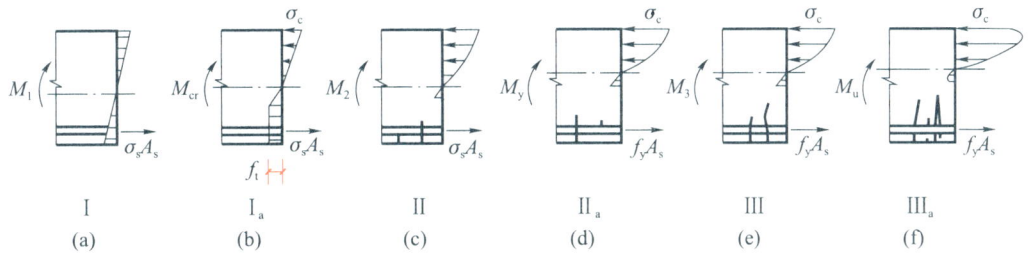

图3.14 适筋梁工作的3个阶段

由上述可知，适筋梁的破坏始于受拉钢筋屈服。从受拉钢筋屈服到受压区混凝土被压碎(即弯矩由 M_y 增大到 M_u)，需要经历较长过程。由于钢筋屈服后产生很大的塑性变形，使裂缝急剧开展、挠度急剧增大，给人以明显的破坏预兆，这种破坏称为**延性破坏**。适筋梁的材料强度能得到充分发挥。

(3) 超筋梁。

纵向受力钢筋配筋率大于最大配筋率的梁称为**超筋梁**。这种梁由于纵向受力钢筋配置过多，受压区混凝土在钢筋屈服前就达到极限压应变被压碎而破坏。破坏时钢筋的应力还未达到屈服强度，因而裂缝宽度较小，且形不成开展宽度较大的主裂缝[图3.13(c)]，梁的挠度也较小。这种单纯因混凝土被压碎而引起的破坏，发生得非常突然，没有明显的预兆，属于**脆性破坏**。实际工程中不应采用超筋梁。

2．单筋矩形截面受弯构件正截面承载力计算

(1) 计算原则。

① 基本假定。受弯构件正截面承载能力计算是以适筋梁第Ⅲ$_a$阶段梁截面应力分布图(图3.15)为基础进行简化的，按力的平衡条件得出计算公式。为便于建立基本公式，现做如下假定。

a. 平截面假定。构件正截面弯曲变形后仍保持一平面，即在3个阶段中，截面上的应变沿截面高度为线性分布，这一假定称为平截面假定。由实测结果可知，混凝土受压区的应变基本呈线性分布，受拉区的平均应变大体也符合平截面假定。

b. 不考虑截面受拉区混凝土的抗拉强度，认为拉力完全由钢筋承担。因为混凝土开裂后所承受的拉力很小，且作用点又靠近中和轴，对截面所产生的抗弯力矩很小，所以忽略其抗拉强度。

c. 钢筋应力取钢筋应变与其弹性模量 E_s 的乘积，但不得大于其强度设计值。

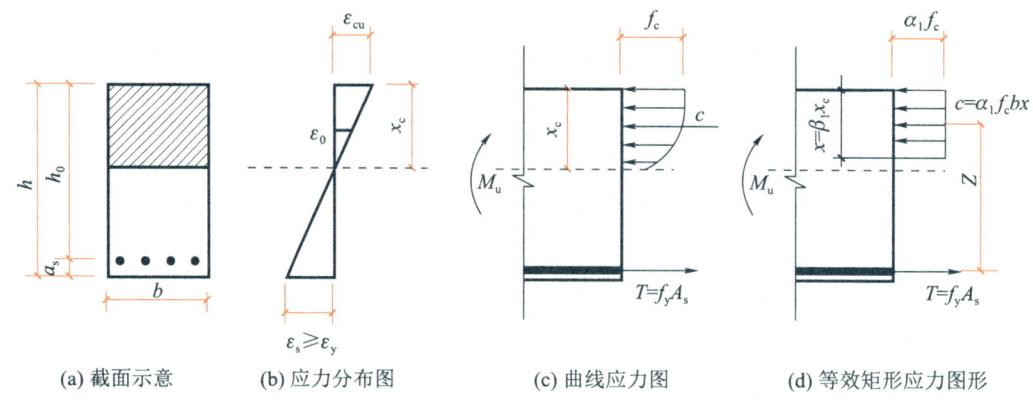

(a) 截面示意　　(b) 应力分布图　　(c) 曲线应力图　　(d) 等效矩形应力图形

图 3.15　第Ⅲ$_a$ 阶段梁截面应力分布图

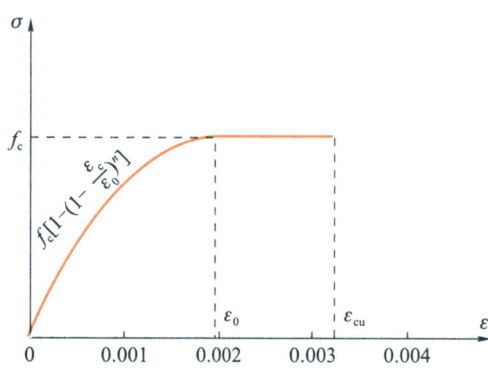

图 3.16　受压区混凝土的应力-应变关系

d. 受压区混凝土采用理想化的应力-应变关系(图 3.16)，当混凝土强度等级为 C50 及以下时，混凝土极限压应变 $\varepsilon_{cu}=0.0033$。

② 等效矩形应力图形。根据前述假定，适筋梁第Ⅲ$_a$ 阶段的应力图形可简化为图 3.15(c) 所示的曲线应力图，其中 x_c 为实际混凝土受压区高度。为进一步简化计算，按照受压区混凝土的合力大小不变、受压区混凝土的合力作用点不变的原则，将其简化为图 3.15(d) 所示的等效矩形应力图形。等效矩形应力图形的混凝土受压区高度 $x=\beta_1 x_c$，等效矩形应力图形的应力值为 $\alpha_1 f_c$，

其中 f_c 为混凝土轴心抗压强度设计值，β_1 为等效矩形应力图形受压区高度与中和轴高度的比值，α_1 为受压区混凝土等效矩形应力图形的应力值与混凝土轴心抗压强度设计值的比值，β_1、α_1 的值见表 3-7。

表 3-7　β_1、α_1 的值

混凝土强度等级	≤C50	C55	C60	C65	C70	C75	C80
β_1	0.8	0.79	0.78	0.77	0.76	0.75	0.74
α_1	1.0	0.99	0.98	0.97	0.96	0.95	0.94

③ 适筋梁与超筋梁的界限——界限相对受压区高度 ξ_b。比较适筋梁和超筋梁的破坏，前者始于受拉钢筋屈服，后者始于受压区混凝土被压碎。理论上，两者间存在一种界限状态，即所谓的界限破坏。这种状态下，受拉钢筋达到屈服强度和受压区混凝土边缘达到极限压应变是同时发生的。我们将受弯构件等效矩形应力图形的混凝土受压区高度 x 与截面

有效高度 h_0 之比称为**相对受压区高度**,用 ξ 表示,$\xi = x/h_0$,适筋梁界限破坏时等效受压区高度与截面有效高度之比称为**界限相对受压区高度**,用 ξ_b 表示。ξ_b 值是衡量构件破坏时钢筋强度能否充分利用的一个特征值。若 $\xi > \xi_b$,构件破坏时受拉钢筋不能屈服,表明构件的破坏为超筋破坏;若 $\xi \leq \xi_b$,构件破坏时受拉钢筋已经达到屈服强度,表明发生的破坏为适筋破坏或少筋破坏。各种钢筋的 ξ_b 值,见表 3-8。

表 3-8 钢筋混凝土构件的 ξ_b 及 $\alpha_{s,max}$ 值

混凝土强度等级	≤C50			C60		
钢筋强度等级	300MPa	400MPa	500MPa	300MPa	400MPa	500MPa
ξ_b	0.576	0.518	0.482	0.557	0.499	0.464
$\alpha_{s,max}$	0.410	0.384	0.366	0.402	0.375	0.356
混凝土强度等级	C70			C80		
钢筋强度等级	300MPa	400MPa	500MPa	300MPa	400MPa	500MPa
ξ_b	0.537	0.481	0.447	0.518	0.463	0.429
$\alpha_{s,max}$	0.393	0.365	0.347	0.384	0.356	0.337

④ 适筋梁与少筋梁的界限——截面最小配筋率 ρ_{min}。少筋梁破坏的特点是"一裂即坏"。为了避免出现少筋情况,必须控制截面配筋率,使之不小于某一界限值,即截面最小配筋率 ρ_{min}。理论上讲,截面最小配筋率的确定原则是:截面配筋率为 ρ_{min} 的钢筋混凝土受弯构件,按 III_a 阶段计算的正截面受弯承载力应等于同截面素混凝土梁所能承受的弯矩 M_{cr}(M_{cr} 为按 I_a 阶段计算的开裂弯矩)。当构件按适筋梁计算所得的截面配筋率小于 ρ_{min} 时,理论上讲,梁可以不配受力钢筋,作用在梁上的弯矩仅素混凝土就足以承受,但考虑到混凝土强度的离散性,加之少筋破坏属于脆性破坏,以及混凝土收缩等因素,《混凝土结构设计标准》(2024 年版)(GB/T 50010—2010)规定梁的截面配筋率不得小于 ρ_{min}。ρ_{min} 往往是根据经验得出的。

(2) 基本公式及其适用条件。

根据图 3.15(d)所示等效矩形应力图形,以及静力平衡条件,可得出单筋矩形截面梁正截面承载力计算的基本公式:

$$f_y A_s = \alpha_1 f_c b x \tag{3-4}$$

$$M = \alpha_1 f_c b x \left(h_0 - \frac{x}{2} \right) \tag{3-5}$$

或

$$M = A_s f_y \left(h_0 - \frac{x}{2} \right) \tag{3-6}$$

式中　M——弯矩设计值;

　　　f_c——混凝土轴心抗压强度设计值;

　　　f_y——钢筋抗拉强度设计值;

　　　x——混凝土受压区高度;

　　　A_s——受拉钢筋截面面积。

① 为防止发生超筋破坏,需满足 $\xi \leq \xi_b$ 或 $x \leq \xi_b h_0$,其中 ξ、ξ_b 分别为相对受压区高

度和界限相对受压区高度。

② 为防止发生少筋破坏，应满足 $\rho \geqslant \rho_{\min}$ 或 $A_s \geqslant A_{s,\min}$，$A_{s,\min} = \rho_{\min}bh$，其中 $\rho_{\min}$ 为截面最小配筋率。

在式(3-4)中，取 $x=\xi_b h_0$，即得到单筋矩形截面所能承受的最大弯矩的表达式[式(3-7)]。

$$M_{u,\max} = \alpha_1 f_c b h_0^2 \xi_b (1-0.5\xi_b) \tag{3-7}$$

上面推导的公式虽可直接计算，但仍不方便，设计中为了方便，常将公式进行改写，并制成表格使用，改写过程如下。

$$f_y A_s = \alpha_1 f_c b x = \alpha_1 f_c b h_0 \xi \tag{3-8}$$

$$M \leqslant M_u = \alpha_1 f_c b x \left(h_0 - \frac{x}{2}\right) = \alpha_1 f_c b h_0^2 \xi (1-0.5\xi) \tag{3-9}$$

或

$$M \leqslant M_u = f_y A_s \left(h_0 - \frac{x}{2}\right) = f_y A_s h_0 (1-0.5\xi) \tag{3-10}$$

假设 $\gamma_s = 1-0.5\xi$，$\alpha_s = \xi(1-0.5\xi)$，则

$$\alpha_s = \frac{M}{\alpha_1 f_c b h_0^2} \leqslant \alpha_{s,\max} = \xi_b (1-0.5\xi_b) \tag{3-11}$$

$$\xi = 1 - \sqrt{1-2\alpha_s} \leqslant \xi_b \tag{3-12}$$

式中，$\gamma_s = 1-0.5\xi$ 称为内力臂系数；$\alpha_s = \xi(1-0.5\xi)$ 称为截面抵抗矩系数，$\alpha_{s,\max}$ 的值见表 3-8。

通过 $\alpha_s = \dfrac{M}{\alpha_1 f_c b h_0^2}$、$\xi = 1-\sqrt{1-2\alpha_s}$、$\gamma_s = 1-0.5\xi$、$A_s = \dfrac{M}{f_y \gamma_s h_0}$ 的关系可以看出，α_s 一旦确定下来，γ_s、ξ 也就确定下来，这样可以编制出 α_s 与 γ_s、ξ 的关系表。

(3) 计算方法。

单筋矩形截面受弯构件正截面承载力计算，可以分为两类问题：一是**截面设计**，二是**复核已知截面的承载力**。

① 截面设计。

截面设计是已知弯矩设计值 M，混凝土轴心抗压强度设计值 f_c，钢筋抗拉强度设计值 f_y，构件截面尺寸 b、h，求所需受拉钢筋截面面积 A_s。

计算步骤如下。

a. 确定截面有效高度 h_0。$h_0 = h - a_s$，h 为梁的截面高度，a_s 是受拉钢筋合力点到截面受拉边缘的距离。承载力计算时，室内正常环境下梁、板的 a_s 可近似按表 3-9 取用。

表 3-9　室内正常环境下梁、板的 a_s 的近似值

单位：mm

构件种类	纵向受力钢筋层数	混凝土强度等级	
		≤C25	≥C30
梁	一层	45	40
	二层	70	65
板	一层	25	20

b. 依据式(3-13)计算混凝土受压区高度 x，并判断该梁是否属于超筋梁。

$$x = h_0 \pm \sqrt{h_0^2 - \frac{2M}{\alpha_1 f_c b}} \tag{3-13}$$

若 $x \leqslant \xi_b h_0$，则不属于超筋梁；否则为超筋梁。对于超筋梁，应加大截面尺寸，或提高混凝土强度等级，或改用双筋矩形截面。

c. 依据式(3-14)计算钢筋截面面积 A_s，并判断该梁是否属于少筋梁。

$$A_s = \alpha_1 f_c b x / f_y \tag{3-14}$$

若 $A_s \geqslant \rho_{\min} bh$，则不属于少筋梁；否则为少筋梁。对于少筋梁，应取 $A_s = \rho_{\min} bh$。

d. 当截面满足适筋梁条件时，选配钢筋，使之满足：实际 $A_s \geqslant$ 计算 A_s，并满足有关构造要求。

② 复核已知截面的承载力。

已知构件截面尺寸 $b \times h$，钢筋截面面积 A_s，混凝土轴心抗压强度设计值 f_c，钢筋抗拉强度设计值 f_y，弯矩设计值 M，进而复核截面是否安全。

计算步骤如下。

a. 确定截面有效高度 h_0。

b. 依据式(3-15)判断梁的类型。

$$x = \frac{A_s f_y}{\alpha_1 f_c b} \tag{3-15}$$

若 $A_s \geqslant A_{s,\min}$，且 $x \leqslant \xi_b h_0$，为适筋梁；若 $x > x_b = \xi_b h_0$，为超筋梁；若 $A_s < \rho_{\min} bh$，为少筋梁。

c. 计算截面受弯承载力 M_u。

适筋梁
$$M_u = A_s f_y \left(h_0 - \frac{x}{2} \right) \tag{3-16}$$

超筋梁
$$M_{u,\max} = \alpha_1 f_c b h_0^2 \xi_b (1 - 0.5\xi_b) \tag{3-17}$$

对少筋梁，应将其受弯承载力降低使用(已建工程)或修改设计。

d. 判断截面是否安全。

若 $M \leqslant M_u (M_{u,\max})$，则截面安全。

> **特别提示**
>
> (1) 复核已知截面的承载力的题目有两种提法：第一种是求最大弯矩设计值；第二种是已经给出了弯矩设计值 M，校核截面是否安全。第二种提法的计算过程与第一种完全一样，也是求出截面能承受的最大弯矩设计值，再与已经给出的 M 进行比较，看截面是否安全。
>
> (2) 复核已知截面的承载力时，在求最大弯矩设计值之前，还要验算计算公式的适用条件。

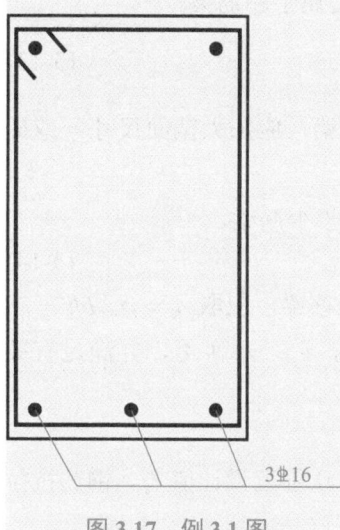

图 3.17 例 3.1 图

【例 3.1】 图 3.17 所示为例 3.1 图，已知某矩形截面梁 $b \times h = 250\text{mm} \times 500\text{mm}$，由荷载产生的弯矩设计值 $M = 88.13\text{kN} \cdot \text{m}$，混凝土强度等级为 C30，钢筋采用 HRB400 级，试求所需纵向受拉钢筋截面面积 A_s。

【解】 查表得：$f_c = 14.3\text{N/mm}^2$，$f_t = 1.43\text{N/mm}^2$，$f_y = 360\text{N/mm}^2$，$\xi_b = 0.518$，截面有效高度 $h_0 = 500 - 40 = 460(\text{mm})$。

(1) 通过式(3-13)求解 x。

$$x = h_0 - \sqrt{h_0^2 - \frac{2M}{\alpha_1 f_c b}}$$

$$= 460 - \sqrt{460^2 - \frac{2 \times 88130000}{1 \times 14.3 \times 250}}$$

$$\approx 57.1(\text{mm}) < \xi_b h_0$$

$$= 0.518 \times 460$$

$$\approx 238.3(\text{mm})$$

(2) 计算受拉钢筋面积。将 x 代入式(3-14)，受拉钢筋的截面面积为

$$A_s = \frac{\alpha_1 f_c b x}{f_y} = \frac{1 \times 14.3 \times 250 \times 57.1}{360} \approx 567(\text{mm}^2)$$

(3) 验算条件。

截面最小配筋率经过计算比较，取 $\rho_{\min} = 0.2\%$，则

$$\rho_{\min} bh = 0.002 \times 250 \times 500 = 250(\text{mm}^2) < A_s = 567(\text{mm}^2)$$

由以上验算，截面符合适筋梁要求。

(4) 选配钢筋。

选用 3⌀16（$A_s = 603\text{mm}^2$）。

【例 3.2】 图 3.18 所示为某办公楼矩形截面简支梁截面，该梁计算跨度 $l_0 = 6\text{m}$，由荷载设计值产生的弯矩 $M = 112.5\text{kN} \cdot \text{m}$。混凝土强度等级 C30，钢筋选用 HRB400 级，构件安全等级二级，试确定梁的截面尺寸和纵向受力钢筋数量。

【解】 (1) 确定材料强度设计值。

本题采用 C30（$f_t = 1.43\text{N/mm}^2$，$f_c = 14.3\text{N/mm}^2$）混凝土和 HRB400 级钢筋（$f_y = 360\text{N/mm}^2$）。

(2) 确定截面尺寸。

$$h = l_0 / 12 = 6000 / 12 = 500(\text{mm})$$

$$b = \left(\frac{1}{3} \sim \frac{1}{2}\right)h = 167 \sim 250\text{mm}，取 b = 200\text{mm}$$

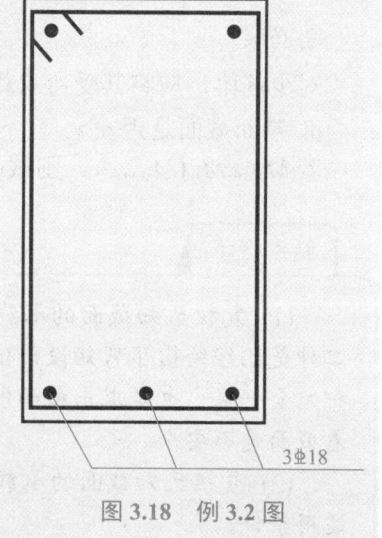

图 3.18 例 3.2 图

(3) 配筋计算。

假设钢筋一排布置：
$$h_0 = h - a_s = 500 - 40 = 460 \text{(mm)}$$

根据式(3-13)和式(3-14)，求解 x 和 A_s。

$$x = h_0 - \sqrt{h_0^2 - \frac{2M}{\alpha_1 f_c b}} = 460 - \sqrt{460^2 - \frac{2 \times 112.5 \times 10^6}{1 \times 14.3 \times 200}} \approx 95.4 \text{(mm)} \ (x > 0 \text{ 且 } x \leq h_0)$$

$$A_s = \frac{\alpha_1 f_c b x}{f_y} = \frac{1 \times 14.3 \times 200 \times 95.4}{360} = 757.9 \text{(mm}^2)$$

选 3⊈18 钢筋（$A_s = 763 \text{mm}^2$），一排钢筋需要的最小宽度 b_{min}=150mm＜200mm，与原假设一致。

(4) 检查最小配筋率。

$A_{s,min} = \rho_{min} bh = 0.2\% \times 200 \times 500 = 200 \text{(mm}^2) < A_s = 763 \text{mm}^2$，满足要求。

【例 3.3】 用表格法计算例 3.2 中纵向受拉钢筋截面面积。

【解】(1) 按例 3.2 确定材料强度设计值，即
$$f_t = 1.43 \text{N/mm}^2，f_c = 14.3 \text{N/mm}^2，f_y = 360 \text{N/mm}^2$$

(2) 求 α_s。

$$\alpha_s = \frac{M}{\alpha_1 f_c b h_0^2} = \frac{112.5 \times 10^6}{1 \times 14.3 \times 200 \times 460^2} \approx 0.186 \leq \alpha_{s,max} = \xi_b (1 - 0.5\xi_b) \approx 0.384$$

$$\xi = 1 - \sqrt{1 - 2\alpha_s} \approx 0.208 \leq \xi_b = 0.518，\gamma_s = 1 - 0.5\xi = 0.896$$

(3) 将 γ_s=0.896 代入 $A_s = \dfrac{M}{f_y \gamma_s h_0}$，得纵向受拉钢筋截面面积为

$$A_s = \frac{M}{f_y \gamma_s h_0} = \frac{112.5 \times 10^6}{360 \times 0.896 \times 460} \approx 758.2 \text{(mm}^2)$$

或将 ξ=0.208 代入 $A_s = \xi b h_0 \dfrac{\alpha_1 f_c}{f_y}$，得

$$A_s = \xi b h_0 \frac{\alpha_1 f_c}{f_y} = 0.208 \times 200 \times 460 \times \frac{1 \times 14.3}{360} \approx 760.1 \text{(mm}^2)$$

比较例 3.2 和例 3.3 可知，两种计算方法的计算结果大体是一致的，但表格法更简便。

【例 3.4】 某钢筋混凝土矩形截面梁，截面尺寸 $b \times h$=200mm×500mm，混凝土强度等级为 C30，纵向受拉钢筋为 3 根直径 18mm 的 HRB400 级钢筋，环境类别为一类。该梁承受最大弯矩设计值 M =110kN·m。试复核该梁是否安全。

【解】 查表得 f_c=14.3N/mm²，f_t=1.43N/mm²，f_y=360N/mm²，ξ_b=0.518，α_1=1.0，A_s=763mm²。

(1) 计算 h_0，因纵向受拉钢筋布置成一排，即
$$h_0 = h - 40 = 500 - 40 = 460 \text{ (mm)}$$

(2) 判断梁的类型。
$$x = \frac{A_s f_y}{\alpha_1 f_c b} \approx \frac{763 \times 360}{1.0 \times 14.3 \times 200} \approx 96.04 \text{ (mm)} < \xi_b h_0 = 0.518 \times 465 \approx 238.3 \text{ (mm)}$$

$$0.45f_\mathrm{t}/f_\mathrm{y} = 0.45 \times 1.43/360 \approx 0.178\% < 0.2\%,\ 取\ \rho_{\min} = 0.2\%$$
$$\rho_{\min}bh = 0.2\% \times 200 \times 500 = 200(\mathrm{mm}^2) < A_\mathrm{s} = 763\mathrm{mm}^2$$

故该梁属于适筋梁。

(3) 求截面受弯承载力 M_u，并判断该梁是否安全。

已判断该梁为适筋梁，即

$$M_\mathrm{u} = f_\mathrm{y}A_\mathrm{s}(h_0 - x/2) = 360 \times 763 \times (460 - 96.04/2)$$
$$\approx 113.16 \times 10^6 (\mathrm{N \cdot mm}) = 113.16\mathrm{kN \cdot m} > M = 110\mathrm{kN \cdot m}$$

故该梁安全。

3.2.2 双筋矩形截面

1. 双筋矩形截面梁适用范围

当构件截面尺寸一定，单筋矩形截面最大承载能力为 $M_{\mathrm{u,max}} = \alpha_1 f_\mathrm{c} bh_0^2 \xi_\mathrm{b}(1 - 0.5\xi_\mathrm{b})$，如果截面承受的弯矩较大，超过了 $\alpha_1 f_\mathrm{c} bh_0^2 \xi_\mathrm{b}(1 - 0.5\xi_\mathrm{b})$ 值，此时应该提高混凝土强度及加大截面尺寸。但在某些特定的情况下，截面尺寸和混凝土强度受到限制，不允许再加大，这时，唯一的办法就是在混凝土受压区配置钢筋，用钢筋来承担部分混凝土所承受的压力，防止发生超筋破坏，这就是双筋矩形截面。但一般情况下不采用这种办法，因为这样做是不经济的。由于混凝土的极限压应变约为 0.0033，受压钢筋距混凝土边缘的距离为 a_s'，此时钢筋的压应变约为 0.002，钢筋的最大压应力约为 400MPa，因而强度高的钢筋在受压区不能充分发挥作用。《混凝土结构设计标准》(2024 年版)(GB/T 50010—2010)规定钢筋的抗压强度设计值不超过 360MPa。

通常双筋矩形截面梁适用的情况：当截面承受的弯矩较大时；当截面尺寸受到使用条件限制不允许继续加大时，如加大后不满足使用净高要求；当混凝土的强度等级不宜提高时；当某些受弯构件截面在不同的荷载组合下产生变号弯矩，如风荷载或地震荷载作用下的框架梁的设计；为提高截面的延性及减小使用阶段的变形时，如结构的抗震设计。

2. 基本公式及适用条件

(1) 基本公式。

根据双筋矩形截面计算简图(图 3.19)，由力的平衡条件可得到式(3-18)和式(3-19)。

$$\alpha_1 f_\mathrm{c} bx + f_\mathrm{y}' A_\mathrm{s}' = f_\mathrm{y} A_\mathrm{s} \tag{3-18}$$

$$M \leqslant M_\mathrm{u} = \alpha_1 f_\mathrm{c} bx\left(h_0 - \frac{x}{2}\right) + f_\mathrm{y}' A_\mathrm{s}'(h_0 - a_\mathrm{s}') \tag{3-19}$$

式中　f_y'——钢筋的抗压强度设计值；

　　　A_s'——受压钢筋的截面面积；

　　　a_s'——受压钢筋的合力作用点到截面受压边缘的距离，一般可近似取为 35mm。

为了便于分析和计算，可将双筋矩形截面的等效应力图形看作由两部分组成：第一部分由受压区混凝土的压力和相应受拉钢筋 $A_{\mathrm{s}1}$ 的拉力组成，承担的弯矩为 $M_{\mathrm{u}1}$；第二部分由受压钢筋 A_s' 的压力与相应的另一部分受拉钢筋 $A_{\mathrm{s}2}$ 的拉力组成，承担的弯矩为 $M_{\mathrm{u}2}$，如图 3.19(b)、(c)所示。

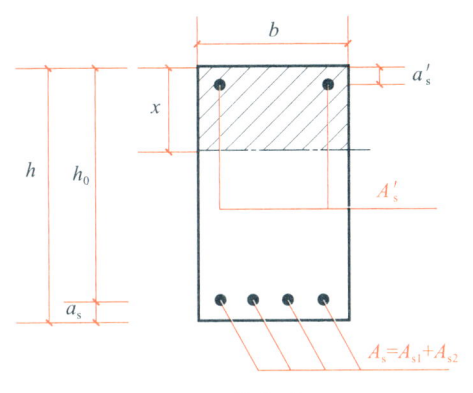

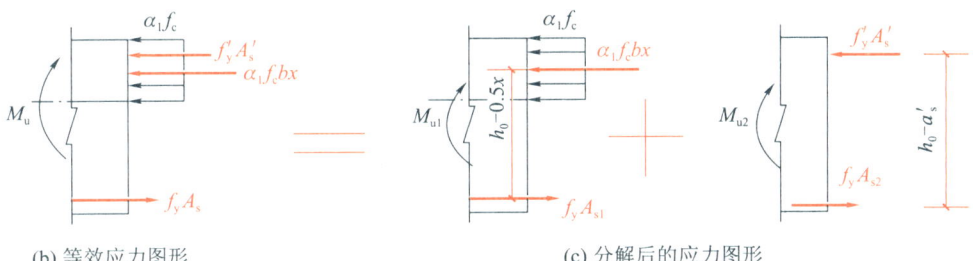

(a) 计算截面

(b) 等效应力图形　　　　　　　　　(c) 分解后的应力图形

图 3.19　双筋矩形截面计算简图

根据平衡条件，对两部分可分别写出以下基本公式。

第一部分：$\alpha_1 f_c bx \to f_y A_{s1} \to M_{u1} \to M_1$。

$$\alpha_1 f_c bx = f_y A_{s1} \tag{3-20}$$

$$M_{u1} = \alpha_1 f_c bx \left(h_0 - \frac{x}{2}\right) \tag{3-21}$$

第二部分：$f'_y A'_s \to f_y A_{s2} \to M_{u2} \to M_2$。

$$f'_y A'_s = f_y A_{s2} \tag{3-22}$$

$$M_{u2} = f'_y A'_s (h_0 - a'_s) \tag{3-23}$$

叠加后

$$M_u = M_{u1} + M_{u2} \quad A_s = A_{s1} + A_{s2}$$

(2) 适用条件。

为了防止超筋破坏和保证受压钢筋达到规定的抗压强度设计值，应满足 $2a'_s \leqslant x \leqslant x_b = \xi_b h_0$。

一般不必验算 $\rho_{\min}$，当 $x < 2a'_s$ 时，依据《混凝土结构设计标准》(2024 年版)(GB/T 50010—2010)，取 $x = 2a'_s$，由 $\sum M_c = 0$ 可得

$$M \leqslant M_u = f_y A_s (h_0 - a'_s) \tag{3-24}$$

3. 基本公式的应用

(1) 截面设计。

设计双筋梁时一般有两种情形。

情形一：已知截面尺寸 $b \times h$，材料强度 f_c、f_y、f_y'，弯矩设计值 M，求 A_s 及 A_s'。

计算步骤如下。

① 截面类型判断。

a. 单筋矩形截面。

$$M_{u,max} = \xi_b(1 - 0.5\xi_b)\alpha_1 f_c b h_0^2$$

b. 判断。

当 $M \leqslant M_{u,max}$ 时，说明不需要配置受压钢筋，按单筋矩形截面计算。

当 $M > M_{u,max}$ 时，按双筋矩形截面计算。

② 求 A_s'。

考虑充分利用混凝土的抗压强度，可使 $(A_s + A_s')_{min}$，取 $x = x_b = \xi_b h_0$。

$$A_s' = \frac{M - M_{u,max}}{f_y'(h_0 - a_s')} \tag{3-25}$$

③ 求 A_s。

$$A_s = \frac{\alpha_1 f_c b h_0 \xi_b + f_y' A_s'}{f_y}$$

④ 选配钢筋。

⑤ 绘图。

情形二：已知截面尺寸 $b \times h$，材料强度 f_c、f_y、f_y'，受压钢筋面积 A_s'，弯矩设计值 M，求受拉钢筋面积 A_s。

计算步骤如下。

① 求 M_{u2}、A_{s2}。

$$M_{u2} = f_y' A_s'(h_0 - a_s') \tag{3-26}$$

$$A_{s2} = \frac{f_y' A_s'}{f_y} \tag{3-27}$$

② 求 ξ。

$$M_{u1} = M - M_{u2} \tag{3-28}$$

由 $\alpha_s = \dfrac{M_{u1}}{\alpha_1 f_c b h_0^2}$，可求得 ξ，$\xi = 1 - \sqrt{1 - 2\alpha_s}$。

③ 验算适用条件：$x = \xi h_0$。

当 $2a_s' \leqslant x \leqslant x_b = \xi_b h_0$ 时，满足适用条件；当 $x > x_b = \xi_b h_0$ 时，不满足界限上限条件，需调整；当 $x < 2a_s'$ 时，不满足界限下限条件。

④ 求 A_{s1}。

当 $2a_s' \leqslant x \leqslant x_b = \xi_b h_0$ 时，有

$$A_{s1} = \frac{\alpha_1 f_c b h_0 \xi}{f_y}$$

⑤ 求 A_s。

当 $2a_s' \leqslant x \leqslant x_b = \xi_b h_0$ 时，有

$$A_s = A_{s1} + A_{s2} = \frac{\alpha_1 f_c b h_0 \xi}{f_y} + \frac{f_y' A_s'}{f_y}$$

当 $x < 2a_s'$ 时，有

$$A_s = \frac{M}{f_y(h_0 - a_s')}$$

⑥ 选配钢筋。

⑦ 绘图。

【例 3.5】 图 3.20 所示为例 3.5 图，已知某梁截面尺寸为 $b \times h = 200\text{mm} \times 450\text{mm}$，混凝土的强度等级为 C30，钢筋用 HRB400 级，弯矩设计值 $M = 200\text{kN}\cdot\text{m}$，试计算梁的正截面配筋。

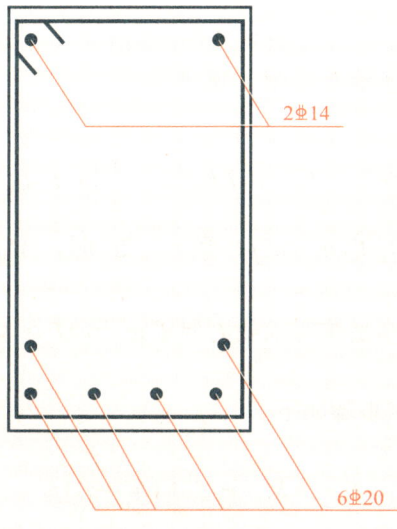

图 3.20 例 3.5 图

【解】 (1) 查表得 $\alpha_1 = 1.0$，$f_c = 14.3\text{N/mm}^2$，$f_y = f_y' = 360\text{N/mm}^2$，$\xi_b = 0.518$，设钢筋做成两排，则 $h_0 = 450 - 60 = 390\ (\text{mm})$。

(2) 验算是否需要采用双筋。

单筋矩形截面的最大承载弯矩为

$$M_{u,\max} = \xi_b(1 - 0.5\xi_b)\alpha_1 f_c b h_0^2 = 0.518 \times (1 - 0.5 \times 0.518) \times 1.0 \times 14.3 \times 200 \times 390^2$$
$$\approx 167.0(\text{kN}\cdot\text{m}) < M = 200\text{kN}\cdot\text{m}，应采用双筋矩形截面。$$

(3) 计算 M_{u1}。假设受压区混凝土高度 $x = x_b = \xi_b h_0$，则

$$M_{u1} = M_{u,\max} = \xi_b(1 - 0.5\xi_b)\alpha_1 f_c b h_0^2 = 167.0(\text{kN}\cdot\text{m})$$

(4) 计算 M_{u2}。

$$M_{u2} = M - M_{u1} = 200 - 167 = 33(\text{kN}\cdot\text{m})$$

(5) 计算 A_s'。

$$A_s' = \frac{M_{u2}}{f_y'(h_0 - a_s')} = \frac{33000000}{360 \times (390 - 40)} \approx 261.9(\text{mm}^2)$$

(6) 计算 A_s。

$$A_s = A_{s1} + A_{s2} = \frac{\alpha_1 f_c b h_0 \xi_b}{f_y} + \frac{f_y' A_s'}{f_y} = \frac{1.0 \times 14.3 \times 200 \times 390 \times 0.518}{360} + \frac{360 \times 261.9}{360} \approx 1867(\text{mm}^2)$$

选用钢筋：受压钢筋 2⌀14($A_s' = 308\text{mm}^2$)，受拉钢筋 6⌀20($A_s = 1884\text{mm}^2$)。

(2) 截面复核。

已知 $b \times h$、f_c、f_y、f_y'、A_s、A_s' 或 M，求 $(M \leqslant) M_u$。

方法一：采用直接法，步骤如下。

① 求 x。

$$x = \frac{f_y A_s - f_y' A_s'}{\alpha_1 f_c b}$$

② 验算适用条件。

当 $2a_s' \leqslant x \leqslant x_b = \xi_b h_0$ 时，满足适用条件；当 $x > x_b = \xi_b h_0$ 时，不满足界限上限条件，需要调整；当 $x < 2a_s'$ 时，不满足界限下限条件。

③ 求 M_u。

当 $2a_s' \leqslant x \leqslant x_b = \xi_b h_0$ 时，$M_u = \alpha_1 f_c b x \left(h_0 - \frac{x}{2}\right) + f_y' A_s'(h_0 - a_s')$；当 $x > x_b = \xi_b h_0$ 时，$M_u = \xi_b(1 - 0.5\xi_b)\alpha_1 f_c b h_0^2 + f_y' A_s'(h_0 - a_s')$；当 $x < 2a_s'$ 时，$M_u = f_y A_s(h_0 - a_s')$。

④ 验算。

当 $M \leqslant M_u$ 时，安全(满足抗弯承载力要求)；当 $M > M_u$ 时，不安全(不满足抗弯承载力要求)。

方法二：采用叠加法，步骤如下。

① 求 M_{u2}。

$$M_{u2} = f_y' A_s'(h_0 - a_s')$$

② 求 A_{s1}、A_{s2}。

$$A_{s2} = \frac{f_y' A_s'}{f_y}, \quad A_{s1} = A_s - A_{s2}$$

③ 求 x。

$$x = \frac{f_y A_{s1}}{\alpha_1 f_c b}$$

④ 验算适用条件。

当 $2a_s' \leqslant x \leqslant x_b = \xi_b h_0$ 时，满足适用条件；当 $x > x_b = \xi_b h_0$ 时，不满足界限上限条件，需调整；当 $x < 2a_s'$ 时，不满足界限下限条件。

⑤ 求 M_{u1}。

当 $2a_s' \leqslant x \leqslant x_b = \xi_b h_0$ 时，$M_{u1} = \alpha_1 f_c b x \left(h_0 - \frac{x}{2}\right)$；当 $x > x_b = \xi_b h_0$ 时，只能取 $x = x_b = \xi_b h_0$，于是有 $M_{u1} = \xi_b(1 - 0.5\xi_b)\alpha_1 f_c b h_0^2$。

⑥ 求 M_u。

当 $2a_s' \leqslant x \leqslant x_b = \xi_b h_0$ 时，$M_u = M_{u1} + M_{u2} = \alpha_1 f_c b x \left(h_0 - \frac{x}{2}\right) + f_y' A_s'(h_0 - a_s')$。

当 $x > x_b = \xi_b h_0$ 时，$M_u = M_{u1} + M_{u2} = \xi_b(1-0.5\xi_b)\alpha_1 f_c b h_0^2 + f_y' A_s'(h_0 - a_s')$。

当 $x < 2a_s'$ 时，$M_u = f_y A_s (h_0 - a_s')$。

⑦ 验算。

当 $M \leq M_u$ 时，安全，满足抗弯承载力要求。

当 $M > M_u$ 时，不安全，不满足抗弯承载力要求。

【例 3.6】 已知矩形截面梁的尺寸 $b \times h = 200\text{mm} \times 450\text{mm}$，混凝土的强度等级为 C20 ($f_c = 9.6\text{N/mm}^2$)，已配置 3 根直径为 25mm 的 HRB400 级受拉钢筋($A_s = 1473\text{mm}^2$)，2 根直径为 20mm 的 HRB400 级受压钢筋($A_s' = 628\text{mm}^2$)，$f_y = 360\text{N/mm}^2$。问此截面能承受的最大弯矩设计值为多少？

【解】 查表得 $\alpha_1 = 1.0$，$f_c = 14.3\text{N/mm}^2$，$f_y = f_y' = 360\text{N/mm}^2$，$\xi_b = 0.518$，$h_0 = 410\text{mm}$。

$$x = \frac{f_y A_s - f_y' A_s'}{\alpha_1 f_c b} = \frac{360 \times 1473 - 360 \times 628}{1.0 \times 14.3 \times 200} \approx 106.4 \,(\text{mm})$$

$$2a_s' = 2 \times 40 = 80 \,(\text{mm}) \quad \xi_b h_0 = 0.518 \times 410 \approx 212.4 \,(\text{mm})$$

$2a_s' = 80\text{mm} \leq x = 106.4\text{mm} \leq \xi_b h_0 = 212.4\,(\text{mm})$，满足要求。

$$M_u = \alpha_1 f_c b x \left(h_0 - \frac{x}{2}\right) + f_y' A_s' (h_0 - a_s')$$

$$= 1.0 \times 14.3 \times 200 \times 106.4 \times \left(410 - \frac{106.4}{2}\right) + 360 \times 628 \times (410 - 40)$$

$$\approx 192.23 \,(\text{kN} \cdot \text{m})$$

3.2.3 单筋 T 形截面

受弯构件正截面承载力计算是不考虑混凝土受拉作用的，因此，将矩形截面受拉区的混凝土减少一部分，并将受拉钢筋集中放置，就可形成 T 形截面。T 形截面和原来的矩形截面相比不仅不会降低承载力，而且还可以节约材料，减轻自重。T 形截面受弯构件在工程中的应用非常广泛，除独立 T 形梁外，槽形板、工字形梁、空心板、薄腹屋面梁、吊车梁及现浇楼盖的主次梁(跨中截面)等也都相当于 T 形截面(图 3.21)。

对于翼缘在受拉区的倒 T 形截面梁，当受拉区开裂以后，翼缘就不起作用了，因此在计算时按 $b \times h$ 的矩形截面梁考虑。T 形截面一般设计成单筋截面。

试验和理论分析表明，T 形截面受弯构件翼缘的纵向压应力沿翼缘宽度方向的分布是不均匀的，离肋部越远，压应力越小，因此 T 形截面的翼缘宽度在计算中应有所限制。在设计时取其一定范围内的翼缘宽度作为翼缘的计算宽度，即认为截面翼缘在这一宽度范围内的压应力是均匀分布的；其合力大小，大致与实际不均匀分布的压应力图形等效；翼缘与肋部也能很好地整体工作。

1. 翼缘计算宽度

试验表明，T 形梁破坏时，其翼缘上混凝土的压应力是不均匀的，越接近肋部压应力越大，超过一定距离时压应力几乎为零。在计算中，为简便起见，假定只在翼缘一定宽度范围内有压应力,且均匀分布,该范围以外的部分不起作用,这个宽度称为**翼缘计算宽度**,用b_f'表示,其值取表3-10中各项的最小值。

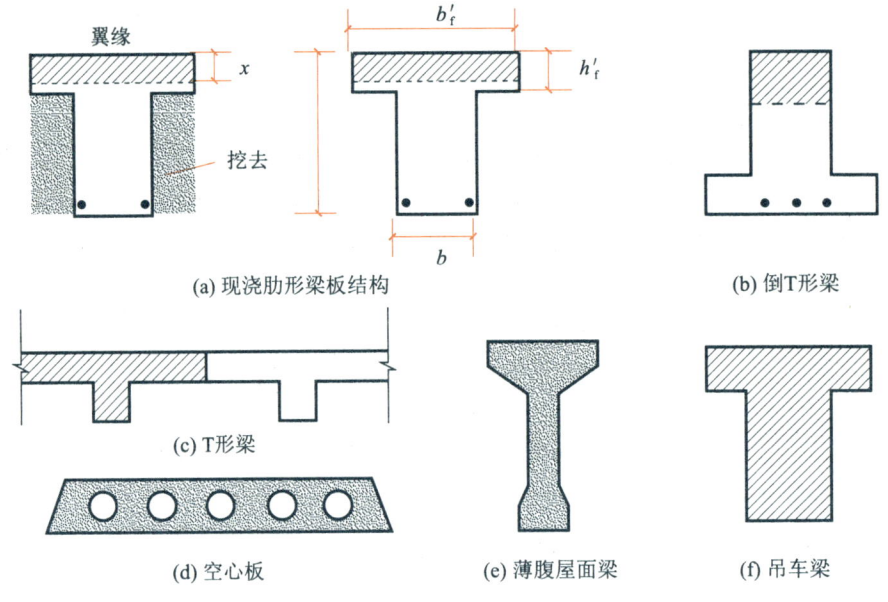

图3.21 T形和倒T形截面

表3-10 T形、I形及倒L形截面受弯构件翼缘计算宽度b_f'

项次	考虑情况		T形截面、I形截面		倒L形截面
			肋形梁、肋形板	独立梁	肋形梁、肋形板
1	按计算跨度l_0考虑		$l_0/3$	$l_0/3$	$l_0/6$
2	按梁(纵肋)净距s_n考虑		$b+s_n$	—	$b+s_n/2$
3	按翼缘高度h_f'考虑	$h_f'/h_0 \geq 0.1$	—	$b+12h_f'$	—
		$0.1 > h_f'/h_0 \geq 0.05$	$b+12h_f'$	$b+6h_f'$	$b+5h_f'$
		$h_f'/h_0 < 0.05$	$b+12h_f'$	b	$b+5h_f'$

注:表中b为梁的腹板宽度。

2. T形截面的分类

根据受力大小,T形截面的中性轴可能通过翼缘,也可能通过肋部。中性轴通过翼缘者称为**第一类T形截面**,通过肋部者称为**第二类T形截面**,如图3.22和图3.23所示。

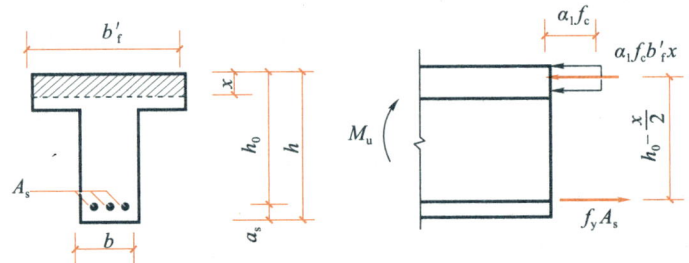

图3.22 第一类T形截面

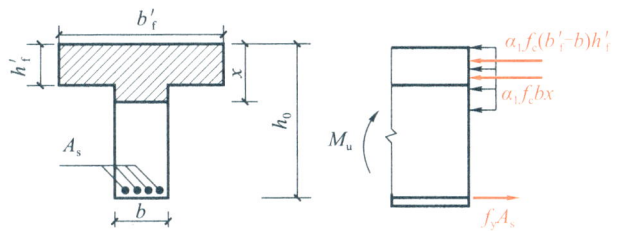

图 3.23　第二类 T 形截面

若 $f_y A_s \leq \alpha_1 f_c b_f' h_f'$ 或 $M \leq \alpha_1 f_c b_f' h_f' \left(h_0 - \dfrac{h_f'}{2}\right)$，则说明不需要全部翼缘混凝土受压即可满足平衡，故 $x \leq h_f'$，属于<u>第一类 T 形截面</u>。

若 $f_y A_s > \alpha_1 f_c b_f' h_f'$ 或 $M > \alpha_1 f_c b_f' h_f' \left(h_0 - \dfrac{h_f'}{2}\right)$，则说明仅仅翼缘高度内的混凝土受压不足以满足平衡，故 $x > h_f'$，属于<u>第二类 T 形截面</u>。

3．基本公式及其适用条件

(1) 基本公式。

① 第一类 T 形截面。其基本公式可表示为

$$\alpha_1 f_c b_f' x = f_y A_s \tag{3-29}$$

$$M \leq M_u = \alpha_1 f_c b_f' x \left(h_0 - \dfrac{x}{2}\right) \tag{3-30}$$

② 第二类 T 形截面。为了便于建立第二类 T 形截面的基本公式，现将其应力图形分成两部分：一部分由<u>肋部</u>受压区混凝土的压力与相应的受拉钢筋 A_{s1} 的拉力组成，相应的截面受弯承载力设计值为 M_{u1}；另一部分则由<u>翼缘</u>混凝土的压力与相应的受拉钢筋 A_{s2} 的拉力组成，相应的截面受弯承载力设计值为 M_{u2}（图 3.23）。

根据平衡条件可建立起两部分的基本公式，因 $M_u = M_{u1} + M_{u2}$，$A_s = A_{s1} + A_{s2}$，故将两部分叠加，即得整个截面的基本公式。

$$\alpha_1 f_c b x + \alpha_1 f_c (b_f' - b) h_f' = f_y A_s \tag{3-31}$$

$$M \leq M_u = \alpha_1 f_c b x \left(h_0 - \dfrac{x}{2}\right) + \alpha_1 f_c (b_f' - b) h_f' \left(h_0 - \dfrac{h_f'}{2}\right) \tag{3-32}$$

(2) 基本公式的适用条件。

① <u>$x \leq \xi_b h_0$</u>。该条件是为了防止出现超筋梁。第一类 T 形截面一般不会超筋，故第一类 T 形截面计算时可不验算这个条件。

② <u>$A_s \geq \rho_{\min} bh$ 或 $\rho \geq \rho_{\min}$</u>。该条件是为了防止出现少筋梁。第二类 T 形截面的配筋较多，一般不会出现少筋的情况，故第二类 T 形截面可不验算这一条件。

> **特别提示**
>
> 　　由于肋宽为 b、高度为 h 的素混凝土 T 形梁的受弯承载力比截面为 $b \times h$ 的矩形截面素混凝土梁的受弯承载力大不了多少，故 T 形截面的配筋率一般按矩形截面的公式计算，即 $\rho = \dfrac{A_s}{b h_0}$，式中 b 为肋宽。

4. 正截面承载力计算步骤

T形截面受弯构件的正截面承载力计算也可分为截面设计和截面复核两类问题,这里只介绍截面设计的方法。

已知弯矩设计值M、混凝土强度等级、钢筋级别、截面尺寸,求受拉钢筋截面面积A_s。计算步骤如下。

(1) 类型判断。

当$M \leqslant \alpha_1 f_c b'_f h'_f \left(h_0 - \dfrac{h'_f}{2}\right)$时,为第一类T形截面。

当$M > \alpha_1 f_c b'_f h'_f \left(h_0 - \dfrac{h'_f}{2}\right)$时,为第二类T形截面。

(2) 当为第一类T形截面时,其计算方法与截面尺寸$b'_f \times h$的单筋矩形截面相同。

(3) 当为第二类T形截面时,可以采用直接法和叠加法两种方法进行计算。

方法一:直接法。

$$x = h_0 - \sqrt{h_0^2 - \dfrac{2M}{\alpha_1 f_c b} + 2h'_f \left(h_0 - \dfrac{h'_f}{2}\right)\left(\dfrac{b'_f}{b} - 1\right)} \leqslant x_b = \xi_b h_0$$

$$A_s = \dfrac{\alpha_1 f_c b}{f_y}\left[x + \left(\dfrac{b'_f}{b} - 1\right)h'_f\right] \geqslant A_{s,\min} = \rho_{\min} bh$$

方法二:叠加法。

先计算$A_{s2} = \dfrac{\alpha_1 f_c (b'_f - b) h'_f}{f_y}$和$M_{u2} = \alpha_1 f_c (b'_f - b) h'_f \left(h_0 - \dfrac{h'_f}{2}\right)$,则

$$M_{u1} = M_u - M_{u2}$$

然后按单筋矩形截面梁求出M_{u1}所需要的钢筋截面面积A_{s1},于是总的受拉钢筋截面面积为

$$A_s = A_{s1} + A_{s2} = \dfrac{\alpha_1 f_c b h_0}{f_y}\xi + \dfrac{\alpha_1 f_c (b'_f - b) h'_f}{f_y} \geqslant A_{s,\min} = \rho_{\min} bh$$

【例3.7】 T形截面梁(图3.24),$b=250\text{mm}$,$h=800\text{mm}$,$b'_f = 600\text{mm}$,$h'_f = 100\text{mm}$,混凝土为C30级($f_c = 14.3\text{N/mm}^2$),纵向钢筋采用HRB400级钢筋($f_y = 360\text{N/mm}^2$),弯矩设计值$M = 700\text{kN}\cdot\text{m}$,求梁的纵向受拉钢筋截面面积。

【解】(1) 判断属于哪一类T形截面,设$h_0 = 740\text{mm}$。

$\alpha_1 f_c b'_f h'_f (h_0 - h'_f / 2) = 1.0 \times 14.3 \times 600 \times 100 \times (740 - 100/2)$

$\approx 592.0(\text{kN}\cdot\text{m}) < M = 700\text{kN}\cdot\text{m}$

受压区进入腹板,属第二类T形截面。

(2) 求M_{u2}。

$M_{u2} = \alpha_1 f_c (b'_f - b) h'_f (h_0 - h'_f / 2)$
$= 1.0 \times 14.3 \times (600 - 250) \times 100 \times (740 - 100/2)$
$\approx 345.3(\text{kN}\cdot\text{m})$

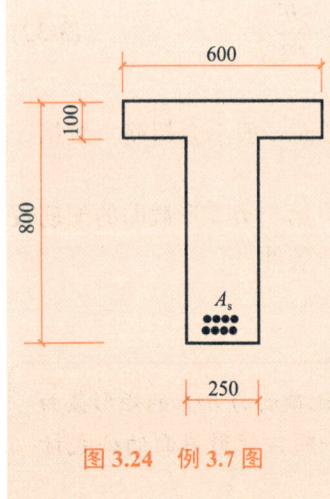

图3.24 例3.7图

(3) 求 α_s。

$$M_{u1} = M - M_{u2} = 700 - 345.3 = 354.7(\text{kN} \cdot \text{m})$$

$$\alpha_s = \frac{M_{u1}}{\alpha_1 f_c b h_0^2} = \frac{354.7 \times 10^6}{1.0 \times 14.3 \times 250 \times 740^2} \approx 0.181 < \alpha_{s,\max} = 0.384$$

(4) 求 ξ 及 A_s。

$$\xi = 1 - \sqrt{1 - 2\alpha_s} = 1 - \sqrt{1 - 2 \times 0.181} \approx 0.201$$

$$A_s = \frac{\alpha_1 f_c b h_0}{f_y} \xi + \frac{\alpha_1 f_c (b_f' - b) h_f'}{f_y}$$

$$= \frac{14.3}{360} \times [0.201 \times 250 \times 740 + (600 - 250) \times 100]$$

$$\approx 2867(\text{mm}^2)$$

注意：在进行 T 形截面的承载力计算时，首先应判断属于哪一类 T 形截面，第一类 T 形截面和第二类 T 形截面的计算公式是不同的。

【例 3.8】 已知某 T 形截面，截面尺寸 h_f'=120mm，$b \times h$=250mm×650mm，b_f'=600mm，混凝土的等级为 C30，钢筋采用 HRB400 级，梁承担的弯矩设计值为 M=560kN·m，试计算所需受拉钢筋截面面积 A_s。

【解】 (1) 查表得 α_1=1.0，f_c=14.3N/mm²，f_y=360N/mm²，ξ_b=0.550，设钢筋做成两排，则 h_0 = 650 − 60 = 590(mm)。

(2) 判断 T 形截面的类型。

$\alpha_1 f_c b_f' h_f' (h_0 - h_f' / 2) = 1.0 \times 14.3 \times 600 \times 120 \times (590 - 120/2) \approx 545.7(\text{kN} \cdot \text{m}) < M = 560\text{kN} \cdot \text{m}$，为第二类 T 形截面。

(3) 计算 M_{u2}、A_{s2}。

$$M_{u2} = \alpha_1 f_c (b_f' - b) h_f' (h_0 - 0.5 h_f')$$

$$= 1.0 \times 14.3 \times (600 - 250) \times 120 \times (590 - 0.5 \times 120)$$

$$\approx 318.3(\text{kN} \cdot \text{m})$$

$$A_{s2} = \alpha_1 f_c (b_f' - b) h_f' / f_y = 1.0 \times 14.3 \times (600 - 250) \times 120 / 360 \approx 1668(\text{mm}^2)$$

(4) 计算 M_{u1}、A_{s1}。

$$M_{u1} = M - M_{u2} = 560 - 318.3 = 241.7(\text{kN} \cdot \text{m})$$

$$\alpha_s = M_{u1} / (\alpha_1 f_c b h_0^2) = 241.7 \times 10^6 / (1.0 \times 14.3 \times 250 \times 590^2) \approx 0.1942$$

查表得：γ_s = 0.891，ξ = 0.218 < ξ_b = 0.518，未超筋。

$$A_{s1} = M_{u1} / (f_y h_0 \gamma_s) = 241.7 \times 10^6 / (360 \times 590 \times 0.891) \approx 1277(\text{mm}^2)$$

(5) 计算 A_s。

$$A_s = A_{s1} + A_{s2} = 1277 + 1668 = 2945(\text{mm}^2)$$

(6) 选配钢筋。

选配 6Φ25（A_s=2945mm²）。

3.3 斜截面承载力计算

受弯构件在主要承受弯矩的区段将会产生垂直于梁轴线的裂缝,若其受弯承载力不足,则将沿正截面破坏。一般而言,在荷载作用下,受弯构件不仅在各个截面上产生弯矩 M,同时还产生剪力 V。在弯曲正应力和剪应力共同作用下,受弯构件将产生与轴线斜交的主拉应力和主压应力。图 3.25(a)所示为梁在弯矩 M 和剪力 V 共同作用下的主应力迹线,其中实线为主拉应力迹线,虚线为主压应力迹线。由于混凝土抗压强度较高,受弯构件一般不会因主压应力而产生破坏。但当主拉应力超过混凝土的抗拉强度时,混凝土便沿垂直于主拉应力的方向出现斜裂缝[图 3.25(b)],进而可能发生斜截面破坏。斜截面破坏通常较为突然,具有脆性性质,其危险性更大。所以,对钢筋混凝土受弯构件除应进行正截面承载力计算外,还须对弯矩和剪力共同作用的区段进行斜截面承载力计算。

梁的斜截面承载力包括斜截面受剪承载力和斜截面受弯承载力。在实际工程设计中,斜截面受剪承载力通过配置腹筋来保证,而斜截面受弯承载力则通过构造措施来保证。

一般来说,板具有足够的斜截面承载能力,故受弯构件斜截面承载力计算主要是对梁和厚板而言的。

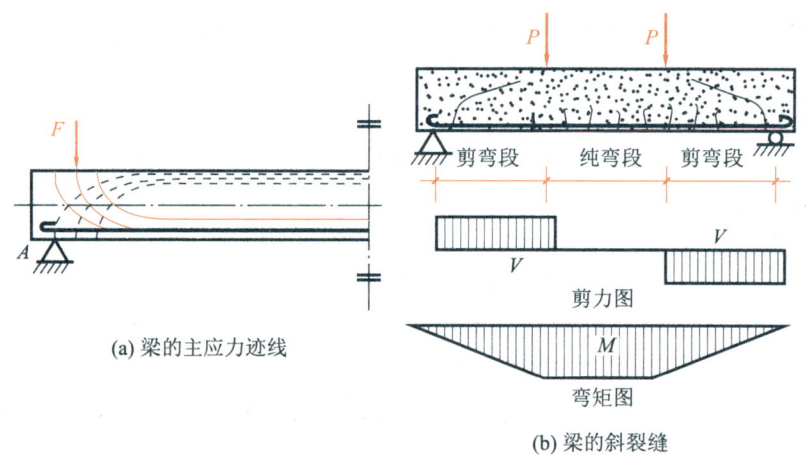

(a) 梁的主应力迹线

(b) 梁的斜裂缝

图 3.25 受弯构件主应力迹线及斜裂缝示意

3.3.1 受弯构件斜截面受剪破坏形态

受弯构件斜截面受剪破坏形态主要取决于箍筋数量和剪跨比 λ。$\lambda = a/h_0$,其中 a 为集中荷载作用点至支座的距离。随着箍筋数量和剪跨比的不同,受弯构件主要有以下 3 种斜截面受剪破坏形态。

1. 斜拉破坏

当箍筋配置过少,且剪跨比较大($\lambda > 3$)时,常发生斜拉破坏。其特点是一旦出现斜裂缝，与斜裂缝相交的箍筋应力立即达到屈服强度，箍筋对斜裂缝发展的约束作用消失，随后斜裂缝迅速延伸到梁的受压区边缘，构件裂为两部分而破坏[图 3.26(a)]。斜拉破坏的破坏过程急骤，具有很明显的脆性。

2. 剪压破坏

构件的箍筋适量，且剪跨比适中($\lambda=1\sim3$)时，将发生剪压破坏。当荷载增加到一定值时，首先在剪弯段受拉区出现斜裂缝，其中一条将发展成临界斜裂缝(即延伸较长和开展较大的斜裂缝)。随着荷载进一步增加，与临界斜裂缝相交的箍筋应力达到屈服强度。随后，斜裂缝不断扩展，斜截面末端剪压区不断缩小，最后剪压区混凝土在正应力和剪应力共同作用下达到极限状态而压碎[图 3.26(b)]。剪压破坏没有明显预兆，属于脆性破坏。

3. 斜压破坏

当梁的箍筋配置过多过密或者梁的剪跨比较小($\lambda<1$)时，斜截面破坏形态将主要是斜压破坏。这种破坏是因梁的剪弯段腹部混凝土被一系列平行的斜裂缝分割成许多倾斜的受压柱体，在正应力和剪应力共同作用下混凝土被压碎而导致的，破坏时箍筋应力尚未达到屈服强度[图 3.26(c)]。斜压破坏属于脆性破坏。

上述 3 种破坏形态，剪压破坏一般通过计算避免，斜压破坏和斜拉破坏分别通过添加截面限制条件与按构造要求配置箍筋来防止。剪压破坏形态是建立斜截面受剪承载力计算基本公式的依据。

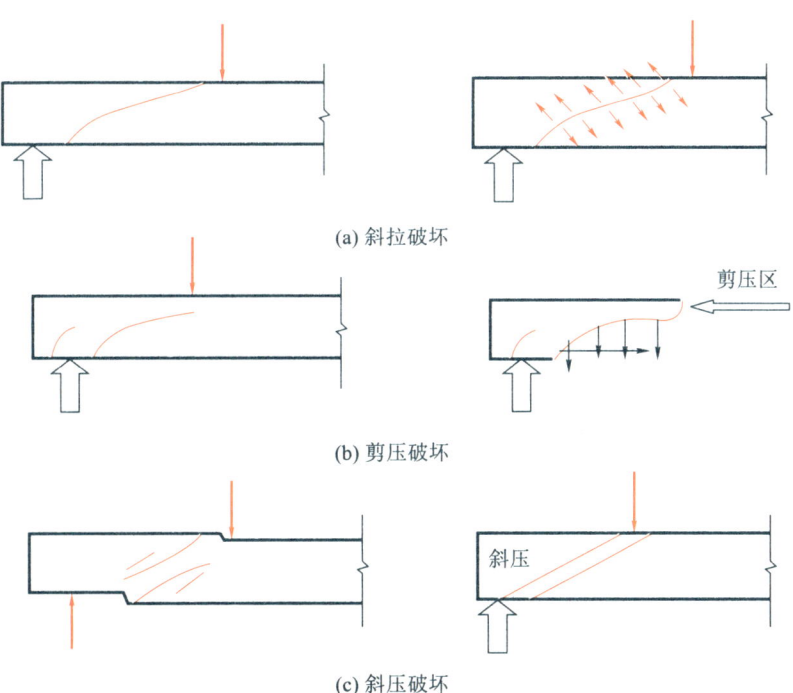

图 3.26 梁的剪切破坏的 3 种形态

3.3.2 斜截面受剪承载力计算的基本公式

1. 影响斜截面受剪承载力的主要因素

(1) 剪跨比 λ。

当 $\lambda \leq 3$ 时，斜截面受剪承载力随 λ 增大而减小；当 $\lambda > 3$ 时，其影响不明显。

(2) 混凝土强度。

混凝土强度对斜截面受剪承载力有着重要影响。试验表明，混凝土强度越高，受剪承载力越大。

(3) 配箍率 ρ_{sv}。

$$\rho_{sv} = \frac{A_{sv}}{bs} \tag{3-33}$$

式中　A_{sv}——配置在同一截面内箍筋各肢的全部截面面积（$A_{sv}=nA_{sv1}$，其中 n 为箍筋肢数，A_{sv1} 为单肢箍筋的截面面积）；
　　　b——矩形截面的宽度，T 形、I 形截面的腹板宽度；
　　　s——箍筋间距。

梁的斜截面受剪承载力与 ρ_{sv} 呈线性关系，受剪承载力随 ρ_{sv} 增大而增大。

(4) 纵向钢筋配筋率。

纵向钢筋受剪产生销栓力，可以限制斜裂缝的开展。梁的斜截面受剪承载力随纵向钢筋配筋率增大而提高。

除上述因素外，<u>截面形状</u>、<u>荷载种类</u>和<u>作用方式</u>等对斜截面受剪承载力都有影响。

2. 基本公式

钢筋混凝土受弯构件斜截面受剪承载力计算以剪压破坏形态为依据。为便于理解，现将受弯构件斜截面受剪承载力表示为 3 项相加的形式（图 3.27），即

$$V_u = V_c + V_{sv} + V_{sb} \tag{3-34}$$

式中　V_u——受弯构件斜截面受剪承载力；
　　　V_c——剪压区混凝土受剪承载力设计值，即无腹筋梁的受剪承载力；
　　　V_{sv}——与斜裂缝相交的箍筋受剪承载力设计值；
　　　V_{sb}——与斜裂缝相交的弯起钢筋受剪承载力设计值。

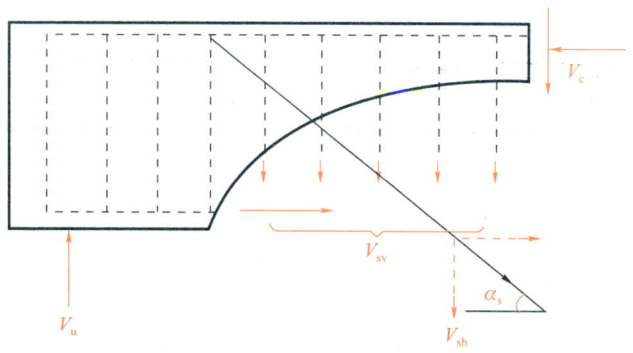

图 3.27　斜截面受剪承载力组成

需要说明的是，式中 V_c 和 V_{sv} 密切相关，无法分开表达，故以 $V_{cs}=V_c+V_{sv}$ 来表达混凝土和箍筋总的受剪承载力，于是有

$$V_u = V_{cs} + V_{sb} \tag{3-35}$$

(1) 仅配箍筋的受弯构件。

对矩形、T 形及 I 形截面一般受弯构件，其受剪承载力计算基本公式为

$$V \leqslant V_{cs} = \alpha_{cv} f_t b h_0 + f_{yv} \frac{A_{sv}}{s} h_0 \tag{3-36}$$

式中 V_{cs}——构件斜截面上混凝土和箍筋的受剪承载力设计值。

α_{cv}——斜截面上受剪承载力系数，对于一般受弯构件取 0.7；对集中荷载作用下(包括作用有多种荷载，其中集中荷载对支座截面或节点边缘所产生的剪力值占总剪力的 75% 以上的情况)的独立梁，取 $\alpha_{cv} = \dfrac{1.75}{\lambda+1}$，$\lambda$ 为计算截面的剪跨比，可取 $\lambda = a/h_0$ (当 $\lambda < 1.5$ 时，取 $\lambda = 1.5$；当 $\lambda > 3$ 时，取 $\lambda = 3$)，a 取集中荷载作用点至支座截面或节点边缘的距离。

A_{sv}——配置在同一截面内箍筋各肢的全部截面面积($A_{sv} = nA_{sv1}$，其中 n 为箍筋肢数，A_{sv1} 为单肢箍筋的截面面积)。

s——沿构件长度方向的箍筋间距。

f_t——混凝土抗拉强度设计值。

f_{yv}——箍筋抗拉强度设计值。

(2) 同时配置箍筋和弯起钢筋的受弯构件。

同时配置箍筋和弯起钢筋的受弯构件，其受剪承载力计算基本公式为

$$V \leqslant V_u = V_{cs} + 0.8 f_y A_{sb} \cdot \sin\alpha_s \tag{3-37}$$

式中 f_y——弯起钢筋的抗拉强度设计值；

A_{sb}——同一平面内的弯起钢筋的截面面积；

α_s——斜截面上弯起钢筋切线与构件纵轴线的夹角。

其余符号意义同前。式中的系数 0.8，是考虑弯起钢筋与临界斜裂缝的交点有可能过分靠近混凝土剪压区，弯起钢筋达不到屈服强度而采用的强度降低系数。

3. 基本公式适用条件

(1) 防止出现斜压破坏的条件——最小截面尺寸的限制。

试验表明，当箍筋量达到一定程度时，再增加箍筋，截面受剪承载力几乎不再增加。相反，若剪力很大，而截面尺寸过小，即使箍筋配置很多，也不能完全发挥作用，因为箍筋屈服前混凝土已被压碎而发生斜压破坏。所以为了防止斜压破坏，必须限制截面最小尺寸。对矩形、T 形及 I 形截面受弯构件，其限制条件如下。

当 $\dfrac{h_w}{b} \leqslant 4.0$ (厚腹梁，也是一般梁)时

$$V \leqslant 0.25 \beta_c f_c b h_0 \tag{3-38}$$

当 $\dfrac{h_w}{b} \geqslant 6.0$ (薄腹梁)时

$$V \leqslant 0.2 \beta_c f_c b h_0 \tag{3-39}$$

当 $4.0 < \dfrac{h_w}{b} < 6.0$ 时，按直线内插法取值。

式中　b——矩形截面的宽度，T 形、I 形截面的腹板宽度；
　　　h_0——截面的有效高度；
　　　β_c——混凝土强度影响系数（当混凝土强度等级≤C50 时，$\beta_c=1.0$；当混凝土强度等级为 C80 时，$\beta_c=0.8$；其间按直线内插法取用）。

实际上，最小截面尺寸的限制条件也就是最大配箍率的条件。

(2) 防止出现斜拉破坏的条件——最小配箍率的限制。

为了避免出现斜拉破坏，构件配箍率应满足

$$\rho_{sv} = \dfrac{A_{sv}}{bs} = \dfrac{nA_{sv1}}{bs} \geqslant \rho_{sv,\min} = 0.24 \dfrac{f_t}{f_{yv}} \tag{3-40}$$

式中　A_{sv}——配置在同一截面内箍筋各肢的全部截面面积（$A_{sv}=nA_{sv1}$，其中 n 为箍筋肢数，A_{sv1} 为单肢箍筋的截面面积）；
　　　b——矩形截面的宽度，T 形、I 形截面的腹板宽度；
　　　s——箍筋间距。

3.3.3　斜截面受剪承载力计算

1. 斜截面受剪承载力的计算位置

斜截面受剪承载力的计算位置，一般按下列规定取用。
(1) 支座边缘处的斜截面，如图 3.28 所示截面 1—1。
(2) 弯起钢筋弯起点处的斜截面，如图 3.28 所示截面 2—2。
(3) 受拉区箍筋截面面积或间距改变处的斜截面，如图 3.28 所示截面 3—3。
(4) 腹板宽度改变处的截面，如图 3.28 所示截面 4—4。

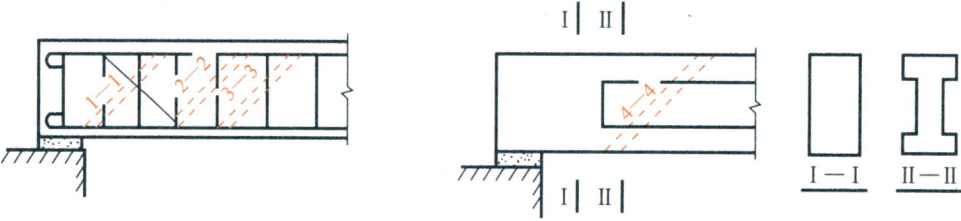

图 3.28　斜截面受剪承载力的计算位置

2. 斜截面受剪承载力的计算步骤

已知剪力设计值 V、截面尺寸、混凝土强度等级、箍筋级别、纵向受力钢筋的级别和数量，求箍筋数量。

计算步骤如下。

(1) 复核截面尺寸。

梁的截面尺寸应满足式(3-38)和式(3-39)的要求，否则，应加大截面尺寸或提高混凝土强度等级。

(2) 确定是否需按计算配置箍筋。

当满足式(3-41)或式(3-42)的条件时,可按构造配置箍筋,否则,需按计算配置箍筋。

$$V \leq 0.7 f_t b h_0 \tag{3-41}$$

或

$$V \leq \frac{1.75}{\lambda + 1} f_t b h_0 \tag{3-42}$$

(3) 确定箍筋数量。

当仅配置箍筋时

$$\frac{A_{sv}}{s} \geq \frac{V - 0.7 f_t b h_0}{f_{yv} h_0} \tag{3-43}$$

或

$$\frac{A_{sv}}{s} \geq \frac{V - \dfrac{1.75}{\lambda + 1} f_t b h_0}{f_{yv} h_0} \tag{3-44}$$

求出 $\dfrac{A_{sv}}{s}$ 的值后,即可根据构造要求,选定箍筋肢数 n 和直径 d,然后求出间距 s,或者根据构造要求选定 n、s,然后求出 d。箍筋的间距和直径应满足 3.1 节的构造要求。

同时配置箍筋和弯起钢筋时,其计算较复杂,并且抗震结构中不采用弯起钢筋抗剪,故本书不做介绍,读者可参考有关文献,自行学习。

(4) 验算配箍率。

配箍率应满足式(3-40)的要求。

【例 3.9】 某教学楼矩形截面简支梁,截面尺寸为 250mm×500mm,h_0 =465mm,承受均布荷载作用,支座边缘剪力设计值为 200kN。混凝土强度等级为 C30 级,箍筋采用 HPB300 级钢筋。试确定箍筋数量。

【解】 查表得 f_c =14.3N/mm², f_t =1.43N/mm², f_{yv} =270N/mm², β_c =1.0。

(1) 复核截面尺寸。

$$h_w / b = h_0 / b = 465 / 250 = 1.86 < 4.0$$

$0.25 \beta_c f_c b h_0 = 0.25 \times 1.0 \times 14.3 \times 250 \times 465 \approx 415.6 (kN) > V = 200kN$,截面尺寸满足要求。

(2) 确定是否需按计算配置箍筋。

$0.7 f_t b h_0 = 0.7 \times 1.43 \times 250 \times 465 \approx 116.37 (kN) < V = 200kN$,需按计算配置箍筋。

(3) 确定箍筋数量。

$$\frac{A_{sv}}{s} \geq \frac{V - 0.7 f_t b h_0}{f_{yv} h_0} = \frac{200 \times 10^3 - 116.37 \times 10^3}{270 \times 465} \approx 0.666 \, (mm^2/mm)$$

按构造要求,箍筋直径不宜小于 6mm,现选用 Φ8 双肢箍筋(A_{sv1} = 50.3mm²),则箍筋间距为

$$s \leq \frac{A_{sv}}{0.666} = \frac{n A_{sv1}}{0.666} = \frac{2 \times 50.3}{0.666} \approx 151.1$$

查表 3-3,得 s_{max} =200mm,取 s=140mm。

(4) 验算配箍率。

$$\rho_{sv} = \frac{n A_{sv1}}{bs} = \frac{2 \times 50.3}{200 \times 140} \approx 0.36\%$$

$$\rho_{sv,min} = 0.24\frac{f_t}{f_{yv}} = 0.24 \times \frac{1.43}{270} \approx 0.127\% < \rho_{sv} = 0.36\%$$

配箍率满足要求。所以箍筋选用 Φ8@140，沿梁长均匀布置。

【例3.10】 已知一钢筋混凝土矩形截面简支梁，截面尺寸 $b \times h = 200mm \times 600mm$，$h_0 = 530mm$，计算简图和剪力图如图3.29所示，采用C25级混凝土，箍筋采用HPB300级钢筋。试配置箍筋。

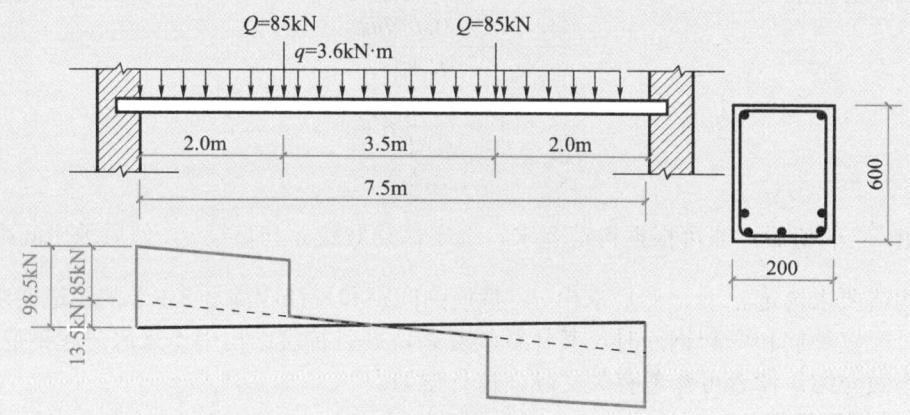

图3.29 例3.10图

【解】 查表得 $f_c = 11.9 N/mm^2$，$f_t = 1.27 N/mm^2$，$f_{yv} = 270 N/mm^2$，$\beta_c = 1.0$。

(1) 验算截面尺寸。

$$h_w/b = h_0/b = 530/200 = 2.65 < 4$$
$$0.25\beta_c f_c b h_0 = 0.25 \times 1.0 \times 11.9 \times 200 \times 530 = 315350(N) > V = 98.5(kN)$$

截面尺寸满足要求。

(2) 判断是否需按计算配置箍筋。

集中荷载在支座边缘截面产生的剪力为85kN，占支座边缘截面总剪力98.5kN的86.3%，大于75%，应按以承受集中荷载为主的构件计算。

$$\lambda = a/h_0 = 2000/530 \approx 3.77 > 3，取 \lambda = 3$$
$$\frac{1.75}{\lambda + 1} f_t b h_0 = \frac{1.75}{3+1} \times 1.27 \times 200 \times 530 \approx 58896(N) < V = 98.5(kN)$$

需按计算配置箍筋。

(3) 计算箍筋数量。

$$\frac{A_{sv}}{s} \geq \frac{V - \frac{1.75}{\lambda+1} f_t b h_0}{f_{yv} h_0} = \frac{98.5 \times 10^3 - 58896}{270 \times 530} \approx 0.277(mm^2/mm)$$

选用 Φ6 双肢箍，$n=2$，$A_{sv1} = 28.3 mm^2$，$A_{sv} = nA_{sv1} = 2 \times 28.3 = 56.6(mm^2)$

$$s \leq A_{sv}/0.277 = 56.6/0.277 \approx 204.3(mm)，取 s = 200mm$$

$$\rho_{sv} = \frac{A_{sv}}{bs} = \frac{56.6}{200 \times 200} \approx 0.142\%$$

$$\rho_{sv,min} = 0.24f_t / f_{yv} = 0.24 \times 1.27 / 270 \approx 0.113\% < \rho_{sv} = 0.142\%$$

配箍率满足要求。

3.3.4 保证斜截面受弯承载力的构造措施

1. 抵抗弯矩图的概念

按构件实际配置的钢筋所绘出的各正截面所能承受的弯矩图形称为<u>抵抗弯矩图</u>，也叫<u>材料图</u>。

设梁截面所配钢筋总截面面积为 A_s，每根钢筋截面面积为 A_{si}，则截面抵抗弯矩 M_u 及第 i 根钢筋的抵抗弯矩 M_{ui} 可分别表示为

$$M_u = A_s f_y \left(h_0 - \frac{f_y A_s}{2\alpha_1 f_c b} \right) \tag{3-45}$$

$$M_{ui} = \frac{A_{si}}{A_s} M_u \tag{3-46}$$

如果全部纵向钢筋沿梁全长布置，既不弯起也不截断，则每个截面的抵抗弯矩相等，抵抗弯矩图为矩形。这样做虽然构造简单，但是能保证所有截面的正截面和斜截面承载力，但除跨中截面外，其余截面的纵向钢筋均没有得到充分利用，因而不经济，为了节约钢材，可将一部分纵向钢筋在受弯承载力不需要处截断或弯起作为受剪的弯起钢筋。下面以图 3.30 为例介绍一下钢筋截断或弯起时抵抗弯矩图的画法。

首先按一定比例绘出梁的设计弯矩图(即 M 图)，再求出跨中截面纵向钢筋(2Φ25+1Φ22)所能承担的抵抗弯矩 M_u，近似地按钢筋截面面积的比例划分出每根钢筋所能抵抗的弯矩。每根钢筋所能抵抗的弯矩 M_{ui} 可近似地按该根钢筋的面积 A_{si} 占总钢筋面积的比例计算而得：$M_{ui} = \frac{A_{si}}{A_s} M_u$，根据 M 图的变化，绘制钢筋弯起时的 M_u 图，使得 M_u 图包住 M 图，以满足受弯承载力的要求。

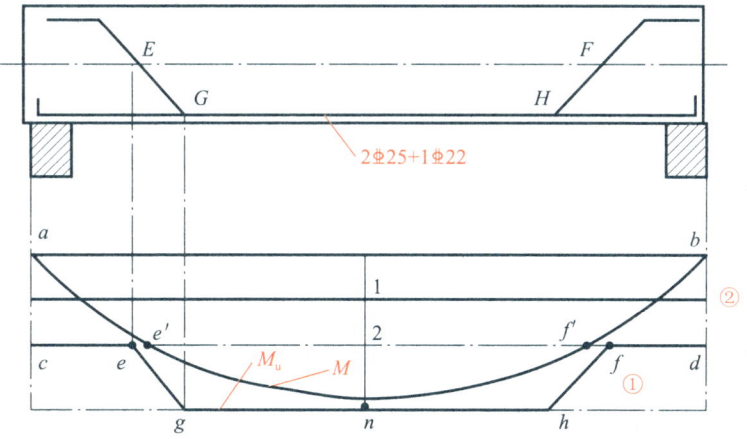
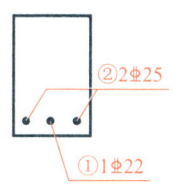

图 3.30 简支梁的抵抗弯矩图

如果将①号钢筋从 G 和 H 截面处开始弯起,弯起后由于力臂逐渐减小,该钢筋的正截面抵抗弯矩将逐渐降低,直到穿过与梁轴相交的 E、F 截面,弯筋进入压区,其抵抗弯矩才消失。因此,在梁上沿 E、F 作垂线与抵抗弯矩图中过 2 点的水平线交于 e、f 点,沿 G、H 作垂线与抵抗弯矩图中过 n 点的水平线交于 g、h 点,斜线 ge 及 hf 反映了①号钢筋抵抗弯矩的变化。②号钢筋全部伸入支座,M_{u2} 与 M 图的交点为 e',在该点②号钢筋的强度可以得到充分发挥,故 e' 点为②号钢筋的充分利用点,在 e' 点以外范围不再需要①号钢筋,因此 e' 也是①号钢筋的不需要点,故可将①号钢筋弯起。

抵抗弯矩图能包住设计弯矩图,则表明沿梁长各个截面的正截面受弯承载力是足够的。抵抗弯矩图越接近设计弯矩图,则说明设计越经济。

应当注意的是,使抵抗弯矩图包住设计弯矩图,只是保证了梁的正截面受弯承载力。实际上,纵向受力钢筋的弯起与截断还必须考虑梁的斜截面受弯承载力的要求。因此,纵向受力钢筋弯起点及截断点的确定是比较复杂的,此处不做详细介绍。施工时,钢筋弯起和截断位置必须严格按照施工图。

2. 构造措施

前面已述及,受弯构件斜截面受弯承载力是通过构造措施来保证的。这些措施包括纵向受力钢筋的锚固、简支梁下部纵向受力钢筋伸入支座的锚固长度、支座截面负弯矩纵向受力钢筋截断时的伸出长度、弯起钢筋弯终点外的锚固要求、箍筋的间距与肢距等。

(1) 纵向受力钢筋截断时的构造。

梁的纵向钢筋都是根据跨中或支座最大弯矩值计算配置的。从经济的角度,当截面弯矩减小时,纵向受力钢筋的数量也应随之减小。对于正弯矩区段内的纵向受力钢筋,通常采用弯向支座(用来抵抗剪力或承受负弯矩)来减少多余钢筋,而不应将梁底部承受正弯矩的钢筋在受拉区截断。这是因为纵向受拉钢筋在跨间截断时,钢筋截面面积会发生突变,混凝土中会产生应力集中现象,从而在纵向受拉钢筋截断处提前出现裂缝。如果截断钢筋的锚固长度不足,则会导致黏结破坏,从而降低构件承载力。对于连续梁和框架梁,承受支座负弯矩的钢筋则往往采用截断的方式来减少多余纵向钢筋,但其截断点的位置应满足两个控制条件:一是该批钢筋截断后斜截面仍有足够的受弯承载力,即保证从不需要该钢筋的截面伸出的长度不小于 l_1;二是被截断的钢筋应具有必要的锚固长度,即保证从该钢筋充分利用截面伸出的长度不小于 l_2。l_1 和 l_2 的值根据剪力大小按表 3-11 取用。钢筋的延伸长度取 l_1 和 l_2 的较大值(图 3.31)。

表 3-11 负弯矩钢筋延伸长度的最小值

截面条件	l_1	l_2
$V \leq 0.7 f_t b h_0$	$20d$	$1.2 l_a$
$V > 0.7 f_t b h_0$	$\max(20d, h_0)$	$1.2 l_a + h_0$
$V > 0.7 f_t b h_0$,且按上述规定确定的截断点仍位于负弯矩受拉区内	$\max(20d, 1.3h_0)$	$1.2 l_a + 1.7 h_0$

注:l_1 为从该钢筋理论截断点伸出的长度,l_2 为从该钢筋强度充分利用截面伸出的长度。

(2) 纵向受力钢筋弯起时的构造。

为了保证构件的正截面受弯承载力,弯起钢筋与梁轴线的交点必须位于该钢筋的理论截断点之外。同时,弯起钢筋的实际起弯点必须伸过其充分利用点一段距离 s,以保证纵向受力钢筋弯起后斜截面的受弯承载力。s 的精确计算很复杂。为简便起见,《混凝土结构设计标准》(2024 年版)(GB/T 50010—2010)规定,无论钢筋的弯起角度为多少,均统一取 $s \geqslant 0.5h_0$。

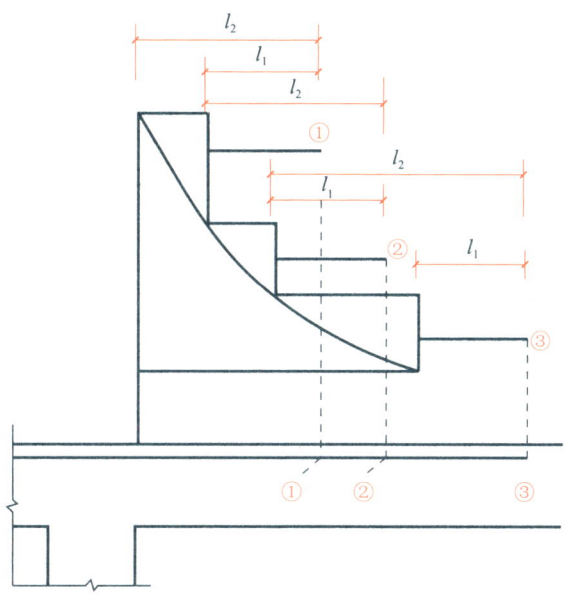

图 3.31　纵向受力钢筋截断的构造

弯起钢筋在弯终点外应有一直线段的锚固长度,以保证在斜截面处发挥其强度。《混凝土结构设计标准》(2024 年版)(GB/T 50010—2010)规定,当直线段位于受拉区时,其长度不小于 $20d$,位于受压区时不小于 $10d$(d 为弯起钢筋的直径)。光面钢筋的末端应设弯钩。为了防止弯折处混凝土挤压力过于集中,弯折半径应不小于 $10d$(图 3.32)。当纵向受力钢筋不能在需要的地方弯起或弯起钢筋不足以承受剪力时,可单独为抗剪设置弯起钢筋。此时,弯起钢筋应采用鸭筋形式,严禁采用浮筋(图 3.33)。鸭筋的构造与弯起钢筋基本相同。

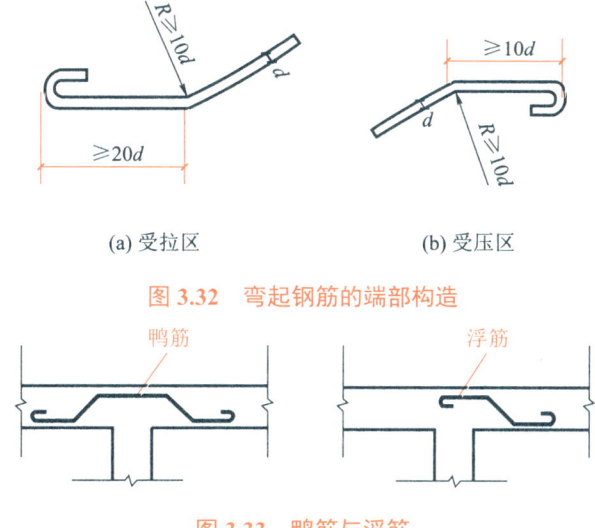

(a) 受拉区　　　　　　(b) 受压区

图 3.32　弯起钢筋的端部构造

图 3.33　鸭筋与浮筋

(3) 纵向受力钢筋在支座内的锚固。

① 梁。在钢筋混凝土简支梁和连续梁简支端支座处，存在横向压应力，这将使钢筋与混凝土间的黏结力增大，因此，下部纵向受力钢筋伸入支座内的锚固长度 l_{as} 可比基本锚固长度略小，荷载作用下梁简支端纵向钢筋受力状态如图 3.34 所示。l_{as} 与支座边截面的剪力有关，l_{as} 的数值不应小于表 3-12 的规定。伸入梁支座范围内锚固的纵向受力钢筋的数量不宜少于 2 根，但梁宽 $b<100mm$ 的小梁可为 1 根。

表 3-12　简支支座的钢筋锚固长度 l_{as}

钢筋类型		$V \leq 0.7f_tbh_0$	$V > 0.7f_tbh_0$
	光面钢筋(带弯钩)	5d	15d
	带肋钢筋		12d

注：d 为纵向受力钢筋直径。

理论上讲，简支支座处弯矩等于零，纵向受力钢筋的应力也应接近零，那么为什么下部纵向受力钢筋在支座内须有足够的锚固长度呢？首先，支座以外的纵向受力钢筋存在应力，其向支座内延伸的部分应有一定的锚固长度，才能在支座边建立起承载所必需的应力；其次，支座处弯矩虽较小，但剪力最大，在弯、剪共同作用下，容易在支座附近产生斜裂缝。斜裂缝产生后，与裂缝相交的纵向受力钢筋所承受的弯矩会由原来的 M_C 增加到 M_D(图 3.34)，纵向受力钢筋的拉力明显增大。若纵向受力钢筋无足够的锚固长度，就会从支座内拔出而使梁发生沿斜截面的弯曲破坏。当因条件限制不能满足上述规定锚固长度时，可将纵向受力钢筋的端部弯起，或采取附加锚固措施，如在纵向受力钢筋端部加焊锚固钢板或将纵向受力钢筋端部焊接在梁端的预埋件上等(图 3.35)。

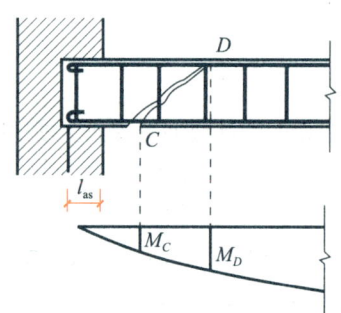

图 3.34　荷载作用下梁简支端纵向钢筋受力状态

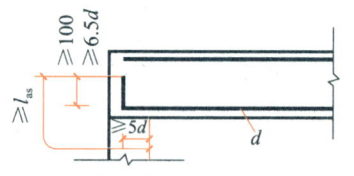

(a) 纵向受力钢筋端部弯起锚固

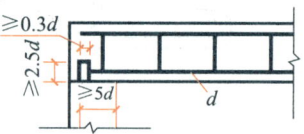

(b) 在纵向受力钢筋端部加焊锚固钢板

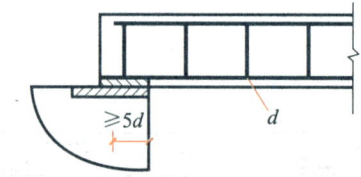

(c) 将纵向受力钢筋端部焊接在梁端预埋件上

图 3.35　锚固长度不足时的措施

② 板。简支板或连续板简支端下部纵向受力钢筋伸入支座的锚固长度 $l_{as} \geq 5d$(d 为受力钢筋直径)。伸入支座的下部钢筋的数量,当采用弯起式配筋时,其间距不应大于 400mm,截面面积不应小于跨中受力钢筋截面面积的 1/3;当采用分离式配筋时,跨中受力钢筋应全部伸入支座。

(4) 悬臂梁纵向钢筋的弯起与截断。

试验表明,在作用剪力较大的悬臂梁内,由于梁全长受负弯矩作用,临界斜裂缝的倾角较小,而延伸较长,因此不应在梁的上部截断负弯矩钢筋。此时,负弯矩钢筋可以分批向下弯折并锚固在梁的下边(其弯起点位置和钢筋端部构造按前述弯起钢筋的构造确定),但必须有不少于 2 根上部钢筋伸至悬臂梁外端,并向下弯折不小于 $12d$,悬臂梁的配筋如图 3.36 所示。

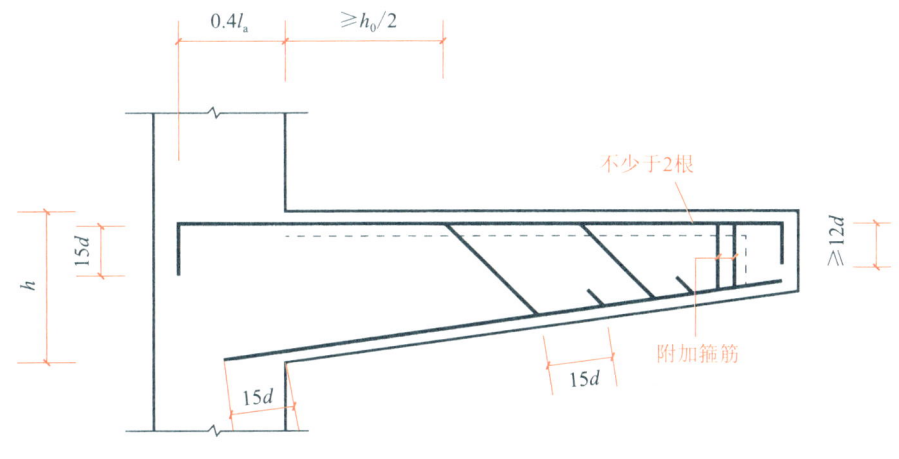

图 3.36 悬臂梁的配筋

注:负弯矩钢筋直线锚固时,其锚固长度为 l_a。

3.4 变形及裂缝宽度验算

结构或构件应满足两种极限状态要求:一是承载能力极限状态;二是正常使用极限状态。构件过大的挠度会影响结构的正常使用。例如,楼盖构件挠度过大,将造成楼层地面不平,或使用中发生有感觉的震颤;屋面构件挠度过大会妨碍屋面排水;吊车梁挠度过大会影响吊车的正常运行;等等。而构件裂缝过大时会使钢筋锈蚀,从而降低结构的耐久性,并且裂缝的出现和扩展还会降低构件的刚度,从而使变形增大,甚至影响正常使用。可见,受弯构件除应满足承载力要求外,必要时还需进行变形和裂缝宽度验算,以保证其不超过正常使用极限状态,确保结构构件的耐久性和正常使用。

3.4.1 钢筋混凝土受弯构件变形验算

1. 钢筋混凝土受弯构件的截面刚度

(1) 钢筋混凝土受弯构件截面刚度的特点。

钢筋混凝土受弯构件变形计算的实质是刚度验算。在材料力学中,我们学习了受弯构件挠度(变形)计算的方法。例如,均布荷载作用下简支梁的跨中最大挠度 $f = \dfrac{5ql_0^4}{384EI} = \dfrac{5Ml_0^2}{48EI}$,其中 EI 为截面弯曲刚度,它是一常量。材料力学的挠度计算公式不能直接用来计算钢筋混凝土受弯构件的挠度,原因是:材料力学的挠度计算公式是假想梁为理想的匀质弹性体而建立起来的,而钢筋混凝土既非匀质材料,又非弹性材料(仅在混凝土开裂前呈弹性性质),并且由于钢筋混凝土受弯构件在使用阶段一般已开裂,这些裂缝把构件的受拉区混凝土沿梁纵轴线分成许多短段,使受拉区混凝土成为非连续体。可见,钢筋混凝土受弯构件不符合材料力学的假定,因此挠度计算公式不能直接应用。

研究表明,钢筋混凝土构件的刚度为一变量,其特点可归纳如下。

① 随弯矩的增大而减小。这意味着,某一根梁的某一截面,当荷载变化而导致弯矩不同时,其刚度会随之变化,并且,即使在同一荷载作用下的等截面梁中,由于各个截面的弯矩不同,其刚度也会不同。

② 随纵向受拉钢筋配筋率的减小而减小。

③ 荷载长期作用下,由于混凝土徐变的影响,梁的某个截面的刚度将随时间增长而减小。

影响受弯构件刚度的因素有弯矩、纵向受拉钢筋配筋率、弹性模量、截面形状和尺寸、混凝土强度等级等,在长期荷载作用下刚度还随时间增长而减小。在上述因素中,梁的截面高度 h 影响最大。

(2) 刚度计算公式。

① 短期刚度 B_s。钢筋混凝土受弯构件出现裂缝后,在荷载效应的标准组合作用下的截面弯曲刚度称为短期刚度,用 B_s 表示。根据理论分析和试验研究的结果,矩形、T 形、倒 T 形、I 形截面钢筋混凝土受弯构件的短期刚度表达式为

$$B_s = \dfrac{E_s A_s h_0^2}{1.15\psi + 0.2 + \dfrac{6\alpha_E \rho}{1+3.5\gamma_f}} \tag{3-47}$$

$$\psi = 1.1 - 0.65\dfrac{f_{tk}}{\rho_{te}\sigma_{sk}}$$

$$\rho_{te} = A_s / A_{te}$$

$$A_{te} = 0.5bh + (b_f - b)h_f$$

$$\sigma_{sk} = \dfrac{M_k}{0.87h_0 A_s}$$

$$\gamma'_f = \frac{(b_f - b)h_f}{bh_0}$$

式中 E_s——纵向受拉钢筋的弹性模量；

A_s——纵向受拉钢筋的截面面积；

h_0——受弯构件截面的有效高度；

ψ——裂缝间纵向受拉钢筋应变不均匀系数(当计算出的 ψ<0.2 时，取 ψ=0.2；当 ψ>1.0 时，取 ψ=1.0)；

f_{tk}——混凝土轴心抗拉强度标准值；

ρ_{te}——按截面的有效受拉混凝土截面面积 A_{te} 计算的纵向受拉钢筋配筋率(当计算出的 ρ_{te}<0.01 时，取 ρ_{te}=0.01)；

σ_{sk}——按荷载效应的标准组合计算的钢筋混凝土构件纵向受拉钢筋的应力；

M_k——按荷载效应标准组合计算的弯矩；

α_E——钢筋弹性模量 E_s 与混凝土弹性模量 E_c 的比值，即 $\alpha_E = E_s/E_c$；

ρ——纵向受拉钢筋配筋率；

γ_f——受拉翼缘截面面积与腹板有效截面面积的比值(当 h'_f>0.2h_0 时，取 h'_f=0.2h_0；当截面受拉区为矩形时，$\gamma_f = 0$)；

b_f、h_f——受拉区翼缘的宽度、高度。

② 长期刚度 B。在荷载长期作用下，构件截面刚度将随时间增长而减小。在实际工程中，总有部分荷载长期作用在构件上，因此计算挠度时必须采用按荷载效应的标准组合并考虑荷载效应的长期作用影响的刚度，即长期刚度，以 **B** 表示。

$$B = \frac{M_k}{M_q(\theta - 1) + M_k} B_s \tag{3-48}$$

式中 M_q——按荷载效应准永久组合计算的弯矩。

θ——考虑荷载长期作用对挠度增大的影响系数，对钢筋混凝土受弯构件，当 $\rho' = 0$ 时，取 $\theta = 2.0$；当 $\rho' = \rho$ 时，取 $\theta = 1.6$；当 ρ' 为中间数值时，取 $\theta = 2.0 - 0.4\rho'/\rho$。此处 ρ 为纵向受拉钢筋的配筋率；ρ' 为纵向受压钢筋的配筋率。对于翼缘位于受拉区的倒 T 形截面，θ 值应增大 20%。

长期刚度实质上是考虑荷载长期作用使刚度降低的因素后，对短期刚度 B_s 进行的修正。

2. 钢筋混凝土受弯构件的挠度计算

钢筋混凝土受弯构件开裂后，其截面刚度是随弯矩增大而减小的，因此，较准确的刚度计算方法似乎是将构件按刚度大小分段计算。但这样计算无疑会显得十分烦琐。为简化计算，可取同号弯矩区段内弯矩最大截面的刚度作为该区段的刚度，即在简支梁中取最大正弯矩截面的刚度作为全梁的刚度，而在外伸梁、连续梁或框架梁中，则分别取最大正弯矩截面和最大负弯矩截面的刚度作为相应正、负弯矩区段的刚度。很明显，按这种处理方法所算出的刚度值最小，所以我们称这种处理原则为"最小刚度原则"。

梁的刚度确定后，就可以根据材料力学公式计算其挠度。但需注意，公式中的刚度 EI 应以长期刚度 B 代替，公式中的荷载应按荷载效应标准组合取值，即

$$f = C\frac{Ml^2}{EI} = C\frac{Ml^2}{B} \tag{3-49}$$

式中 f——按"最小刚度原则"并采用长期刚度计算的挠度。

C——与荷载形式和支承条件有关的系数。例如,简支梁承受均布荷载作用时 $C=5/48$,简支梁承受跨中集中荷载作用时 $C=1/12$,悬臂梁承受杆端集中荷载作用时 $C=1/3$。

3. 变形验算的步骤

变形验算是在承载力计算完成后进行的。此时,构件的截面尺寸、跨度、荷载、材料强度以及钢筋配置情况都是已知的,故变形验算可按下述步骤进行:先计算荷载效应标准组合及准永久组合下的弯矩 M_k、M_q;再计算短期刚度 B_s;然后计算长期刚度 B;最后计算最大挠度 f,并判断挠度是否符合要求。

钢筋混凝土受弯构件的挠度应满足:

$$f \leqslant [f] \tag{3-50}$$

式中 $[f]$——钢筋混凝土受弯构件的挠度限值,按表 3-13 采用。

表 3-13 受弯构件的挠度限值

构件类型		挠度限值
吊车梁	手动吊车	$l_0/500$
	电动吊车	$l_0/600$
屋盖、楼盖及楼梯构件	$l_0<7m$	$l_0/200(l_0/250)$
	$7m \leqslant l_0 \leqslant 9m$	$l_0/250(l_0/300)$
	$l_0>9m$	$l_0/300(l_0/400)$

注:① 表中 l_0 为构件的计算跨度。计算悬臂构件的挠度限值时,l_0 按实际悬臂长度的 2 倍取用。
② 如果构件制作时预先起拱,且使用上也允许,则在验算挠度时,可将计算所得的挠度值减去起拱值。
③ 表中括号内的数值适用于使用上对挠度有较高要求的构件。

当不能满足式(3-50)时,说明受弯构件的刚度不足,应采取措施后重新验算。理论上讲,提高混凝土强度等级,增加纵向钢筋的数量,选用合理的截面形状(如 T 形、Ⅰ 形等)都能提高梁的弯曲刚度,但其效果并不明显,最有效的措施是增加梁的截面高度。

【例 3.11】 某办公楼矩形截面简支楼面梁,计算跨度 $l_0=6m$,截面尺寸 $b\times h=200mm\times 450mm$,承受恒荷载标准值 $g_k=16.55kN/m$(含自重),活荷载标准值 $q_k=2.7kN/m$,纵向受拉钢筋为 3⌀25,混凝土强度等级为 C25,挠度限值为 $l_0/200$,试验算其挠度。

【解】 $A_s=1473mm^2$,$h_0=410mm$(纵向受拉钢筋排一排),$f_{tk}=1.78N/mm^2$,$E_c=2.8\times 10^4 N/mm^2$,$E_s=2\times 10^5 N/mm^2$,活荷载准永久值系数 $\psi_q=0.5$,$\gamma_0=1.0$。

(1) 计算荷载效应。

$$M_{gk} = \frac{1}{8}g_k l_0^2 = \frac{1}{8}\times 16.55\times 6^2 = 74.475 \,(kN\cdot m)$$

$$M_{qk} = \frac{1}{8}q_k l_0^2 = \frac{1}{8}\times 2.7\times 6^2 = 12.15 \,(kN\cdot m)$$

$$M_k = M_{gk} + M_{qk} = 74.475 + 12.15 = 86.625 \text{ (kN·m)}$$
$$M_q = M_{gk} + \psi_q M_{qk} = 74.475 + 0.5 \times 12.15 = 80.55 \text{ (kN·m)}$$

(2) 计算短期刚度 B_s。
$$A_{te} = 0.5bh = 0.5 \times 200 \times 450 = 45000 \text{ (mm}^2\text{)}$$
$$\rho_{te} = A_s / A_{te} = 1473 / 45000 \approx 0.033, \quad \rho' = 0$$
$$\rho = A_s / bh_0 \approx 1.80\%$$
$$\sigma_{sk} = \frac{M_k}{0.87 h_0 A_s} = \frac{86.625}{0.87 \times 410 \times 1473} \approx 164.9 \text{(N/mm}^2\text{)}$$
$$\psi = 1.1 - 0.65 \frac{f_{tk}}{\rho_{te} \sigma_{sk}} = 1.1 - 0.65 \times \frac{1.78}{0.033 \times 164.9} \approx 0.887$$
$$\alpha_E = E_s / E_c = 2 \times 10^5 / 2.8 \times 10^4 \approx 7.143$$

由于是矩形截面,则 $\gamma_f = 0$。

$$B_s = \frac{E_s A_s h_0^2}{1.15\psi + 0.2 + \frac{6\alpha_E \rho}{1+3.5\gamma_f}}$$
$$= \frac{2 \times 10^5 \times 1473 \times 410^2}{1.15 \times 0.887 + 0.2 + \frac{6 \times 7.143 \times 1.80\%}{1 + 3.5 \times 0}}$$
$$\approx 2.487 \times 10^{13} \text{(N·mm}^2\text{)}$$

(3) 计算长期刚度 B。
由于 $\rho' = 0$,故取 $\theta = 2$,则
$$B = \frac{M_k}{M_q(\theta - 1) + M_k} B_s = \frac{86.625 \times 10^6}{80.55 \times 10^6 \times (2-1) + 86.625 \times 10^6} \times 2.487 \times 10^{13}$$
$$\approx 1.289 \times 10^{13} \text{(N·mm}^2\text{)}$$

(4) 计算最大挠度 f,并判断挠度是否符合要求。
梁的跨中最大挠度 $f = \frac{5}{48} \cdot \frac{M_k l_0^2}{B} = \frac{5 \times 86.625 \times 10^6 \times (6 \times 10^3)^2}{48 \times 1.289 \times 10^{13}} \approx 25.2 \text{(mm)}$
$$< [f] = l_0 / 200 = 6000 / 200 = 30 \text{(mm)}$$

故该梁满足刚度要求。

3.4.2 裂缝宽度验算

1. 裂缝的产生和开展

钢筋混凝土受弯构件的裂缝有两种:一种是<u>由混凝土的收缩或温度变形引起的</u>;另一种则是<u>由荷载引起的</u>。对于前一种裂缝,主要是采取控制混凝土浇筑质量,改善水泥性能,选择骨料成分,改进结构形式,设置伸缩缝等措施解决,无须进行裂缝宽度计算。以下所指的裂缝均指由荷载引起的裂缝。

混凝土的抗拉强度很低,当构件受拉区外边缘混凝土的拉应力达到其抗拉强度时,由

于混凝土的塑性变形，尚不会马上开裂，但当受拉区外边缘混凝土在构件抗弯最薄弱的截面，且达到其极限拉应变时，就会在垂直于拉应力方向形成第一批(一条或若干条)裂缝。由于混凝土具有离散性，因而裂缝发生的部位是随机的。在裂缝出现瞬间，裂缝截面处混凝土退出工作，应力降低为零，原来的拉应力全部由钢筋承担，使钢筋应力突然增大。裂缝出现后，原来处于拉伸状态的混凝土便向裂缝两侧回缩，混凝土与纵向受拉钢筋之间产生相对滑移而使裂缝不断开展。但是，由于混凝土与钢筋之间的黏结作用，使混凝土的回缩受到钢筋的约束，在离开裂缝某一距离 $l_{cr,min}$ 的截面处，混凝土不再回缩，此处混凝土的拉应力仍保持裂缝出现前瞬时的数值。由于在距离已裂截面 $\geqslant l_{cr,min}$ 范围内的混凝土拉应力 σ_{ct} 小于其抗拉强度 f_t，因此，若荷载不增加，该范围内不会产生新的裂缝。当荷载继续增加时，有可能在距离已裂截面大于或等于 $l_{cr,min}$ 的另一薄弱截面出现新的裂缝。

试验量测表明，沿裂缝深度，裂缝的宽度是不相等的。钢筋表面处的裂缝宽度只有构件混凝土表面裂缝宽度的 1/5～1/3。我们所要验算的裂缝宽度是指受拉钢筋重心水平处构件侧表面上混凝土的裂缝宽度。

2. 裂缝宽度验算的实用方法

(1) 影响裂缝宽度的主要因素。

① 纵向受力钢筋的应力。裂缝宽度与钢筋应力近似呈线性关系。

② 纵向受力钢筋的直径。当构件内纵向受力钢筋截面相同时，采用细而密的钢筋，则会增大钢筋表面积，因而使黏结力增大，裂缝宽度变小。

③ 纵向受力钢筋表面形状。带肋钢筋的黏结强度较光面钢筋大得多，可减小裂缝宽度。

④ 纵向受力钢筋配筋率。构件受拉区混凝土截面的纵向受力钢筋配筋率越大，裂缝宽度越小。

⑤ 保护层厚度。保护层厚度越大，裂缝宽度越大。

(2) 裂缝宽度计算公式。

对矩形、T 形、倒 T 形和 I 形截面的钢筋混凝土轴心受拉、受弯、偏心受拉和偏心受压构件，将最大裂缝宽度计算公式综合如下。

$$w_{max} = \alpha_{cr}\psi\frac{\sigma_{sk}}{E_s}\left(1.9c_s + 0.08\frac{d_{eq}}{\rho_{te}}\right) \tag{3-51}$$

$$d_{eq} = \frac{\sum n_i d_i^2}{\sum n_i \upsilon_i d_i}$$

式中 c_s——最外层纵向受拉钢筋的混凝土保护层厚度(当 c_s＜20mm 时，取 c_s=20mm；当 c_s＞65mm 时，取 c_s=65mm)；

d_{eq}——受拉区纵向钢筋的等效直径；

υ_i——受拉区第 i 种钢筋的相对黏结特性系数(对带肋钢筋，取 υ_i=1.0；对光面钢筋，取 υ_i=0.7；对环氧树脂涂层的钢筋，υ_i 按前述数值的 80%采用)；

n_i——受拉区第 i 种钢筋的根数；

d_i——受拉区第 i 种钢筋的公称直径；

α_{cr}——构件受力特征系数(轴心受拉构件取 2.7，受弯、偏心受压取 1.9，偏心受拉取 2.4)；

其余符号意义同前。

对于直接承受吊车荷载但无须做疲劳验算的吊车梁，因吊车满载的可能性很小，计算出的最大裂缝宽度可乘以系数 0.85。

(3) 裂缝宽度验算步骤。

先计算 d_{eq}，再计算 ρ_{te}、σ_{sk}、ψ，最后计算 w_{max}，并判断裂缝宽度是否满足要求。

当 $w_{max} \leq w_{lim}$ 时，裂缝宽度满足要求。否则，不满足要求，应采取措施后重新验算。其中 w_{lim} 为最大裂缝宽度限值，按表 3-14 采用。

表 3-14　钢筋混凝土结构构件的裂缝控制等级及最大裂缝宽度限值 w_{lim}

环境类别	一	二	三
裂缝控制等级	三	三	三
最大裂缝宽度限值 w_{lim}/mm	0.3(0.4)	0.2	0.2

注：① 对处于年平均相对湿度小于60%地区的一类环境下的受弯构件，其最大裂缝宽度限值可采用括号内的数值。
② 在一类环境下，对钢筋混凝土屋架、托架及需做疲劳验算的吊车梁，其最大裂缝宽度限值应取为 0.2mm；对钢筋混凝土屋面梁和托架，其最大裂缝宽度限值应取为 0.3mm。
③ 对于烟囱、筒仓和处于液体压力下的结构构件，其裂缝控制要求应符合专门标准的有关规定。
④ 对处于四、五类环境下的结构构件，其裂缝控制要求应符合专门标准的有关规定。
⑤ 表中的最大裂缝宽度限值用于验算荷载作用引起的最大裂缝宽度。

减小裂缝宽度的措施包括：①增大钢筋截面面积；②在钢筋截面面积不变的情况下，采用较小直径的钢筋；③采用变形钢筋；④提高混凝土强度等级；⑤增大构件截面尺寸；⑥减小混凝土保护层厚度。其中，采用较小直径的变形钢筋是减小裂缝宽度最有效的措施。需要注意的是，混凝土保护层厚度应同时考虑耐久性和减小裂缝宽度的要求。

【例 3.12】 某简支梁条件同例 3.11，最大裂缝宽度限值为 0.3mm，箍筋直径为 8mm。试验算裂缝宽度。

【解】 $E_s = 2 \times 10^5 \text{N/mm}^2$，混凝土保护层厚 $c=25$mm，$\upsilon_i = 1.0$。

(1) 计算 d_{eq}。

受力钢筋为同一种直径，故 $d_{eq} = d_i / \upsilon_i = 25/1.0 = 25$(mm)。

(2) 计算 ρ_{te}、σ_{sk}、ψ。

例 3.11 中已求得：$\rho_{te} = 0.033$，$\sigma_{sk} = 164.9 \text{N/mm}^2$，$\psi = 0.887$。

(3) 计算 w_{max}，并判断裂缝是否符合要求。

$$w_{max} = \alpha_{cr} \psi \frac{\sigma_{sk}}{E_s} \left(1.9 c_s + 0.08 \frac{d_{eq}}{\rho_{te}} \right)$$

$$= 1.9 \times 0.887 \times \frac{164.9}{2 \times 10^5} \times \left[1.9 \times (25+8) + 0.08 \times \frac{25}{0.033} \right]$$

$$\approx 0.171 \text{(mm)} < w_{lim} = 0.3 \text{mm}$$

裂缝宽度满足要求。

本 章 小 结

(1) 根据配筋率不同，受弯构件正截面破坏形态有 3 种：适筋破坏、超筋破坏和少筋破坏。其中，超筋破坏在设计中不允许出现，必须通过限制条件加以避免。

(2) 适筋梁的破坏经历了 3 个阶段，受拉区混凝土开裂和受拉钢筋屈服是划分 3 个受力阶段的界限状态。其中第一阶段截面应力图形是受弯构件抗裂验算的依据；第二阶段截面应力图形是受弯构件裂缝宽度和变形验算的依据；第三阶段截面应力图形是受弯构件正截面承载力计算的依据。

(3) 在单筋截面计算应力图形中，纵向受力钢筋承担的拉力为 $f_y A_s$，受压区混凝土承担的压力为 $\alpha_1 f_c b x$（单筋矩形截面），或者 $\alpha_1 f_c b'_f x$（第一类 T 形截面），或者 $\alpha_1 f_c b x + \alpha_1 f_c (b'_f - b) h'_f$（第二类 T 形截面）。双筋截面时，受压区再加上纵向钢筋承担的压力 $f'_y A'_s$。正截面受弯承载力的基本计算公式，就是根据应力图形平衡条件 $\sum M = 0$ 列出的。基本计算公式的适用条件是：单筋截面为 $\xi \leqslant \xi_b$ 和 $\rho \geqslant \rho_{min}$；双筋截面为 $\xi \leqslant \xi_b$ 和 $x \geqslant 2a'_s$。

(4) 受弯构件的正截面承载力计算分截面设计和截面复核两类问题。

截面设计时一般有两个未知数 x 和 A_s，对单筋矩形截面，可通过联立基本公式求解或表格法求解。对双筋矩形截面，分 A'_s 未知和 A'_s 已知两种情况。当 A'_s 未知时，有 3 个未知数 A_s、A'_s、x，可取补充条件 $x = \xi_b h_0$，按基本公式求解。当 A'_s 已知时，可分解成单筋矩形截面和受压钢筋与部分受拉钢筋组成的截面，用表格法求解。对于 T 形截面，计算时先要判别 T 形截面的类别，对第一类 T 形截面可以按宽度为 b'_f 的单筋矩形截面求解；对第二类 T 形截面可分解成单筋矩形截面和受压翼缘混凝土与部分受拉钢筋组成的截面，用表格法求解。

截面复核时一般有两个未知数 x 和 M_u，可用基本公式联立方程求解。

(5) 受弯构件在弯矩和剪力共同作用下，有可能沿斜截面发生破坏。斜截面破坏带有脆性破坏性质，应当避免，在设计时通过配置箍筋以保证斜截面抗剪承载力，通过构造要求来保证斜截面受弯承载力。在设计中剪压破坏一般通过计算避免，斜压破坏和斜拉破坏分别通过添加截面限制条件与按构造要求配置箍筋来防止。剪压破坏形态是建立斜截面受剪承载力计算基本公式的依据。

(6) 计算钢筋混凝土梁变形时所用的构件刚度，应考虑荷载长期作用的影响，即采用长期刚度。构件刚度确定后，按弹性理论计算构件变形。

(7) 在进行正常使用极限状态验算时，所有材料的强度均取材料强度的标准值，所有荷载均取荷载的标准值，并分别按荷载效应的标准组合、准永久组合，同时考虑长期作用的影响。

(8) 在进行正常使用极限状态验算时，应满足下列要求：$f_{max} \leqslant [f]$、$w_{max} \leqslant [w_{max}]$。

第3章 钢筋混凝土受弯构件

习 题

一、判断题

1. 钢筋混凝土梁中纵向受力钢筋的截断位置，在钢筋的理论不需要点处。（   ）
2. 板中的分布钢筋布置在受力钢筋的下面。（   ）
3. 双筋截面比单筋截面更经济适用。（   ）
4. 截面复核中，如果 $\xi > \xi_b$，说明梁发生破坏，承载力为 0。（   ）
5. 梁截面两侧边缘的纵向受力钢筋是不可以弯起的。（   ）
6. 当计算最大裂缝宽度超过允许值不大时，可以通过增加保护层厚度的方法来解决。（   ）
7. 受弯构件截面刚度随着荷载增大而减小。（   ）
8. 受弯构件截面刚度随着时间的增加而减小。（   ）
9. 钢筋混凝土构件变形和裂缝验算中荷载、材料强度都取设计值。（   ）

二、单选题

1. 受弯构件正截面承载力计算基本公式是依据下列哪种破坏形态建立的？（   ）
    A．少筋破坏 B．适筋破坏
    C．超筋破坏 D．界限破坏
2. 受弯构件正截面承载力计算中，截面抵抗矩系数 α_s 取值为（   ）。
    A．$\xi(1-0.5\xi)$ B．$\xi(1+0.5\xi)$
    C．$1-0.5\xi$ D．$1+0.5\xi$
3. 受弯构件正截面承载力计算中，对于双筋截面，下面哪个条件可以满足受压钢筋的屈服？（   ）
    A．$x \leqslant \xi_b h_0$ B．$x > \xi_b h_0$
    C．$x \geqslant 2a'_s$ D．$x < 2a'_s$
4. 混凝土保护层厚度是指（   ）。
    A．纵向受力钢筋内表面到混凝土表面的距离
    B．纵向受力钢筋外表面到混凝土表面的距离
    C．箍筋外表面到混凝土表面的距离
    D．纵向受力钢筋重心到混凝土表面的距离
5. 受弯构件斜截面承载力计算公式的建立是依据（   ）形态建立的。
    A．斜压破坏 B．剪压破坏
    C．斜拉破坏 D．弯曲破坏
6. 《混凝土结构设计标准》(2024 年版)(GB/T 50010—2010)规定，位于同一连接区段内的受拉钢筋搭接接头面积百分率，对于梁、板类构件，不宜大于（   ）。
    A．25% B．50%
    C．75% D．100%

7. 《混凝土结构设计标准》(2024年版)(GB/T 50010—2010)规定，纵向钢筋弯起点与按计算充分利用该钢筋截面之间的距离，不应小于(　　)。

　　A．$0.3h_0$　　　　　　　　　　　B．$0.4h_0$
　　C．$0.5h_0$　　　　　　　　　　　D．$0.6h_0$

8. 下面关于钢筋混凝土受弯构件截面刚度的说明中，错误的是(　　)。

　　A．截面刚度随着荷载增大而减小
　　B．截面刚度随着时间的增加而减小
　　C．截面刚度随着裂缝的发展而减小
　　D．截面刚度不变

9. 《混凝土结构设计标准》(2024年版)(GB/T 50010—2010)定义的裂缝宽度是指(　　)。

　　A．受拉钢筋重心水平处构件底面上混凝土的裂缝宽度
　　B．受拉钢筋重心水平处构件侧表面上混凝土的裂缝宽度
　　C．构件底面上混凝土的裂缝宽度
　　D．构件侧表面上混凝土的裂缝宽度

10. 减小钢筋混凝土受弯构件的裂缝宽度，首先应考虑的措施是(　　)。

　　A．采用直径较小的钢筋　　　　　B．增加钢筋的面积
　　C．增加截面尺寸　　　　　　　　D．提高混凝土强度等级

11. 提高受弯构件截面刚度最有效的措施是(　　)。

　　A．提高混凝土强度等级　　　　　B．增加钢筋的面积
　　C．改变截面形状　　　　　　　　D．增加截面高度

12. 钢筋混凝土构件变形和裂缝验算中关于荷载、材料强度取值说法正确的是(　　)。

　　A．荷载、材料强度都取设计值
　　B．荷载、材料强度都取标准值
　　C．荷载取设计值，材料强度都取标准值
　　D．荷载取标准值，材料强度都取设计值

三、简答题

1. 受弯构件适筋梁从开始加荷至破坏，经历了哪几个阶段？各阶段的主要特征是什么？各个阶段是哪种极限状态的计算依据？
2. 钢筋混凝土受弯构件正截面有哪几种破坏形式？其破坏特征有何不同？
3. 单筋矩形受弯构件正截面承载力计算的基本假定是什么？
4. 什么是双筋截面？在什么情况下才采用双筋截面？
5. 第二类T形截面受弯构件正截面承载力计算的基本公式及适用条件是什么？为什么要规定适用条件？
6. 斜截面破坏形态有几类？分别采用什么方法加以控制？
7. 影响斜截面受剪承载力的主要因素有哪些？
8. 受弯构件短期刚度 B_s 与哪些因素有关，如不满足构件变形限值，应如何处理？

四、计算题

1. 已知梁的截面尺寸 b=250mm，h=500mm，承受弯矩设计值 $M=120\text{kN}\cdot\text{m}$，采用强度等级为 C25 的混凝土和 HRB400 级钢筋，求所需纵向钢筋的截面面积。

2. 某现浇简支板，计算跨度 l=2.4m，板厚 80mm，承受的均布荷载活荷载标准值 $q_k=3.5\text{kN/m}^2$，混凝土强度等级为 C30，钢筋强度等级为 HPB300，永久荷载分项系数 $\gamma_G=1.2$，可变荷载分项系数 $\gamma_Q=1.4$，钢筋混凝土自重为 25kN/m^3。求受拉钢筋的面积 A_s。

3. 钢筋混凝土简支梁，截面尺寸 $b\times h=250\text{mm}\times 450\text{mm}$，已配 HRB400 级受拉钢筋 4Φ18($A_s=1017\text{mm}^2$)，混凝土采用 C30，该梁承受的最大弯矩设计值 $M=100\text{kN}\cdot\text{m}$。试复核该梁是否安全。

4. 已知矩形截面简支梁，梁净跨度 l_n=5.4m，承受均布荷载设计值(包括自重)q=45kN/m，截面尺寸 $b\times h=250\text{mm}\times 450\text{mm}$，混凝土强度等级为 C25，箍筋采用 HPB300 级。试求仅配箍筋时所需的箍筋用量。

5. 某矩形截面梁截面尺寸 $b\times h=200\text{mm}\times 450\text{mm}$，采用 C25 混凝土，HRB400 级钢筋，梁所承受的弯矩设计值 $M=185\text{kN}\cdot\text{m}$，设受拉钢筋两排布置($a_s$=60mm)。试求该梁配筋。

6. 矩形截面简支梁截面尺寸 $b\times h=200\text{mm}\times 500\text{mm}$，作用于截面上的按荷载效应标准组合计算的弯矩值 $M_k=100\text{kN}\cdot\text{m}$，混凝土采用强度等级 C30，钢筋采用 HRB400 级，受拉区共配 2Φ20+2Φ16($A_s=1030\text{mm}^2$)。裂缝的宽度限值 $w_{\lim}=0.3\text{mm}$，试验算裂缝宽度是否满足要求。

7. 矩形截面简支梁截面尺寸 $b\times h=200\text{mm}\times 500\text{mm}$，计算跨度 l=6.5m，混凝土强度等级为 C25，配 4 根直径 20mm 的 HRB400 级纵向受拉钢筋，$A_s=1256\text{mm}^2$。此梁承受均布荷载，其中静载 $g_k=12\text{kN/m}$(包括自重)，活荷载 $q_k=8\text{kN/m}$，楼面活荷载的准永久系数 $\psi_q=0.5$。室内为正常环境，验算此梁使用阶段的挠度。

在线答题

第4章 钢筋混凝土纵向受力构件

教学目标

通过本章的学习,熟悉钢筋混凝土杆件在受拉和受压情况下的变形及破坏特征,掌握杆件在拉、压力作用下的材料选择、截面选型、截面配筋等,能对已有受力构件进行截面复核。

教学要求

能力目标	知识要点	权重	自评分数
掌握受压构件截面设计	受压构件的破坏特征	20%	
	受压构件的截面设计公式	30%	
	受压构件的截面复核公式	10%	
掌握受拉构件截面设计	受拉构件的截面设计	20%	
	受拉构件的截面复核	10%	
了解纵向受力构件的构造	构件的构造要求	10%	

第 4 章 钢筋混凝土纵向受力构件

▌章节导读

钢筋混凝土结构构件在建筑结构中占有重要的地位。建筑结构中的梁、板、柱,既可能受到垂直于轴线的弯矩和剪力作用,也可能受到平行于轴线的压力或拉力的作用。对于混凝土结构来说,其受压承载力是比较高的。要充分发挥混凝土的抗压能力,同时发挥钢筋对提高混凝土抗压性能的作用。但是,有些构件可能需要承受拉力作用,对混凝土构件来说,其抗拉能力是很弱的,即使构件中配置了一部分钢筋,失去了混凝土保护的钢筋也不能充分发挥其高强性能,因此,使用混凝土构件来抵抗拉力的效果不太理想。在实际工作中,了解钢筋混凝土结构的纵向受力特征,掌握截面设计的计算方法,熟悉结构的构造设计要求,是工程技术人员的一项重要工作。

▌引例

在建筑物和构筑物等工程结构中,经常使用受压或受拉的钢筋混凝土纵向受力构件,如厂房的排架柱、住宅楼钢筋混凝土柱等。

▌引例小结

对于纵向受力构件,我们不仅要了解其受力破坏特征,而且要熟悉截面的选型、内力的计算和钢筋的选配。在受拉或受压时,构件往往还受弯矩作用,因此,我们不仅要熟悉轴心受力构件设计的计算方法,还要掌握偏心受拉或偏心受压构件的计算方法,便于在工程实践中合理地认识、正确地使用相关理论及规范。

4.1 受压及受拉构件的构造

4.1.1 概述

当在结构构件的截面上作用有与其形心相重合的力时,该构件称为轴心受力构件。当其轴向力为压力时,该构件称为轴心受压构件,当其轴向力为拉力时,该构件称为轴心受拉构件,如图 4.1 所示。

在实际结构中,严格按轴心受压构件计算的很少,对于承受节点荷载作用的桁架中的受压腹杆可近似按轴心受压构件设计。

按照轴心受压构件中箍筋配置方式和作用的不同,轴心受压构件又分为配置普通箍筋的受压构件和配置螺旋箍筋的受压构件,如图 4.2 所示。在配置普通箍筋受压构件中,承载力主要由混凝土承担,其纵向钢筋可协助混凝土抗压以减小截面尺寸,也可承受可能存在的不大的弯矩,还可防止构件突然脆性破坏。普通箍筋的作用是防止纵向钢筋压屈,承受可能存在的不大的剪力,并与纵向钢筋形成钢筋骨架以便于施工。螺旋箍筋是在纵向钢筋外围配置的连续环绕、间距较密的螺旋筋或焊接钢环,其作用是使截面核心部分的混凝土形成约束混凝土,提高构件的承载力和延性。

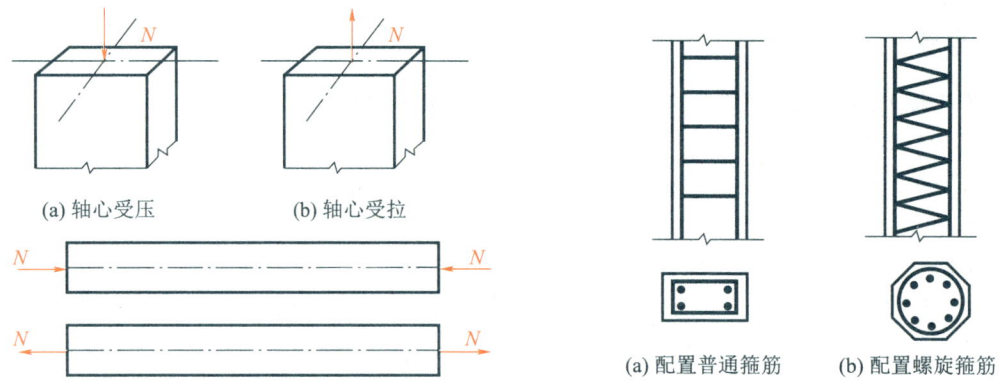

(a) 轴心受压　　　(b) 轴心受拉

图 4.1　轴心受力构件

(a) 配置普通箍筋　　　(b) 配置螺旋箍筋

图 4.2　受压构件的配筋方式

在钢筋混凝土结构中，近似按轴心受拉构件计算的有刚架、拱及桁架中的拉杆、拱桥中的系杆，以及有高内压力的圆形水管壁、圆形水池壁等。图 4.3 所示为钢筋混凝土轴心受拉构件示例。钢筋混凝土轴心受拉构件需配置纵向钢筋和箍筋，箍筋的直径不应小于 6mm，间距一般为 150～200mm。由于混凝土抗拉强度很低，所以钢筋混凝土受拉构件所受外力即使不太大，混凝土也会出现裂缝。为此，对轴心受拉构件不仅应进行承载力的计算，还要根据构件的使用要求对其抗裂度或裂缝宽度进行验算，必要时可对受拉构件施加一定的预应力而形成预应力混凝土受拉构件，以改善受拉构件的抗裂性能。

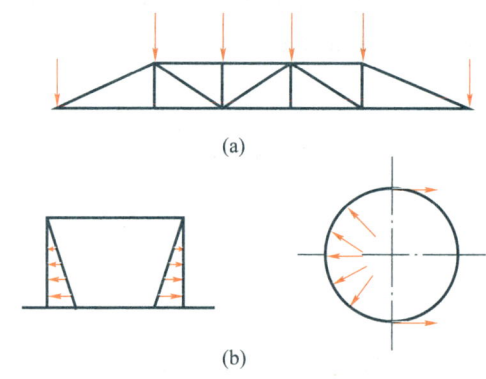

图 4.3　钢筋混凝土轴心受拉构件示例

4.1.2　受压构件构造要求

受压构件的构造要求

1．材料选用

混凝土抗压强度较高，为了减小柱截面尺寸，节约钢筋，应采用强度等级较高的混凝土，一般采用 C30、C35、C40，对于高层建筑的底层柱，必要时可采用高强度混凝土。

纵向钢筋一般采用 HRB400 级、RRB400 级和 HRB500 级钢筋，箍筋一般采用 HRB400 级钢筋，也可采用 HPB300 级钢筋。

2. 截面形状及尺寸模数

轴心受压构件一般采用正方形或矩形截面，只有在建筑有美观要求时采用圆形截面。为施工方便，截面尺寸一般不小于 250mm×250mm，而且要符合相应模数，800mm 以下的采用 50mm 的模数，800mm 以上则采用 100mm 的模数。

3. 纵向钢筋的直径及配筋率

纵向钢筋是钢筋骨架的主要组成部分，为方便施工和保证骨架有足够刚度，纵向钢筋直径不宜小于 12mm，通常选用 16～28mm。纵向钢筋要沿构件截面周边均匀布置，并不少于 4 根(矩形)或 6 根(圆形)。全部受压钢筋的最小配筋率为 0.6%，最大一般不宜大于 5%。纵向钢筋的净距一般不小于 50mm。

4. 箍筋的直径与间距

箍筋与纵向钢筋一起组成骨架，同时防止纵向钢筋在构件破坏前压屈，所以箍筋除沿构件截面周边设置外，还应保证纵向钢筋至少每隔一根位于箍筋的转角处，故有时还需设置附加箍筋。

对于配置普通箍筋的受压柱，箍筋间距应满足以下要求。

(1) 不大于构件截面的短边尺寸。
(2) 不大于 15d，d 为纵向钢筋的最小直径。
(3) 不大于 400mm。

当柱中全部纵向受力钢筋配筋率超过 3%时，箍筋直径不宜小于 8mm，且应焊接成封闭环式，其间距不应大于 10d，且不应大于 200mm。对于螺旋箍筋，由于要对核心混凝土起约束作用，故其间距 s 不应大于 80mm，也不应大于 $d_{cor}/5$(d_{cor} 为核心混凝土的直径)，但也不小于 40mm。对于截面形状复杂的柱，箍筋形式不可采用具有内折角的箍筋[图 4.4(a)]；被同一箍筋所箍的纵向钢筋根数，在构件的角边上应不多于 3 根。若多于 3 根，则应设置附加箍筋[图 4.4(b)]。

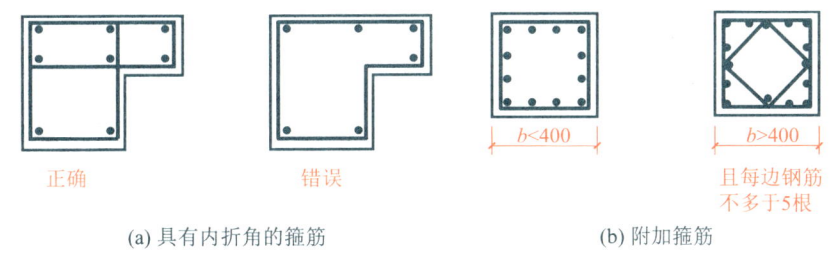

(a) 具有内折角的箍筋　　　　(b) 附加箍筋

图 4.4　箍筋的配置构造

4.1.3　受拉构件的构造要求

1. 纵向受力钢筋的配置

(1) 纵向受力钢筋应沿截面周边均匀地对称布置，并宜优先选择直径较小的钢筋。
(2) 轴心受拉构件及小偏心受拉构件的纵向钢筋不得采用绑扎搭接接头。

(3) 受拉构件一侧的纵向受力钢筋的最小配筋率不应小于 0.2%和$45f_t/f_y \times 100\%$中的较大值。

(4) 轴心受拉构件的受力钢筋在接头时，不得采用非焊接的搭接接头。搭接而不加焊的受拉钢筋接头仅允许用在圆形池壁或管中，且接头位置应错开，钢筋搭接长度不应小于 $1.2l_n$ 和 300mm。

2. 箍筋

轴心受拉构件中应设置箍筋，与纵向受力钢筋形成骨架并固定其位置。箍筋一般采用 HPB300 级钢筋，直径一般为 6～10mm，箍筋间距一般不大于 200mm。偏心受拉构件设置箍筋除满足上述要求外，还要满足偏心受拉构件斜截面抗剪承载力的要求，其数量、间距和直径应通过斜截面承载力计算确定；箍筋一般应满足受弯构件对箍筋的构造要求。

4.2 轴心受压构件承载力计算

实际工程中，配置普通箍筋的轴心受压构件用得比较广泛，而配置螺旋箍筋的轴心受压构件应用很少，这里仅介绍配置普通箍筋的轴心受压构件。

4.2.1 试验研究分析

理想的轴心受压构件并不存在，因为在钢筋混凝土轴心受压构件的截面上总会存在一定的弯矩而使构件发生纵向弯曲，从而使构件的承载力降低。一般来说，当构件长细比满足以下要求时(属于短柱)，可忽略纵向弯曲的影响。

矩形截面：$l_0/b \leqslant 8$。

圆形截面：$l_0/d \leqslant 8$。

其中，l_0 为构件计算长度；b 为矩形截面的短边尺寸；d 为圆形截面的直径。

长细比较小的受压构件为全截面受压，混凝土和钢筋共同受压，钢筋屈服时混凝土一并屈服从而导致构件破坏。但若钢筋强度超过 $400N/mm^2$，也会出现混凝土压坏而钢筋不屈服的破坏状况。当受压构件的长细比较大时，轴心受压构件虽是全截面受压，但随着压力增大，长柱不仅发生压缩变形，同时还会产生较大的横向挠度，在未达到材料破坏的承载力之前，常由于侧向挠度增大而发生失稳破坏。相关规范采用稳定系数 φ 来反映长柱承载力的降低程度，见表 4-1。

表 4-1　钢筋混凝土轴心受压构件的稳定系数 φ

l_0/b	≤8	10	12	14	16	18	20	22	24	26	28
l_0/d	≤7	8.5	10.5	12	14	15.5	17	19	21	22.5	24
l_0/i	≤28	25	42	48	55	62	69	76	83	90	97
φ	1.0	0.98	0.95	0.92	0.87	0.81	0.75	0.70	0.65	0.60	0.56
l_0/b	30	32	34	36	38	40	42	44	46	48	50
l_0/d	26	28	29.5	31	33	34.5	36.5	38	40	41.5	43
l_0/i	104	111	118	125	132	139	146	153	160	167	174
φ	0.52	0.48	0.44	0.40	0.36	0.32	0.29	0.26	0.23	0.21	0.19

注：i 为截面最小回转半径。

受压构件承载力计算

4.2.2　正截面承载力计算

1. 基本公式

在轴心受压承载力(图 4.5)极限状态下，根据轴向力的平衡，混凝土轴心受压构件的正截面承载力计算公式为

$$N \leqslant 0.9\varphi(f_c A + f_y' A_s') \tag{4-1}$$

式中　N——轴向力设计值；

　　　φ——稳定系数，可查表 4-1 采用；

　　　A——构件截面面积(当纵向钢筋配筋率大于 0.03 时，式中 A 应改用 A_c，$A_c = A - A_s'$)；

　　　A_s'——全部纵向钢筋的截面面积；

　　　f_c、f_y'——混凝土和钢筋的抗压强度。

2. 截面设计

已知材料强度等级、截面尺寸、轴向力设计值 N 和柱的计算长度，求截面配筋。

此时，可以先由构件的长细比求稳定系数 φ，然后根据式(4-2)求出所需的纵向钢筋的截面面积，即

$$A_s' = \frac{\dfrac{N}{0.9\varphi} - f_c A}{f_y'} \tag{4-2}$$

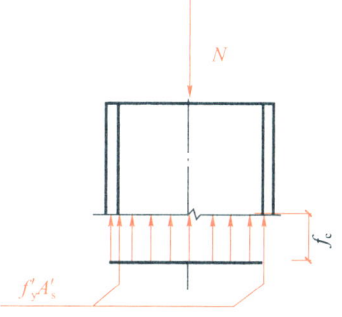

图 4.5　轴心受压承载力

纵向钢筋截面面积求得后，便可以按照构造要求选配纵向钢筋，箍筋按构造要求配置。

3. 截面复核

已知柱截面尺寸 b 和 h、材料强度等级、计算长度、纵向钢筋数量等，求构件受压承载力；或已知轴向力设计值 N，判断柱承载力是否足够。

首先求构件的稳定系数 φ，代入式(4-3)，进而求出构件的受压承载力 N_u。

$$N_u = 0.9\varphi(f_c A + f_y' A_s') \tag{4-3}$$

若已知轴向力设计值 $N \leq N_u$，则承载力足够；否则承载力不满足要求。

【例 4.1】 某多层现浇钢筋混凝土框架结构房屋，现浇楼盖，二层层高 $H=3.6m$，其中柱承受轴向压力设计值 $N=2420kN$(含柱自重)。采用 C30 混凝土和 HRB400 级钢筋，该柱计算长度为 $l_0=1.25H$。试求该柱截面尺寸及纵向钢筋面积。

【解】 本例题属于截面设计类。

(1) 初步确定截面形式和尺寸。

由于该柱是轴心受压构件，截面形式选用正方形。

对 C25 混凝土，$f_c=14.3N/mm^2$；钢筋为 HRB400 级，$f_y'=360N/mm^2$，即假定 $\rho'=3\%$，$\varphi=0.9$，估算截面面积为

$$A \geq \frac{N}{0.9\varphi(f_c+f_y'\rho')} = \frac{2420 \times 10^3}{0.9 \times 0.9 \times (14.3+0.03\times 360)} \approx 119030.0(mm^2)$$

$$b = h = \sqrt{A} \geq 345(mm)$$

选用截面尺寸为 400mm×400mm。

(2) 计算受压纵向钢筋面积。

由 $l_0/b=1.25\times 3.6/0.4=11.25$，查表 4-1 得，$\varphi=0.961$。

由式(4-2)得

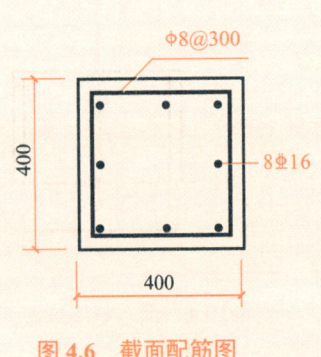

图 4.6 截面配筋图

$$A_s' = \frac{\dfrac{N}{0.9\varphi}-f_c A}{f_y'} = \frac{\dfrac{2420\times 10^3}{0.9\times 0.961}-14.3\times 400\times 400}{360}$$

$$\approx 1417.0(mm^2)$$

(3) 选配钢筋。

选配纵向钢筋 8⊕16，实配纵向钢筋面积 $A_s'=1608mm^2$，有

$$\rho' = A_s'/A = 1608/160000 \approx 1.0\% > \rho_{min}' = 0.6\%$$

选配的钢筋满足配筋率要求；按构造要求，选配箍筋 Φ8@300，截面配筋图如图 4.6 所示。

4.3 偏心受压构件承载力计算

4.3.1 偏心受压构件的破坏

1. 破坏特征

偏心受压构件的破坏特征主要与荷载的偏心距及纵向受力钢筋的数量有关。根据偏心

距和纵向受力钢筋数量的不同，偏心受压构件的破坏特征分为以下两类。

(1) 大偏心受压情况——受拉破坏。

轴向力 N 的偏心距较大，且纵向受力钢筋的配筋率不高时，构件受荷后部分截面受压，部分截面受拉，受拉区混凝土较早地出现横向裂缝。由于配筋率不高，受拉钢筋(A_s)应力增长较快，首先达到屈服。随着裂缝的开展，受压区高度减小，最后受压钢筋(A'_s)屈服，受压区混凝土压碎。其破坏形态(图 4.7)与配有受压钢筋的适筋梁相似。

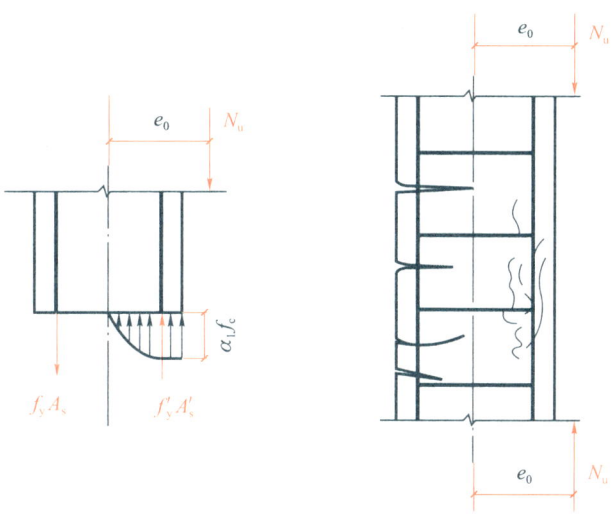

图 4.7　大偏心受压破坏形态

因为这种偏心受压构件的破坏是由于受拉钢筋首先达到屈服而导致的受压区混凝土压坏，其承载力主要取决于受拉钢筋，故称为**受拉破坏**。这种破坏有明显的预兆，横向裂缝显著开展，变形急剧增大，具有塑性破坏的性质。形成这种破坏的条件是：**偏心距 e_0 较大，且纵向受力钢筋配筋率不高**。这种情况称为大偏心受压情况。

(2) 小偏心受压情况——受压破坏。

① 当偏心距 e_0 较大，纵向受力钢筋的配筋率很高时，虽然同样是部分截面受拉，但受拉区裂缝出现后，受拉钢筋应力增长缓慢。破坏是由于受压区混凝土达到其抗压强度被压碎，破坏时受压钢筋(A'_s)达到屈服，而受拉一侧钢筋应力未达到其屈服强度，破坏形态与超筋梁相似[图 4.8(a)]。

② 当偏心距 e_0 较小时，受荷后截面大部分受压，受拉钢筋应力很小，破坏总是由于受压钢筋(A'_s)屈服，受压区混凝土达到抗压强度被压碎。临近破坏时，受拉区混凝土可能出现细微的横向裂缝[图 4.8(b)]。

③ 当偏心距很小($e_0 < 0.15h_0$)时，受荷后全截面受压。破坏是由于近轴向力一侧的受压钢筋 A'_s 屈服，混凝土被压碎。距轴向力较远一侧的受压钢筋 A_s 未达到屈服。当 e_0 趋近于零时，可能 A'_s 及 A_s 均达到屈服，整个截面混凝土受压破坏，其破坏形态相当于轴心受压构件[图 4.8(c)]。

上述 3 种情形的共同特点是，构件的破坏是由于受压区混凝土达到其抗压强度，距轴心力较远一侧的钢筋，无论受拉或受压，一般均未达到屈服，其承载力主要取决于受压区混凝土及受压钢筋,故称为受压破坏。这种破坏缺乏明显的预兆,具有脆性破坏的性质。形成这种破坏的条件是:偏心距小,或偏心距较大但配筋率过高。在截面配筋计算时,一般应避免出现偏心距大而配筋率过高的情况。上述情况统称为小偏心受压情况。

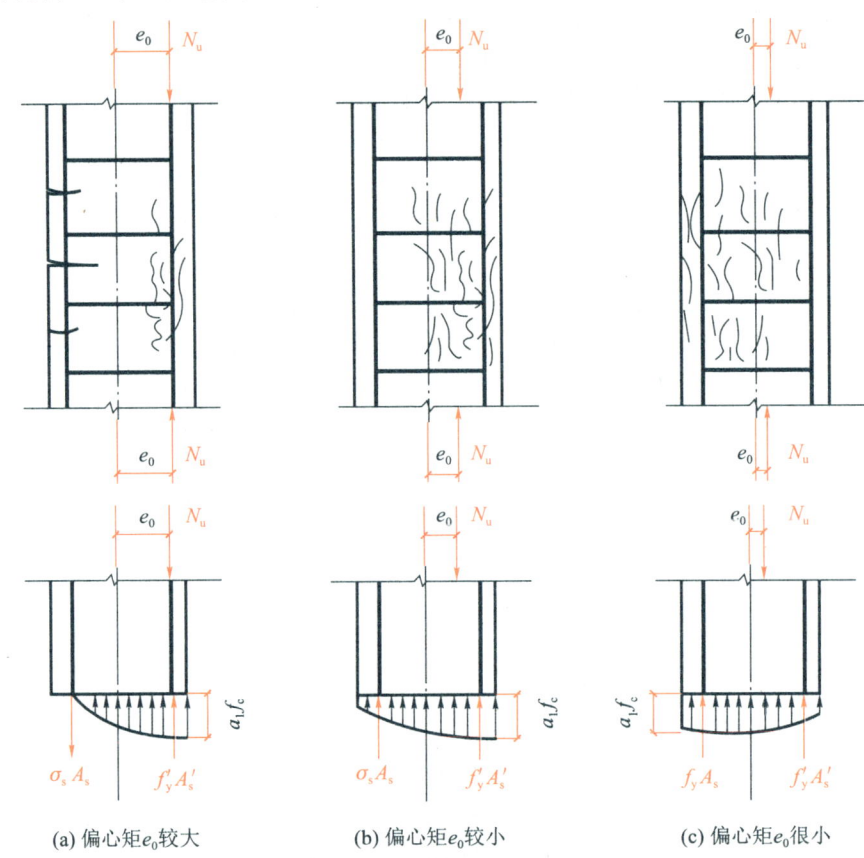

图 4.8 小偏心受压的破坏形态

2. 两类偏心受压破坏的界限

从以上两类偏心受压破坏的特征可以看出,两类破坏的本质区别在于破坏时受拉钢筋能否达到屈服。若受拉钢筋先屈服,然后是受压区混凝土压碎,即为受拉破坏;若受拉钢筋或远离轴向力一侧钢筋无论受拉还是受压均未屈服,则为受压破坏。那么两类破坏的界限应该是当受拉钢筋初始屈服的同时,受压区混凝土达到极限压应变。因此,区分大偏心受压和小偏心受压的界限状态,与区分适筋梁和超筋梁的界限状态相同。

最小相对界限偏心距 $(e_{0b}/h_0)_{\min}$ 之值,见表 4-2。

表 4-2 最小相对界限偏心距 $(e_{0b}/h_0)_{\min}$ 之值

混凝土强度等级	C25	C30	C35	C40	C45	C50
HRB400	0.395	0.375	0.361	0.351	0.344	0.338
HRB500	0.447	0.422	0.404	0.390	0.381	0.374

注:$h/h_0=1.075$(h 为截面总高度,h_0 为截面的有效高度),$a_s'=a_s$。

> **特别提示**
>
> 当 $\xi > \xi_b$ 时,构件截面为小偏心受压。
> 当 $\xi < \xi_b$ 时,构件截面为大偏心受压。
> 当 $\xi = \xi_b$ 时,构件截面为偏心受压的界限状态。

3. 附加偏心距

由于荷载的不准确性、混凝土的非均匀性及施工偏差等原因,都可能产生附加偏心距。在偏心受压构件的正截面承载力计算中,应考虑轴向压力在偏心方向存在的附加偏心距,其值取 20mm 和偏心方向截面尺寸的 1/30 两者中的较大值。截面的初始偏心距 e_i 等于 e_0 加上附加偏心距 e_a,即

$$e_i = e_0 + e_a \tag{4-4}$$

4.3.2 正截面承载力计算公式

偏心受压构件常用的截面形式有矩形截面和工字形截面两种,本节仅介绍矩形截面的正截面计算公式。

偏心受压构件正截面承载力计算采用与受弯构件正截面承载力计算相同的基本假定,用等效矩形应力图形代替混凝土受压区的实际应力图形。

1. 大偏心受压构件

当构件处于承载能力极限状态时,大偏心受压构件中的受拉和受压钢筋应力都能达到屈服强度,根据截面力和力矩的平衡条件[图 4.9(a)],其正截面承载能力计算的基本公式为

$$N \leqslant \alpha_1 f_c bx + f_y' A_s' - f_y A_s \tag{4-5}$$

$$Ne \leqslant \alpha_1 f_c bx \left(h_0 - \frac{x}{2} \right) + f_y' A_s' (h_0 - a_s') \tag{4-6}$$

式(4-6)为向远离轴向力一侧钢筋(受拉钢筋)取矩的平衡条件,e 为轴向力至受拉钢筋合力点的距离。

$$e = e_i + \frac{h}{2} - a_s \tag{4-7}$$

为了保证受压钢筋 A_s' 应力达到 f_y',以及受拉钢筋 A_s 应力达到 f_y,构件截面的相对受压区高度应符合下列条件:

$$2a_s' \leqslant x \leqslant \xi_b h_0 \tag{4-8}$$

当 $x = \xi_b h_0$ 为大小偏心受压的界限[图 4.9(b)],将 $x = \xi_b h_0$ 代入式(4-5)可写出界限情况下的轴向力 N_b 的表达式。

$$N_b = \alpha_1 f_c \xi_b b h_0 + f_y' A_s' - f_y A_s \tag{4-9}$$

由上式可见,界限轴向力的大小只与构件的截面尺寸、材料强度和截面的配筋情况有关。当截面尺寸、材料强度及配筋面积已知时,N_b 为定值。若作用在截面上的轴向力设计值 $N < N_b$,则为大偏心受压构件;若 $N > N_b$,则为小偏心受压构件。

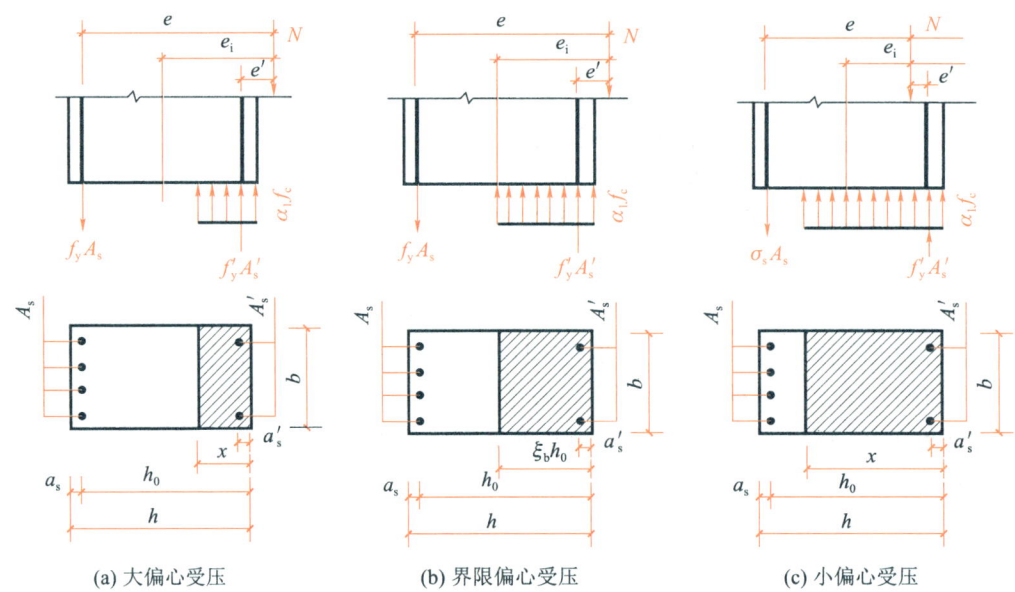

(a) 大偏心受压 (b) 界限偏心受压 (c) 小偏心受压

图 4.9　矩形截面偏心受压构件正截面承载力计算图式

2. 小偏心受压构件

对于矩形截面小偏心受压构件而言，由于离轴向力较远一侧纵向钢筋受拉不屈服或处于受压状态，其应力大小与受压区高度有关，而在构件截面配筋计算中受压区高度也是未知的，所以计算相对较为复杂。根据截面力和力矩的平衡条件[图 4.9(c)]，可得矩形截面小偏心受压构件正截面承载能力计算的基本公式为

$$N \leqslant \alpha_1 f_c b x + f'_y A'_s - \sigma_s A_s \tag{4-10}$$

$$Ne \leqslant \alpha_1 f_c b x \left(h_0 - \frac{x}{2} \right) + f'_y A'_s (h_0 - a'_s) \tag{4-11}$$

或

$$Ne' \leqslant \alpha_1 f_c b x \left(\frac{x}{2} - a'_s \right) + \sigma_s A_s (h_0 - a'_s) \tag{4-12}$$

$$e' = \frac{h}{2} - e_i - a'_s \tag{4-13}$$

式中　e'——轴向力到受压钢筋合力点之间的距离；

σ_s——远离轴向力一侧钢筋的应力，其值理论上可按应变的平截面假定求出，但计算过于复杂，可按式(4-14)近似计算。

$$\sigma_s = f_y \frac{\xi - \beta_1}{\xi_b - \beta_1} \tag{4-14}$$

按式(4-14)算得的钢筋应力应符合下列条件：

$$-f'_y \leqslant \sigma_s \leqslant f_y \tag{4-15}$$

当 $\xi \geqslant 2\beta_1 - \xi_b$ 时，取 $\sigma_s = -f'_y$。

当相对偏心距很小，且 A'_s 比 A_s 大很多时，也可能是离轴向力较远一侧的混凝土先被压坏，称为反向破坏。为了避免发生反向破坏，对于小偏心受压构件，除按式(4-10)、式(4-11)或式(4-12)计算外，还应满足下述条件：

$$N\left[\frac{h}{2}-a_s'-(e_0-e_a)\right] \leqslant \alpha_1 f_c bh\left(h_0'-\frac{h}{2}\right)+f_y'A_s(h_0'-a_s) \tag{4-16}$$

式中 h_0' ——受压有效高度，取 $h_0'=h-a_s'$。

4.3.3 非对称配筋偏心受压计算

1. 截面设计

(1) 偏心受压类别的初步判别。

如前所述，判别两种偏心受压类别的基本条件是：当 $\xi<\xi_b$ 时，为大偏心受压；当 $\xi>\xi_b$ 时，为小偏心受压。但在截面配筋计算时，A_s' 和 A_s 为未知，受压区高度 ξ 也未知，因此也就不能利用 ξ 来判别。此时可近似按下面的方法进行初步判别。

当 $e_i<e_{0b,\min}$ 时，或当 $e_i>e_{0b,\min}$ 且 $\gamma_0 N>N_b$ 时，为小偏心受压。

当 $e_i>e_{0b,\min}$ 且 $\gamma_0 N<N_b$ 时，为大偏心受压。

(2) 大偏心受压构件的配筋计算。

① 受压钢筋 A_s' 及受拉钢筋 A_s 均未知。

式(4-5)及式(4-6)中有三个未知数：A_s'、A_s 及 x，故不能得出唯一解。为了使总的截面配筋面积 $(A_s'+A_s)$ 最小，和双筋受弯构件一样，可取 $x=\xi_b h_0$，则由式(4-6)可得

$$A_s'=\frac{Ne-\alpha_1 f_c bh_0^2 \xi_b(1-0.5\xi_b)}{f_y'(h_0-a_s')} \tag{4-17}$$

按式(4-17)算得的 A_s' 应不小于 $\rho_{\min}'bh$，如果小于 $\rho_{\min}'bh$，则取 $A_s'=\rho_{\min}'bh$，按 A_s' 为已知的情况计算。将式(4-17)算得的 A_s' 代入式(4-5)可得

$$A_s=\frac{\alpha_1 f_c b\xi_b h_0+f_y'A_s'-N}{f_y} \tag{4-18}$$

按上式计算的 A_s 应不小于 $\rho_{\min}bh$。

② 受压钢筋 A_s' 为已知，求 A_s。

当 A_s' 为已知时，式(4-5)及式(4-6)中有两个未知数：A_s 及 x，可求得唯一解。由式(4-6)可知 Ne 由两部分组成：$M'=f_y'A_s'(h_0-a_s')$ 及 $M_1=Ne-M'=\alpha_1 f_c bx(h_0-x/2)$，$M_1$ 为受压区混凝土与对应的部分受拉钢筋 A_{s1} 所组成的力矩，与单筋矩形截面受弯构件相似。

$$\alpha_s=\frac{M_1}{\alpha_1 f_c bh_0^2} \tag{4-19}$$

$$A_{s1}=\frac{\alpha_1 f_c b\xi h_0}{f_y} \tag{4-20}$$

式中，$\xi=1-\sqrt{1-2\alpha_s}$，将 A_s' 及 A_{s1} 代入式(4-5)，可写出总的受拉钢筋面积 A_s 的计算公式。

$$A_s=\frac{\alpha_1 f_c bx+f_y'A_s'-N}{f_y}=A_{s1}+\frac{f_y'A_s'-N}{f_y} \tag{4-21}$$

应该指出的是，如果 $\xi\geqslant\xi_b$，则说明已知的 A_s' 尚不足，需按 A_s' 为未知的情况重新计算。如果 $x<2a_s'$，与双筋受弯构件相似，可以近似取 $x=2a_s'$，对 A_s' 合力中心取矩求出 A_s 为

$$A_s = \frac{N(\eta e_i - 0.5h + a'_s)}{f_y(h_0 - a'_s)} \quad (4-22)$$

(3) 小偏心受压构件的配筋计算。

由小偏心受压承载能力计算的基本公式可知，有两个基本方程，但要求三个未知数 A'_s、A_s 和 x，因此，仅根据平衡条件也不能求出唯一解，需要补充一个使钢筋的总用量最小的条件，求 ξ。但对于小偏心受压构件，要找到与经济配筋相对应的 ξ 值，需用试算逼近法求得，计算较为复杂。小偏心受压应满足 $\xi > \xi_b$ 和 $-f'_y \leqslant \sigma_s \leqslant f_y$ 两个条件。当纵向钢筋 A_s 的应力达到受压屈服时（$\sigma_s = -f'_y$），由式(4-14)可计算此时的受压区高度为

$$\xi_{cy} = 2\beta_1 - \xi_b \quad (4-23)$$

当 $\xi_b < \xi < \xi_{cy}$ 时，A_s 不屈服，为了使钢筋的总用量最小，可按最小配筋率配置 A_s，取 $A_s = \rho_{min}bh$。因此，小偏心受压配筋计算可采用如下近似方法。

① 首先假定 $A_s = \rho_{min}bh$，并将 A_s 值代入基本公式中，求 ξ 和 σ_s。若满足 $\xi_b < \xi < \xi_{cy}$ 的条件，则直接利用式(4-11)求出 A'_s。

② 如果 $h/h_0 > \xi \geqslant \xi_{cy}$，说明 A_s 钢筋已屈服，取 $\sigma_s = -f'_y$，利用小偏心受压承载能力计算的基本公式求 A'_s 和 A_s，并验算反向破坏的截面承载能力，即代入式(4-16)进行计算判定。

③ 如果 $\xi \geqslant h/h_0$，取 $\xi = h/h_0$ 和 $\sigma_s = -f'_y$，利用小偏压基本公式求 A'_s 和 A_s，并验算反向破坏的截面承载能力。

按上述方法计算的 A_s 应满足最小配筋率的要求。

2. 截面的承载力复核

当构件截面尺寸、配筋面积 A_s 及 A'_s、材料强度及计算长度均已知，要求根据给定的轴力设计值 N（或偏心距 e_0）确定构件所能承受的弯矩设计值 M（或轴向力 N）时，属于截面承载力复核问题。一般情况下，单向偏心受压构件应进行两个平面内的承载力计算，即弯矩作用平面内的承载力计算及垂直于弯矩作用平面内的承载力计算。

(1) 给定轴向力设计值 N，求弯矩设计值 M 或偏心距 e_0。由于截面尺寸、配筋及材料强度均为已知，故可首先按式(4-9)算得界限轴向力 N_b。

如满足 $N < N_b$ 的条件，则为大偏心受压的情况，可按大偏心受压正截面承载能力计算的基本公式求 x 和 e，由求出的 e 根据式(4-7)求出偏心距 e_0，最后求出弯矩设计值 $M = Ne_0$。

如 $N > N_b$，则为小偏心受压情况，可按小偏心受压正截面承载能力计算的基本公式求 x 和 e，采取与大偏心受压构件同样的步骤求弯矩设计值 $M = Ne_0$。

(2) 给定偏心距 e_0，求轴向力设计值 N。因截面配筋已知，故可按图 4.9 对 N 作用点取矩求 x，当 $x < x_b$ 时，为大偏心受压，将 x 及已知数据代入式(4-5)，可求解出轴向力设计值 N。当 $x > x_b$ 时，为小偏心受压，将已知数据代入式(4-10)、式(4-11)和式(4-14)，联立求解轴向力设计值 N。

(3) 垂直于弯矩作用平面内的承载力计算。当构件在垂直于弯矩作用平面内的长细比较大时，除验算弯矩作用平面内的承载力外，还应按轴心受压构件验算垂直于弯矩作用平面内的受压承载力，这时应取截面高度 b 计算稳定系数 φ，按轴心受压构件的基本公式计算承载力 N。无论是截面设计还是截面复核，都应进行此项验算。

【例 4.2】 已知矩形截面偏心受压柱，处于一类环境，截面尺寸为 300mm×500mm，柱的计算长度为 3.6m，选用 C30 混凝土和 HRB400 级钢筋，承受轴向力设计值为 $N=380$kN，弯矩设计值为 $M=230$kN·m。求该柱的截面配筋 A_s 和 A_s'。

例 4.2

【解】 本例题属于截面设计类。

(1) 基本参数。

查附表可知，C30 混凝土 $f_c=14.3$ N/mm²，HRB400 级钢筋 $f_y=f_y'=360$ N/mm²，$\alpha_1=1.0$，$\xi_b=0.538$，$c=30$mm，$a_s=a_s'=c+d/2=40$mm，$h_0=h-a_s=500-40=460$ (mm)。

(2) 判断截面类型。

$$e_0=\frac{M}{N}=\frac{230}{380}\approx 605 \text{ (mm)}$$

$$e_a=\max\left\{\frac{h}{30},20\right\}=20 \text{ mm}, \quad e_i=e_0+e_a=605+20=625 \text{ (mm)}$$

$$e_i=625 \text{ mm}>0.3h_0=0.3\times 460=138 \text{ (mm)}$$

因此，可先按大偏心受压构件进行计算。

(3) 计算 A_s 和 A_s'。

为了配筋最经济，使 A_s+A_s' 最小，令 $\xi=\xi_b$。

$$e=e_i+\frac{h}{2}-a_s=625+250-40=835 \text{ (mm)}$$

将上述参数代入式(4-17)和式(4-18)，得

$$A_s'=\frac{Ne-\alpha_1 f_c b h_0^2 \xi_b(1-0.5\xi_b)}{f_y'(h_0-a_s')}$$

$$=\frac{380\times 10^3\times 835-1.0\times 14.3\times 300\times 460^2\times 0.538\times(1-0.5\times 0.538)}{360\times(460-40)}$$

$$\approx -263<\rho_{\min}'bh=0.2\%\times 300\times 500=300 \text{(mm}^2\text{)}$$

A_s' 取为 300mm。

$$A_s=\frac{\alpha_1 f_c \xi_b b h_0+f_y' A_s'-N}{f_y}$$

$$=\frac{1.0\times 14.3\times 0.538\times 300\times 460+360\times 300-380\times 10^3}{360}\approx 2194 \text{(mm}^2\text{)}$$

(4) 验算垂直于弯矩作用平面内的轴心受压承载能力(略，下同)。

(5) 选配钢筋。

受拉钢筋选用 5Φ28 ($A_s=3079$ mm²)，受压钢筋选用 2Φ20 ($A_s'=628$ mm²)。满足最小配筋率和钢筋间距要求。

【例 4.3】 已知一偏心受压构件，处于一类环境，截面尺寸为 500mm×500mm，柱的计算长度为 3.3m，选用 C30 混凝土和 HRB400 级钢筋，承受轴向力设计值为 $N=1200$kN，弯矩设计值为 $M=85$kN，求该柱的截面配筋 A_s 和 A_s'。

【解】 本例题属于截面设计类。

(1) 基本参数。

查附表可知，C30 混凝土 $f_c=14.3$ N/mm²，HRB400 级钢筋 $f_y=f_y'=360$ N/mm²，

$\alpha_1 = 1.0$，$\xi_b = 0.539$，一类环境，$c=30\text{mm}$，$a_s = a_s' = c + d/2 = 40\text{mm}$，$h_0 = h - a_s = 500 - 40 = 460\text{ (mm)}$。

(2) 判断截面类型。

$$e_0 = \frac{M}{N} = \frac{85}{1200} \approx 70.83\text{ (mm)}$$

$$e_a = \max\left\{\frac{h}{30}, 20\right\} = 20\text{ (mm)}$$

$$e_i = e_0 + e_a = 70.83 + 20 = 90.83\text{ (mm)} < 0.3h_0 = 0.3 \times 460 = 138\text{ (mm)}$$

因此，该构件为小偏心受压构件。

(3) 计算 A_s 和 A_s'。

$$e = e_i + \frac{1}{2}h - a_s = 90.83 + 0.5 \times 500 - 40 = 300.83\text{ (mm)}$$

$$e' = \frac{1}{2}h - e_i - a_s' = 0.5 \times 500 - 90.83 - 40 = 119.17\text{ (mm)}$$

小偏心受压远离轴向力一侧的钢筋不屈服，为使配筋较少，令

$A_s = \rho_{\min}bh = 0.002 \times 500 \times 500 = 500\text{ (mm}^2)$，选 3⏀16 钢筋，实配 $A_s = 603\text{ mm}^2$。

代入式(4-16)和式(4-18)得受压区高度为 $x=368\text{mm}$，满足 $\xi_b \leq \xi \leq \xi_{cy}$ 的条件，所以

$$A_s' = \frac{Ne - \alpha_1 f_c bx\left(h_0 - \dfrac{x}{2}\right)}{f_y'(h_0 - a_s')}$$

$$= \frac{12 \times 10^5 \times 300.83 - 1.0 \times 14.3 \times 500 \times 368 \times (460 - 0.5 \times 368)}{360 \times (460 - 40)}$$

$$\approx -2415\text{ (mm}^2) < 0.002bh = 500\text{ (mm}^2)$$

选配 3⏀16 钢筋，$A_s' = 603\text{ mm}^2$，满足配筋面积和构造要求。

(4) 验算垂直于弯矩作用平面内的轴心抗压承载能力。

由 $l_0/b = 6.6$，查表得 $\varphi = 1.0$，配筋率小于3%。

$$F = 0.9\varphi(f_c bh + f_y A_s + f_y' A_s') = 3608\text{ kN} > 1200\text{ kN}，安全。$$

【例 4.4】 已知一偏心受压构件(图 4.10)，处于一类环境，截面尺寸为 400mm×400mm，柱的计算长度为 6m，选用 C40 混凝土和 HRB400 级钢筋，$A_s = 1016\text{ mm}^2$，$A_s' = 1256\text{ mm}^2$，轴向力设计值为 $N=2600\text{kN}$。求该柱能承受的弯矩设计值。

【解】 本例题属于截面复核类。

(1) 基本参数。

查附表可知，C40 混凝土 $f_c = 19.1\text{ N/mm}^2$，HRB400 级钢筋 $f_y = f_y' = 360\text{ N/mm}^2$，$\alpha_1 = 1.0$，$\beta_1 = 0.8$，$\xi_b = 0.538$，一类环境，$c=30\text{mm}$，$a_s = a_s' = c + d/2 \approx 40\text{mm}$，$h_0 = h - a_s = 400 - 40 = 360\text{ (mm)}$

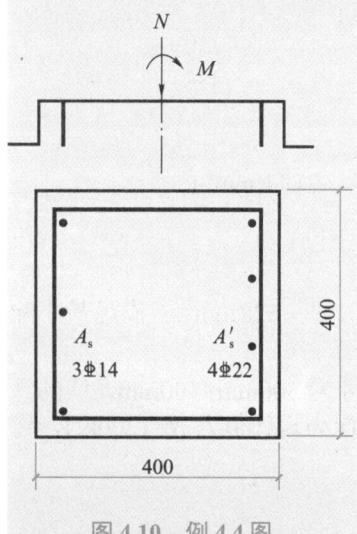

图 4.10　例 4.4 图

(2) 判断截面类型。
先按大偏心受压计算：
$$x = \frac{N - f_y'A_s' + f_y A_s}{\alpha_1 f_c b} = \frac{2600 \times 10^3 - 1256 \times 360 + 1016 \times 360}{1.0 \times 19.1 \times 400}$$
$$\approx 329 \text{(mm)} > \xi_b h_0 = 0.538 \times 360 = 193.68 \text{(mm)}$$

因此，实际为小偏心受压构件。

(3) 验算垂直于弯矩作用平面内的轴心受压承载能力。

$l_0/b = 6/0.4 = 15$，查表得 $\varphi = 0.895$，经计算配筋率小于 3%。

$F = 0.9\varphi[f_c bh + f_y'(A_s + A_s')] = 0.9 \times 0.895 \times [19.1 \times 400 \times 400 + 360 \times (1256 + 1016)] \approx 3120 \text{ (kN)}$，安全。

(4) 计算 e_i，计算 M。

由式(4-14)和式(4-18)得

$$\frac{x}{h_0} = \frac{N - f_y'A_s' - \dfrac{0.8}{\xi_b - 0.8} f_y A_s}{\alpha_1 f_c b h_0 - \dfrac{1}{\xi_b - 0.8} f_y A_s} \approx 0.83$$

$$x = 0.83 \times 360 = 298.8 \text{ (mm)} < \xi_{cy} h_0$$

$$e = \frac{\alpha_1 f_c bx(h_0 - 0.5x) + f_y'A_s'(h_0 - a_s')}{N}$$

$$= \frac{1.0 \times 19.1 \times 400 \times 298.8 \times (360 - 0.5 \times 298.8) + 360 \times 1256 \times (360 - 40)}{2600 \times 10^3}$$

$$\approx 240.6 \text{(mm)}$$

$$e_i = e - \frac{1}{2}h + a_s' = 240.6 - 200 + 40 = 80.6 \text{ (mm)}$$

$$e_0 = e_i - e_a = 80.6 - 20 = 60.6 \text{ (mm)}$$

截面能够承受的弯矩设计值为 $M = Ne_0 = 2600 \times 60.6 \times 10^{-3} = 157.56 \text{ (kN·m)}$。

4.4 轴心受拉构件的正截面承载力计算

钢筋混凝土轴心受拉构件一般采用对称截面，如正方形、矩形等。开裂以前混凝土与钢筋共同承担拉力；开裂后，开裂混凝土截面退出工作，全部拉力由钢筋负担；最后钢筋达到其屈服强度，构件达到了破坏状态。

轴心受拉构件的正截面受拉承载力应按式(4-24)计算。

$$N \leqslant f_y A_s \tag{4-24}$$

式中　N——轴向拉力设计值；

　　　A_s——普通纵向钢筋的全部截面面积；

　　　f_y——钢筋抗拉强度设计值。

4.5 偏心受拉构件承载力计算

4.5.1 概述

根据偏心拉力 N 的作用位置不同,将偏心受拉构件分为**大偏心受拉构件**和**小偏心受拉构件**两种。如图 4.11 所示,设偏心拉力 N 的作用点距构件截面重心轴的距离为 e_0,在截面上靠近偏心拉力 N 一侧的钢筋截面面积为 A_s,在截面另一侧的钢筋截面面积为 A_s'。

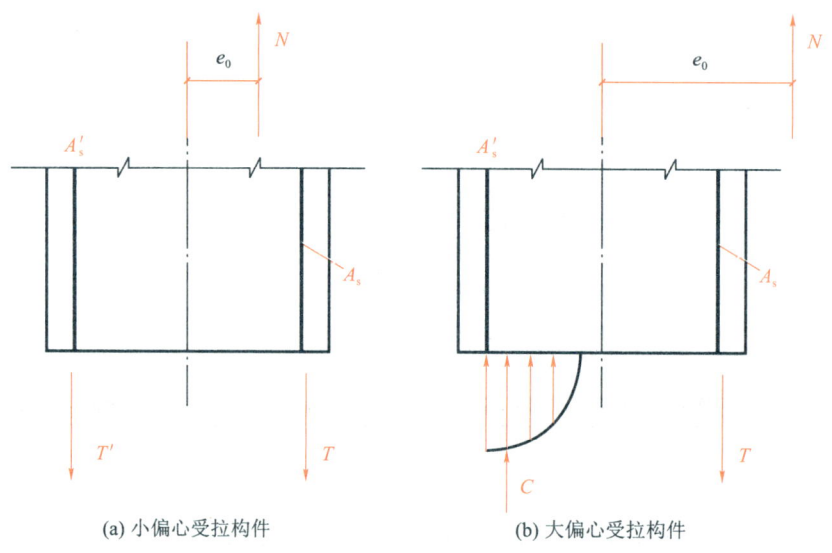

(a) 小偏心受拉构件　　　　(b) 大偏心受拉构件

图 4.11　大小偏心受拉构件

当偏心拉力 N 作用在 A_s 合力点与 A_s' 合力点之间时[图 4.11(a)],构件全截面混凝土裂通,仅靠由钢筋 A_s 和 A_s' 提供的拉力 $A_s f_y$ 和 $A_s' f_y'$ 与偏心拉力 N 平衡,构件的破坏取决于 A_s 和 A_s' 的抗拉强度。这类情况称为**小偏心受拉**。

当偏心拉力 N 作用在 A_s 外侧时[图 4.11(b)],构件截面 A_s 一侧受拉,A_s' 一侧受压,截面部分开裂但不会裂通,构件的破坏取决于 A_s 的抗拉强度或混凝土受压区的抗压能力。这类情况称为**大偏心受拉**。工程中受拉构件一般为矩形截面,故本节仅叙述矩形截面偏心受拉构件的承载力计算。

> **特别提示**
>
> 大、小偏心受拉构件的本质区别在于构件截面上是否存在受压区。由于截面上受压区的存在与否与偏心拉力 N 作用点的位置有直接关系,所以在实际设计中以偏心拉力 N 的作用点在钢筋 A_s 和 A_s' 之间或钢筋 A_s 和 A_s' 之外,作为判定大小偏心受拉的界限,即:①当偏心距 $e_0 < \dfrac{h_0}{2} - a_s$ 时,属于小偏心受拉构件;②当偏心距 $e_0 > \dfrac{h_0}{2} - a_s$ 时,属于大偏心受拉构件。

4.5.2 正截面承载力计算公式

1. 小偏心受拉构件($e_0 < \dfrac{h}{2} - a_s$)

设矩形截面($b \times h$)上有偏心拉力 N，其偏心距为 e_0，距偏心拉力 N 较近一侧的钢筋为 A_s，较远一侧的钢筋为 A_s'。偏心拉力 N 作用于 A_s 与 A_s' 之间，混凝土开裂后，纵向钢筋 A_s 及 A_s' 均为受拉，临破坏前截面已全部裂通，拉力完全由钢筋承担。破坏时钢筋 A_s 及 A_s' 均达到抗拉强度设计值 f_y，分别对 A_s 及 A_s' 合力中心取矩，可写出小偏心受拉构件承载力计算的公式，即

$$Ne \leqslant f_y' A_s' (h_0 - a_s') \tag{4-25}$$

$$Ne' \leqslant f_y A_s (h_0 - a_s') \tag{4-26}$$

其中，$e' = \dfrac{h}{2} - a_s' + e_0$、$e = \dfrac{h}{2} - a_s - e_0$，其中 $e_0 = M/N$。

复核截面时，将已知条件直接代入式(4-25)、式(4-26)，检查是否满足即可。

2. 大偏心受拉构件($e_0 > \dfrac{h}{2} - a_s$)（图 4.12）

大偏心受拉构件的破坏形态与大偏心受压构件基本相似。破坏时，受拉区混凝土退出工作，受拉钢筋 A_s 承担全部受拉区拉力，并首先达到屈服强度，然后受压区边缘混凝土达到极限压应变，受压区混凝土被压碎，受压钢筋 A_s' 的应力达到 f_y'。当受拉钢筋 A_s 过多时，其应力在破坏时达不到屈服。大偏心受拉构件承载力计算的公式为

$$N \leqslant f_y A_s - f_y' A_s' - \alpha_1 f_c b x \tag{4-27}$$

$$Ne \leqslant \alpha_1 f_c b x (h_0 - 0.5x) + f_y' A_s' (h_0 - a_s') \tag{4-28}$$

其中，$e = e_0 - \dfrac{h}{2} + a_s$，公式适用条件为

$$2a_s' \leqslant x \leqslant \xi_b h_0 \tag{4-29}$$

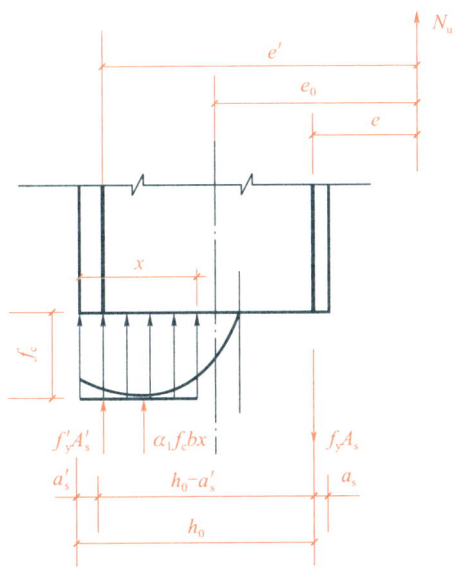

图 4.12 大偏心受拉构件

如果 $x > \xi_b h_0$，则受压区混凝土将可能先于受拉钢筋屈服而被压碎。这与超筋受弯构件的破坏形式类似。由于这种破坏是无预告的和脆性的，而且受拉钢筋的强度也没有得到充分利用，所以这种情况在设计中应当避免。

如果 $x < 2a_s'$，截面破坏时受压钢筋不能屈服，此时可以取 $x = 2a_s'$，即假定受压区混凝土的压力与受压钢筋承担的压力的作用点相重合。于是，利用受压钢筋形心的力矩平衡条件即可写出

$$Ne' = f_y A_s (h_0 - a_s') \tag{4-30}$$

(1) 截面设计。

① 当 A_s、A_s' 均未知时，为了充分发挥混凝土的抗压强度，节约钢筋，取 $x = \xi_b h_0$，然后代入式(4-27)及式(4-28)，可求得 A_s'。若 $A_s' \geqslant \rho_{\min} bh$，则可直接计算 A_s；若 $A_s' < \rho_{\min} bh$，则取 $A_s' = \rho_{\min} bh$，按下面 A_s' 已知的情况计算。

② 当 A_s' 为已知时，与大偏心受压相似，由式(4-27)和式(4-28)可求出 x。若 $2a_s' \leqslant x \leqslant \xi_b h_0$，则解出 A_s 即可；若 $x > \xi_b h_0$，说明会超筋，则需要按照 A_s' 未知的情况计算；若 $x < 2a_s'$，取 $x = 2a_s'$，反向取矩计算出 A_s。

(2) 截面复核。

当截面尺寸、材料强度和截面配筋均已知，求给定偏心距的承载力 N 时，由式(4-27)及式(4-28)求解 x。若 $2a_s' \leqslant x \leqslant \xi_b h_0$，直接求出 $N = N_u$；若 $x > \xi_b h_0$，说明 A_s 过量而达不到屈服，此时需取 $\sigma_s = f_y (\xi - 0.8)/(\xi_b - 0.8)$ 代替式(4-27)中的 f_y，并对拉力作用点取矩，解出 x 和 N；若 $x < 2a_s'$，取 $x = 2a_s'$，反向取矩计算出 N。

3．对称配筋偏心受拉构件计算

对称配筋的矩形截面偏心受拉构件，不论大、小偏心受拉情况，均按式(4-30)计算，即

$$A_s = A_s' \geqslant \frac{Ne'}{f_y(h_0 - a_s')} \tag{4-31}$$

式中 h_0 ——受压纵向钢筋截面重心至混凝土受拉区边缘的距离。

【例 4.5】 某混凝土偏心拉杆，$b \times h = 250\text{mm} \times 400\text{mm}$，$a_s = a_s' = 35\text{mm}$，选用 C25 混凝土，$f_c = 11.9 \text{N/mm}^2$，HRB400 钢筋，$f_y' = f_y = 360 \text{ N/mm}^2$，已知截面上作用的轴向拉力 $N = 550\text{kN}$，弯矩 $M = 60\text{kN} \cdot \text{m}$，求所需钢筋面积。

【解】 (1) 判别大小偏心。

$$e_0 = \frac{M}{N} = \frac{60 \times 10^6}{550 \times 10^3} = 109.1(\text{mm}) < \frac{h}{2} - a_s$$
$$= 200 - 35 = 165(\text{mm})$$

轴向力作用在两侧钢筋之间，拉杆属于小偏心受拉构件。

(2) 求所需钢筋面积。

$$e = \frac{h}{2} - e_0 - a_s = \frac{400}{2} - 109.1 - 35 = 55.9(\text{mm})$$

$$e' = \frac{h}{2} + e_0 - a_s' = \frac{400}{2} + 109.1 - 35 = 274.1(\text{mm})$$

$$A_s' = \frac{Ne}{f_y'(h_0 - a_s')} = \frac{550 \times 10^3 \times 55.9}{360 \times (365 - 35)} \approx 258.8(\text{mm}^2)$$
$$> \rho_{\min}' bh = 0.002 \times 250 \times 400 = 200(\text{mm}^2)$$

$$A_s = \frac{Ne'}{f_y(h_0 - a_s')} = \frac{550 \times 10^3 \times 274.1}{360 \times (365 - 35)} \approx 1269(\text{mm}^2)$$

(3) 选配钢筋。

A_s' 选用 2⌀14（$A_s' = 308\text{mm}^2$），A_s 选用 4⌀20（$A_s = 1256\text{mm}^2$）。

4.5.3 斜截面承载力计算

偏心受拉构件同时承受较大的剪力作用时,需验算其斜截面受剪承载力。偏心拉力 N 的存在,使截面的受剪承载力降低。偏心拉力引起的受剪承载力降低,与偏心拉力几乎成正比。

矩形截面的钢筋混凝土偏心受拉构件的斜截面受剪承载力应按式(4-32)计算。

$$V \leq \frac{1.75}{\lambda+1.0} f_t b h_0 + f_{yv} \frac{nA_{sv1}}{s} h_0 - 0.2N \tag{4-32}$$

式中　N——与剪力设计值 V 相应的轴向拉力设计值;
　　　λ——计算截面的剪跨比,取 $\lambda = a/h_0$ (a 为集中荷载至支座或节点边缘的距离)。当 $\lambda<1$ 时,取 $\lambda=1$;当 $\lambda>3$ 时,取 $\lambda=3$。

考虑到构件内箍筋抗剪能力基本未变的特点,规范还要求式(4-32)右侧计算出的数值不应小于 $f_{yv} \frac{nA_{sv1}}{s} h_0$。

偏心受拉构件的抗剪试验表明,轴向拉力的存在,增加了构件内的主拉应力,使构件的抗剪能力明显降低,而箍筋的抗剪能力几乎保持在与受弯构件相似的水准上。偏心受拉构件的箍筋一般宜满足有关受弯构件箍筋的各项构造要求。

本章小结

本章主要介绍了建筑结构中混凝土构件的纵向受力设计方法,与前面讲述的受弯构件计算方法组成了混凝土构件的基本设计方法。掌握纵向受力构件的力学性能、破坏特征和计算方法,对深入了解建筑结构的受力特性和设计有十分重要的意义。

对混凝土构件来说,承受与构件轴线相平行的力,即纵向受力,是其主要承受力的方式。若混凝土构件仅承受拉力或压力,则为轴心受力构件,若还承受了弯矩,则为偏心受力构件。偏心受压构件有大偏心和小偏心之分,偏心受拉构件也有大偏心和小偏心之分。其分类标准主要考虑了弯矩在轴力中占有的比例。如果弯矩占有的比例较大,则为大偏心;如果弯矩占有的比例较小,则为小偏心;若弯矩为零,则为轴心受力。

轴心受拉构件破坏是其中的受拉钢筋破坏,一般不考虑混凝土的抗拉承载力。轴心受压构件有短柱和长柱,对于短柱,一般是钢筋和混凝土同时破坏;而对于长柱,则易发生失稳破坏,用稳定系数来考虑长细比对构件承载力的影响。偏心受拉构件中,小偏心受拉构件破坏时,构件轴线两边的钢筋均受拉破坏;大偏心受拉构件破坏则是受拉区的钢筋破坏,而受压区混凝土被压坏,受压区钢筋不破坏。偏心受压构件与偏心受拉构件的破坏特征有类似之处,二者都需考虑偏心距对构件破坏的影响,当偏心距较大时,则为大偏心破坏;当偏心距较小时,则为小偏心破坏。但偏心受压构件破坏还要考虑二阶效应对构件破坏的影响。

对于混凝土构件的设计方法，主要是通过建立力平衡和弯矩平衡的公式，采用基本假定和构造措施来进行截面设计和截面复核。在建立平衡公式时，一定要充分考虑具体的破坏特征以及破坏后材料（钢筋、混凝土）强度的发挥情况，只有当材料充分屈服时，才能使用屈服强度，否则应使用实际应力。

纵向受力模式是混凝土构件受力的主要模式之一，需要深入学习。由于本章内容较为复杂，学生要花较多时间预习，同时要进行课后反复复习，才能更好地掌握基本内容和方法。

习　　题

一、判断题

1. 轴心受压构件纵向受压钢筋配置得越多越好。　　　　　　　　　　　　（　　）
2. 轴心受压构件中的箍筋应做成封闭式的。　　　　　　　　　　　　　　（　　）
3. 实际工程中没有真正的轴心受压构件。　　　　　　　　　　　　　　　（　　）
4. 轴心受压构件的长细比越大，稳定系数值越高。　　　　　　　　　　　（　　）
5. 轴心受压构件计算中，考虑受压时纵向钢筋容易压曲，所以钢筋的抗压强度设计值最大取为 400N/mm^2。　　　　　　　　　　　　　　　　　　　　　　　　　　（　　）
6. 螺旋箍筋既能提高轴心受压构件的承载力，又能提高柱的稳定性。　　　（　　）

二、单选题

1. 钢筋混凝土轴心受压构件，稳定系数是考虑了（　　）。
   A．初始偏心距的影响　　　　　　　　B．荷载长期作用的影响
   C．两端约束情况的影响　　　　　　　D．附加弯矩的影响
2. 对于高度、截面尺寸、配筋完全相同的柱，当支承条件为（　　）时，其轴心受压承载力最大。
   A．两端嵌固　　　　　　　　　　　　B．一端嵌固，一端不动铰支
   C．两端不动铰支　　　　　　　　　　D．一端嵌固，一端自由
3. 钢筋混凝土轴心受压构件，两端约束情况越好，则稳定系数（　　）。
   A．越大　　　　B．越小　　　　C．不变　　　　D．变化趋势不定
4. 一般来讲，其他条件相同的情况下，配有螺旋箍筋的钢筋混凝土柱同配有普通箍筋的钢筋混凝土柱相比，前者的承载力比后者的承载力（　　）。
   A．低　　　　　B．高　　　　　C．相等　　　　D．不确定
5. 长细比大于 12 的柱不宜采用螺旋箍筋，其原因是（　　）。
   A．这种柱的承载力较高
   B．施工难度大
   C．抗震性能不好
   D．这种柱的强度将由于纵向弯曲而降低，螺旋箍筋作用不能发挥

6. 轴心受压短柱，在钢筋屈服前，随着压力增加，混凝土压应力的增长速率(　　)。
   A．比钢筋快　　B．呈线性增长　　C．比钢筋慢　　D．与钢筋相等
7. 两个仅配筋率不同的轴压柱，若混凝土的徐变值相同，柱 A 配筋率大于柱 B，则引起的应力重分布程度是(　　)。
   A．柱 A=柱 B　　B．柱 A>柱 B　　C．柱 A<柱 B　　D．不确定
8. 与普通箍筋柱相比，有间接钢筋的柱主要破坏特征是(　　)。
   A．混凝土压碎，纵向钢筋屈服　　B．混凝土压碎，钢筋不屈服
   C．保护层混凝土剥落　　D．间接钢筋屈服，柱子才破坏
9. 螺旋箍筋柱的核心区混凝土抗压强度高于 f_c 是因为(　　)。
   A．螺旋箍筋参与受压
   B．螺旋箍筋使核心区混凝土密实
   C．螺旋箍筋约束了核心区混凝土的横向变形
   D．螺旋箍筋使核心区混凝土中不出现内裂缝
10. 为了提高钢筋混凝土轴心受压构件的极限应变，应该(　　)。
    A．采用高强混凝土　　B．采用高强钢筋
    C．采用螺旋箍筋　　D．加大构件截面尺寸
11. 按螺旋箍筋柱计算的承载力不得超过普通箍筋柱的 1.5 倍，这是为了(　　)。
    A．在正常使用阶段外层混凝土不致脱落
    B．不发生脆性破坏
    C．限制截面尺寸
    D．保证构件的延性
12. 一圆形截面螺旋箍筋柱，若按普通箍筋钢筋混凝土柱计算，其承载力为 300kN，若按螺旋箍筋柱计算，其承载力为 500kN，则该柱的承载力应为(　　)。
    A．400kN　　B．300kN　　C．500kN　　D．450kN
13. 配有普通箍筋的钢筋混凝土轴心受压构件中，箍筋的作用主要是(　　)。
    A．抵抗剪力
    B．约束核心混凝土
    C．形成钢筋骨架，约束纵向钢筋，防止纵向钢筋压曲外凸
    D．以上三项作用均有

三、简答题

1. 对受压构件中纵向钢筋的直径和根数有何构造要求？对箍筋的直径和间距又有何构造要求？
2. 简述轴心受拉构件的受力过程和破坏过程？
3. 判别大、小偏心受压破坏的条件是什么？大、小偏心受压的破坏特征分别是什么？
4. 大偏心受拉构件为非对称配筋，如果计算中出现 $x<2a'_s$ 或出现负值，应该怎么处理？

四、计算题

1. 某多层现浇框架结构的底层内柱，轴向力设计值 $N=2650$kN，计算长度 $l_0=H=3.6$m，混凝土强度等级为 C30($f_c=14.3$N/mm^2)，钢筋用 HRB400 级($f'_y=360$N/mm^2)，环境类别

为一类。确定柱截面面积尺寸及纵向钢筋面积。

2．某多层现浇框架厂房结构标准层中柱，轴向力设计值 $N=2100\text{kN}$，楼层高 $H=5.60\text{m}$，计算长度 $l_0=1.25H$，混凝土用 C30（$f_c = 14.3\text{N/mm}^2$），钢筋用 HRB400 级（$f_y' = 360\text{N/mm}^2$），环境类别为一类。确定该柱截面尺寸及纵向钢筋面积。

3．某无侧移现浇框架结构底层中柱，计算长度 $l_0 = 4.2\text{m}$，截面尺寸为 $300\text{mm}\times300\text{mm}$，柱内配有 4$\Phi$16 纵向钢筋（$f_y' = 360\text{N/mm}^2$），混凝土强度等级为 C30（$f_c = 14.3\text{N/mm}^2$），环境类别为一类。柱承受的轴心压力设计值 $N=900\text{kN}$，试核算该柱是否安全。

4．已知一矩形截面偏心受压柱的截面尺寸 $b\times h=300\text{mm}\times400\text{mm}$，柱的计算长度 $l_0 = 3.0\text{m}$，$a_s = a_s' = 40\text{mm}$，混凝土强度等级为 C35（$f_c = 16.7\text{N/mm}^2$），用 HRB400 级钢筋配筋，$f_y = f_y' = 360\text{N/mm}^2$，轴心压力设计值 $N = 400\text{kN}$，弯矩设计值 $M = 235.2\text{kN}\cdot\text{m}$，试按对称配筋进行截面设计。

5．混凝土偏心拉杆，$b\times h = 250\text{mm}\times400\text{mm}$，$a_s = a_s' = 40\text{mm}$，混凝土为 C30（$f_c = 14.3\text{N/mm}^2$），钢筋为 HRB400，$f_y = f_y' = 360\text{N/mm}^2$，已知截面上作用的轴向拉力 $N= 550\text{kN}$，弯矩 $M = 60\text{kN}\cdot\text{m}$，求所需钢筋面积。

6．已知截面尺寸 $b\times h = 300\text{mm}\times500\text{mm}$ 的钢筋混凝土偏心受拉构件，承受轴向拉力设计值 $N=300\text{kN}$，弯矩设计值 $M = 60\text{kN}\cdot\text{m}$。采用的混凝土强度等级为 C30，钢筋为 HRB400。试确定该柱所需的纵向钢筋截面面积 A_s 和 A_s'。

在线答题

第 5 章 钢筋混凝土受扭构件

教学目标

通过学习钢筋混凝土受扭构件的受力性能、破坏形态、截面限制条件、截面承载力计算及构造配筋要求,初步具备钢筋混凝土受扭构件结构设计的能力。

教学要求

能力目标	知识要点	权重	自评分数
纯扭构件受力特点	纯扭构件的受力性能	10%	
	纯扭构件的破坏形态	10%	
纯扭构件承载力计算	开裂扭矩	5%	
	配筋强度比 ζ	5%	
	矩形截面纯扭构件承载力计算	20%	
	T形和I形截面纯扭构件承载力计算	5%	
	箱形截面纯扭构件承载力计算	5%	
弯剪扭构件承载力计算	剪扭相关性	5%	
	矩形截面弯剪扭构件承载力计算	15%	
	T形和I形截面弯剪扭构件承载力计算	5%	
	箱形截面弯剪扭构件承载力计算	5%	
受扭构件构造要求	最小配筋率	5%	
	截面限制条件	5%	

章节导读

受扭构件是建筑结构的重要构件之一。在钢筋混凝土结构中，构件通常受弯矩、剪力和扭矩共同作用，如钢筋混凝土雨篷梁、框架边梁、曲梁、吊车梁等，都属于受扭构件。

本章主要讨论建筑结构中受扭构件的受力特点与承载力计算，受扭构件作为建筑结构中重要的受力构件，是学习的重点内容之一。学习中要了解受扭构件的相关专业概念，掌握不同截面的受扭承载力计算，并联系工程中的实际情况去应用。

引例

建筑师在建筑中为了体现自身灵感，往往通过使用华丽材料和采用特异结构的方式达到一定的视觉效果，如法国卢浮宫螺旋楼梯，如图5.1(a)所示。钢筋混凝土构件的扭转可以分为两类，即平衡扭转和协调扭转。若构件中的扭矩由荷载直接引起，其值可由平衡条件直接求出，此类扭转称为平衡扭转，如砌体结构中支撑悬臂板的雨篷梁[图5.1(b)]。若是相邻构件的位移受到该构件的约束而引起该构件的扭转，这种扭转的扭矩值需结合变形协调条件才能求得，这类扭转称为协调扭转，也称为附加扭转，如框架边梁受到次梁负弯矩的作用在边梁引起的扭转[图5.1(c)]。对于平衡扭转，构件承受的扭矩大小可以由静力计算得出。对于协调扭转，则在构件受力过程中因混凝土的开裂和钢筋的屈服造成构件刚度变化，从而引起内力重分布，扭矩的大小不能由静力计算得出，而且和各受力阶段构件的刚度比有关，不是一个定值。然而奇特的建筑造型在结构设计上增加了难度。从受力的角度看螺旋楼梯不是单纯的受拉或受弯构件，而是属于弯剪扭复合受扭构件，因此结构工程师需要掌握受扭构件的承载力计算。

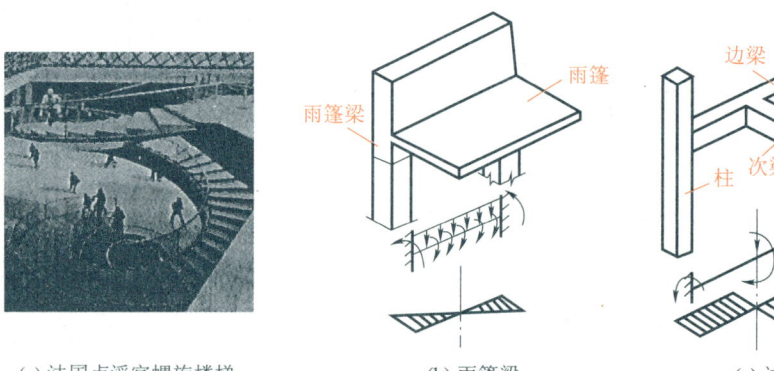

(a) 法国卢浮宫螺旋楼梯　　(b) 雨篷梁　　(c) 边梁

图 5.1　受扭构件

引例小结

扭转是构件的基本受力形式之一，在钢筋混凝土结构中经常遇到。例如框架的边梁、支撑悬臂板的雨篷梁、曲梁、吊车梁和螺旋楼梯等，均承受扭矩的作用。在这些构件中，承受纯扭矩作用的情况是极少的，绝大多数是承受弯矩、剪力和扭矩共同作用的复合受扭情况。

在实际工程中还有很多类似螺旋楼梯的受扭构件，工程人员需要了解受扭构件的受力形式与特点，才能正确认识从设计到施工过程中结构的重点和难点，满足建筑造型设计的需求。在设计和计算过程中，我们需要不断学习和探索，加强对结构的理解和把握，提高设计水平，为建设安全、经济、环保的结构做出贡献。

5.1 纯扭构件承载力计算

5.1.1 纯扭构件的受力特点

钢筋混凝土纯扭构件，在扭矩作用下，其开裂前后受力特性有所不同。试验表明，裂缝出现前，钢筋混凝土纯扭构件处于弹性工作阶段，受扭钢筋的应力很低。因此可忽略钢筋的影响，受力形式相似于素混凝土构件。

受扭构件及特点

由材料力学可知，均质弹性材料的矩形截面构件，在扭矩 T 的作用下，扭矩使截面上产生剪应力 τ，截面的剪应力分布如图 5.2 所示，最大剪应力 τ_{max} 发生在截面长边中点。由于剪应力作用，在与构件轴线呈 45°和 135°的方向，相应地产生主拉应力 σ_{tp} 和主压应力 σ_{cp}，力的大小存在关系：$|\sigma_{tp}|=|\sigma_{cp}|=\tau$。当主拉应力达到混凝土抗拉强度时，混凝土构件沿主压应力迹线开裂并迅速延伸，最后发展成螺旋形裂缝。对于素混凝土构件，开裂会迅速导致构件破坏，破坏面为一个空间扭曲曲面。

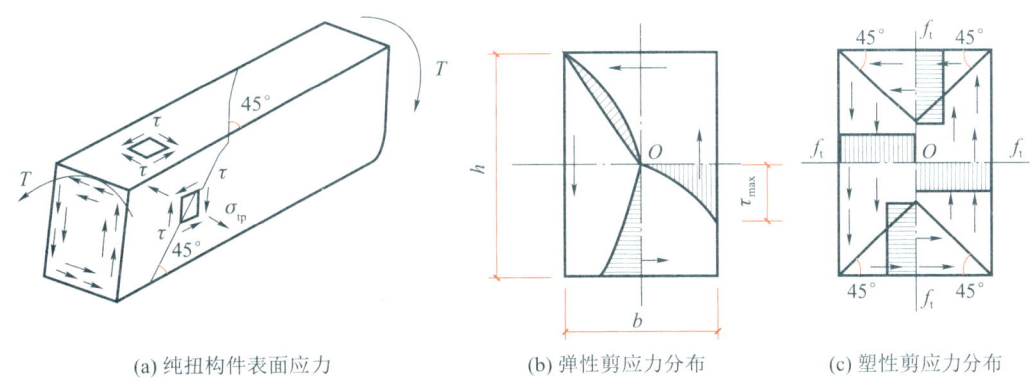

(a) 纯扭构件表面应力   (b) 弹性剪应力分布   (c) 塑性剪应力分布

图 5.2 受扭构件应力

当混凝土开裂后，由于在混凝土构件中配置了适当的受扭钢筋可承担部分拉力，构件不会立即破坏。随着外扭矩的增加，构件表面逐渐形成多条近于 45°方向呈螺旋式发展的裂缝，如图 5.3(a)所示。在裂缝处，原来由混凝土承担的主拉应力改为由带有裂缝的混凝土与钢筋共同承担。多条螺旋式裂缝形成后的钢筋混凝土构件可以看作图 5.3(b)所示的空间桁架，其中纵向钢筋相当于受拉弦杆，箍筋相当于受拉竖向腹杆，而裂缝之间接近构件表面一定厚度的混凝土则形成承担斜向压力的斜腹杆。根据受扭构件的受力特点，最合理的配筋方式是在靠近构件表面设置 45°走向的螺旋钢筋，但考虑到施工方便，一般是由靠近构件表面设置的横向箍筋和沿构件周边均匀对称布置的纵向钢筋共同组成的空间骨架来抵抗扭矩，如图 5.3(c)所示。它恰好与构件中抗弯钢筋和抗剪钢筋的配置方式相协调。

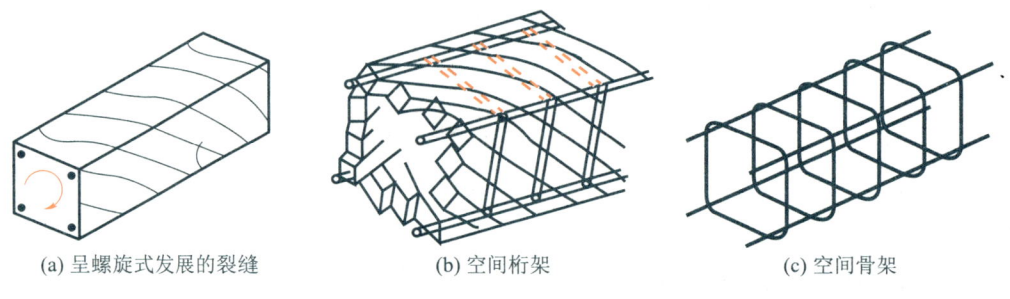

(a) 呈螺旋式发展的裂缝　　　(b) 空间桁架　　　(c) 空间骨架

图 5.3　开裂后的受扭构件

5.1.2　矩形截面纯扭构件的破坏形态

钢筋混凝土纯扭构件的试验表明，配筋对提高构件开裂扭矩的作用不大，但配筋的数量及形式对构件的极限扭矩有很大的影响。根据国内外大量的钢筋混凝土纯扭构件的试验结果，可将这类构件的破坏类型大致分为少筋破坏、适筋破坏、超筋破坏、部分超筋破坏。

1. 少筋破坏

当构件受扭箍筋和受扭纵筋配置数量过少时，首先是截面长边中点处混凝土开裂；随着扭矩加大，裂缝迅速沿 45°方向朝邻近两个短边的面上发展，与裂缝相交的受扭箍筋和受扭纵筋很快达到屈服强度，没有任何预兆，构件突然破坏。这种破坏形态属于脆性破坏，其破坏形式与素混凝土构件受扭破坏没有本质的区别，所以工程上应予避免。为了防止设计中发生少筋破坏，《混凝土结构设计标准》(2024 年版)(GB/T 50010—2010)规定了受扭箍筋与受扭纵筋的最小配筋率。

2. 适筋破坏

当构件受扭箍筋和受扭纵筋的配置数量适当时，首先是截面长边中心点处混凝土开裂；随着扭矩加大，裂缝迅速沿 45°方向朝邻近两个短边的面上发展，由于受扭钢筋配置适中，与裂缝相交的受扭箍筋和受扭纵筋都将达到屈服强度，之后裂缝不断扩展，主裂缝的第四个面上受压区混凝土被压碎而破坏，破坏的过程有一定的延性和较明显的预兆。这种破坏形态属于塑性破坏，此破坏为设计中理想的破坏形式。

3. 超筋破坏

当构件受扭箍筋和受扭纵筋的配置数量过多时，某相邻两条 45°螺旋裂缝间混凝土被压碎，构件突然破坏，此时受扭箍筋和受扭纵筋都没有达到屈服强度。这种破坏形态属于脆性破坏，设计中必须避免，因此《混凝土结构设计标准》(2024 年版)(GB/T 50010—2010)规定了构件截面的限制尺寸和混凝土强度等级，即在选择适宜的混凝土基础上，限制了钢筋的最大配筋率。

4. 部分超筋破坏

当构件受扭箍筋和受扭纵筋有一种配置数量过多时,破坏时配置适量的钢筋首先达到屈服强度,然后受压区混凝土被压碎。此时,配置过多的钢筋未达到屈服,破坏时也具有一定的塑性性能。这类构件在设计中允许使用,只是不够经济。此类受扭构件称为**部分超配筋受扭构件**。

为使受扭构件发生适筋破坏,且受扭箍筋与受扭纵筋都能有效发挥抗扭作用,应当合理搭配两种钢筋用量。《混凝土结构设计标准》(2024 年版)(GB/T 50010—2010)引入配筋强度比 ζ,即受扭构件纵向钢筋与箍筋的配筋强度比(即两者的体积比与强度比的乘积)。

$$\zeta = \frac{f_y A_{stl} s}{f_{yv} A_{st1} u_{cor}} \tag{5-1}$$

式中 ζ ——配筋强度比;
A_{stl} ——对称布置的全部纵向钢筋截面面积;
A_{st1} ——沿截面周边配置的箍筋的单肢截面面积;
f_y ——受扭纵筋的抗拉设计值;
f_{yv} ——受扭箍筋的抗拉强度设计值;
s ——箍筋的间距;
u_{cor} ——箍筋核心部分的周长,$u_{cor} = 2 \times (b_{cor} + h_{cor})$,$b_{cor}$、$h_{cor}$ 分别为从箍筋内表面计算的截面核心的短边及长边尺寸。

> **特别提示**
>
> 试验表明:当 ζ 在 0.5~2.0 时,受扭纵筋与受扭箍筋在构件破坏时,基本能达到屈服强度,为慎重起见,建议取 ζ 为 $0.6 \leqslant \zeta \leqslant 1.7$,设计中一般取 $\zeta=1.2$。

5.1.3 矩形截面纯扭构件承载力计算

纯扭构件的扭曲截面承载力计算中,首先需要计算构件的开裂扭矩。如果扭矩大于构件的开裂扭矩,则要按计算配置受扭纵筋和受扭箍筋,以满足构件的承载力要求,否则,应按构造要求配置钢筋。

1. 矩形截面的开裂扭矩

当截面上最大主拉应力超过混凝土抗拉强度值 f_t 时,首先在受扭构件截面长边中点处垂直于主拉应力方向开裂,此时所受扭矩即为该构件的**开裂扭矩**。根据材料力学公式,开裂扭矩为

$$T_{cr,e} = \alpha f_t b^2 h \tag{5-2}$$

式中 α ——与比值 h/b 有关的系数,当比值 $h/b = 1\sim 10$ 时,$\alpha = 0.208\sim 0.313$。

若将混凝土视为理想的弹塑性材料,在弹性阶段,构件截面上的剪应力分布如图 5.2(b)所示。当截面上某一点的应力达到极限强度时,构件并不立即破坏,荷载还可继续增加,直

到截面边缘的拉应变达到混凝土的极限拉应变，截面上各点的应力全部达到混凝土的抗拉强度后，截面开裂。

根据塑性力学理论，可将截面上的剪应力分布划分为四个部分，即两个梯形和两个三角形，如图 5.4 所示，计算各部分剪应力的合力及相应组成的力偶，对截面的扭转中心取矩，可求得按塑性应力分布时截面所能承受的开裂扭矩 $T_{cr,p}$。

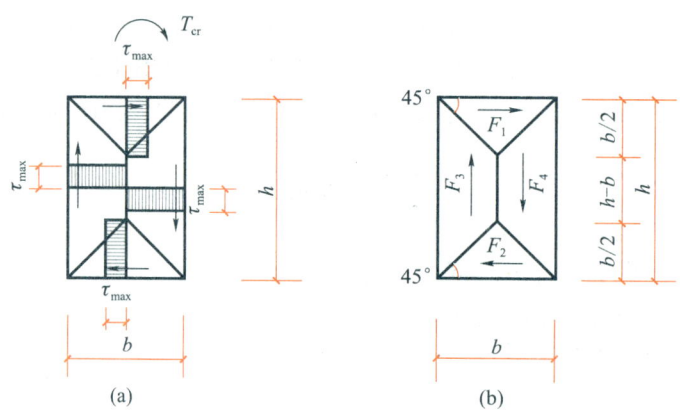

图 5.4　矩形截面塑性状态的应力分布

$$T_{cr,p} = \left[\frac{1}{2} \times b \times \frac{b}{2}\left(h - \frac{b}{3}\right) + 2 \times \frac{1}{2} \times \frac{b}{2} \times \frac{b}{2}\left(b - \frac{b}{3}\right) + (h-b) \times \frac{b}{2} \times \frac{b}{2}\right]\tau_{max}$$
$$= \frac{b^2}{6}(3h-b)f_t \tag{5-3}$$

由于混凝土材料既不是完全弹性，也不是理想弹塑性，而是介于两者之间的弹塑性材料，达到开裂极限状态时截面的应力分布介于弹性和理想弹塑性之间，因此开裂扭矩也是介于 $T_{cr,e}$ 和 $T_{cr,p}$ 之间，偏于安全，取 0.7。于是，开裂扭矩的计算公式为

$$T_{cr} = 0.7 f_t W_t \tag{5-4}$$

式中　W_t——受扭构件的截面受扭塑性抵抗矩。

对于矩形截面，即

$$W_t = \frac{b^2}{6}(3h-b) \tag{5-5}$$

式中　h——矩形截面长边尺寸；
　　　b——矩形截面短边尺寸。

2. 矩形截面钢筋混凝土纯扭构件承载力计算

试验结果表明，构件的受扭承载力 T_u 由混凝土承担的扭矩和受扭钢筋承担的扭矩两部分组成，即

$$T_u = T_c + T_s \tag{5-6}$$

式中　T_u——钢筋混凝土纯扭构件的受扭承载力；
　　　T_c——钢筋混凝土纯扭构件中混凝土所承受的扭矩；
　　　T_s——钢筋混凝土纯扭构件中受扭钢筋所承受的扭矩。

式(5-6)可进一步表达为

$$T_u = \alpha_1 f_t W_t + \alpha_2 \sqrt{\zeta} f_{yv} \frac{A_{st1} A_{cor}}{s} \qquad (5\text{-}7)$$

考虑到设计应用上的方便，依据《混凝土结构设计标准》(2024 年版)(GB/T 50010—2010)，式(5-7)中取 $\alpha_1 = 0.35$，$\alpha_2 = 1.2$，则矩形截面钢筋混凝土纯扭构件受扭承载力的计算公式为

$$T \leqslant T_u = 0.35 f_t W_t + 1.2 \sqrt{\zeta} f_{yv} \frac{A_{st1} A_{cor}}{s} \qquad (5\text{-}8)$$

式中　T——受扭承载力设计值；

A_{cor}——箍筋核心部分面积，$A_{cor} = b_{cor} \times h_{cor}$。

为了避免出现"少筋"和"超筋(完全超配筋)"这两种具有脆性破坏性质的构件，在按式(5-8)进行受扭承载力计算时还需满足一定的构造要求。

5.1.4　T 形和 I 形截面纯扭构件承载力计算

1. T 形和 I 形截面的开裂扭矩

试验研究表明，对于 T 形和 I 形截面纯扭构件，第一条斜裂缝首先出现在腹板侧面中部，其破坏形态和规律与矩形截面纯扭构件相似。开裂扭矩公式也可采用式(5-9)。

$$T_{cr} = 0.7 f_t W_t \qquad (5\text{-}9)$$

式中　W_t——T 形和 I 形截面受扭构件的截面受扭塑性抵抗矩。

对于 T 形和 I 形截面纯扭构件，可近似地将其截面划分为几个矩形截面，矩形截面划分的原则是首先满足腹板截面的完整性，然后再划分受压翼缘和受拉翼缘的面积，如图 5.5 所示。截面总的受扭塑性抵抗矩 W_t 为各矩形截面的受扭塑性抵抗矩之和，即

$$W_t = W_{tw} + W'_{tf} + W_{tf} \qquad (5\text{-}10)$$

对于腹板、受压翼缘及受拉翼缘部分的矩形截面，受扭塑性抵抗矩 W_{tw}、W'_{tf} 和 W_{tf} 应按下列规定计算。

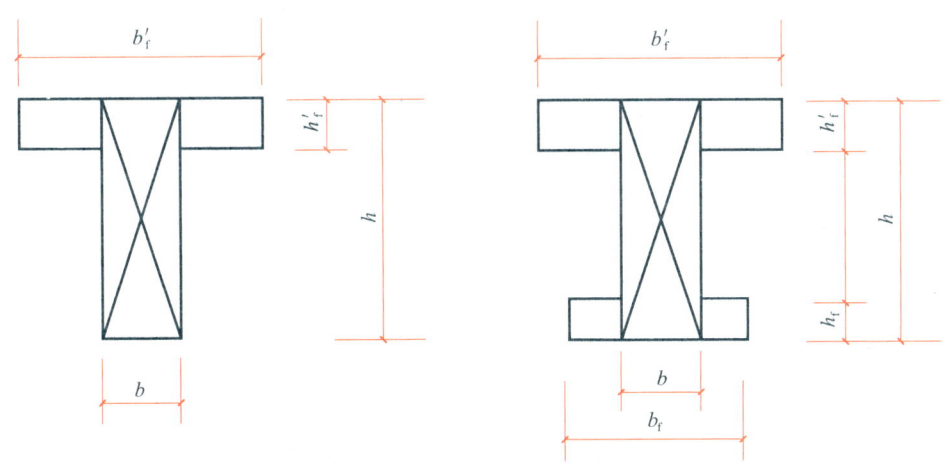

图 5.5　T 形和 I 形截面划分矩形截面的方法

(1) 腹板。

$$W_{\mathrm{tw}} = \frac{b^2}{6}(3h-b) \tag{5-11}$$

(2) 受压翼缘。

$$W'_{\mathrm{tf}} = \frac{h'^2_{\mathrm{f}}}{2}(b'_{\mathrm{f}}-b) \tag{5-12}$$

(3) 受拉翼缘。

$$W_{\mathrm{tf}} = \frac{h^2_{\mathrm{f}}}{2}(b_{\mathrm{f}}-b) \tag{5-13}$$

2. T形和I形截面钢筋混凝土纯扭构件的受扭承载力计算

试验表明：对于T形和I形截面钢筋混凝土纯扭构件，腹板裂缝的形成有其自身的独立性，受翼缘影响不大，因此可将腹板和翼缘分别进行受扭承载力计算。每个矩形截面的扭矩设计值可按下列规定计算。

(1) 腹板。

$$T_{\mathrm{w}} = \frac{W_{\mathrm{tw}}}{W_{\mathrm{t}}}T \tag{5-14}$$

(2) 受压翼缘。

$$T'_{\mathrm{f}} = \frac{W'_{\mathrm{tf}}}{W_{\mathrm{t}}}T \tag{5-15}$$

(3) 受拉翼缘。

$$T_{\mathrm{f}} = \frac{W_{\mathrm{tf}}}{W_{\mathrm{t}}}T \tag{5-16}$$

腹板和翼缘受扭承载力可分别计算，具体可按式(5-8)计算。

$$T \leqslant T_{\mathrm{u}} = 0.35 f_{\mathrm{t}} W_{\mathrm{t}} + 1.2\sqrt{\zeta}f_{\mathrm{yv}}\frac{A_{\mathrm{st1}}A_{\mathrm{cor}}}{s}$$

箱形截面纯扭构件承载力计算

1. 箱形截面的开裂扭矩

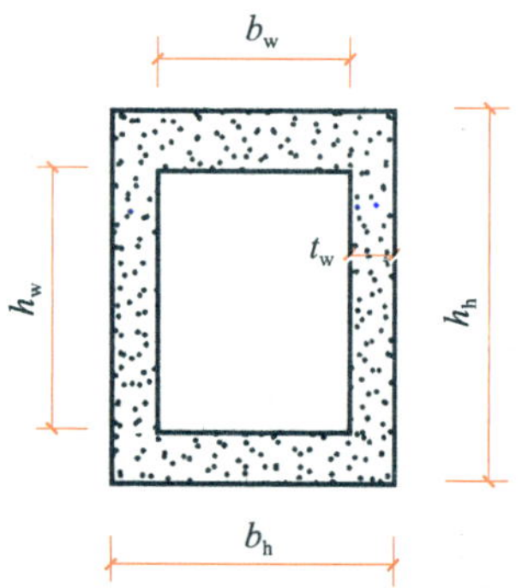

试验与理论研究表明，当截面宽度和高度、混凝土强度及配筋完全相同时，封闭的箱形截面(图 5.6)构件的受扭承载力与同样尺寸的实心截面基本相同。因此，箱形截面的开裂扭矩仍按式(5-4)计算。

其中箱形截面受扭塑性抵抗矩 W_{t} 应按式(5-17)计算。

$$W_{\mathrm{t}} = \frac{b^2_{\mathrm{h}}}{6}(3h_{\mathrm{h}}-b_{\mathrm{h}}) - \frac{(b_{\mathrm{h}}-2t_{\mathrm{w}})^2}{6}[3h_{\mathrm{w}}-(b_{\mathrm{h}}-2t_{\mathrm{w}})] \tag{5-17}$$

式中　h_{h}、b_{h}——箱形截面的宽度和高度；

　　　h_{w}——箱形截面的腹板净高；

　　　t_{w}——箱形截面壁厚。

图 5.6　箱形截面

2. 箱形截面钢筋混凝土纯扭构件的受扭承载力计算

由于一定壁厚箱形截面的受扭承载力与实心截面是相同的,因此对于箱形截面纯扭构件,将式(5-8)第一式混凝土项乘以与截面相对壁厚有关的折减系数,得出式(5-18)。

$$T \leqslant T_u = 0.35\alpha_h f_t W_t + 1.2\sqrt{\zeta} f_{yv} \frac{A_{st1} A_{cor}}{s} \tag{5-18}$$

式中 α_h——与截面相对壁厚有关的折减系数,$\alpha_h = (2.5t_w/b_h)$,当 $\alpha_h > 1$ 时,取 $\alpha_h = 1$。

5.2 弯剪扭构件承载力计算

5.2.1 弯剪扭构件截面限制条件

对受扭构件设计时,应以适筋破坏为设计依据,保证受扭纵筋与受扭箍筋都能得到充分利用。为了防止超筋破坏,保证受扭构件截面尺寸不致过小,避免其破坏时混凝土首先被压碎,《混凝土结构设计标准》(2024 年版)(GB/T 50010—2010)规定了构件截面(图 5.7)应符合的条件,即

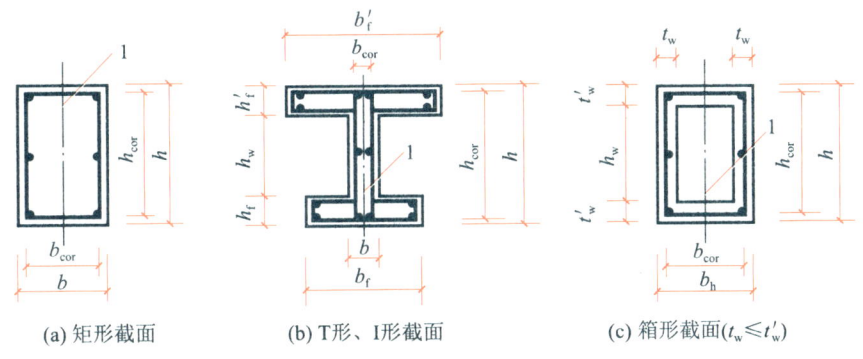

(a) 矩形截面　　(b) T形、I形截面　　(c) 箱形截面($t_w \leqslant t'_w$)

图 5.7　构件截面

当 h_w/b(或 h_w/t_w)$\leqslant 4$ 时

$$\frac{V}{bh_0} + \frac{T}{0.8W_t} \leqslant 0.25\beta_c f_c \tag{5-19}$$

当 h_w/b(或 h_w/t_w)$= 6$ 时

$$\frac{V}{bh_0} + \frac{T}{0.8W_t} \leqslant 0.2\beta_c f_c \tag{5-20}$$

当 $4 < h_w/b$(或 h_w/t_w)< 6 时,按线性内插法确定。

当以上条件不能满足时,需加大受扭构件截面尺寸或提高混凝土强度等级。

5.2.2 矩形截面弯剪扭构件的承载力计算

1. 矩形截面剪扭构件的受剪扭承载力计算

试验表明，同时受到剪力和扭矩作用的构件，其受扭承载力和受剪承载力都将有所降低，这就是剪力和扭矩的相关性。也就是说，在构件中，剪力的存在会使构件的受扭承载力有所降低；同样，扭矩的存在也会引起构件受剪承载力的降低。这是因为由剪力和扭矩产生的剪应力总会在构件的一个侧面上叠加，其受力性能也是复杂的，完全按照其相关关系对承载力进行计算是很困难的。由于受剪和受扭承载力中均包含有钢筋和混凝土两部分，其中箍筋可按受扭承载力和受剪承载力的计算要求，分别计算其用量，然后进行叠加。

> **特别提示**
>
> 我国《混凝土结构设计标准》(2024 年版)(GB/T 50010—2010)采用剪扭构件受扭承载力降低系数 β_t 来考虑剪扭共同作用的影响。

(1) 一般剪扭构件。

① 受剪承载力。

$$V \leqslant (1.5 - \beta_t)(0.7 f_t b h_0 + 0.05 N_{p0}) + f_{yv} \frac{A_{sv}}{s} h_0 \tag{5-21}$$

② 受扭承载力。

$$T \leqslant \beta_t \left(0.35 f_t + 0.05 \frac{N_{p0}}{A_0} \right) W_t + 1.2 \sqrt{\zeta} f_{yv} \frac{A_{st1} A_{cor}}{s} \tag{5-22}$$

其中，剪扭构件受扭承载力降低系数

$$\beta_t = \frac{1.5}{1 + 0.5 \frac{V W_t}{T b h_0}} \tag{5-23}$$

当 $\beta_t < 0.5$ 时，取 $\beta_t = 0.5$；当 $\beta_t > 1.0$ 时，取 $\beta_t = 1.0$。

(2) 集中荷载作用下的独立剪扭构件。

① 受剪承载力。

$$V \leqslant \frac{1.75}{\lambda + 1}(1.5 - \beta_t) f_t b h_0 + f_{yv} \frac{A_{sv}}{s} h_0 \tag{5-24}$$

② 受扭承载力。

受扭承载力仍按式(5-22)计算，但式中的 β_t 应按式(5-25)计算，即

$$\beta_t = \frac{1.5}{1 + 0.2(\lambda + 1) \frac{V W_t}{T b h_0}} \tag{5-25}$$

2. 矩形截面弯扭构件的受弯扭承载力计算

构件在弯矩和扭矩作用下的承载能力也存在一定的相关关系。对于一给定的截面，当

扭矩起控制作用时，随着弯矩的增加，截面受扭承载力减小；当弯矩起控制作用时，随着扭矩的减小，截面受弯承载力增加。

对于弯扭构件，构件的受弯能力与受扭能力之间也具有相关性，其中涉及的因素很多，用计算式表达准确相当复杂，不便于实际计算。因此，《混凝土结构设计标准》(2024 年版)(GB/T 50010—2010)对弯扭构件采用简便实用的叠加法进行设计。具体操作如图 5.8 所示，首先将受弯纵向钢筋 A_s 布置在截面受拉边[图 5.8(a)]；然后将受扭纵向钢筋 A_{stl} 均匀对称地布置在截面周边，如图 5.8(b)所示，选用 6 根直径相同的钢筋，最后将截面配置的纵向钢筋叠加，如图 5.8(c)所示。

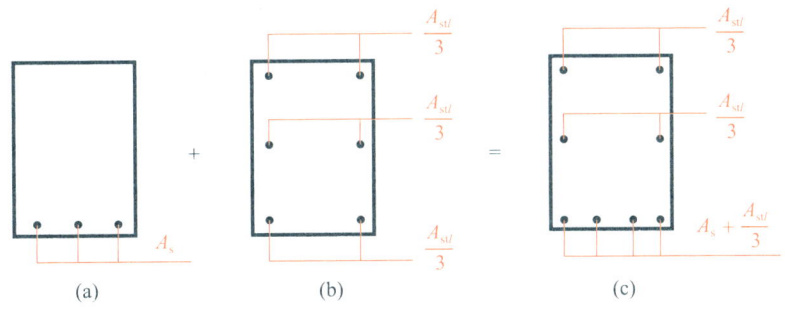

图 5.8 弯扭构件纵向钢筋的叠加

5.2.3 T 形和 I 形截面剪扭构件的承载力计算

T 形和 I 形截面剪扭承载力与矩形截面剪扭承载力计算相似，需分别计算出受扭构件的受剪和受扭承载力，具体计算方法如下。

(1) 剪扭构件的受剪承载力，按式(5-21)与式(5-23)或按式(5-24)与式(5-25)进行计算，但计算时应将 T 及 W_t 分别以 T_w 及 W_{tw} 代替；对受压及受拉翼缘，不考虑翼缘承受剪力作用，设计时翼缘可按构造要求配置受扭纵筋与受扭箍筋。

(2) 剪扭构件的受扭承载力，可按纯扭构件的计算方法，将截面划分为几个矩形截面分别进行计算；腹板可按式(5-22)与式(5-23)或式(5-25)进行计算，但计算时应将 T 和 W_t 分别以 T_w 和 W_{tw} 代替；受压翼缘和受拉翼缘可按矩形截面纯扭构件的规定进行计算，但计算时应将 T 和 W_t 分别以 T_f' 和 W_{tf}' 及 T_{tf} 和 W_{tf} 代替。

5.2.4 箱形截面剪扭构件的承载力计算

试验表明，与矩形截面剪扭构件一样，同时受到剪力和扭矩作用的箱形截面构件，其受扭承载力和受剪承载力都将有所降低。另外，箱形截面构件的受剪扭承载力计算公式可仿照矩形截面剪扭构件的公式，但要考虑箱形截面与截面相对壁厚有关的折减系数 α_h。

1. 一般剪扭构件

(1) 受剪承载力。

$$V \leqslant 0.7(1.5 - \beta_t)f_t b h_0 + f_{yv}\frac{A_{sv}}{s}h_0 \tag{5-26}$$

(2) 受扭承载力。

$$T \leqslant 0.35\alpha_h \beta_t f_t W_t + 1.2\sqrt{\zeta}f_{yv}\frac{A_{st1}A_{cor}}{s} \tag{5-27}$$

此时箱形截面剪扭构件混凝土受扭承载力降低系数 β_t 仍可按式(5-23)计算。

2. 集中荷载作用下的独立剪扭构件

(1) 受剪承载力。

$$V \leqslant \frac{1.75}{\lambda + 1}(1.5 - \beta_t)f_t b h_0 + f_{yv}\frac{A_{sv}}{s}h_0 \tag{5-28}$$

(2) 受扭承载力。

受扭承载力仍按式(5-27)计算，但式中的 β_t 应按式(5-29)计算。

$$\beta_t = \frac{1.5}{1 + 0.2(\lambda + 1)\dfrac{VW_t}{Tbh_0}} \tag{5-29}$$

式(5-28)和式(5-29)中的 β_t 应符合 $0.5 \leqslant \beta_t \leqslant 1$，当 $\beta_t < 0.5$ 时，取 $\beta_t = 0.5$；当 $\beta_t > 1$ 时，取 $\beta_t = 1$。

5.2.5 弯剪扭构件的构造要求

1. 最小配筋率

为了防止发生少筋破坏，一般采用限制受扭纵筋的最小配筋率和最小配箍率的方法。

(1) 受扭纵筋的最小配筋率，不应小于受弯构件纵向受力钢筋的最小配筋率与受扭构件纵向受力钢筋的最小配筋率之和。受扭纵筋配筋率要求为

$$\rho_{tl} = \frac{A_{stl}}{bh} \geqslant 0.6\sqrt{\frac{T}{Vb}}\frac{f_t}{f_y} \tag{5-30}$$

(2) 箍筋的最小配筋率。

《混凝土结构设计标准》(2024年版)(GB/T 50010—2010)规定受扭箍筋的配筋率应满足：

$$\rho_{sv} = \frac{nA_{sv1}}{bs} \geqslant 0.28\frac{f_t}{f_{yv}} \tag{5-31}$$

在弯矩、剪力和扭矩共同作用下的构件，当符合式(5-32)或式(5-33)的要求时：

$$\frac{V}{bh_0} + \frac{T}{W_t} \leqslant 0.7f_t \tag{5-32}$$

或

$$\frac{V}{bh_0} + \frac{T}{W_t} \leqslant 0.7f_t + 0.07\frac{N}{bh_0} \tag{5-33}$$

可不进行构件截面受剪扭承载力计算，但为了防止构件的脆断和保证构件破坏时具有一定的延性，应按构造要求配置纵向钢筋和箍筋。

2. 受扭钢筋的构造要求

受扭构件中，受扭钢筋应由受扭纵筋和受扭箍筋组成，并尽可能均匀地沿截面周边布置，间距不应大于 200mm，也不应大于截面短边长度；除应在梁截面四角设置受扭纵筋外，其余受扭纵筋宜沿截面周边均匀对称布置。如果受扭纵筋在计算中充分利用其强度，则其接头和锚固均应按受拉钢筋的有关要求处理。

为了充分发挥箍筋在整个周长上的抗拉作用，受扭构件中所需的箍筋应做成封闭式，且应沿截面周边布置；当采用复合箍筋时，位于截面内部的箍筋不应计入受扭所需的箍筋面积；受扭所需箍筋的末端应做成 135° 弯钩，弯钩端头平直段长度不应小于 $10d$（d 为箍筋直径）。此外，箍筋的直径和间距还应符合受弯构件的有关规定，其配筋构造如图 5.9 所示。

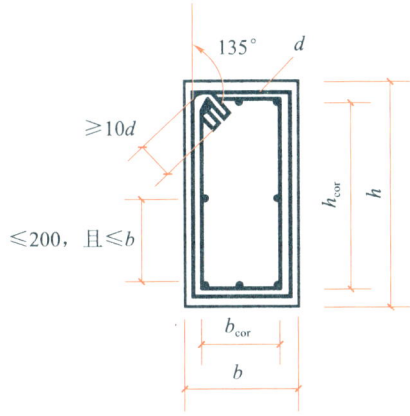

图 5.9 受扭构件配筋构造

综上所述，受扭构件配筋计算具体步骤如下。

(1) 根据经验或参考已有设计，初步确定截面尺寸和材料强度等级。

(2) 构件尺寸限制。为了避免配筋过多、截面尺寸太小和混凝土强度很低，使构件发生超筋破坏，当 $h_w/b \leqslant 4$ 时，截面应符合式 $\dfrac{V}{bh_0} + \dfrac{T}{0.8W_t} \leqslant 0.25\beta_c f_c$ 的要求。若不满足，则应加大截面尺寸或提高混凝土强度等级。

(3) 验算是否按计算确定受剪扭钢筋。如截面能符合式 $\dfrac{V}{bh_0} + \dfrac{T}{W_t} \leqslant 0.7 f_t$ 的要求，则不需要对构件进行抗剪扭承载力计算，按构造规定配置受剪扭钢筋即可。

(4) 确定是否忽略剪力的影响。如截面能符合式 $V \leqslant 0.35 f_t bh_0$ 的要求，可仅按受弯构件的正截面受弯和纯扭构件的受扭进行承载力计算。

(5) 确定是否忽略扭矩的影响。如截面能符合式 $T \leqslant 0.175 f_t W_t$ 的要求，可仅按受弯构件的正截面受弯和斜截面受剪进行承载力计算。

(6) 若构件只满足 $\dfrac{V}{bh_0} + \dfrac{T}{W_t} \leqslant 0.25\beta_c f_c$，其他三个都不满足，则按下列步骤进行计算。

① 按受弯构件相应公式计算满足正截面受弯承载力需要的纵向钢筋面积 A_s。
② 计算受剪扭纵筋和受剪扭箍筋。
③ 将抗弯所需的纵向钢筋布置在截面受拉边，将抗扭所需的纵向钢筋均匀地布置在截面周边。相同单位的纵向钢筋截面面积先叠加，然后再选配钢筋。
④ 将抗剪所需的箍筋用量中的单肢箍筋用量与抗扭所需的单肢箍筋用量相加，即得单肢箍筋总的用量。

【例 5.1】 某雨篷梁，承受弯矩、剪力、扭矩设计值分别为 $M = 25 \text{kN} \cdot \text{m}$，$V = 40 \text{kN}$，$T = 6 \text{kN} \cdot \text{m}$，截面尺寸为 240mm×240mm，采用 C25 混凝土，HRB400 级箍筋，HRB400 级纵筋。环境类别为二类 a，试计算雨篷梁的配筋数量。

【解】 $f_c = 11.9\text{N/mm}^2$，$f_t = 1.27\text{N/mm}^2$，$f_y = 360\text{N/mm}^2$，$f_{yv} = 300\text{N/mm}^2$，环境类别为二类 a 时混凝土保护层最小厚度为 25mm，故设 $a = 45\text{mm}$，$h_0 = 240 - 45 = 195(\text{mm})$。

(1) 验算截面尺寸是否满足要求。

$$W_t = \frac{b^2}{6}(3h - b) = \frac{240^2}{6} \times (3 \times 240 - 240) = 4.608 \times 10^6 (\text{mm}^3)$$

$$\frac{V}{bh_0} + \frac{T}{0.8W_t} = \frac{40 \times 10^3}{240 \times 195} + \frac{6 \times 10^6}{0.8 \times 4.608 \times 10^6} \approx 2.482(\text{N/mm}^2) < 0.25\beta_c f_c$$
$$= 0.25 \times 1.0 \times 11.9 = 2.975(\text{N/mm}^2)$$

故截面尺寸满足要求。

(2) 验算是否按计算配置受扭钢筋。

$$\frac{V}{bh_0} + \frac{T}{W_t} = \frac{40 \times 10^3}{240 \times 195} + \frac{6 \times 10^6}{4.608 \times 10^6} \approx 2.157(\text{N/mm}^2) > 0.7f_t$$
$$= 0.7 \times 1.27 = 0.889(\text{N/mm}^2)$$

故需按计算配置受剪、受扭钢筋。

(3) 确定计算方法。

① 验算是否考虑剪力的影响。

$$V = 40\text{kN} > 0.35f_t bh_0 = 0.35 \times 1.27 \times 240 \times 195 \approx 20.8(\text{kN})$$

故不能忽略剪力的影响。

② 验算是否考虑扭矩的影响。

$$T = 6\text{kN} \cdot \text{m} > 0.175f_t W_t = 0.175 \times 1.27 \times 4.608 \times 10^6 = 1.024(\text{kN} \cdot \text{m})$$

故不能忽略扭矩的影响。

因此，应按剪扭构件进行设计。

(4) 受弯构件承载力计算。

$$\rho_{\min} = 0.2\% > 0.45\frac{f_t}{f_y} = 0.45 \times \frac{1.27}{360} = 0.16\%，取 \rho_{\min} = 0.2\%$$

① $\alpha_s = \dfrac{M}{\alpha_1 f_c bh_0^2} = \dfrac{25 \times 10^6}{1.0 \times 11.9 \times 240 \times 195^2} \approx 0.230 \leqslant \alpha_{s,\max} = 0.384$ (不超筋)

② $\gamma_s = \dfrac{1 + \sqrt{1 - 2\alpha_s}}{2} = \dfrac{1 + \sqrt{1 - 2 \times 0.230}}{2} \approx 0.867$

③ $A_s = \dfrac{M}{\gamma_s f_y h_0} = \dfrac{25 \times 10^6}{0.867 \times 360 \times 195} \approx 411(\text{mm}^2)$

$\geqslant \rho_{\min}bh = 0.2\% \times 240 \times 240 \approx 115\text{mm}^2$ (不少筋)

(5) 抗剪承载力计算。

$$\beta_t = \frac{1.5}{1 + 0.5\dfrac{VW_t}{Tbh_0}} = \frac{1.5}{1 + 0.5 \times \dfrac{40 \times 10^3 \times 4.608 \times 10^6}{6 \times 10^6 \times 240 \times 195}} \approx 1.129 > 1$$

故取 $\beta_t = 1$。

由 $V \leqslant (1.5 - \beta_t)0.7f_t bh_0 + f_{yv}\dfrac{A_{sv}}{s}h_0$ 得

$$\frac{A_{sv}}{s} = \frac{V-(1.5-\beta_t)0.7f_tbh_0}{f_{yv}h_0} = \frac{40\times10^3-(1.5-1)\times0.7\times1.27\times240\times195}{300\times195} \approx 0.328$$

(6) 受扭承载力的计算，假定箍筋直径为 8mm。
$$b_{cor}=240-(25+8)\times2=174(\text{mm}),\quad h_{cor}=240-33\times2=174(\text{mm})$$

① 受扭箍筋的计算。

假定 $\zeta=1.1$，由 $T \leqslant 0.35\beta_t f_t W_t + 1.2\sqrt{\zeta}A_{cor}\frac{A_{st1}f_{yv}}{s}$ 得：

$$\frac{A_{st1}}{s} = \frac{T-0.35\beta_t f_t W_t}{1.2\sqrt{\zeta}f_{yv}A_{cor}} = \frac{6\times10^6 - 0.35\times1\times1.27\times4.608\times10^6}{1.2\sqrt{1.1}\times300\times174\times174} \approx 0.346$$

② 受扭纵筋的计算。

由 $\zeta = \frac{f_y A_{stl}}{u_{cor}} / \frac{f_{yv}A_{st1}}{s} = \frac{f_y A_{stl} s}{f_{yv}A_{st1}u_{cor}}$ 得

$$A_{stl} = \frac{\zeta f_{yv}u_{cor}}{f_y}\cdot\frac{A_{st1}}{s} = \frac{1.1\times300\times4\times174}{360}\times0.346 \approx 221(\text{mm}^2)$$

验算受扭纵筋配筋率。

$$\rho_{tl} = \frac{A_{stl}}{bh} = \frac{221}{240\times240} \approx 0.38\% \geqslant \rho_{tl,\min} = 0.6\sqrt{\frac{T}{Vb}}\cdot\frac{f_t}{f_y}$$

$$= 0.6\sqrt{\frac{6\times10^6}{40\times10^3\times240}}\times\frac{1.27}{360} \approx 0.17\%$$

满足要求。

(7) 配筋(选筋)。

① 纵向钢筋。将布置于梁下部的受弯纵筋与受扭纵筋合并考虑。

a. 梁截面上部的纵向钢筋面积为

$$\frac{A_{stl}}{2} = \frac{221}{2} = 110.5(\text{mm}^2)$$

选用 2Φ10（$A_s = 157\text{mm}^2$）。

b. 梁截面下部纵向钢筋面积为

$$\frac{A_{stl}}{2} + A_s = 110.5 + 411 = 522(\text{mm}^2)$$

选用 2Φ20（$A_s = 628\text{mm}^2$）。

② 箍筋。

$$\frac{A_{sv1}^*}{s} = \frac{A_{sv}}{2s} + \frac{A_{st1}}{s} = \frac{0.328}{2} + 0.346 = 0.51$$

a. 箍筋直径及间距的确定。

选用 Φ8 箍筋（$A_{sv1}^* = 50.3\text{mm}^2$），双肢箍，$n=2$。

则 $s = \frac{A_{sv1}^*}{0.51} = \frac{50.3}{0.51} \approx 99(\text{mm})$

取 $s = 100\text{mm} < s_{\max} = 150\text{mm}$（满足构造要求）。

即所配箍筋为 Φ8@100。

b. 验算受扭箍筋的配筋率。

$$\rho_{sv} = \frac{2A_{sv1}^*}{bs} = \frac{2 \times 50.3}{240 \times 100} = 0.42\% \geqslant \rho_{sv,min} = 0.28\frac{f_t}{f_{yv}} = 0.28\frac{1.27}{300} \approx 0.12\%$$

满足要求。

配筋图如图 5.10 所示。

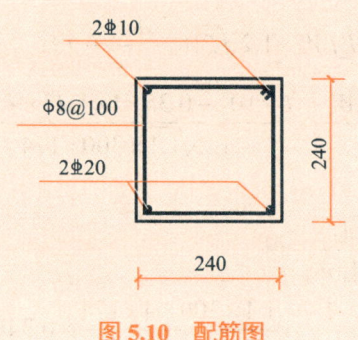

图 5.10　配筋图

本章小结

在实际工程中，作用有扭矩的钢筋混凝土构件称为受扭构件。常见的受扭构件是弯矩、剪力和扭矩同时存在的构件。

钢筋混凝土受扭构件破坏形态有 4 种类型，即少筋破坏、适筋破坏、超筋破坏和部分超筋破坏。适筋破坏是计算构件承载力的依据，而且钢筋强度基本能充分利用，破坏具有较好的塑性性质。为了使受扭纵筋和受扭箍筋的应力在构件受扭破坏时均能达到屈服强度，受扭纵筋与受扭箍筋的配筋强度比 ζ 应满足条件 $0.6 \leqslant \zeta \leqslant 1.7$，最佳配筋强度比为 $\zeta = 1.2$。设计时通过最小箍筋配筋率和最小纵筋配筋率防止少筋破坏，通过限制截面尺寸防止超筋破坏。

同时受到剪力和扭矩作用的构件，其受扭承载力和受剪承载力都将有所降低，这就是剪力和扭矩的相关性。

弯剪扭受力构件的承载力计算是一个非常复杂的问题。尽管国内外不少研究学者对此做过大量的试验研究和理论分析，但这一课题至今仍未得到完善解决。《混凝土结构设计标准》(2024 年版)(GB/T 50010—2010)根据剪扭和弯扭构件的试验研究结果，规定了部分相关、部分叠加的计算原则，即对混凝土的抗力考虑剪扭相关性，对受弯、受扭纵筋及受剪、受扭箍筋采用分别计算而后叠加的方法。

习　题

一、判断题

1. 钢筋混凝土构件在弯矩、剪力和扭矩共同作用下进行承载力计算时，其所需要的箍筋由受弯构件斜截面承载力计算所得的箍筋与纯剪构件承载力计算所得的箍筋叠加，且两种公式中均不考虑剪扭的相互影响。　　　　　　　　　　　　　　　　　　　　(　　)

2. 《混凝土结构设计标准》(2024 年版)(GB/T 50010—2010)对于剪扭构件承载力计算采用的计算模式是混凝土和钢筋均考虑相关关系。（   ）

3. 在钢筋混凝土受扭构件设计时，《混凝土结构设计标准》(2024 年版)(GB/T 50010—2010)要求，受扭纵筋和受扭箍筋的配筋强度比应不受限制。（   ）

二、单选题

1. 钢筋混凝土受扭构件中，受扭纵筋和受扭箍筋的配筋强度比 $0.6 < \zeta < 1.7$，说明当构件破坏时，(   )。

    A．纵筋和箍筋都能达到屈服   B．仅箍筋达到屈服

    C．仅纵筋达到屈服   D．纵筋和箍筋都不能达到屈服

2. 在钢筋混凝土受扭构件设计时，《混凝土结构设计标准》(2024 年版)(GB/T 50010—2010)要求，受扭纵筋和箍筋的配筋强度比应(   )。

    A．不受限制   B．$1.0 < \zeta < 2.0$

    C．$0.5 < \zeta < 1.0$ D．$0.6 < \zeta < 1.7$

3. 《混凝土结构设计标准》(2024 年版)(GB/T 50010—2010)对于剪扭构件承载力计算采用的计算模式是(   )。

    A．混凝土和钢筋均考虑相关关系

    B．混凝土和钢筋均不考虑相关关系

    C．混凝土不考虑相关关系，钢筋考虑相关关系

    D．混凝土考虑相关关系，钢筋不考虑相关关系

4. 钢筋混凝土 T 形和 I 形截面剪扭构件可划分为矩形块计算，此时(   )。

    A．腹板承受全部的剪力和扭矩

    B．翼缘承受全部的剪力和扭矩

    C．剪力由腹板承受，扭矩由腹板和翼缘共同承受

    D．扭矩由腹板承受，剪力由腹板和翼缘共同承受

在线答题

三、简答题

1. 列出工程中受扭构件的几种实例？

2. 受扭构件的破坏类型有哪几种？分别有什么特点？

3. 受扭承载力计算的公式中 β_t 的含义是什么？

四、计算题

1. 矩形截面纯扭构件，承受扭矩设计值为 $T = 18\text{kN}\cdot\text{m}$，截面尺寸为 $250\text{mm} \times 500\text{mm}$，混凝土强度等级为 C25，箍筋为 HRB400 级钢筋，纵向钢筋为 HRB400 级钢筋。环境类别为二类 a。试计算截面的配筋数量。

2. 已知某矩形截面梁，截面尺寸为 $250\text{mm} \times 600\text{mm}$，混凝土强度等级为 C30，保护层厚度为 25mm，纵向钢筋采用 HRB400 级钢筋，箍筋采用 HRB400 级钢筋，扭矩设计值 $T = 20\text{kN}\cdot\text{m}$，在竖向均布荷载作用下的剪力设计值 $V = 100\text{kN}$，箍筋间距 $s = 200\text{mm}$，求所需箍筋及纵向钢筋面积。

第6章 预应力混凝土构件

教学目标

掌握预应力混凝土构件的基本概念、基本原理和施工方法,以及预应力混凝土构件对材料的要求,了解张拉控制应力与预应力损失,了解预应力混凝土构件的构造要求。

教学要求

能力目标	知识要点	权重	自评分数
掌握预应力混凝土构件的基本概念、基本原理和施工方法	预应力混凝土基本原理	10%	
	预应力混凝土的施工方法	30%	
掌握预应力混凝土构件对材料的要求	混凝土	15%	
	钢材	15%	
了解张拉控制应力与预应力损失	张拉控制预应力	15%	
	预应力损失	10%	
了解预应力混凝土构件的构造要求	预应力混凝土构造要求	5%	

第 6 章 预应力混凝土构件

章节导读

在结构承受外荷载之前,预先对在外荷载作用下的受拉区施加压应力,以改善结构使用性能的结构形式称之为预应力结构。如木桶,在装水之前采用铁箍或竹箍套紧桶壁,这样便会对木桶壁产生一个环向的压应力,若施加的压应力超过水压力引起的拉应力,木桶就不会开裂漏水。在圆形水池上作用预应力就像木桶加箍一样。同样,在受弯构件的荷载加上去之前给构件施加预应力,就会产生一个与荷载作用产生的变形相反的变形,荷载使构件沿其作用方向发生变形之前必须最先把这个与荷载相反的变形抵消,才能继续使构件沿荷载方向发生变形。这样,预应力就像给构件多施加了一道防护一样。

本章主要介绍预应力混凝土的基本原理和施工方法,对材料的要求,以及预应力张拉时的控制应力和预应力损失。

引例

某大学学术交流中心附楼顶层为报告厅,长 42m,宽 28m,柱网尺寸为 6m×28m,采用钢筋混凝土式框架肋梁楼盖结构,主框架跨度为 28m。原设计方案为屋面大梁采用普通钢筋混凝土结构。梁、柱均做加腋处理。梁截面 $b×h$ 为 500mm×(2000~2600)mm(梁端加腋最大为 600mm)。由于结构位于顶层,因此应考虑温度应力的不利影响,提高大梁的抗裂性能,减小正常使用状况下大梁的挠度及改善使用空间,设计人员对原设计方案做了适当的修改,将屋面大梁改用无黏结预应力钢筋混凝土结构,取消梁端加腋和保留原设计的柱加腋,并将梁截面缩小为 400mm×1600mm。

计算比较发现,预应力梁的截面高度比普通钢筋混凝土梁降低 20%左右,挠度减小 62%,在正常使用状况下大梁不会开裂,在恒载作用下不消压,而普通钢筋混凝土梁在恒载作用下跨中截面下缘拉应力高达 6.81MPa,开裂是不可避免的。

引例小结

预应力混凝土结构,实现了普通钢筋混凝土结构无法完成的任务,在正常使用状况下大梁不会开裂,挠度大大减小,同时也有效地解决了屋面大梁的温度应力问题,但是预应力混凝土结构的设计和施工比普通钢筋混凝土结构复杂,需要具备工程责任意识和工匠精神。从经济上分析比较,预应力混凝土结构在承受同样的荷载时,所要求的钢材和混凝土数量都较少,梁截面高度大大降低,在使用空间上达到了改善的效果。预应力混凝土结构以其优越的抗裂性能、变形性能及经济性得到了越来越广泛的应用。

6.1 预应力混凝土概述

6.1.1 预应力混凝土的基本原理

预应力混凝土基本原理

钢筋混凝土受拉构件、受弯构件、大偏心受压构件等,在受到各种作用时,都存在混凝土受拉区。而混凝土的抗压强度高、抗拉强度低,抗压极限应变大、抗拉极限应变小(混凝土抗拉强度约为抗压强度的 1/10，抗拉极限应变约为抗压极限应变的 1/10)。这就导致钢筋混凝土构件存在以下一些自身难以克服的缺点。

1. 抗裂性能差

由于混凝土的抗拉强度低，抗拉极限应变小，抗拉极限应变只为$(1\sim1.5)\times10^{-4}$，因而构件混凝土很容易开裂；而当构件即将开裂时，钢筋的拉应力仅为$\sigma_s = (20\sim30)\text{N/mm}^2$，这个数值远低于钢筋的屈服强度。当受拉区混凝土的裂缝宽度达到其限值 0.2～0.3mm 时，受拉钢筋的应力也仅约为 200N/mm²。所以，钢筋混凝土构件一般都是带裂缝工作的。

2. 高强度钢筋和高强度混凝土不能充分发挥作用

如在钢筋混凝土构件中采用设计强度高于 400N/mm² 的钢筋，则在其强度充分利用之前，裂缝宽度和变形已超过了允许限值，不能满足构件正常使用的要求。因此，普通钢筋混凝土结构要想满足正常使用极限状态验算的要求，高强度钢筋就无法充分发挥作用；对于混凝土而言，提高其强度等级，虽可以有效增大抗压能力，但其抗拉能力却提高很少。所以，采用提高混凝土强度等级的方法来改善其抗裂性收效甚微。

3. 结构自重大、刚度小

钢筋混凝土结构构件的截面尺寸通常较大，致使构件自重偏大。又由于普通钢筋混凝土构件在正常使用时带裂缝工作，造成构件的刚度小，变形较大，使用性能不够理想。

由于上述缺点，普通钢筋混凝土结构不但使用性能不够理想，而且使用范围也受到了限制。如大跨度结构和要求严格密封的结构就无法采用普通钢筋混凝土结构。为了解决这一矛盾，有效的方法是在普通钢筋混凝土结构构件中施加预应力，使其成为预应力混凝土结构。

预应力混凝土结构的基本原理是：在结构受外荷载之前，预先在混凝土受拉区人为地施加预应力，以减少或抵消外荷载作用下产生的拉应力，使构件在正常使用状况下不开裂、推迟开裂或裂缝宽度减少。预应力混凝土简支梁原理，如图 6.1 所示，混凝土简支梁在均布荷载 q 作用下，截面下缘产生拉应力 σ，若加载前预先在梁端施加偏心压力 N，使截面产生预压应力 $\sigma_c(\sigma_c > \sigma)$，则梁在预压力 N 和荷载 q 共同作用下，截面将不产生拉应力，梁不致出现裂缝。

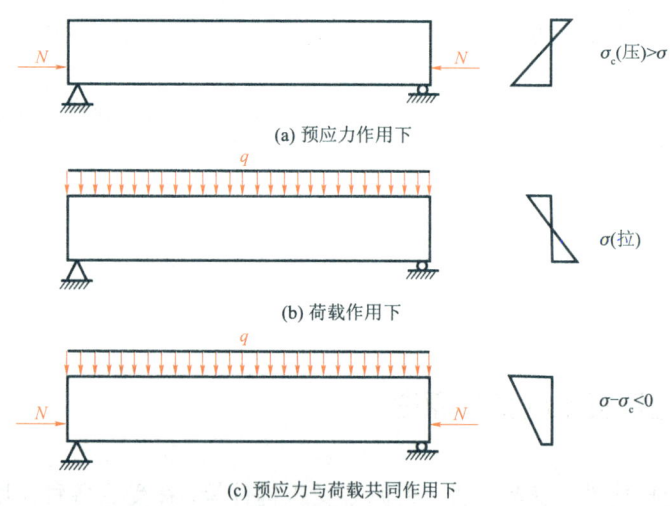

图 6.1 预应力混凝土简支梁原理

> **特别提示**
>
> 根据预加应力对构件截面裂缝控制程度,把预应力混凝土构件分为全预应力混凝土构件和部分预应力混凝土构件。全预应力混凝土构件,是在使用荷载作用下,不允许截面上混凝土出现拉应力的构件,属严格要求不出现裂缝的构件;部分预应力混凝土构件,是允许出现裂缝,但最大裂缝宽度不得超过允许值的构件,属允许出现裂缝的构件。

6.1.2 预应力的施加方法

对混凝土施加预应力一般是通过张拉钢筋,利用钢筋被拉伸后产生的回弹力挤压混凝土来实现的。根据张拉钢筋与浇筑混凝土的先后关系,施加预应力的方法可分为先张法和后张法两大类。

预应力施加方法

1. 先张法

先张法是在浇筑混凝土前张拉预应力筋,并将张拉的预应力筋临时固定在台座或钢模上,然后才浇筑混凝土。待混凝土达一定强度(一般不低于混凝土设计强度等级的 75%),保证预应力筋与混凝土有足够黏结力时,放松预应力筋,借助于混凝土与预应力筋的黏结,使混凝土产生预压应力。

(1) 先张法工艺流程。先张法工艺流程如图 6.2 所示。

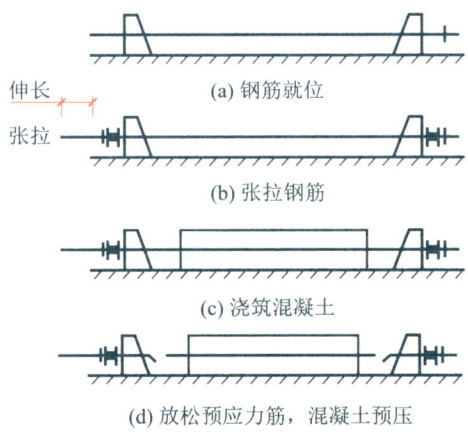

图 6.2 先张法工艺流程

(2) 先张法的特点。

① 优点是张拉工序简单;不需在构件上放置永久性锚具;能成批生产,适用于量大面广的中小构件,如楼板、屋面板等。

② 缺点是需要较大的台座或成批的钢模、养护池等固定设备,一次性投资较大;预应力筋布置呈直线形,曲线布置困难。

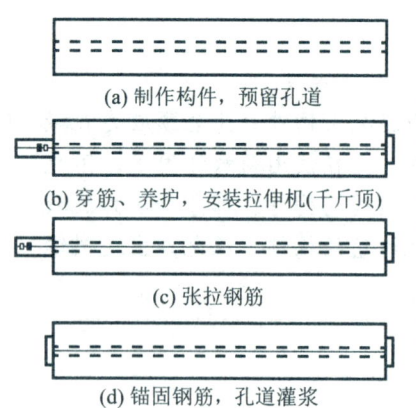

图 6.3 后张法工艺流程

2. 后张法

后张法是先浇筑好混凝土构件，并在构件中预留孔道(直线形或曲线形)，待混凝土达到一定强度(一般不低于混凝土设计强度等级的 75%)后穿筋(也可在浇筑混凝土之前放置无黏结钢筋)，利用构件本身作为台座进行张拉，在孔道内张拉钢筋，同时使混凝土受压；利用锚具在构件两端固定钢筋；在孔道内灌浆使钢筋与混凝土形成一个整体，也可不灌浆，形成无黏结预应力结构。后张法构件的预应力主要是通过锚具来传递的。

(1) 后张法工艺流程。后张法工艺流程如图 6.3 所示。

(2) 后张法的特点。

① 优点是张拉预应力筋可以直接在构件和整体结构上进行，因而可根据荷载性质合理布置各种形状的预应力筋；适用于运输不便，只能在现场施工的大型构件、特殊构件或可由块体拼接而成的特大构件。

② 缺点是用于永久性工作的锚具耗钢量很大；张拉工序比先张法要复杂，施工周期长。

6.2 预应力混凝土材料

6.2.1 混凝土

预应力混凝土材料

1. 对混凝土性能的要求

(1) 强度高。在施加预应力时，混凝土受到很高的预压应力作用，需要有较高的强度；为与高强度钢筋相匹配也需要高强度混凝土，特别是先张法构件需要靠混凝土与钢筋间的黏结力传递预应力，混凝土的强度越高，其黏结强度也越高。

(2) 硬结快、早期强度高。这样可以尽早施加预应力，加速设备的周转，提高构件生产率，降低成本。

(3) 收缩徐变少。这样可以尽量减少由收缩和徐变引起的预应力损失。

(4) 弹性模量高。这样可使构件的刚度大、变形小，以减少因变形而引起的预应力损失。

2. 混凝土强度等级的选用

预应力混凝土结构的混凝土强度等级不应低于 C30；当采用钢绞线、钢丝、热处理钢筋作预应力筋时，混凝土强度等级不宜低于 C40。

3. 孔道灌浆材料

后张法有黏结预应力混凝土构件中，目前常采用波纹管预留孔道。孔道灌浆材料为纯水泥浆，有时也加细砂，宜采用强度等级不低于 42.5 级的普通硅酸盐水泥或矿渣硅酸盐水泥。

6.2.2 钢筋

1. 对钢筋的要求

与普通钢筋混凝土构件不同，预应力混凝土构件的钢筋始终处于高应力状态，因此对钢筋有较高的质量要求，具体如下。

(1) 强度高。只有高强度钢筋才能建立有效的预应力，使预应力结构充分发挥其优点。

(2) 具有一定的塑性。为避免构件发生脆性破坏，要求所用钢筋具有一定的伸长率。

(3) 具有良好的加工性能。加工性能有可焊性、冷镦、热镦等，即加工后钢筋的物理力学性能不减。

(4) 与混凝土之间有可靠的黏结力。对于先张法构件，钢筋与混凝土之间的黏结力尤为重要。当采用光圆高强钢丝时，表面应经过"刻痕"或"压波"等处理后方可使用。

2. 常用的预应力筋

预应力混凝土所用的钢材主要有钢丝、钢绞线和热处理钢筋等。预应力筋的发展趋势是高强度、大直径、低松弛和耐腐蚀。

(1) 钢丝。钢丝由优质的高碳钢经过回火处理、冷拔而成，有光面钢丝、螺旋肋钢丝、刻痕钢丝等，直径通常为4～9mm，抗拉强度标准值分别为1570MPa、1670MPa、1770MPa等。

(2) 钢绞线。钢绞线是由 2、3、7 或 9 根高强钢丝用绞盘绞在一起而形成的一种高强预应力钢材。用得最多的是 6 根钢丝围绕一根芯丝顺一个方向扭结而成的 7 丝钢绞线。钢绞线的抗拉强度标准值分别为1570MPa、1720MPa、1860MPa 等。

(3) 热处理钢筋。热处理钢筋是由热轧中碳低合金钢筋经淬火和回火处理而形成的，其直径通常为6～10mm，抗拉强度标准值为1470MPa。热处理钢筋多用于先张法预应力混凝土构件。

3. 锚具

锚具是制造预应力构件时锚固预应力筋的附件。

(1) 螺丝端杆锚具。

螺丝端杆锚具是在单根粗钢筋的两端各焊上一根螺丝端杆，并套以螺母及垫板。预应力是通过拧紧螺母来实现的。在钢筋端部焊上帮条代替螺母即形成帮条锚具。螺丝端杆锚具和帮条锚具用于锚固单根粗钢筋，钢筋直径一般为 18～36mm。螺丝端杆锚具如图 6.4 所示。

(2) JM 系列锚具。

JM 系列锚具是由锚环和夹片组成的，夹片呈楔形。JM 系列锚具可用于锚固钢筋束和多根钢筋，JM 系列锚具如图 6.5 所示。

(3) 锥形锚具。

锥形锚具也称弗来西奈锚具，由锚环及锚塞组成，一般用于锚固平行钢筋束。

此外还有镦头锚具、QM 锚具、XM 锚具等。

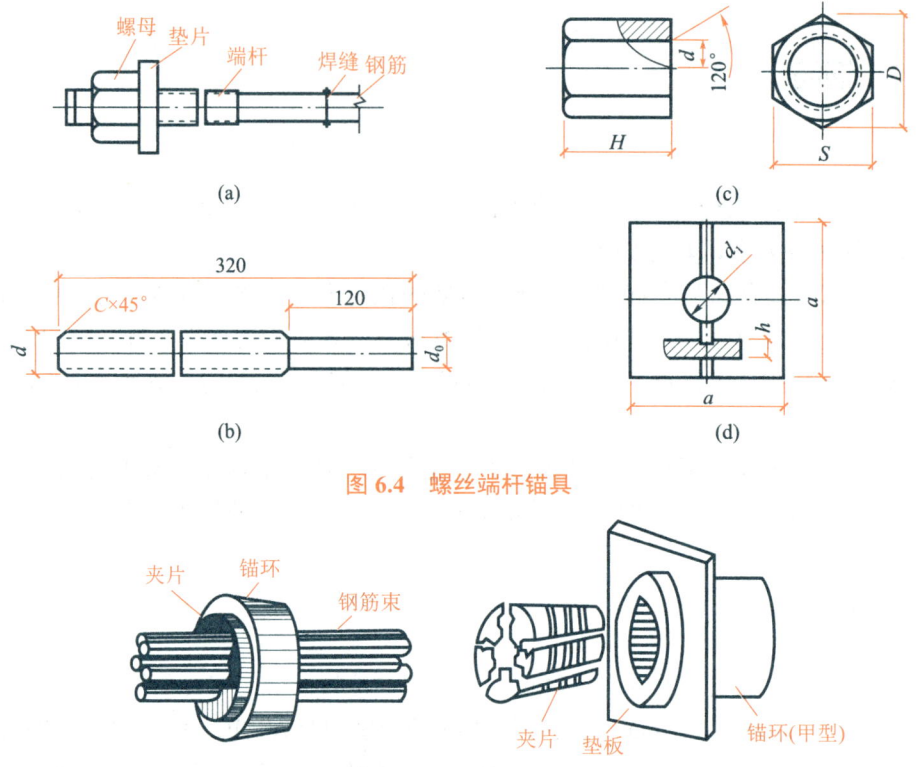

图 6.4 螺丝端杆锚具

图 6.5 JM 系列锚具

6.3 张拉控制应力与预应力损失

6.3.1 张拉控制应力

张拉控制应力 σ_{con} 是指在张拉预应力筋时经控制达到的最大应力值。其值为张拉钢筋时张拉设备(如千斤顶油压表)所控制的总拉力除以预应力筋的截面面积所得出的应力值。

当构件的抗裂性要求一定时，σ_{con} 取得越大，即 σ_{con}/f_{ptk} 越大，预应力筋利用得越充分，即可节约钢筋，因此，σ_{con} 宜尽可能高一些。但如果控制应力取得过高，可能会出现以下问题。

(1) 开裂荷载与极限荷载很接近，构件在破坏前缺乏足够的预兆，使构件延性变差。

(2) 为了减少预应力损失，通常需要进行超张拉，而由于钢材材质的不均匀性，钢筋的屈服强度有一定的离散性。如钢筋的控制应力定得太高，有可能在超张拉过程中使个别钢筋的应力超过它的实际屈服强度，使钢筋产生较大塑性变形甚至脆断。

(3) 有可能使施工阶段预拉区混凝土拉应力超过极限强度导致开裂，对后张法构件，则可能造成端部混凝土局部承压破坏。

因此，预应力筋的张拉应力必须加以控制，其数值应根据钢筋的种类及施加预应力的方法，按照《混凝土结构设计标准》(2024 年版)(GB/T 50010—2010)的规定选取。

> **特别提示**
>
> 《混凝土结构设计标准》(2024 年版)(GB/T 50010—2010)还规定：当符合下列情况之一时，张拉控制应力限值可提高 $0.05 f_{ptk}$。
> (1) 要求提高构件在施工阶段的抗裂性能而在使用阶段受压区内设置的预应力筋。
> (2) 要求部分抵消由于应力松弛、摩擦、钢筋分批张拉以及预应力筋与张拉台座之间的温差等因素产生的预应力损失。
> 除对预应力筋的张拉控制应力的最大值有一定限制外，为了保证获得必要的预应力效果，预应力筋的张拉控制应力也不应小于 $0.4 f_{ptk}$。

6.3.2 预应力损失

由于预应力混凝土构件生产工艺和材料的固有特性等原因，预应力筋在张拉、锚固及构件安装使用的整个过程中，其应力值不断降低，这种降低的应力值，称为预应力损失。预应力损失导致混凝土的预压应力降低，对构件的受力性能将产生影响。引起预应力损失的因素很多，下面分项讨论引起预应力损失的原因、计算方法及减少预应力损失的措施。

1. 锚具变形和钢筋内缩引起的预应力损失 σ_{l1}

预应力筋张拉完毕后，要在台座或构件上进行锚固。由于锚具的变形(如螺母、垫板缝隙被挤紧)以及钢筋在锚具内的滑移，使钢筋内缩而引起预应力损失。

(1) 直线预应力筋构件由于锚具变形和预应力筋内缩引起的预应力损失 σ_{l1} 可按式(6-1)计算。

$$\sigma_{l1} = \frac{a}{l} E_s \tag{6-1}$$

式中 a——张拉端锚具变形和钢筋内缩值(mm)，可按表 6-1 采用；
l——张拉端至锚固端距离(mm)；
E_s——预应力筋的弹性模量(MPa)。

表 6-1 锚具变形和钢筋内缩值 a 单位：mm

锚具类别		a
支承式锚具(钢丝束镦头锚具等)	螺母缝隙	1
	每块后加垫板的缝隙	1
锥塞式锚具(钢丝束的钢质锥形锚具等)		5
夹片式锚具	有顶压时	5
	无顶压时	6～8

注：① 表中的锚具变形和钢筋内缩值也可根据实测数据确定。
② 其他类型的锚具变形和钢筋内缩值应根据实测数据确定。

块体拼成的结构，其预应力损失尚应计及块体间填缝的预压变形。当采用混凝土或砂浆为填缝材料时，每条填缝的预压变形值可取为 1mm。

(2) 后张法曲线预应力筋构件或折线预应力筋构件，由于锚具变形和钢筋内缩引起的预应力损失 σ_{l1}，应根据预应力曲线钢筋或折线钢筋与孔道壁之间反向摩擦影响长度 l_f 范围内的预应力筋变形值等于锚具变形和钢筋内缩值的条件确定。

其预应力损失 σ_{l1} 可按式(6-2)计算。

$$\sigma_{l1} = 2\sigma_{con} l_f \left(\frac{\mu}{r_c} + k \right) \left(1 - \frac{x}{l_f} \right) \tag{6-2}$$

反向摩擦影响长度 l_f 按式(6-3)计算。

$$l_f = \sqrt{\frac{aE_s}{1000\sigma_{con}\left(\frac{\mu}{r_c} + k\right)}} \tag{6-3}$$

式中 r_c——圆弧形曲线预应力筋的曲率半径(m)；

         x——从张拉端至计算截面的孔道长度，也可近似取该段孔道在纵轴上的投影长度(m)；

         κ——考虑孔道每米长度局部偏差的影响系数，按表6-2取值；

         μ——预应力筋与孔道壁之间的摩擦系数，按表6-2取值。

表 6-2   影响系数与摩擦系数

孔道成型方式	κ	μ
预埋金属波纹管	0.0015	0.25
预埋钢管	0.0010	0.30
橡胶管或钢管抽芯成型	0.0014	0.55

注：① 表中系数也可根据实测数据确定。
    ② 当采用钢丝束的钢质锥形锚具及类似形式锚具时，尚应考虑锚环口处的附加摩擦损失，其值可根据实测数据确定。

减小锚具变形所造成的预应力损失的措施。

① 选择变形小或预应力筋滑动小的锚具、夹具，并尽量减少垫板的数量。

② 对于先张法张拉工艺，选择长的台座。台座长度超过 100m 时，可忽略不计。

2. 预应力筋与孔道壁之间的摩擦引起的预应力损失 σ_{l2}

使用后张法张拉预应力筋时，由于钢筋与混凝土孔道之间的摩擦，钢筋的实际预应力从张拉端往里会逐渐减少。产生摩擦损失的原因如下。

(1) 由于孔道内壁凹凸不平、孔道轴线的局部偏差及钢筋表面粗糙等原因，使钢筋某些部位紧贴孔道内壁而引起摩擦损失。

(2) 当预应力筋在弯曲孔道部分张拉时，会产生对孔道壁的垂直压力而引起摩擦损失。预应力筋与孔道壁之间的摩擦引起的预应力损失 σ_{l2}，宜按式(6-4)计算。

$$\sigma_{l2} = \sigma_{con}\left(1 - \frac{1}{e^{\kappa x + \mu\theta}}\right) \tag{6-4}$$

当 $(\kappa x + \mu\theta) \leqslant 0.3$ 时，σ_{l2} 可按式(6-5)计算。

$$\sigma_{l2} = (\kappa x + \mu\theta)\sigma_{con} \tag{6-5}$$

式中　　x——从张拉端至计算截面的孔道长度,可近似取该段孔道在纵轴上的投影长度(m);

　　　　θ——从张拉端至计算截面曲线孔道各部分切线的夹角之和(rad);

　　　　κ——考虑孔道每米长度局部偏差的影响系数,按表 6-2 采用;

　　　　μ——预应力筋与孔道壁之间的摩擦系数,按表 6-2 采用。

减少此项预应力损失可采取如下措施。

(1) 采用两端张拉。对于较长的构件可以采用两端张拉,两端张拉的最大摩擦损失比一端张拉可减少一半。

(2) 采用超张拉。其张拉程序为 $0 \to 1.1\sigma_{con}$ (持荷 2min) $\to 0.85\sigma_{con} \to \sigma_{con}$ 。

3. 温差引起的预应力损失 σ_{l3}

当采用先张法的构件进行蒸汽养护时,随着钢筋温度升高,其长度也增加(由于新浇混凝土尚未结硬,不能约束钢筋增长),而台座长度固定不变,因此张拉后的钢筋变松,预应力筋的应力降低。降温时混凝土和钢筋已黏结成整体,两者一起回缩,钢筋的应力不能恢复到原来的张拉应力值。

减少温差引起的预应力损失的措施如下。

(1) 蒸汽养护时采用两次升温养护,即第一次升温至 20℃,恒温养护至混凝土强度达到 7~10N/mm² 时,再第二次升温至规定养护温度。

(2) 在钢模上张拉,将构件和钢模一起养护。此时,由于预应力筋和台座间不存在温差,故温差损失为 0。

4. 预应力筋应力松弛引起的预应力损失 σ_{l4}

钢筋在高应力长期作用下,具有随时间增长产生塑性变形的性质。在钢筋长度保持不变的条件下,其应力随时间推移而逐渐较低的现象,称为**钢筋的应力松弛**。在钢筋应力保持不变的条件下,其应变随时间的推移而逐渐增大的现象,称为**钢筋的徐变**。钢筋的应力松弛和徐变会引起预应力的损失。

减少此项预应力损失的主要措施如下。

(1) 采用应力松弛损失较小的钢筋作预应力筋。

(2) 采用"超张拉"工艺。

5. 混凝土收缩和徐变引起的预应力损失 σ_{l5}

由于混凝土的收缩和徐变使构件长度缩短,被张紧的钢筋会回缩而产生预应力损失。此项预应力损失是各项损失中最大的一项,在直线预应力筋构件中约占总损失的 50%,在曲线预应力筋构件中约占 30%。

减少此项预应力损失的主要措施如下。

(1) 设计时尽量使混凝土压应力不要过高。

(2) 采用高强度等级水泥,以减少水泥用量,同时严格控制水灰比。

(3) 采用级配良好的骨料,增加骨料用量,同时加强振捣,提高混凝土密实性。

(4) 加强养护,使水泥水化作用充分,减少混凝土的收缩。有条件时宜采用蒸汽养护。

6. 环形构件采用螺旋预应力筋时局部挤压引起的预应力损失 σ_{l6}

采用螺旋预应力筋作为配筋的环形构件，由于预应力筋对混凝土的挤压，使环形构件的直径有所减小，预应力筋中的预拉应力就会逐渐降低，从而引起预应力损失。其大小与环形构件的直径成反比，直径越小，损失越大。

> **特别提示**
>
> 根据目前的研究，一般把预应力损失分为两类：瞬时损失和长期损失。瞬时损失指施加预应力时短时间内完成的损失，包括锚具变形和钢筋滑移，混凝土弹性压缩，先张法蒸汽养护和折点摩阻，后张法管道摩擦及分批张拉等损失。长期损失指考虑了材料的时间效应所引起的预应力损失，主要包括混凝土的收缩、徐变和预应力筋的松弛损失。

6.4 预应力混凝土构件主要构造要求

预应力混凝土构件，除需满足承载力、变形和抗裂要求外，还应根据预应力张拉工艺、锚固措施及预应力筋种类的不同，符合相应构造要求，这是保证设计实现的重要措施。

6.4.1 一般构造规定

1. 截面形式和尺寸

预应力轴心受拉构件一般采用正方形或矩形截面。预应力受弯构件则可采用 T 形、I 形及箱形等截面。

构件的截面形式沿跨度方向可以变化，如跨中为 I 形，近支座处可做成矩形，以承受较大的剪力，并可有足够位置布置锚具。

由于预应力构件的刚度大，抗裂度高，且采用了强度较高的钢筋和混凝土材料，因此其截面尺寸可比普通钢筋混凝土构件小些。对预应力混凝土受弯构件，其截面高度一般为 $h=l/20\sim l/14$，最小可为 $h=l/35$（l 为跨度），大致可取为钢筋混凝土梁高的 70%左右。翼缘宽度一般可取 $h/3\sim h/2$，翼缘厚度可取 $h/10\sim h/6$，腹板宽度尽可能小些，可取 $h/15\sim h/8$。

2. 预应力纵向钢筋的布置

当荷载和跨度不大时，预应力纵向钢筋直线布置最为简单[图 6.6(a)]，施工时用先张法或后张法均可。当荷载和跨度较大时，为了承受支座附近区段的主拉应力及防止因施加预应力而在预拉区产生裂缝，在靠近支座部位，宜将一部分预应力筋弯起。弯起的钢筋在后张法构件中常为曲线形[图 6.6(b)]，在先张法构件中可做成折线形[图 6.6(c)]，并尽可能将预应力筋均匀布置。

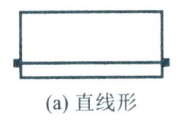 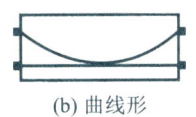 

(a) 直线形　　　　　(b) 曲线形　　　　　(c) 折线形

图 6.6　预应力筋的配筋方式

3. 非预应力钢筋

在预应力构件中，除配置预应力纵向钢筋外，往往还需配置部分非预应力钢筋，特别是在无黏结预应力构件中。非预应力钢筋的数量、长度及位置需视具体情况而定。

构件预拉区常需设置部分非预应力钢筋以提高其在制作、堆放、运输和吊装时的抗裂度，同时还可提高构件受压区在使用阶段的抗压能力。

在预应力筋弯折处，应加密箍筋或沿弯折处内侧布置非预应力钢筋网片，以加强在钢筋弯折区段的混凝土抗裂能力。

对预应力筋在构件端部全部弯起的受弯构件或直线配筋的先张法构件，当构件端部与下部支承结构焊接时，应考虑混凝土的收缩、徐变及温度变化所产生的不利影响，在构件端部可能产生裂缝的部位，设置足够的非预应力纵向构造钢筋。

6.4.2　先张法构件

1. 预应力筋净间距

预应力筋之间的净间距应根据浇筑混凝土、施加预应力及钢筋锚固等要求确定，且应符合下列规定。

预应力筋净间距不应小于其公称直径或等效直径的 1.5 倍，且应符合下列规定：对热处理钢筋不应小于 15mm；3 丝钢绞线不应小于 20mm；7 丝钢绞线不应小于 25mm。

当先张法预应力钢丝按单根方式布置有困难时，可采用相同直径钢丝并筋的配筋方式。并筋的等效直径，对双并筋应取单筋直径的 1.4 倍；对三并筋应取单筋直径的 1.7 倍。

2. 钢筋保护层

为保证钢筋与混凝土的黏结锚固，防止放松预应力筋时沿钢筋产生纵向劈裂裂缝，要求预应力筋具有足够厚度的保护层。先张法构件预应力筋保护层厚度不应小于钢筋的公称直径，且应符合下列规定：一类环境下，对于强度大于 C25 的混凝土，其保护层厚度板可取为 15mm，梁可取为 25mm。

3. 端部加强措施

为防止放松钢筋时外围混凝土产生劈裂裂缝，端部应设附加筋。

(1) 单根预应力筋端部宜设置长度不小于 150mm，且不少于 4 圈的螺旋筋。当有经验时，也可利用支座垫板上的插筋代替螺旋筋，但插筋数量不应少于 4 根，其长度不应小于 200mm。

(2) 对分散布置的多根预应力筋，在构件端部 10d(d 为预应力筋的公称直径或等效直径) 范围内，应设置 3～5 片与预应力筋垂直的钢筋网。

(3) 对采用预应力钢丝配筋的薄板，在端部 100mm 范围内应适当加密横向钢筋。

(4) 对槽形板类构件，为防止板面端部产生纵向裂缝，宜在构件端部 100mm 范围内沿构件板面设置足够的附加横向钢筋，其数量不应少于 2 根。对预制肋形板，宜设置加强其整体性和横向刚度的横肋。

(5) 对预应力筋在构件端部全部弯起的受弯构件或直线配筋的先张法构件，当构件端部与下部支承结构焊接时，应考虑混凝土收缩、徐变及温度变化所产生的不利影响，宜在构件端部可能产生裂缝的部位设置足够的非预应力纵向构造钢筋。

6.4.3　后张法构件

1．选用可靠的锚具

锚具形式及质量要求应符合现行有关标准。

2．预留孔道布置

后张法预应力钢丝束(包括钢绞线束)的预留孔道宜符合下列规定。

(1) 在预制构件中，孔道之间的横向净间距不宜小于 50mm；孔道至构件边缘的净距不宜小于 30mm，且不宜小于孔道直径的一半。

(2) 在框架梁中，曲线预留孔道在竖直方向的净距不应小于孔道外径；水平方向的净距不应小于 1.5 倍孔道外径；从孔壁算起的混凝土保护层厚度，梁底不宜小于 50mm，梁侧不宜小于 40mm。

(3) 预留孔道的内径应比预应力钢丝束或钢绞线束外径及需穿过孔道的连接器外径大 10～15mm。

(4) 在构件两端及跨中应设置灌浆孔或排气孔，其孔距不宜大于 12m。

(5) 凡制作时需预先起拱的构件，其预留孔道宜随构件同时起拱。

3．预应力筋的曲率半径

后张法预应力混凝土构件的曲线预应力钢丝束、钢绞线束的曲率半径，不宜小于 4m。对折线配筋的构件，在折线预应力筋弯折处的曲率半径可适当减小。

4．端部构造要求

(1) 构件端部尺寸应考虑锚具的布置、张拉设备的尺寸和局部受压的要求，必要时适当加大。

(2) 为防止施加预应力时在构件端部产生沿截面中部的纵向水平裂缝，宜将一部分预应力筋靠近支座区段弯起，并使预应力筋尽可能沿构件端部均匀布置。如预应力筋在构件端部不能均匀布置而需集中布置在端部截面的下部或集中布置在上部和下部时，应在构件端部 $1.2h$(h 为构件端部截面高度)范围内设置附加竖向钢筋、封闭式箍筋或其他形式的构造钢筋。附加竖向钢筋宜采用带肋钢筋，其中，附加竖向钢筋的截面面积应符合下列规定。

当 $e \leqslant 0.1h$ 时，$A_{sv} \geqslant \dfrac{0.3 N_P}{f_{yv}}$。

当 $0.1h < e \leqslant 0.2h$ 时，$A_{sv} \geqslant \dfrac{0.15 N_P}{f_{yv}}$。

当 $e > 0.2h$ 时，可根据实际情况适当配置构造钢筋。

式中　N_P——作用在构件端部截面重心线上部或下部的预应力筋的合力,此时,仅考虑混凝土预压前的预应力损失值;
　　　e——截面重心线上部或下部预应力筋合力点至邻近边缘的距离;
　　　f_{yv}——附加竖向钢筋的抗拉强度设计值。

> **特别提示**
>
> 当端部截面上部和下部均有预应力筋时,附加竖向钢筋的总截面面积按上部和下部的预应力合力分别计算的数值叠加后采用。

(3) 当构件在端部有局部凹进时,为防止在施加预应力过程中端部转折处产生裂缝,应增设折线构造钢筋,或设置其他有效的构造钢筋。端部转折处构造钢筋如图 6.7 所示。

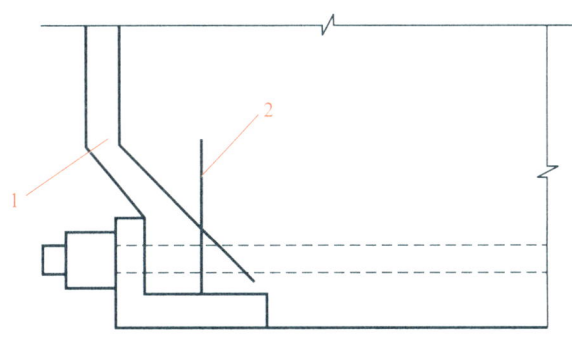

1—折线构造钢筋;2—竖向构造钢筋。

图 6.7　端部转折处构造钢筋

(4) 为防止沿孔道产生劈裂,在构件端部不小于 $3e$(e 为截面重心线上部或下部预应力筋的合力点至邻近边缘的距离)且不大于 $1.2h$ 的长度范围内与间接钢筋配置区以外,应在高度 $2e$ 范围内均匀布置附加箍筋或网片,其体积配筋率不应小于 0.5%,端部间接钢筋如图 6.8 所示。

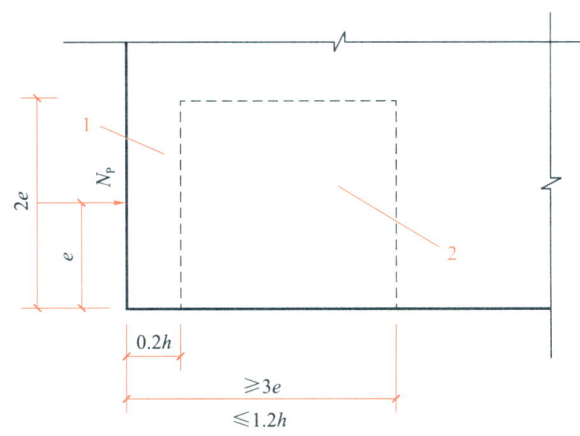

1—间接钢筋配置区;2—端部锚固区。

图 6.8　端部间接钢筋

(5) 在预应力筋锚具下及张拉设备的支撑处，应设置预埋钢垫片板并附加横向钢筋网片。

5. 灌浆要求

孔道灌浆要求密实，水泥浆强度等级不应低于 M20，其水灰比宜为 0.4～0.45，为减少收缩，宜掺入 0.01%水泥用量的铝粉。

6. 非预应力构造钢筋

在后张法构件的预拉区和预压区中，应适当设置纵向非预应力构造钢筋。在预应力筋弯折处，应加密箍筋或沿弯折处内侧设置钢筋网片。

7. 块体拼装要求

采用块体拼装的构件，其接缝平面应垂直于构件的纵向轴线。当接头承受内力时，缝隙间应灌注不低于块体强度等级的细石混凝土(缝宽大于 20mm)或水泥砂浆(缝宽不大于 20mm)，并根据需要在接头处及其附近区段内用加大截面或增设焊接网等方式进行局部加强，必要时可设置钢板焊接接头；当接头不承受内力时，缝隙间应灌注强度等级不低于 C15 的细石混凝土或 M15 的水泥砂浆。

本章小结

预应力混凝土构件与普通混凝土构件相比优势明显，在工程实践中的应用也越来越广泛，因此掌握预应力混凝土构件的相关知识也显得尤为必要。

预应力混凝土的基本原理：在结构受外荷载之前，预先在混凝土受拉区人为地施加预压应力，以减少或抵消外荷载作用下产生的拉应力，使构件在正常使用情况下不开裂、推迟开裂或裂缝宽度减少。根据张拉钢筋与浇筑混凝土的先后关系，施加预应力的方法可分为先张法和后张法两大类。

预应力混凝土构件要求混凝土强度高、硬结快、收缩徐变少、弹性模量高；预应力混凝土构件的混凝土强度等级不应低于 C30，当采用钢丝、钢绞线、热处理钢筋作预应力筋时，混凝土强度等级不宜低于 C40。预应力筋要求强度高、具有一定的塑性和良好的加工性能，并与混凝土能可靠地黏结，常用的预应力筋有钢丝、钢绞线和热处理钢筋。

张拉控制应力 σ_{con} 是在张拉预应力筋时经控制达到的最大应力值，张拉控制应力不宜过大也不宜过小，应符合规范要求。引起预应力损失的主要因素有：锚具变形和钢筋内缩，预应力筋与孔道壁之间的摩擦，温差，预应力筋应力松弛，混凝土的收缩和徐变等。

习 题

一、判断题

1. 预应力混凝土结构可以避免构件裂缝的过早出现。（　　）
2. 先张拉钢筋后浇灌混凝土的方法称为先张法。先张法构件中的预应力是靠锚具来传递和保持的。（　　）

3. 后张法是先浇筑混凝土，待混凝土结硬并达到一定的强度后，再在构件上张拉钢筋的方法。后张法构件是依靠锚具来传递和保持预加应力的。（   ）

4. 采用同一种预应力筋，先张法规定的张拉控制应力 σ_{con} 比后张法规定的大。（   ）

5. 混凝土收缩徐变引起的预应力损失属于预应力损失中的瞬时损失。（   ）

二、单选题

1. 预应力混凝土是在结构或构件的(　　)预先施加压应力而形成的。
   A．受压区　　　B．受拉区　　　C．中心线处　　　D．中性轴处
2. 预应力先张法施工适用于(　　)。
   A．现场大跨度结构施工　　　　B．构件厂生产大跨度构件
   C．构件厂生产中、小型构件　　D．现场构件的组拼
3. 先张法施工时，当混凝土强度至少达到设计强度标准值的(　　)时，方可放张。
   A．50%　　　　B．75%　　　　C．85%　　　　D．100%
4. 后张法施工较先张法的优点是(　　)。
   A．不需要台座、不受地点限制　　B．工序少
   C．工艺简单　　　　　　　　　　D．锚具可重复利用

三、简答题

1. 预应力混凝土的基本原理是什么？
2. 预应力混凝土构件有哪些优缺点？
3. 预应力有哪些施加方法？
4. 什么是张拉控制应力？在预应力施工中，对张拉控制应力有什么要求？
5. 引起预应力损失的主要因素有哪些？
6. 简述先张法与后张法的工艺流程，并说明两种方法的优缺点。

在线答题

第 7 章 钢筋混凝土梁板结构

教学目标

通过本章的学习，熟悉梁板结构的构造要求，掌握单向板肋梁楼盖和楼梯的设计及计算方法，熟悉双向板肋梁楼盖、装配式楼盖及雨篷的设计方法和步骤，了解相关结构的构造要求。能把握钢筋混凝土构件和结构的相互联系，并能应用各种构件设计理论来进行梁板结构的设计。

教学要求

能力目标	知识要点	权重	自评分数
掌握单向板肋梁楼盖的设计方法、楼梯的设计及计算方法	单向板与双向板的区别	10%	
	单向板的设计及计算方法	30%	
	单向板的构造要求	10%	
	楼梯的设计及计算方法	10%	
	弯矩调幅	10%	
熟悉双向板肋梁楼盖的设计方法、装配式楼盖的设计方法、雨篷的设计方法	双向板的选型	10%	
	装配式楼盖设计	5%	
	雨篷的设计方法	10%	
了解相关结构的构造要求	相关结构的构造要求	5%	

第 7 章 钢筋混凝土梁板结构

章节导读

本章阐述了钢筋混凝土梁板结构的类型及结构布置原则，重点介绍了单向板肋梁楼盖的设计方法及构造要求，叙述了双向板肋梁楼盖的设计方法及构造要求。另外还介绍了楼梯、装配式楼盖、雨篷的设计计算和构造要求。

引例

在建筑结构中，混凝土楼盖的造价占土建总造价的 20%～30%；在钢筋混凝土高层建筑中，混凝土楼盖自重占总重的 50%～60%，因此降低楼盖的造价和自重对整个建筑物来讲是至关重要的，对建筑工程具有很大的经济意义。

引例小结

楼盖和屋盖是建筑结构的重要组成部分。楼盖也称楼层，通常由面层、结构层和顶棚组成。屋盖也称屋顶，有坡屋顶与平屋顶之分。坡度小于 1：10 的屋顶称为平屋顶。平屋顶通常由防水层、结构层和保温层组成，其中保温层指在结构层上做的隔热通风层或在结构层下做的吊顶通风隔热层。混凝土楼盖设计对于建筑隔声、隔热和美观等建筑效果有直接影响，对保证建筑物的承载力、刚度、耐久性，以及提高抗风、抗震性能等也有重要的作用。对于结构设计人员来讲，混凝土楼盖设计是一项基本功。

在内力计算和配筋计算两个步骤中，要特别注意计算的准确性，如果计算有误，会给结构构件埋下安全隐患。因此设计计算时一定要细心、认真、一丝不苟，要有科学严谨、精益求精的工匠精神。在选配钢筋时，钢筋的选配方案有多种，需要认真思考，列出多种方案，从中选出既安全可靠，又节约钢筋和方便施工的最优方案，具备创新意识。

7.1 钢筋混凝土平面楼盖概述

钢筋混凝土平面楼盖按其施工方法可分为现浇整体式、装配式和装配整体式三种类型。

(1) 现浇整体式钢筋混凝土平面楼盖的优点是整体刚度好、抗震性强、防水性能好，缺点是模板用量多、施工作业量较大。它适用于公共建筑的门厅部分；平面布置不规则的局部楼面；对防水要求较高的楼面，如厨房、卫生间等；高层建筑的楼(屋)面；有抗震设防要求结构的楼(屋)面；布置上有特殊要求的各种楼面，如要求开设复杂孔洞的楼面，以及多层厂房中要求埋设较多预埋件的楼面等。

梁板结构分类

现浇整体式钢筋混凝土平面楼盖按楼板受力和支承条件的不同，又可分为肋梁楼盖[图 7.1(a)、(b)]、无梁楼盖[图 7.1(c)]和井式楼盖[图 7.1(d)]。其中肋梁楼盖多用于公共建筑、高层建筑以及多层工业厂房；无梁楼盖适用于柱网尺寸不超过 6m 的公共建筑以及矩形水池的顶板和底板等结构；井式楼盖适用于方形或接近方形的中小礼堂、餐厅及公共建筑的门厅，其用钢量和造价较高。

(2) 装配式钢筋混凝土平面楼盖为预制，梁为预制或现浇，便于工业化生产，广泛用于多层民用建筑和多层工业厂房。但这种楼盖因其整体性、抗震性、防水性都较差，不便于开设孔洞，故对于高层建筑和有抗震设防要求的建筑，以及有防水要求和开设孔洞的楼面，均不宜采用。

(3) 装配整体式钢筋混凝土平面楼盖是在预制板上现浇一混凝土叠合层而成为一个整体。这种楼盖兼具现浇整体式楼盖整体性好和装配式楼盖节省模板和支承的优点，但需要进行混凝土二次浇筑，有时还需增加焊接工作量。装配整体式钢筋混凝土平面楼盖仅适用于荷载较大的多层工业厂房、高层民用建筑及有抗震设防要求的建筑。

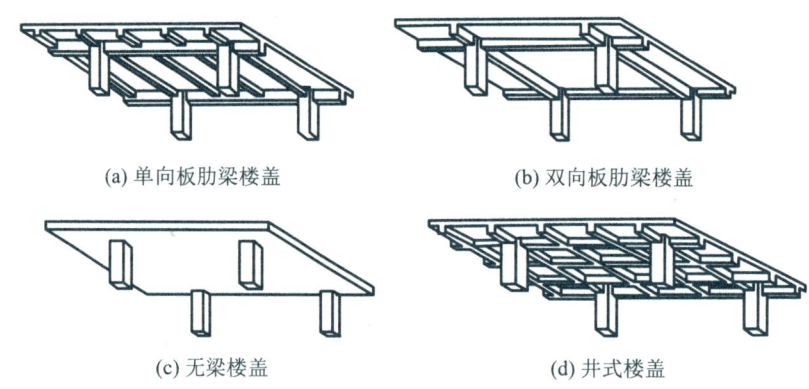

图 7.1　各种现浇整体式钢筋混凝土平面楼盖

7.2 单向板肋梁楼盖的设计

单向板肋梁楼盖一般由板、次梁和主梁组成。板的四边支承在次梁(或墙)上，次梁支承在主梁上，当板的长边 l_2 与短边 l_1 比值为 $2<l_2/l_1<3$ 时，按弹性理论方法计算；当 $l_2/l_1 \geq 3$ 时，按塑性理论方法计算，板上荷载主要沿短边方向传递，而沿长边传递的荷载效应可以忽略不计。这种沿单方向(短向)传递荷载，产生单向弯曲的板，称为单向板。由于单向板沿长边方向仍有一定的弯曲变形和内力，所以在配筋构造上需要考虑其实际受力情况。

> **特别提示**
>
> 依据《混凝土结构设计标准》(2024 年版)(GB/T 50010—2010)，对于四边支承板，当板的长短边比值为 $l_2/l_1 \geq 3$ 时，可按沿短边方向受力的单向板计算；当板的长短边比值为 $l_2/l_1 \leq 2$ 时，应按双向板计算；当板的长短边比值为 $2<l_2/l_1<3$ 时，宜按双向板计算，也可按沿短边方向受力的单向板计算，但应沿长边方向布置足够数量的钢筋。

7.2.1 单向板肋梁楼盖的布置

在满足房屋使用要求的基础上，板、次梁和主梁的布置应力求简单、规整，以使结构受力合理、节约材料、降低造价。同时板厚和梁的截面尺寸也应尽可能统一，以便于设计、施工及满足美观要求。

1. 跨度

主梁的跨度一般为 5～8m，次梁的跨度一般为 4～6m，板的跨度(也即次梁的间距)一般为 1.7～2.7m。当荷载较大时取较小跨度，一般不超过 3m，在一个主梁跨度内，次梁不宜少于 2 根，故板的跨度通常为 2m 左右。

2. 板的厚度

板的混凝土用量占整个楼盖的一半以上，因此应尽量使板厚接近板的构造厚度，并且板厚不小于板跨的 1/40。民用建筑的单向板厚度常取 60～100mm。

3. 柱网与梁格布置

单向板肋梁楼盖结构平面布置方案主要有以下 3 种。

(1) **主梁横向布置，次梁纵向布置**[图 7.2(a)]。该方案的优点是主梁和柱可形成横向框架，横向抗侧移刚度大，各榀横向框架由纵向次梁相连，房屋整体性好。

(2) **主梁纵向布置，次梁横向布置**[图 7.2(b)]。这种布置适用于横向柱距比纵向柱距大得多的情况。它的优点是减小了主梁的截面高度，可增加室内净高。

(3) **只布置次梁，不布置主梁**[图 7.2(c)]。此方案适用于有中间走道的砌体墙承重混合结构房屋。

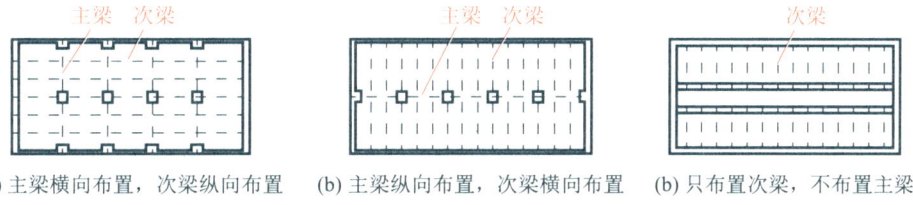

(a) 主梁横向布置，次梁纵向布置　　(b) 主梁纵向布置，次梁横向布置　　(b) 只布置次梁，不布置主梁

图 7.2 单向板肋梁楼盖结构平面布置方案

7.2.2 单向板肋梁楼盖的内力计算

钢筋混凝土单向板肋梁楼盖的板、次梁和主梁都可视为多跨连续梁，钢筋混凝土连续梁的内力计算是单向板肋梁楼盖设计中的一个主要内容。钢筋混凝土连续梁的内力计算有两种方法，即弹性理论方法和塑性理论方法。

按弹性理论方法计算时，假定结构构件(梁、板)为理想的匀质弹性体，因此其内力可按结构力学方法分析。按弹性理论方法计算，其概念简单、易于掌握，且计算结果比实际内力要大，可靠度大。本节重点讨论弹性理论计算方法。

1. 计算简图

确定计算简图的内容包括确定梁、板的支座情况，各跨跨度以及荷载的形式、位置、大小等。图 7.3 所示为某单向板肋梁楼盖及其计算简图。

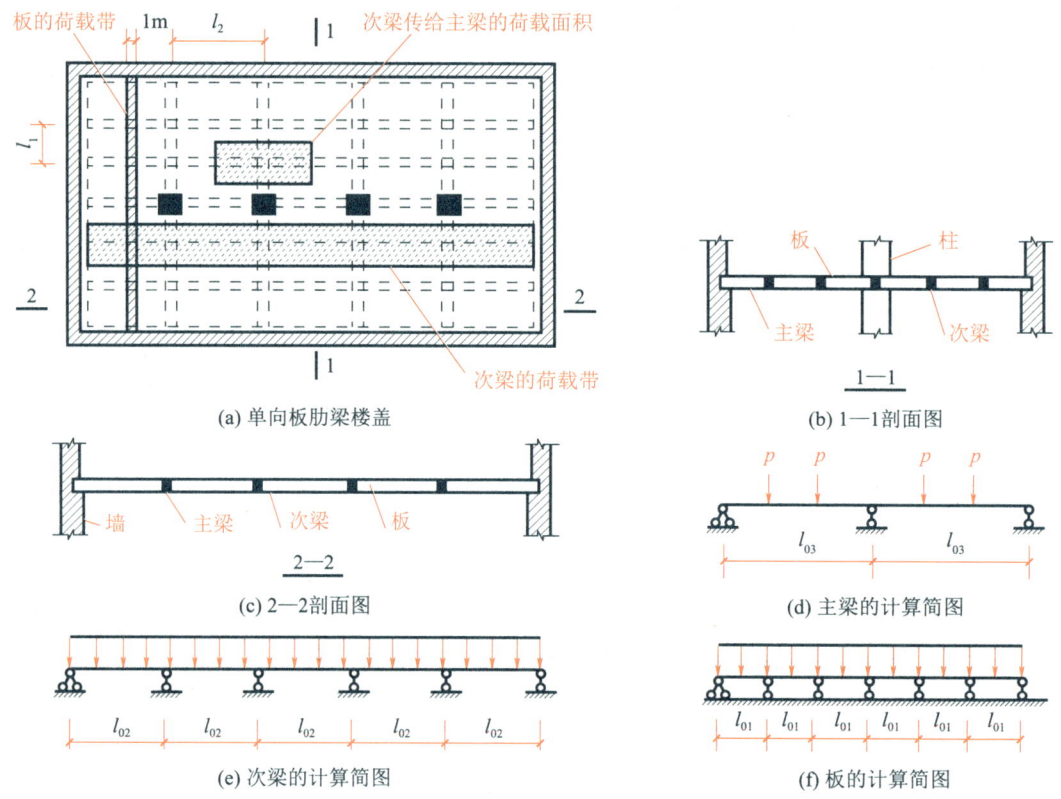

图 7.3　单向板肋梁楼盖及其计算简图

(1) 支座。

梁、板支承在砖墙或砖柱上时，可视为铰支座；当梁、板的支座与其支承梁、柱整体连接时，为简化计算，仍近似视为铰支座，并忽略支座宽度的影响。这样，板即简化为支承在次梁上的多跨连续梁；主梁则简化为以柱或墙为支座的多跨连续梁。

(2) 跨数与计算跨度。

当连续梁的某跨受到荷载作用时，其相邻各跨也会受到影响，并产生变形和内力，但这种影响是距该跨越远越小，当超过两跨时，影响已很小。因此，对于多跨连续板、梁(跨度相等或相差不超过 10%)，若跨数超过五跨，则按五跨来计算。此时，除连续板、梁两边的第一、二跨外，其余的中间跨和中间支座的内力值均按五跨连续板、梁的中间跨和中间支座采用(图 7.4)。

连续板、梁各跨的计算跨度，与支座的形式、构件的截面尺寸以及内力计算方法有关，通常可按表 7-1 采用。当连续板、梁各跨跨度不等时，如各跨计算跨度相差不超过 10%，仍可按等跨连续板、梁来计算各截面的内力。但在计算各跨跨中截面内力时，应取本跨计算跨度；在计算支座截面内力时，取左、右两跨计算跨度的平均值。

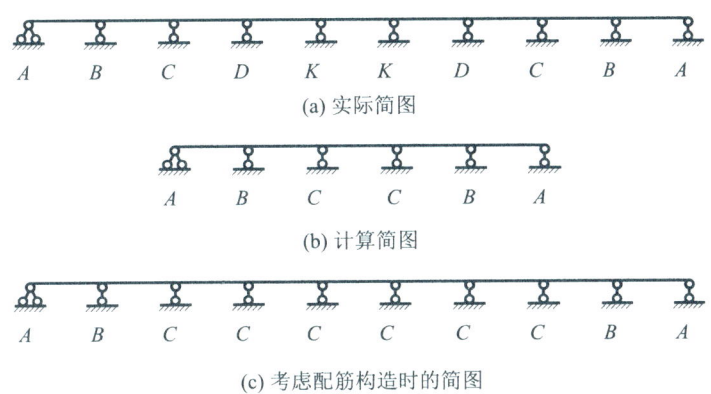

图 7.4 连续梁板的计算简图

表 7-1 板和梁的计算跨度表

跨数	支座情形		计算跨度 l	
			板	梁
单跨	两端简支		$l=l_0+h$	$l=l_0+a \leqslant 0.5h$
	一端简支、一端与梁整体连接		$l=l_0+0.5h$	
	两端与梁整体连接		$l=l_0$	
多跨	两端简支		当 $b \leqslant 0.1l_c$ 时,$l=l_0$	当 $b' \leqslant 0.05l_c$ 时,$l=l_c$
			当 $b>0.1l_c$ 时,$l=1.1l_0$	当 $b'>0.05l_c$ 时,$l=1.05l_0$
	一端入墙内,另一端与梁整体连接	按塑性理论方法计算	$l=l_0+0.5h$	$l=l_0+0.5b \leqslant 1.025l_0$
		按弹性理论方法计算	$l=l_0+0.5(h+b)$	$l=l_c \leqslant 1.025l_0+0.5b$
	两端与梁整体连接	按塑性理论方法计算	$l=l_0$	$l=l_0$
		按弹性理论方法计算	$l=l_c$	$l=l_c$

注:l_0 为支座间净距;l_c 为支座中心间的距离;h 为板的厚度;b 为边支座宽度;b' 为中间支座宽度。

(3) 荷载。

作用在楼盖上的荷载有恒荷载和活荷载两种。恒荷载包括结构自重、各构造层重、永久性设备重等,活荷载为使用时的人群、堆料及一般设备重,而屋盖还有雪荷载。上述荷载通常按均布荷载考虑作用于楼板上。计算时,通常取 1m 宽的板带作为板的计算单元;次梁承受左右两边板传来的均布荷载及次梁自重;主梁承受次梁传来的集中荷载及主梁自重,主梁的自重为均布荷载,但为便于计算,一般将主梁自重折算为几个集中荷载,分别加在由次梁传来的集中荷载处。

(4) 折算荷载。

当板与次梁、次梁与主梁整浇在一起时,其支座与计算简图中的理想铰支座有较大差别,尤其是活荷载隔跨布置时,支座将约束构件的转动,使被支承的构件(板或次梁)的支座弯矩增加,跨中弯矩降低。在设计中,一般用增大恒荷载并相应减小活荷载的办法来考虑次梁对板的弹性约束,即用调整后的折算恒荷载和折算活荷载代替实际的恒荷载和实际活荷载。

对于连续板,折算恒荷载 $g'=g+q/2$,折算活荷载 $q'=q/2$,其中 g、q 为实际的恒荷载、活荷载。

对于连续次梁,折算恒荷载 $g' = g + q/4$,折算活荷载 $q' = 3q/4$,其中 g、q 为实际的恒荷载、活荷载。

主梁不进行荷载的折算,这是因为如果支承主梁的柱刚度较大,就应按框架结构计算主梁内力;如柱刚度较小,则柱对主梁的约束作用很小,故不进行荷载折算。

2. 内力计算

(1) 活荷载的最不利组合。

在荷载作用下,连续梁的跨中截面和支座截面是出现最大内力的截面,称为 控制截面。控制截面产生最大内力的活荷载布置原则如下。

① 使某跨跨中产生正弯矩最大值时,除应在该跨布置活荷载外,尚应向左、右两侧隔跨布置活荷载;使某跨跨中产生弯矩最小值时,则在该跨不布置活荷载,而在相邻两跨布置活荷载,然后向两侧隔跨布置活荷载。

② 使某支座产生负弯矩最大值或剪力最大值时,应在该支座两侧跨内同时布置活荷载,并向左、右两侧隔跨布置活荷载(边支座负弯矩为零;考虑剪力时,可视支座一侧跨长为0)。

按上述原则,对 $n(2 \leqslant n \leqslant 5)$ 跨连续梁可得出 $n+1$ 种活荷载最不利布置(图7.5)。

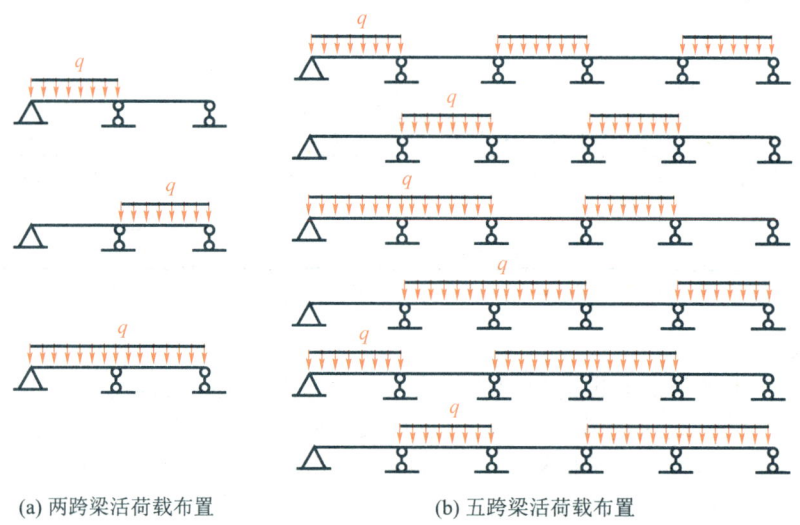

(a) 两跨梁活荷载布置　　　　(b) 五跨梁活荷载布置

图 7.5　连续梁的活荷载最不利布置(均布活荷载 q)

(2) 内力计算。

对于等跨或跨度相差不大于 10% 的连续梁(板),在活荷载的最不利位置确定后,即可直接应用表格查得在恒荷载和各种活荷载作用下梁的内力系数,并按式(7-1)~式(7-4)求出梁有关截面的弯矩和剪力,即

当均布荷载作用时

$$M = k_1 g l_0^2 + k_2 q l_0^2 \tag{7-1}$$

$$V = k_3 g l_0 + k_4 q l_0 \tag{7-2}$$

当集中荷载作用时

$$M = k_1 G l_0 + k_2 Q l_0 \tag{7-3}$$

$$V = k_3 G + k_4 Q \tag{7-4}$$

式中　g、q——单位长度上的均布恒荷载及活荷载；
　　　G、Q——集中恒荷载及活荷载；
　　　$k_1 \sim k_4$——内力系数；
　　　l_0——梁的计算跨度。

(3) 内力包络图。

内力包络图是连接各截面最大、最小内力的图形。利用内力包络图，可以合理地确定梁中纵向受力钢筋弯起与切断的位置，还可检验构件截面强度是否可靠、材料用量是否节省。

7.2.3　弯矩调幅

混凝土是一种弹塑性材料，钢筋在达到屈服强度后也会产生很大的塑性变形，所以钢筋混凝土梁是具有塑性变形性质的，在计算连续梁板结构的内力时也应考虑这种性质。如果仍按照弹性体系计算梁、板的内力，则不仅不能反映梁板结构的实际工作状况，同时还可能造成材料的浪费和因配筋过多而造成施工上的困难。

1. 混凝土梁的塑性铰

图 7.6 所示为钢筋混凝土简支梁，当梁的工作进入破坏阶段时跨中受拉钢筋首先屈服，随着荷载增加，变形急剧增大，混凝土裂缝扩展，截面绕中和轴转动，但此时截面所承受的弯矩维持不变。从钢筋屈服到受压区混凝土被压坏，裂缝处截面绕中和轴转动，就像梁中出现了一个铰，这个铰实际是梁中塑性变形集中出现的区域，称为塑性铰。

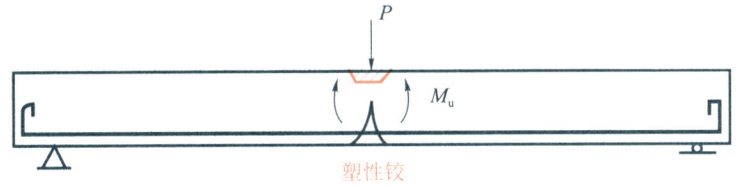

图 7.6　钢筋混凝土简支梁

塑性铰与理想铰的区别在于：前者能承受一定的弯矩，并只能沿弯矩作用方向做微小的转动；后者则不能承受弯矩，但可自由转动。

简支梁是静定结构，当某个截面出现塑性铰后，即成为几何可变体系，将失去承载能力。而钢筋混凝土多跨连续梁是超静定结构，存在多余约束，在某个截面出现塑性铰后，相当于减少了一个多余约束，结构仍是几何不变体系，还能继续承担后续的荷载。但此时梁的内力不再按原来的规律分布，将出现内力重分布。

2. 塑性内力重分布的概念

图 7.7 所示为两跨连续梁，承受均布荷载 q，按弹性理论方法计算得到的支座最大弯矩为 M_B，跨中最大弯矩为 M_L。设计时，若支座截面按弯矩 M_B'（$M_B' < M_B$）配筋，这样可使支座截面配筋减少，方便施工，这种做法称为弯矩调幅。梁在荷载作用下，当支座弯矩达

到 M'_B 时，支座截面便产生较大塑性变形而形成塑性铰，随着荷载继续增加，因中间支座已形成塑性铰，只能转动，所承受的弯矩 M'_B 将保持不变，但两边跨的跨内弯矩将随荷载的增加而增大。当全部荷载作用时，跨中最大弯矩达到 M'_L（$M'_L > M_L$），这种在多跨连续梁中，由于某个截面出现塑性铰，使该塑性铰截面的内力向其他截面转移的现象，称为**塑性内力重分布**。事实上，钢筋混凝土超静定结构也具有塑性内力重分布的性质。

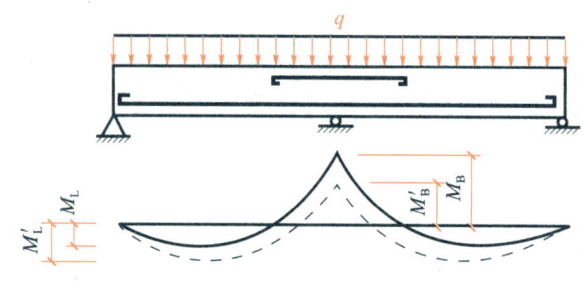

图 7.7 两跨连续梁

钢筋混凝土虽不是理想的塑性材料，但为了使计算简化，可以认为在截面纵向受拉钢筋达到屈服应力后，该截面能承受的弯矩 M 不再继续增加却可以产生很大的角变形（即产生很大的曲率），这时认为该截面出现了塑性铰。因此，钢筋混凝土超静定连续构件同样会因产生塑性变形而引起内力重分布。

3．弯矩调幅的使用

如上所述，钢筋混凝土多跨连续梁、板考虑塑性变形内力重分布的计算时，目前工程应用较多的是弯矩调幅法。其做法就是在弹性理论的弯矩包络图基础上，对构件中选定的某些支座截面的较大弯矩值，按内力重分布的原理加以调整，然后按调整后的内力进行配筋计算。对于均布荷载作用下的等跨连续梁、板考虑塑性内力重分布的弯矩和剪力可以按如下步骤估算。

(1) 按荷载不利布置，用弹性理论方法求得弯矩包络图。

(2) 调整支座截面弯矩，使调整后的弯矩值 M' 小于原来的弯矩值。调幅系数 β 应满足

$$\beta = \frac{M - M'}{M} \times 100\% \leqslant 20\% \tag{7-5}$$

(3) 按调幅后的支座弯矩计算各跨跨中弯矩，该弯矩不得大于原包络图中外包络线所示的该截面的弯矩值。

(4) 按调整后的支座截面弯矩画出新的弯矩包络图，并按新包络图所示的各截面弯矩值进行配筋。

(5) 为了保证在塑性铰出现后支座截面能够有较大的转动能力，要求支座截面配筋率不宜过大，一般要求 $x \leqslant 0.35h_0$。

五跨等跨连续梁、板在均布荷载作用下，按考虑塑性变形内力重分布方法计算的弯矩系数和剪力系数如图 7.8 所示，弯矩和剪力分别按式(7-6)和式(7-7)计算。

$$M = a_M (g+q) l_0^2 \tag{7-6}$$

$$V = a_V (g+q) l_n \tag{7-7}$$

式中 a_M ——连续梁、板的弯矩系数；

a_V ——连续梁、板的剪力系数；

g、q ——分别为作用在梁、板上的均布永久荷载和可变荷载设计值；

l_0、l_n ——分别为计算跨度和净跨度。

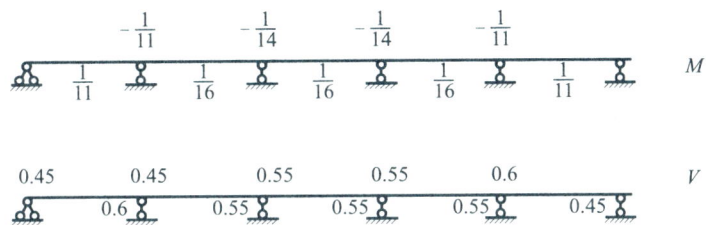

图7.8 五跨等跨连续梁、板在均布荷载作用下的弯矩系数和剪力系数

7.3 双向板肋梁楼盖的设计

在肋梁楼盖中，当四边支承的板长边与短边的比值 $l_2/l_1 \leqslant 2$ 时，应按双向板设计，而由双向板和其支承梁组成的楼盖称为双向板肋梁楼盖。

7.3.1 双向板的破坏特征及受力特点

试验表明，四边简支的双向板在荷载的作用下，第一批裂缝出现在板底中间部分，并平行于长边，且沿对角线方向向四角扩展。当荷载增加到板临近破坏时，板面四角附近出现垂直于对角线方向且大体上呈圆弧状的裂缝，这种裂缝的出现，进一步促进板对角线方向裂缝的发展，最终因跨中钢筋达到屈服而使整个板破坏，如图7.9 所示。在加载过程中，板四角均有翘起趋势，板传给支座的压力并不均匀，呈两端较小，中间较大状态。

(a) 正方形板板底裂缝

(b) 正方形板板面裂缝

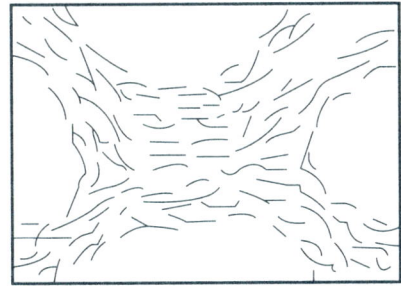
(c) 矩形板板底裂缝

图7.9 双向板裂缝示意图

7.3.2 双向板肋梁楼盖的内力计算

双向板的内力计算同样也有弹性理论方法和塑性理论方法两种，但由于塑性理论方法存在局限性，工程中很少采用，故本节仅介绍弹性理论方法。

弹性理论方法是以弹性薄板理论为依据进行计算的一种方法，由于这种方法内力分析比较复杂，为了便于工程计算，现有各种相应的计算用表供查用，可以查阅相关手册。

1. 单跨双向板的计算

单跨双向板按其四边支承情况的不同，可形成不同的计算简图。

(1) 四边简支。

(2) 一边固定、三边简支。

(3) 两对边固定、两对边简支。

(4) 两邻边固定、两邻边简支。

(5) 三边固定、一边简支。

(6) 四边固定。

根据上述不同的计算简图，根据相关手册查到弯矩系数，然后代入式(7-8)，即可求得双向板的跨中弯矩或支座弯矩。

$$M = 弯矩系数 \times (g+q) l_0^2 \tag{7-8}$$

式中　M——跨中或支座单位板宽内的弯矩；

　　　g、q——均布的恒荷载与活荷载设计值；

　　　l_0——板的较短方向的计算跨度。

2. 多跨连续双向板的内力计算

对于多跨连续双向板的内力计算，需考虑活荷载的最不利布置，精确计算十分复杂。为简化计算，通常在同一方向相邻区格跨度差不超过 20% 时，将其进行荷载分解，并适当简化，将多跨连续双向板转化为单跨双向板进行计算。

(1) 求跨中最大正弯矩。

求连续区格板跨中最大正弯矩时，其活荷载最不利布置如图 7.10 所示，即在本区格及前后左右每隔一区格布置活荷载(棋盘式布载)。在进行内力计算时，可将各区格上实际作用的荷载分解成图 7.10(c)、(d)所示的正对称荷载和反对称荷载两部分。在正对称荷载作用下，中间区格视为四边固定的单跨双向板，周边区格与梁整体连接边视为固定边，支承于墙上的边视为简支边，然后利用式(7-8)计算出其跨中截面处弯矩。在反对称荷载作用下，所有区格均视为四边简支的单跨双向板。最后，将以上两种结果对应位置叠加，即可求得连续双向板的跨中最大正弯矩。

(2) 求支座最大负弯矩。

支座最大负弯矩求解时，原则上也应按活荷载最不利布置原则，在该支座两侧区格和向外每隔一跨的区格布置活荷载，但考虑到布置方式复杂，计算烦琐，为简化计算，可近似假定活荷载布满所有区格，然后将中间区格板视为四边固定的单跨双向板，将周边区格板与梁整体连接边视为固定边，支承于墙上的边视为简支边，按式(7-8)计算出其支座弯矩。

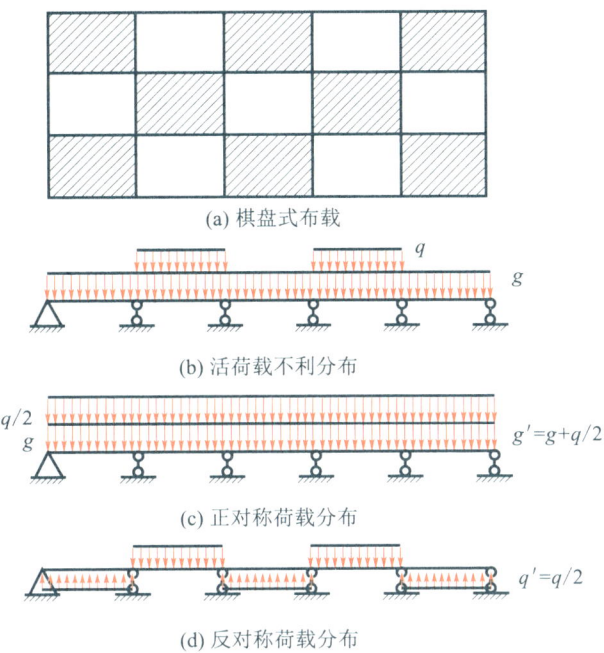

图 7.10 双向板跨中弯矩最不利荷载布置

3. 双向板支承梁的计算

(1) 双向板支承梁的荷载。

当双向板承受均布荷载时，从每区格四角分别作 45°线与平行于长边的中线相交，将每一区格按图 7.10 所示划分为四个小区，并认为每一小区内的荷载直接传给邻近的支承梁。因此，沿板长向支承梁的荷载为梯形分布，沿板短向支承梁的荷载为三角形分布。

(2) 双向板支承梁的内力计算。

同样，支承梁的内力可按弹性理论方法或考虑塑性内力重分布的调幅法计算，分述如下。

① 按弹性理论方法计算。对于等跨或近似等跨(跨度差不超过10%时)的连续支承梁，可先将支承梁的三角形或梯形荷载转化为等效均布荷载(图 7.11 和图 7.12)，再利用均布荷载作用下等跨连续梁的计算表格来计算梁的内力(弯矩、剪力)。

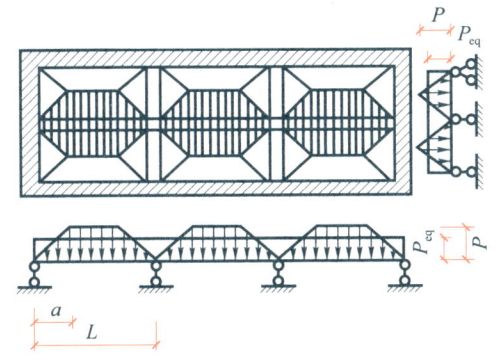

图 7.11 双向板支承梁的荷载

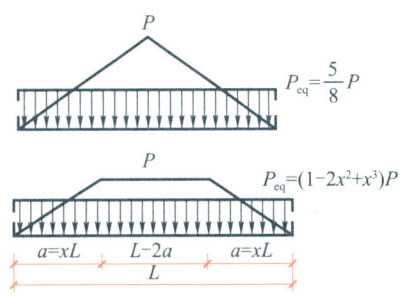

图 7.12 双向板支承梁等效均布荷载

在按等效均布荷载求出支座弯矩后(此时仍需考虑各跨活荷载的最不利布置),再根据所求得的支座弯矩和梁的实际荷载分布(三角形或梯形分布荷载),由平衡条件计算梁的跨中弯矩和支座剪力。

② 按调幅法计算。当考虑内力塑性重分布时,可在弹性理论方法求得的支座弯矩的基础上,对支座弯矩进行调幅(可取调幅系数为 0.75),再按实际荷载分别计算梁的跨中弯矩。

7.3.3 双向板的截面设计与构造要求

1. 双向板的截面设计

(1) 双向板内两个方向布置的钢筋均为受力钢筋,其中短向的受力钢筋布置在长向的受力钢筋外侧,计算时其截面有效高度在短跨方向取 $h_{01}=(h-20)\text{mm}$,长跨方向取 $h_{02}=(h-30)\text{mm}$。

(2) 考虑到四边与梁整体连接的板受周边支承梁被动水平推力的有利影响,其计算弯矩折减情况如下。

① 中间区格:中间跨的跨中截面及中间支座截面,计算弯矩可减少 20%。

② 边区格:边跨跨中截面及离板边缘的第二支座截面,当 $l_b/l<1.5$ 时,计算弯矩可减少 20%;当 $1.5 \leqslant l_b/l \leqslant 2$ 时,计算弯矩可减少 10%。其中 l 为垂直于板边缘方向的计算跨度,l_b 为沿板边缘方向的计算跨度。

③ 角区格:计算弯矩不应减少。

(3) 为简化计算,双向板的配筋面积 A_s 可近似按式(7-9)计算。

$$A_s = \frac{M}{0.9 f_y h_0} \tag{7-9}$$

式中 h_0 ——截面的有效高度,分别取 h_{01} 或 h_{02}。

2. 双向板的构造要求

双向板应有足够的刚度,板厚一般不小于 $l_0/45$,通常取 80~160mm。双向板的配筋构造图如图 7.13 所示。

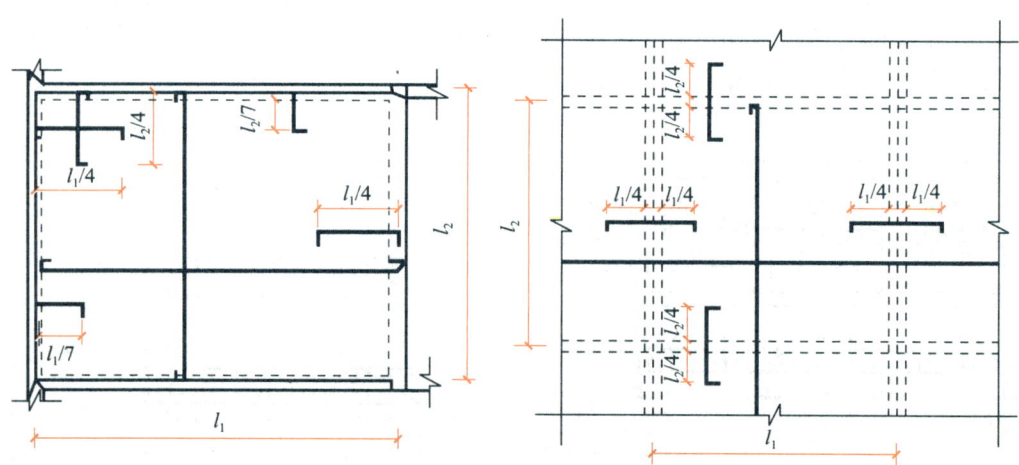

图 7.13 双向板的配筋构造图

7.4 装配式楼盖设计

7.4.1 结构平面布置

在多层工业与民用建筑中，装配式钢筋混凝土楼盖因其具有施工进度快、节省材料和劳动力等优点而被广泛地应用。装配式钢筋混凝土楼盖形式很多，主要有铺板式、密肋式和无梁式等，其中以铺板式应用最为广泛。本节主要介绍铺板式楼盖。铺板式楼盖是将密铺的预制板两端支承在砖墙或楼面梁上而构成的，常用的铺板按截面形式分为实心板、空心板、槽形板和T形板等。预制板的宽度根据安装时的起重条件及制造运输设备的具体情况而定，预制板的跨度与房屋的开间、进深尺寸相配合。目前，我国各地区均有自编的标准图集供设计、施工时使用。

装配式结构布置

1. 板

铺板式楼盖中板的主要类型有实心板、空心板、槽形板和T形板，此外，还有单肋板、V形折叠板等形式，这些类型的板多用于工业建筑的楼(屋)面。按是否施加预应力，板又可分为预应力板和非预应力板。我国大部分地区编有预制板定型通用图集，可直接根据需要选用。

(1) 实心板。

实心板表面平整、构造简单、施工方便，但自重大、刚度小，常用于房屋中的走道板、管沟盖板、楼梯平台板。板长一般为1.2～2.4m，板宽一般为500～1000mm，板厚$\geqslant l/30$，一般为50～100mm。

(2) 空心板。

空心板刚度大、自重轻、受力性能好、隔声隔热效果好、施工简便，但板面不能任意开洞，在一般民用建筑的楼(屋)盖中最为常用。

空心板的孔洞有单孔、双孔和多孔几种，其孔洞形状有圆形孔、方形孔、矩形孔和椭圆形孔等，为便于制作，多采用圆形孔。孔洞数量视板宽而定。

空心板的规格尺寸各地不统一。空心板的长度常为2.7m、3.0m、3.3m、5.7m、6.0m，一般按0.3m递增，其中非预应力空心板长度在4.8m以内，预应力空心板长度可达7.5m。空心板的宽度常为500mm、600mm、900mm、1200mm，应根据制作、运输、吊装条件确定。空心板的厚度可取为跨度的1/25～1/20(普通钢筋混凝土板)和1/35～1/30(预应力混凝土板)，常为120mm、180mm、240mm等。

(3) 槽形板与T形板。

槽形板有正槽板(筋向下)及反槽板(筋向上)两种。正槽板可以较充分地利用板面混凝土抗压强度高，受力性能好的特点，但不能直接形成平整的天棚；反槽板受力性能差，但可提供平整天棚。槽形板由于开洞自由，承载力较大，故在工业建筑中采用较多。此外，槽形板也可用于对天花板要求不高的民用建筑楼(屋)面中。

值得注意的是，在布置房间预制板时，应力求使布板成为整块数。如确有困难，可采取调整板缝宽度(但不超过 30mm)，做非标准尺寸的插入板、现浇板带或墙上挑砖等措施解决。此外，布板时还应注意避免预制板三边支承。

T形板有单 T 形板和双 T 形板两种。T 形板受力性能良好、布置灵活，能跨越较大的空间，开洞自由，但整体刚度不如其他类型的板，主要用于工业建筑的屋面。

2. 楼盖梁

装配式楼盖梁常见的截面形式有矩形、L 形、T 形、花篮形和十字形等。楼盖梁多采用矩形截面，当梁高较大时，为提高房屋净空高度可采用十字形截面梁或花篮形截面梁；L 形截面梁常用作房屋的门窗过梁和连系梁。梁的截面尺寸和配筋可根据计算结果和构造要求确定。

7.4.2 装配式楼盖构件的计算要点

装配式楼盖构件的计算，可分为使用阶段的计算和施工阶段的验算两个方面。

1. 使用阶段的计算

装配式楼盖的梁板构件使用阶段的计算按单跨简支情况考虑，其承载力、变形和裂缝宽度的计算与现浇整体式结构构件完全相同。同时对截面形状复杂的构件应进行简化，即将其截面简化成常规截面后再进行计算。

2. 施工阶段的验算

装配式楼盖构件施工阶段的验算，应考虑由于施工、运输、堆放、吊装等过程产生的内力。此时，应注意以下几点。

(1) 计算简图应按运输、堆放的实际情况和吊点位置确定。

(2) 考虑运输、吊装时的动力作用，自重荷载应乘以 1.5 的动力系数。

(3) 结构的重要性系数可较使用阶段计算时降低一级，但不应低于二级。

(4) 对于预制板、檩条、小梁、挑檐和雨篷等构件，应考虑其在最不利位置作用 1kN 的施工或检修集中荷载，但此集中荷载不与使用荷载同时考虑。

(5) 吊环位置应设在距板端(0.1～0.2)l 处，吊环应采用 HPB300 级钢筋制作，不得采用冷加工钢筋，以保证吊环有足够的延性，防止脆断。吊环埋入混凝土中深度一般不得少于 30 倍吊环钢筋直径。计算吊环截面面积时，构件自重最多只考虑由两个吊环承受。吊环的拉应力不应大于 $50N/mm^2$。

7.4.3 装配式楼盖的连接构造

装配式楼盖各构件间的相互连接是设计与施工中的重要问题，可靠的连接构造可以保证楼盖本身的整体工作以及楼盖与房屋其他构件间的共同工作，传力可靠，从而保证房屋的整体刚度。

1. 板与板的连接

板与板之间的连接常采用灌板缝的方法解决。一般地，当板缝宽大于 20mm，且小于

50mm 时，宜用强度等级不低于 C15 的细石混凝土灌注；当板缝宽小于或等于 20mm 时，宜用强度等级不小于 M15 的水泥砂浆灌注；当板缝宽大于或等于 50mm 时，则应按板缝上作用有楼面荷载的现浇板带计算配筋，并用比构件混凝土强度等级提高二级的细石混凝土灌注。

当楼面有振动荷载作用，对板缝开裂和楼盖整体性有较高要求时，可在板缝内加短钢筋后，再用细石混凝土灌注。当对楼面整体性要求更高时，可在预制板板面设置厚度为 40～50mm 的 C20 细石混凝土整浇层，并于整浇层内配置 Φ6@250 的双向钢筋网。

2. 板与墙、板与梁的连接

一般情况下，在板端支承处的墙或梁上，用 20mm 厚水泥砂浆找平坐浆后，预制板即可直接搁置在墙或梁上。预制板在墙上的支承长度，不宜小于 100mm；预制板在梁上的支承长度，不宜小于 80mm。当空心板端头上部要砌筑砖墙时，为防端头上部被压坏，需将空心板端头孔洞用堵头堵实。

3. 梁与墙的连接

梁与墙之间连接时，一般可先在支承面上铺设 10～20mm 厚、强度等级不小于 M5 的水泥砂浆，然后直接将梁搁置于其上即可。特殊情况下(如地震区)，可在梁端设置拉结钢筋。梁在砖墙上的支承长度应满足梁内受力钢筋在支座处的锚固要求，并满足支座处砌体局部抗压承载力要求，一般不应小于 180mm。当预制梁下砌体局部抗压承载力不足时，应按计算结果并考虑构造要求设置梁垫。

7.5 钢筋混凝土楼梯

7.5.1 钢筋混凝土楼梯的类型

楼梯是多层房屋的竖向通道，由梯段和休息平台组成，其平面布置、踏步、尺寸等由建筑设计确定。

楼梯按施工方法不同可分为现浇整体式楼梯和装配式楼梯两种；按梯段结构形式不同可分为板式楼梯、梁式楼梯、螺旋式楼梯和剪刀式楼梯四种，前两种属于平面受力体系，后两种属于空间受力体系。下面主要介绍现浇板式楼梯和现浇梁式楼梯两种楼梯的计算。

> **特别提示**
>
> 楼梯的结构形式，应根据楼梯的使用要求、材料供应及施工条件等因素，本着经济、适用、美观的原则确定。一般情况下宜选择现浇板式楼梯，只有当使用荷载较大，且梯段水平投影长度大于 3m 时，才选用现浇梁式楼梯。当然，若建筑有特殊要求，也可采用螺旋式楼梯和剪刀式楼梯。为加快施工进度，便于建筑物的工业化施工，有时也采用装配式楼梯。

7.5.2 现浇板式楼梯的计算

1. 梯段板计算要点

(1) 为保证梯段板具有一定刚度，梯段板的厚度一般可取(1/35～1/25)l_0(l_0为梯段板水平方向的跨度)，常取 80～120mm。

(2) 计算梯段板时，可取 1m 宽板带或以整个梯段板作为计算单元。

(3) 计算简图。梯段板在内力计算时，可简化为两端简支的斜板(图 7.14)。

(4) 荷载。荷载包括活荷载、斜板及抹灰层自重、栏杆自重等。其中活荷载及栏杆自重是沿水平方向分布的，而斜板及抹灰层自重则是沿板的倾斜方向分布的，为了使计算方便，一般应将斜板及抹灰层自重换算成沿水平方向分布的荷载。

(5) 内力计算。图 7.14(b)所示的简支斜板可简化为图 7.14(c)所示的水平板计算，计算跨度按斜板的水平投影长度取值,斜板自重可化作沿斜板的水平投影长度上的均布荷载。

当荷载及水平跨度都相同时，简支斜梁(板)在竖向均布荷载下(沿水平投影长度)的最大弯矩与相应的简支水平梁的最大弯矩是相等的，即

$$M_{max} = \frac{1}{8}(g+q)l_0^2 \tag{7-10}$$

而简支斜板在竖向均布荷载作用下的最大剪力为

$$V_{max} = \frac{1}{2}(g+q)l_n \cos\alpha \tag{7-11}$$

式中　g、q——作用于梯段板上的沿水平投影方向的永久荷载及可变荷载设计值；

　　　l_0、l_n——梯段板的计算跨度及净跨的水平投影长度；

　　　α——梯段板与水平线的夹角。

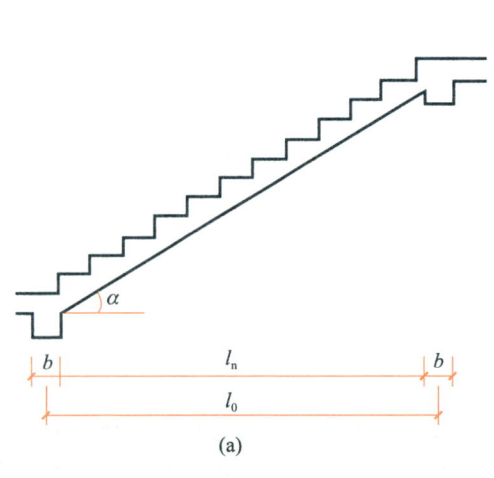
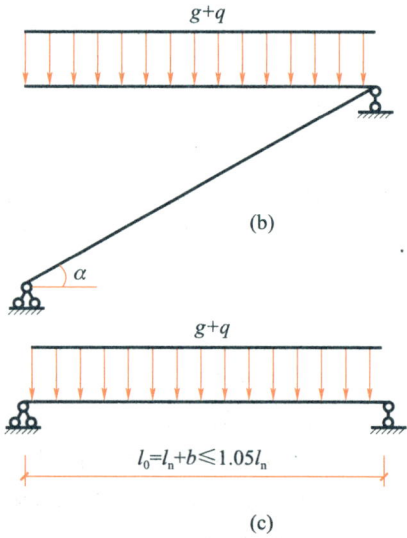

图 7.14　梯段板的内力计算

但在配筋计算时,考虑到平台梁对梯段斜板有弹性约束作用这一有利因素,故计算时取设计弯矩为

$$M_{max} = \frac{1}{10}(g+q)l_0^2 \tag{7-12}$$

(6) 对竖向荷载在梯段板内引起的轴向力,设计时不予考虑。

梯段斜板的配筋构造如图 7.15 所示。

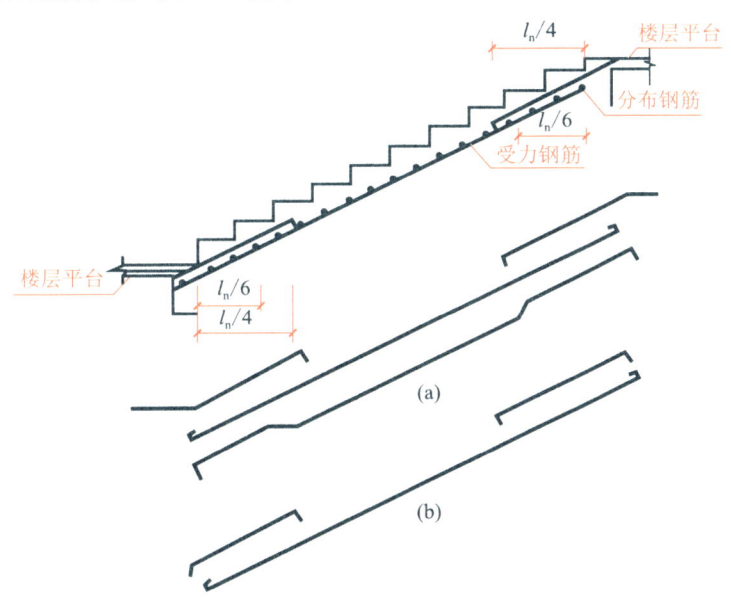

图 7.15　梯段斜板配筋构造

2. 平台板计算要点

(1) 平台板厚度 $h = l_0/35$(l_0 为平台板计算跨度),常取为 60~80mm;平台板一般为单向板,取 1m 宽板带作为计算单元。

(2) 当平台板的一边与梁整体连接而另一边支承在墙上时,板的跨中弯矩应按 $M_{max} = (g+q)l_0^2/8$ 计算。

(3) 当平台板的两边均与梁整体连接时,考虑梁对板的弹性约束,板的跨中弯矩可按 $M_{max} = (g+q)l_0^2/10$ 计算。

3. 平台梁计算要点

(1) 平台梁一般支承在楼梯间两侧的横墙上。

(2) 平台梁内力计算时,可忽略上下梯段斜板之间的空隙,按荷载满布于全跨的简支梁进行计算。

(3) 平台梁的截面高度 $h \geq l_0/12$(l_0 为平台梁的计算跨度,$l_0 = l_n + a \leq 1.05l_n$,$l_n$ 为平台梁的净跨,a 为平台梁的支承长度)。平台梁与平台板为整体现浇,配筋计算时按倒 L 形截面计算。

7.5.3 现浇梁式楼梯的计算

1. 踏步板计算要点

(1) 现浇梁式楼梯的踏步板由三角形踏步和其下的斜板组成。踏步板为一单向板，每个踏步板的受力情况相同，计算时可取一个踏步板作为计算单元。

(2) 当踏步板一端与斜边梁整体连接，另一端支承在墙上时，可按简支板计算跨中弯矩，即 $M = (g+q)l_0^2/8$，式中 l_0 为计算跨度，$l_0 = l_n + a/2$，l_n 为踏步板的净跨，a 为踏步板在墙内的支承长度。

当踏步板两端均与斜边梁整体连接时，考虑到斜边梁对踏步板的部分嵌固作用，其跨中弯矩取为 $M = (g+q)l_0^2/10$。

(3) 计算踏步板正截面受弯承载力时，常可近似地按宽度为 b，高度为折算高度 h 的矩形截面计算。截面折算高度的计算公式为

$$h = \frac{c}{2} + \frac{d}{\cos\alpha} \tag{7-13}$$

式中 c ——踏步高度；
  d ——现浇踏步板斜向厚度，$d \geqslant 40\text{mm}$；
  α ——楼梯踏步板与水平线的夹角。

现浇梁式楼梯的踏步板配筋构造如图 7.16 所示。

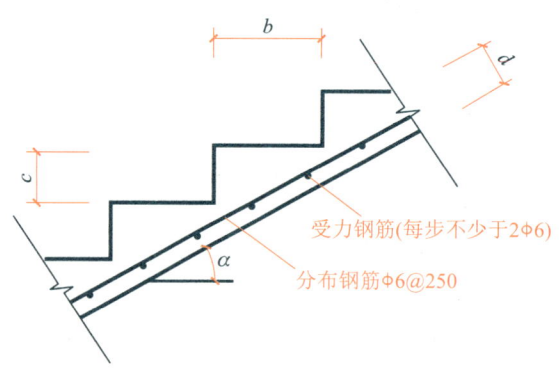

图 7.16 现浇梁式楼梯的踏步板配筋构造

2. 斜梁计算要点

(1) 梁式楼梯梯段斜梁两端支承在平台梁上，与前述板式楼梯斜板的内力分析相同。斜梁的计算不考虑平台梁的约束作用，按简支梁计算，即

$$M_{\max} = \frac{1}{8}(g+q)l_0^2 \tag{7-14}$$

$$V_{\max} = \frac{1}{2}(g+q)l_n \cos\alpha \tag{7-15}$$

(2) 斜梁的计算截面形式与斜梁和踏步板的相对位置有关。当踏步板在斜梁上部时，若仅有一根斜梁，可按矩形截面计算；若有两根斜梁，则按倒 L 形截面计算。当踏步板在

斜梁的中下部时,应按矩形截面计算。

(3) 在截面设计中,斜梁截面的高度取垂直于斜梁轴线的垂直高度,一般取 $h \geqslant l_0/20$, l_0 为斜梁水平投影的计算跨度。

3. 平台板计算要点

梁式楼梯的平台板与前述的板式楼梯平台板的计算及构造相同。

4. 平台梁计算要点

(1) 梁式楼梯的平台梁承受斜梁传来的集中荷载、平台板传来的均布荷载及平台梁的自重。

(2) 平台梁的计算截面按倒 L 形截面计算。

(3) 平台梁横截面两侧荷载不同,因此平台梁受到一定的扭矩作用,但一般无须计算,只需适当增加配箍量。此外,因平台梁受斜梁的集中荷载,所以在平台梁的斜梁支座两侧处,应设置附加横向钢筋。

7.6 钢筋混凝土雨篷

雨篷是建筑工程中常见的悬挑构件,一般由雨篷板和雨篷梁组成。雨篷梁除支承雨篷板外,还兼起门洞上过梁的作用。若雨篷悬挑过长,可在其上布置边梁。雨篷构件截面承载力计算时,若有边梁,按一般梁板结构计算;若无边梁,则按悬臂板计算。雨篷除进行截面承载力计算外,尚需进行整体的抗倾覆验算。

1. 雨篷板的计算

作用在雨篷板上的荷载有恒荷载、活荷载和雪荷载等。活荷载可分为均布活荷载或集中活荷载(按 1.0kN/m 考虑)。雨篷板截面承载力计算时,需考虑两种荷载组合:第一种为恒荷载与均布活荷载或雪荷载组合;第二种为恒荷载与集中活荷载组合。然后分别算出两种荷载组合下雨篷板根部的最大弯矩,选取其中较大值进行配筋。雨篷板计算时通常取 1m 为计算单元,按悬臂板确定内力值。

2. 雨篷梁的计算

雨篷梁既承受雨篷板传来的荷载,还承受其上部墙体自重和梁板荷载。由于雨篷传给雨篷梁的荷载作用点不在其竖向对称面上,从而使雨篷梁产生扭转,所以雨篷梁是受扭构件,应按第 5 章的理论进行截面承载力计算。雨篷梁上扭矩按式(7-16)计算。

$$T_{\max} = \frac{1}{2}\left[\frac{(g+q)l(l+b)}{2}\right]l_0 \tag{7-16}$$

式中 l_0——雨篷梁的净跨度;

l——雨篷板的长度;

b——雨篷梁的宽度。

3. 雨篷抗倾覆验算

由于雨篷为悬挑构件,作用在雨篷上的荷载将绕倾覆点 O 产生倾覆力矩 M_{ov}(图 7.17),而梁自重、墙自重及梁板传来的恒荷载将产生绕 O 点的抗倾覆力矩 M_r。为保证雨篷的稳定性，则需满足下列条件。

$$M_r \geq M_{ov} \tag{7-17}$$

式中　M_{ov}——按雨篷板不利荷载组合计算的绕 O 点的倾覆力矩，计算时荷载取设计值；
　　　M_r——按恒荷载计算的绕 O 点的抗倾覆力矩，$M_r = 0.8G_r(l_2 - x_0)$；
　　　G_r——雨篷梁上恒荷载标准值。

当不满足式(7-17)的要求时，可适当增大雨篷梁支承长度，或采取与周围结构拉结的措施。

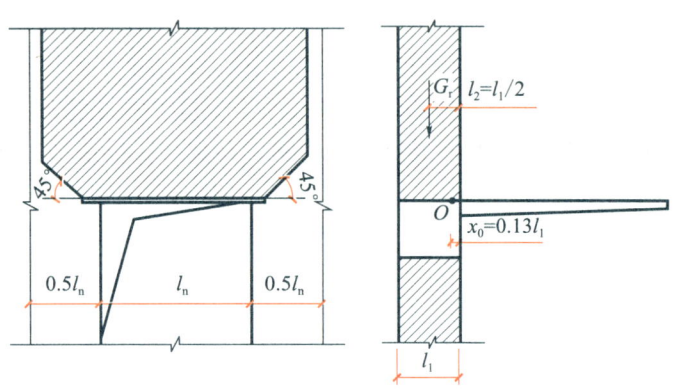

图 7.17　雨篷抗倾覆计算简图

4. 雨篷梁、板的构造要求

雨篷板可做成变厚度板，板端部厚度一般不小于 50mm，根部厚度不小于 70mm。其受力钢筋按计算确定，且不应少于 ϕ6@200。受力钢筋必须伸入雨篷梁，且锚入长度不应小于钢筋的锚固长度 l_a。

分布钢筋不应少于 ϕ6@250。雨篷梁宽一般与墙厚相等，高度按计算确定。为保证雨篷有足够的嵌固，雨篷梁伸入墙内支承长度不应小于 370mm。

本 章 小 结

本章内容涉及混凝土梁、板结构的设计方法，是建筑结构体系的基本组成之一。建筑构件受力计算是理论基础，而梁、板结构的计算则是在基础理论之上的应用。梁、板结构的计算除需要运用到梁、板的构件设计理论之外，还需要考虑梁、板、柱之间的相互制约和相互联系，比单个构件计算要复杂得多。

混凝土梁、板结构主要是连续梁、板结构，涉及楼板设计和主次梁设计。楼盖结构的楼板根据长宽比的不同分为单向板和双向板，其设计的难度在于确定板的跨中和支座处的弯矩和剪力。由于弹性理论方法与实际相差较大，而塑性计算方法考虑了板的塑性变形和内力重分布，因此实际较多采用塑性理论方法，可通过弯矩和剪力系数来确定梁、板的弯矩和剪力。通过荷载等效及荷载组合的方式来确定最终的内力。对于楼板、次梁和主梁，在获得其内力后，可以按照构件的设计理论来进行截面设计。

楼梯分为梁式楼梯、板式楼梯等。其设计的难点在于确定斜向板和梁的内力。一般来说，为简化计算，可以把斜向受力构件简化成水平受力构件，承受竖向力的作用。雨篷结构主要进行抗倾覆验算和抗扭验算，同时完成在弯扭等荷载作用下的内力计算。

本章内容涉及面广，而且理论知识比较复杂，不仅要掌握单个构件受不同力作用的设计计算方法，还要掌握多个构件形成的结构体系下结构的受力分析，同时完成单个构件的截面设计和截面复核。

习 题

一、判断题

1. 混凝土保护层厚度越大越好。（   ）
2. 对于 $x \leqslant h_f'$ 的 T 形截面梁，因为其正截面受弯承载力相当于宽度为 b_f' 的矩形截面梁，所以其配筋率应按 $\rho = \dfrac{A_s}{b_f' h_0}$ 来计算。（   ）
3. 板中的分布钢筋布置在受力钢筋的下面。（   ）
4. 在截面的受压区配置一定数量的钢筋有助于改善梁截面的延性。（   ）
5. 双筋截面比单筋截面更经济适用。（   ）
6. 截面复核中，如果 $\xi > \xi_b$，说明梁发生破坏，承载力为 0。（   ）
7. 适筋破坏的特征是破坏始自受拉钢筋的屈服，然后混凝土受压破坏。（   ）
8. 正常使用条件下的钢筋混凝土梁处于梁工作的第Ⅲ阶段。（   ）
9. 适筋破坏与超筋破坏的界限相对受压区高度 ξ_b 的确定依据是平截面假定。（   ）

二、单选题

1. 为了避免斜压破坏，在受弯构件斜截面承载力计算中，可以通过规定下面哪个条件来限制？（   ）
   A．规定最小配筋率　　　　　　　　B．规定最大配筋率
   C．规定最小截面尺寸限制　　　　　D．规定最小配箍率

2. 为了避免斜拉破坏，在受弯构件斜截面承载力计算中，可以通过规定下面哪个条件来限制？（   ）
   A．规定最小配筋率　　　　　　　　B．规定最大配筋率
   C．规定最小截面尺寸限制　　　　　D．规定最小配箍率

3. M_R 图必须包住 M 图，才能保证梁的（   ）。
   A．正截面抗弯承载力　　　　　　　B．斜截面抗弯承载力
   C．斜截面抗剪承载力　　　　　　　D．正、斜截面抗弯承载力

4.《混凝土结构设计标准》(2024 年版)(GB/T 50010—2010)规定，纵向钢筋弯起点的位置与按计算充分利用该钢筋截面之间的距离，不应小于（   ）。
   A．$0.3 h_0$　　　B．$0.4 h_0$　　　C．$0.5 h_0$　　　D．$0.6 h_0$

5. 《混凝土结构设计标准》(2024年版)(GB/T 50010—2010)规定，位于同一连接区段内的受拉钢筋搭接接头面积百分率，对于梁、板类构件，不宜大于(　　)。

A. 25%　　　　　B. 50%　　　　　C. 75%　　　　　D. 100%

三、简答题

1. 钢筋混凝土楼盖结构有哪几种类型？它们各自的特点和适用范围是什么？

2. 什么叫作单向板、双向板？

3. 简述现浇单向板肋形楼盖的设计步骤。

4. 按弹性理论方法计算现浇单向板肋形楼盖的连续梁、板内力(弯矩、剪力)时，其活荷载最不利布置规律是什么？

5. 什么叫作折算荷载？按弹性理论方法计算多跨连续梁、板时为什么要对荷载进行折算？

6. 什么叫作塑性铰？它与力学中的理想铰有何异同？

7. 什么叫作塑性内力重分布？塑性铰与塑性内力重分布有何关系？

8. 简述按弹性理论方法计算多跨双向板的跨中最大正弯矩和支座最大负弯矩的过程。

9. 简述装配式楼盖中板与板、板与梁或墙的连接构造要求。

10. 常用楼梯有哪几种类型？各有何优缺点？说明它们的适用范围。

11. 简述梁式及板式楼梯荷载的传递途径。

12. 简述梁式及板式楼梯各组成部分的计算要点和构造要求。

在线答题

第 8 章　钢筋混凝土单层厂房

教学目标

通过学习钢筋混凝土单层厂房的结构组成、结构布置及构件选型、排架计算、排架柱设计、柱下独立基础设计、牛腿设计等，要求掌握单层厂房的结构组成和结构布置，掌握排架结构荷载及内力计算，并了解单层厂房主要构件设计。

教学要求

能力目标	知识要点	权重	自评分数
掌握单层厂房的结构组成和结构布置	单层厂房的结构组成与传力途径	25%	
	单层厂房的结构布置	10%	
掌握排架结构荷载及内力计算	排架结构的计算单元和计算简图	10%	
	排架结构的荷载计算	15%	
	排架结构的内力计算	15%	
	排架结构的控制截面和内力组合	10%	
了解单层厂房主要构件设计	柱下独立基础设计	5%	
	柱截面的设计	5%	
	牛腿设计	5%	

章节导读

根据不同使用要求,工业厂房可设计为单层厂房和多层厂房。按承重结构材料的不同,工业厂房可分为钢筋混凝土结构厂房、钢结构厂房、混合结构厂房。钢筋混凝土排架结构是单层厂房结构的一种基本形式,因其受力明确,设计和施工方便,故应用非常广泛。

本章讨论的是钢筋混凝土排架结构设计中的主要问题。学习中要在掌握排架结构组成的基础上,认识作用在排架上的荷载,尤其是吊车荷载,了解单层厂房主要构件的设计。

引例

中国空间技术研究院是我国最早从事卫星研制的高科技单位,也是目前国内最具实力的卫星、飞船主要研制基地。2009 年 12 月 16 日,中国空间技术研究院精密机加工厂房(B9)(图 8.1)建成竣工。该厂房位于北京市海淀区航天城,将直接为探月工程生产精密仪表等设备,建筑物主体厂房为 18m 的两连跨钢筋混凝土排架结构,每跨设 3t 电动单梁吊车一台,屋面采用大型预制屋面板。

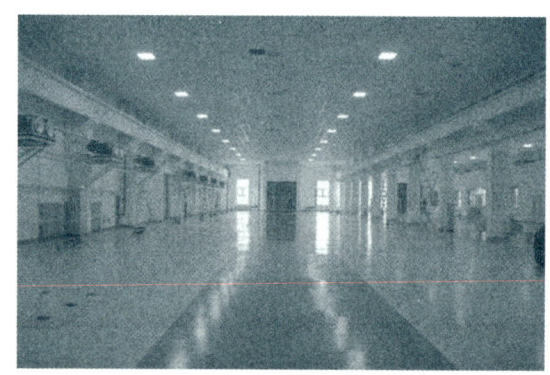

图 8.1 中国空间技术研究院精密机加工厂房(B9)

引例小结

排架结构是单层厂房中采用较多的一种基本结构形式,在中华人民共和国成立后大规模的经济建设中发挥了巨大的作用,至今仍广泛应用。了解单层厂房排架结构的结构组成、布置、分析等,具备处理单层厂房排架结构设计、施工中一般问题的能力,有着现实的意义。

由于工业生产的类型繁多,生产工艺不同,因而工业厂房的类型也很多。钢筋混凝土单层厂房是工业建筑中普遍采用的一种结构形式,主要用于冶金、机械、化工、纺织等有重型设备、产品较重且轮廓尺寸较大的厂房。

钢筋混凝土单层厂房的结构形式主要有刚架结构和排架结构两种。刚架结构是指屋面梁或屋架与柱刚接的结构。排架结构是单层厂房中应用最广泛的一种结构形式,由屋架(或屋面梁)、柱和基础组成,柱与屋架(或屋面梁)铰接而与基础刚接。本章主要讲述钢筋混凝土排架结构的单层厂房。

在进行工业厂房设计时,涉及的技术问题较多,需要设计人员在熟悉设计规范的基础上,结合工程实际情况灵活运用。一方面,设计人员应该具备高度的责任感和使命感,承担起维护人民生命财产安全的重要责任；另一方面，设计人员需要具备良好的职业道德和专业素养，不断提升自身的设计水平和技术能力，为社会做出更大的贡献。

8.1 单层厂房的结构组成和结构布置

8.1.1 单层厂房的结构组成与传力途径

1．结构组成

单层厂房结构通常由下列构件组成，如图 8.2 所示。

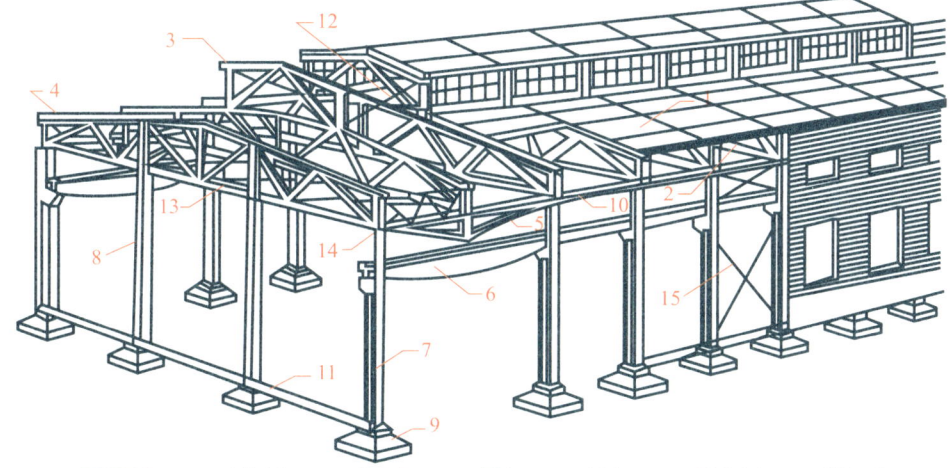

1—屋面板；2—天沟板；3—天窗架；4—屋架；5—托架；6—吊车梁；7—排架柱；
8—抗风柱；9—基础；10—连系梁；11—基础梁；12—天窗架垂直支撑；
13—屋架下弦横向水平支撑；14—屋架端部垂直支撑；15—柱间支撑。

图 8.2 单层厂房结构组成

(1) 屋盖结构。

屋盖结构由屋面板(包括天沟板)、屋架或屋面梁及屋盖支撑组成，有时还设有天窗架和托架等。屋盖结构的主要作用是围护和承重(屋盖结构自重和屋面活荷载)，以及采光和通风。

屋盖结构分无檩体系和有檩体系两种(图 8.3)。无檩体系由大型屋面板、屋架或屋面梁(包括屋盖支撑)组成，其刚度和整体性好。有檩体系由小型屋面板、檩条、屋架或屋面梁(包括屋盖支撑)组成。有檩体系由于构件种类多，刚度和整体性较差。

(2) 横向平面排架。

横向平面排架(图 8.4)由横梁(屋架或屋面梁)、横向柱列和基础组成，是厂房的基本承重结构。厂房结构承受的竖向荷载(结构自重、屋面活荷载和吊车竖向荷载等)及横向水平荷载(风荷载、吊车横向水平荷载和横向水平地震作用等)主要通过横向平面排架传至基础和地基。

165

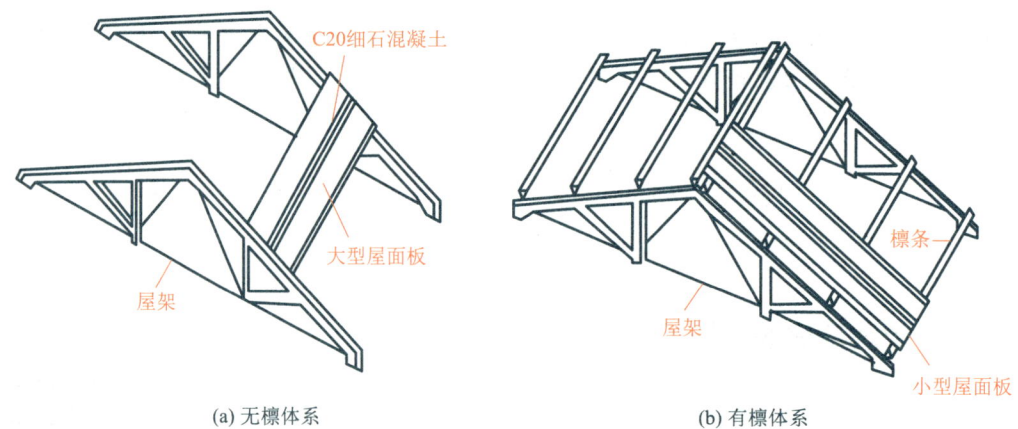

(a) 无檩体系   (b) 有檩体系

图 8.3 无檩体系和有檩体系屋盖

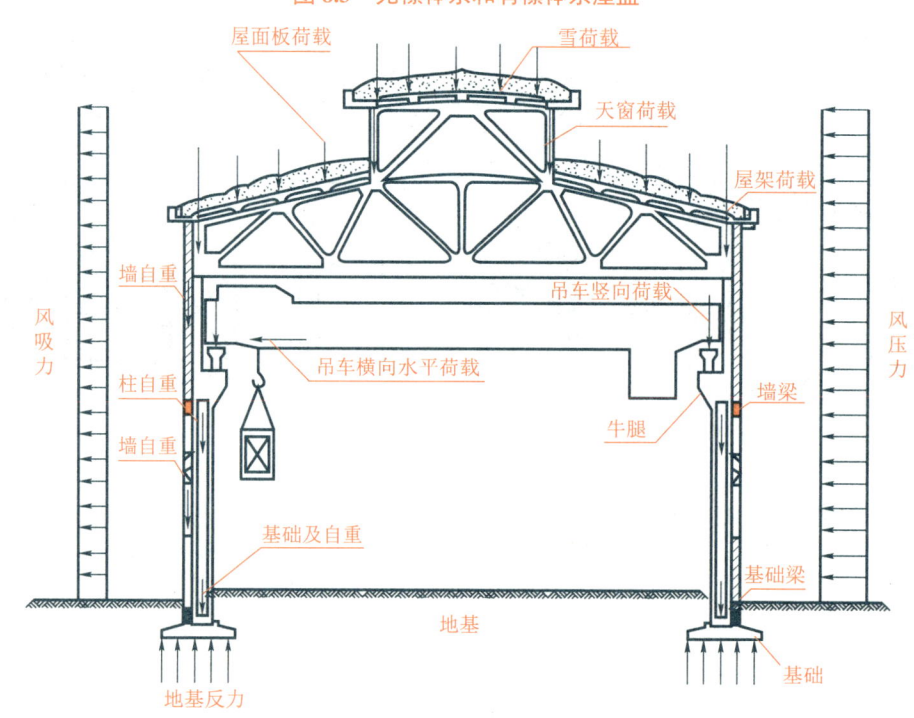

图 8.4 横向平面排架

(3) 纵向平面排架。

纵向平面排架(图 8.5)由纵向柱列、基础、吊车梁、连系梁、柱间支撑等构件组成。其作用是保证厂房结构的纵向稳定性和刚性,并承受作用在山墙和天窗端壁以及通过屋盖结构传来的纵向风荷载、吊车纵向水平荷载、纵向水平地震作用及温度应力等。

(4) 墙体围护结构。

墙体围护结构包括纵墙、横墙(山墙)以及由连系梁、抗风柱(有时还有抗风梁或抗风桁架)和基础梁等组成的墙架。这些构件所承受的荷载,主要是墙体和构件的自重以及作用在墙面上的风荷载。

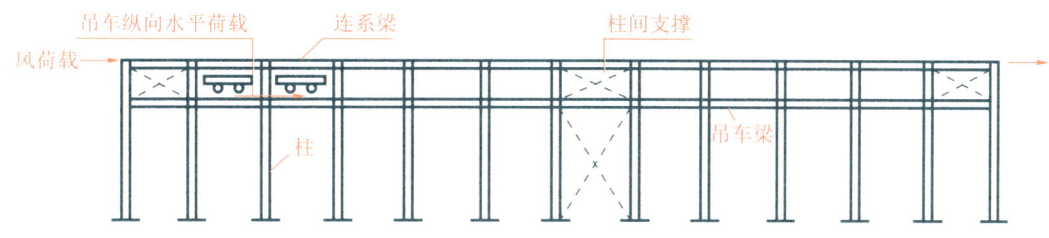

图 8.5 纵向平面排架

2. 传力途径

作用在单层厂房上的荷载有<u>永久荷载</u>和<u>可变荷载</u>两大类。

永久荷载主要包括各种结构构件、围护结构的自重以及固定生产设备的自重。

可变荷载主要包括吊车竖向荷载,吊车纵、横向水平荷载,屋面活荷载(屋面均布活荷载、施工荷载、雪荷载及积灰荷载),风荷载和地震作用等。

单层厂房所受的荷载及其传递路线如图 8.6 所示。

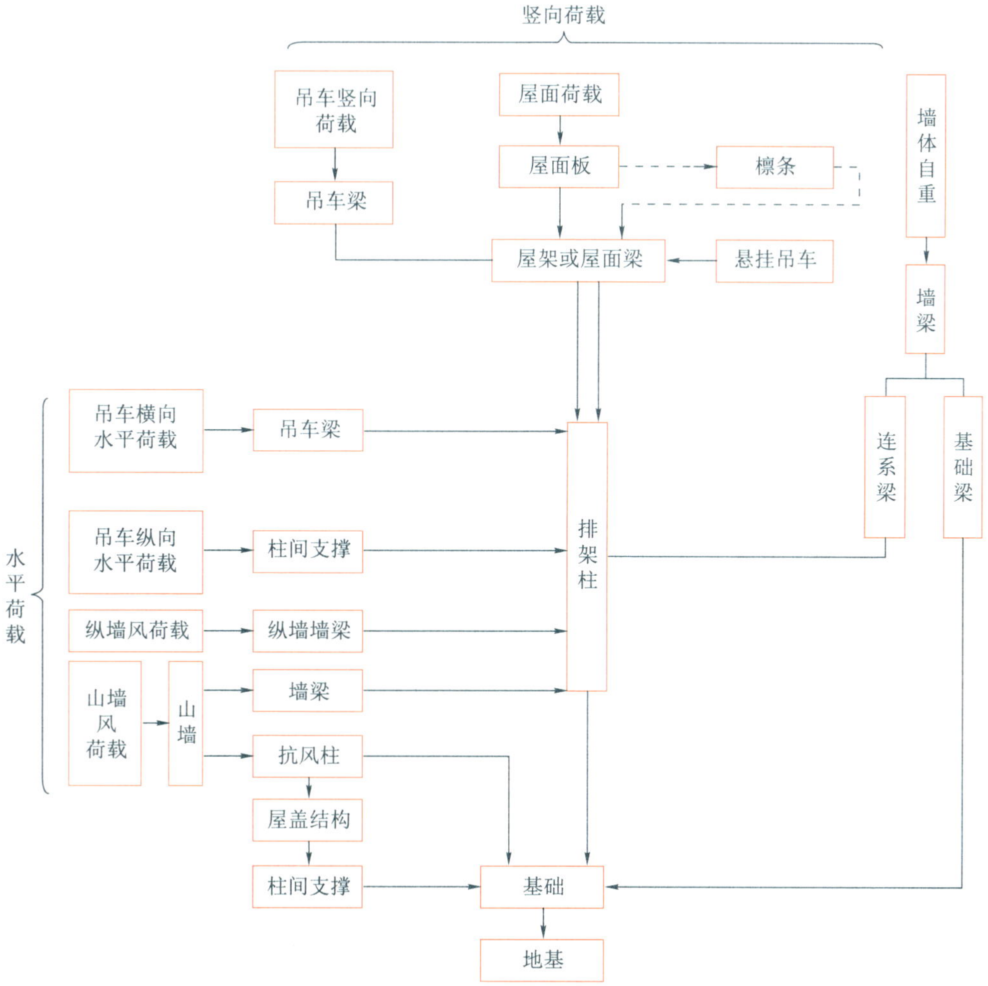

图 8.6 单层厂房所受的荷载及其传递路线

由荷载的传递路线可以看出，作用在厂房结构上的各种荷载基本上都是先传给排架柱，再传给基础，最后传给地基。所以，一般单层厂房中屋架、吊车梁、柱和基础是主要承重构件。

8.1.2 单层厂房的结构布置

1. 柱网布置

厂房承重柱和承重墙的纵向和横向定位轴线，在平面上排列所成的网格称为柱网。柱网布置就是确定柱子纵向定位轴线之间的距离(跨度)和横向定位轴线之间的距离(柱距)。柱网既是确定柱位置的依据，也是确定屋面板、屋架和吊车梁等构件的跨度和位置的依据。纵向定位轴线，以Ⓐ、Ⓑ、Ⓒ…表示；横向定位轴线，以①、②、③…表示，跨度和柱距示意图如图8.7所示。

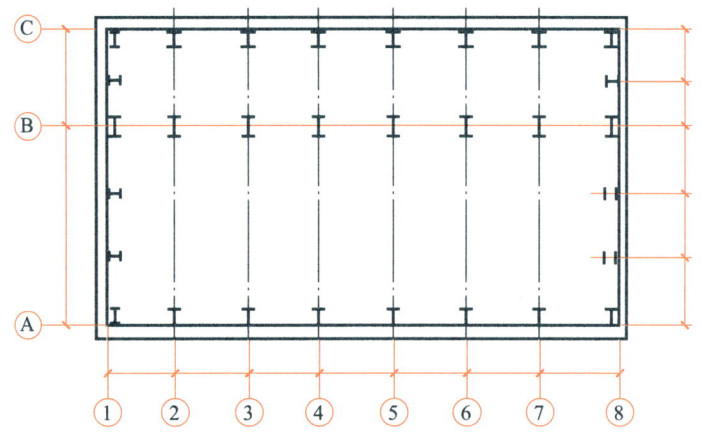

图8.7 跨度和柱距示意图

柱网布置的一般原则是：符合生产工艺和正常使用的要求；符合建筑平面和结构方案的经济合理性；施工方法具有先进性；符合厂房建筑统一化的基本规则；适应生产发展和技术革新的要求。

厂房跨度在18m以下时，应采用3m的倍数；在18m以上时，应采用6m的倍数。厂房的柱距，一般取6m的倍数。当工艺布置和技术经济有明显优越性时，也可采用21m、27m和33m的跨度或其他柱距。

> **特别提示**
>
> 从经济指标、材料消耗、施工条件等方面来说，采用6m柱距比12m柱距优越。但扩大柱距对增加车间有效面积、提高工艺设备布置的灵活性、减少结构构件的数量和加快施工进度等都是有利的。12m柱距和6m柱距，在大小车间相结合时，两者可配合使用。此外，12m柱距可以利用现有设备做成6m屋面板系统(设置托架)。

2. 变形缝

在单层厂房的结构布置中要考虑设置变形缝。变形缝包括伸缩缝、沉降缝和防震缝 3 种。

(1) 伸缩缝。

当厂房长度和宽度过大，气温变化时，结构内部会产生很大的温度应力，严重的可使墙面、屋面和构件拉裂，影响使用。温度应力的大小与厂房的长度或宽度有关，为减小厂房结构中的温度应力，可设置伸缩缝，将厂房结构完全分成若干温度区段。

伸缩缝应从基础顶面开始，将两个温度区段的上部结构完全分开，并留出一定宽度的缝隙，使上部结构在气温变化时，沿水平方向可以较自由地发生变形，不致引起房屋开裂。

温度区段的长度(伸缩缝之间的距离)，取决于结构类型和温度变化情况(结构所处环境条件)。《混凝土结构设计标准》(2024 年版)(GB/T 50010—2010)中规定：钢筋混凝土装配式排架结构，其伸缩缝的最大间距，露天时为 70m，室内或土中时为 100m。

(2) 沉降缝。

沉降缝是为了避免厂房因基础不均匀沉降而引起的开裂和损坏而设置的。在单层厂房中，一般可不设沉降缝。如果存在厂房相邻两部分高差很大、两跨间吊车起重量相差悬殊、地基土的压缩性有显著差异、厂房各部分施工时间先后相差很大等情况时，应该设置沉降缝。

沉降缝应将建筑物从基础到屋顶全部分开，以使缝两边发生不均匀沉降时互不影响。沉降缝也可兼作伸缩缝。

(3) 防震缝。

防震缝是为了减轻厂房震害而采取的措施之一。当厂房平面或立面复杂、结构高度或刚度相差很大，以及在厂房侧边布置附房(如生活间、变电所、锅炉间等)时，应设置防震缝将相邻部分完全分开。

防震缝的宽度及其做法见《建筑抗震设计标准》(2024 年版)(GB/T 50011—2010)。对于地震区的厂房，其伸缩缝和沉降缝均应符合防震缝的宽度要求。

3. 支撑布置

在装配式钢筋混凝土单层厂房结构中，厂房支撑是联系各主要结构构件并构成厂房空间整体的重要组成部分。支撑如果布置不当，不仅会影响厂房的正常使用，甚至可能引起主要承重结构的破坏。

单层厂房结构布置

支撑的主要作用是保证厂房结构的几何稳定性；保证厂房结构的纵向和横向水平刚度以及空间整体性；把纵向风荷载、吊车纵向水平荷载及水平地震作用等传递给主要承重构件；保证施工安装阶段结构构件的稳定。

单层厂房的支撑包括屋盖支撑和柱间支撑两部分。

(1) 屋盖支撑。

屋盖支撑包括横向水平支撑、纵向水平支撑、垂直支撑及水平系杆、天窗架间的支撑。

① 横向水平支撑。横向水平支撑是由交叉角钢和屋架上弦或下弦组成的水平桁架。设置在屋架上弦平面内的称为上弦横向水平支撑；设置在屋架下弦平面内的称为下弦横向水平支撑。横向水平支撑一般布置在温度区段两端的第一或第二柱间，可加强屋盖结构在纵向水平面内的刚度，将山墙抗风柱所承受的纵向水平力传到两侧柱列。

当屋面为有檩体系，或山墙风力传至屋架上弦而大型屋面板的连接不符合规定要求时，均应设置上弦横向水平支撑(图 8.8)。当屋架下弦设有悬挂吊车或受有其他水平力，或抗风柱与屋架下弦连接，抗风柱风力传至下弦时，应设置下弦横向水平支撑。

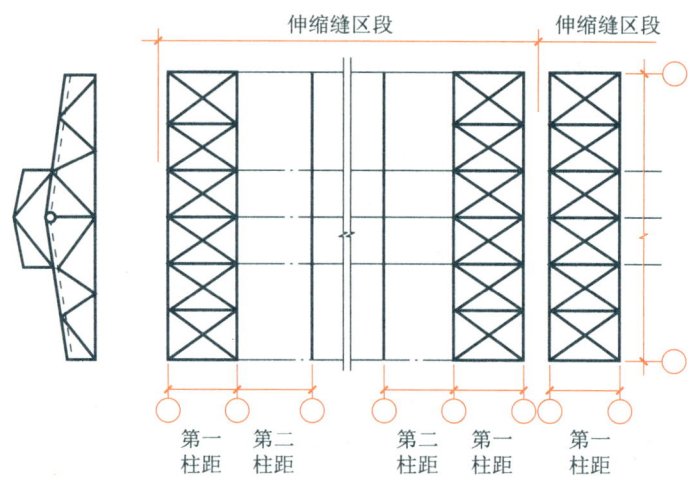

图 8.8　上弦横向水平支撑

② 纵向水平支撑(图 8.9)。纵向水平支撑是由钢杆件和屋架下弦第一节间组成的水平桁架。纵向水平支撑布置在下弦平面端节点中,是为了加强屋盖结构在横向水平面内的刚度,保证横向水平荷载的纵向分布,增强排架的空间工作而设置的。

纵向水平支撑的设置应根据厂房跨度、跨数、高度、屋架承重结构方案、吊车吨位及工作等因素确定。

纵向水平支撑(下弦)应与横向水平支撑(下弦)组成封闭的支撑体系,以利于增强厂房的整体性。

③ 垂直支撑及水平系杆(图 8.10)。垂直支撑是指两个屋架之间沿纵向设置在竖向平面内的支撑,是由钢杆件与屋架的垂直腹杆或天窗架的立柱组成的垂直桁架。水平系杆是指两个屋架之间沿纵向设置的水平杆,设置在屋架上、下弦及天窗上弦平面内。

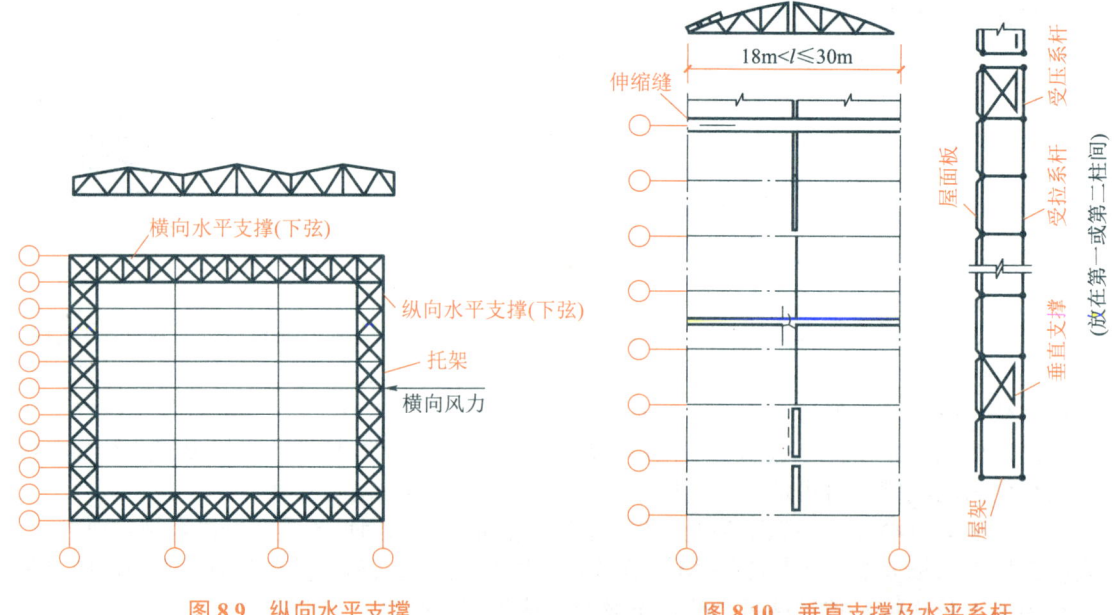

图 8.9　纵向水平支撑　　　　图 8.10　垂直支撑及水平系杆

垂直支撑及下弦水平系杆的作用是保证屋架的整体稳定(抗倾覆)，以及防止在吊车工作时(或有其他振动时)屋架下弦的侧向颤动。上弦水平系杆的作用则是保证屋架上弦或屋梁受压翼缘的侧向稳定(防止局部失稳)。

当屋架跨度≤18m且无天窗时，一般可不设置垂直支撑和水平系杆；当屋架端部高度＞1.2m时，应在第一或第二柱间屋架两端设置垂直支撑，并在下弦设置水平系杆，增加屋架下弦的侧向刚度。

④ 天窗架间的支撑。它包括天窗架上弦横向水平支撑和沿天窗架两侧边的垂直支撑。其作用是传递天窗端壁所承受的风荷载(或纵向地震作用)，并保证天窗架平面外的稳定性。天窗架间的支撑与屋架上弦支撑应尽可能布置在同一柱间，以加强两端屋架的整体作用。

(2) 柱间支撑。

柱间支撑分为上柱柱间支撑和下柱柱间支撑(图 8.11)。前者位于吊车梁上部，用以承受山墙的风荷载；后者位于吊车梁的下部，用以承受上部支撑传来的荷载和吊车梁传来的纵向制动荷载，并传至基础。柱间支撑还起到增强厂房的纵向刚度和稳定的作用。

上柱柱间支撑应设在伸缩缝区段中部和两端的柱间，下柱柱间支撑应设在伸缩缝区段中部的柱间。柱间支撑一般采用钢结构。

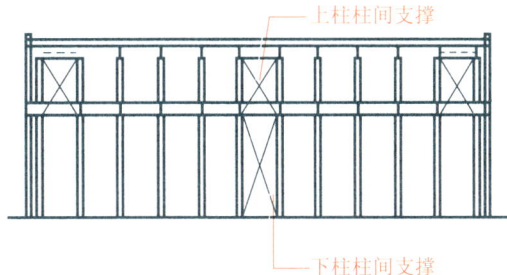

图 8.11 柱间支撑

一般单层厂房，凡属下列情况之一者，均应设置柱间支撑。

① 设有悬臂式吊车或3t 及以上的悬挂式吊车时。
② 设有重级工作制吊车或中、轻级工作制吊车，起重量在 10t 及以上时。
③ 厂房跨度在 18m 及以上或柱高在 8m 以上时。
④ 纵向柱的总数在 7 根以下时。
⑤ 露天吊车栈桥的柱列。

4．围护结构布置

(1) 抗风柱。

单层厂房的端墙(山墙)受风荷载的面积较大，一般须设置抗风柱将山墙分成几个区格，使墙面受到的风荷载一部分直接传给纵向柱列，另一部分经抗风柱上端通过屋盖结构传给纵向柱列和经抗风柱下端直接传给基础。

抗风柱一般与基础刚接，与屋架上弦铰接，根据具体情况，也可与下弦铰接或同时与上、下弦铰接。

(2) 圈梁、连系梁、过梁和基础梁。

圈梁的作用是将墙体和柱、抗风柱等箍在一起，增加厂房的整体刚性，减少由地基发生过大的不均匀沉降或较大振动荷载引起的不利影响。圈梁设在墙内，并与柱用钢筋拉接，不承受墙体自重，故柱上不必设置支承圈梁的牛腿。

圈梁的布置与墙体高度、厂房的刚度要求及地基情况有关，一般布置原则为在檐口、吊车梁标高处设一道，当外墙高度大于 15m 时应适当增设圈梁。圈梁应连续设置在墙体的同一平面上，并尽可能沿整个建筑物形成封闭状。当圈梁被门窗洞口截断时，应在洞口上部墙体内设置一道附加圈梁，其截面尺寸不应小于被截断的圈梁，如图 8.12 所示。

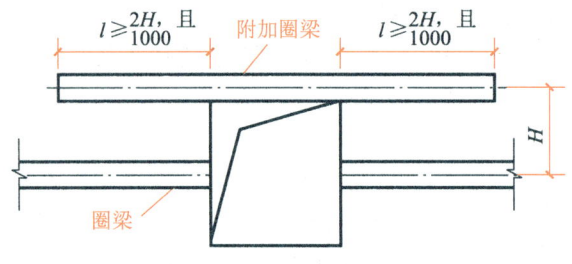

图 8.12　圈梁搭接图

连系梁的作用是支承墙体自重，连系纵向柱列，增强厂房纵向刚度，传递纵向水平荷载。连系梁通常是预制的，两端搁置在柱牛腿上，其连接可采用螺栓连接或焊接。

过梁的作用是承托门窗洞口上部的墙体自重，并将其传至两侧墙体。在进行厂房结构布置时，应尽可能将圈梁、连系梁和过梁结合起来，以节省材料，简化施工。

基础梁的作用是承受墙体自重，并把围护墙体自重传给柱基，不另做墙体基础。基础梁一般可不与柱连接，而直接搁置在基础杯口上；当基础埋置较深时，则搁置在基础顶部的混凝土垫块上。

8.2　排架结构荷载及内力计算

单层厂房排架结构是复杂的空间结构，为了简化计算，一般分别按纵向和横向平面排架近似地进行计算。但由于横向平面排架承受厂房的主要荷载，纵向平面排架一般可不必计算，因此，厂房结构计算主要归结于横向平面排架的计算。

8.2.1　排架结构的计算单元和计算简图

1. 计算单元

计算时，可通过任意相邻横向平面排架柱距的中心线截取一个典型区域，作为计算单元，如图 8.13 所示阴影部分。

除吊车荷载是移动的集中活荷载以外，其他作用于这一计算单元内的荷载，完全由该平面排架承担。这一计算单元就是平面排架的负荷范围，或称荷载从属面积。

2. 计算简图

为了简化计算，需对实际情况进行必要的假定。

(1) 柱的下端与基础固结。钢筋混凝土预制柱插入基础杯口一定的深度，并用高强度等级的细石混凝土和基础紧密地浇成一体，可作为固端考虑。

(2) 柱的上端与屋架(或者屋面梁)铰接。屋架(或者屋面梁)与柱顶连接处，常用螺栓连接或用预埋件焊接，但这种连接对抵御转动的能力很弱，因此可作为铰接考虑。

(3) 排架横梁为没有轴向变形的刚性连杆，横梁两端处的柱的水平位移相等。

根据以上假定，单层单跨横向平面排架计算简图如图 8.14 所示。图中以柱的几何中心线为计算轴线，当柱为变截面柱时，排架柱的轴线为一折线。排架的跨度 l 取纵向轴线间距离，排架总高度 H 取基础顶面至柱顶面的距离，上柱高 H_u 取牛腿顶面至柱顶面距离。

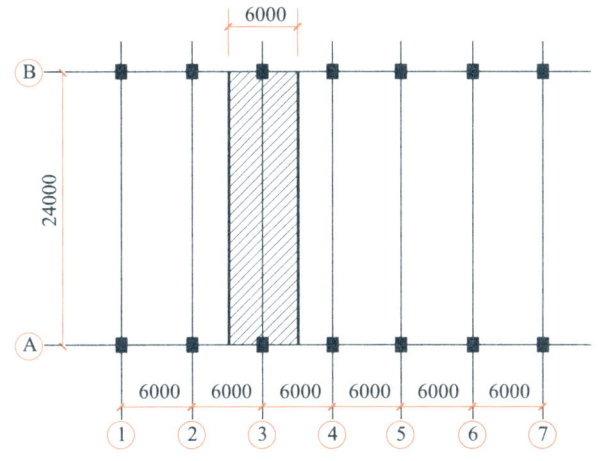

图 8.13　横向平面排架的计算单元

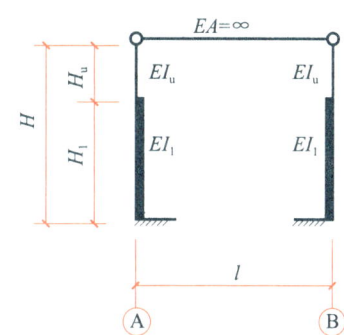

图 8.14　单层单跨横向平面排架计算简图

8.2.2　排架结构的荷载计算

作用在排架上的荷载主要有<u>永久荷载</u>和<u>可变荷载</u>两大类。可变荷载一般包括<u>屋面活荷载</u>、<u>吊车荷载</u>及<u>风荷载</u>等。

1. 永久荷载

排架的永久荷载一般包括屋盖自重、上柱自重、下柱自重、吊车梁和轨道等零件自重以及支承于柱牛腿上的围护结构自重等。各种永久荷载数值可根据结构构件的设计尺寸与材料单位体积的自重计算确定。若为标准构件，其自重可直接在标准图集上查得。对常用材料和构件的自重，可查《建筑结构荷载规范》(GB 50009—2012)进行计算。

2. 可变荷载

1) 屋面活荷载

屋面活荷载包括屋面均布活荷载、雪荷载和积灰荷载等，均按屋面的水平投影面积计算。
屋面均布活荷载按《建筑结构荷载规范》(GB 50009—2012)中的值采用。当施工荷载较大时，则按实际情况采用。

屋面水平投影面上的雪荷载标准值，应按式(8-1)计算。

$$s_k = \mu_r s_0 \tag{8-1}$$

式中　s_k——雪荷载标准值(kN/m^2)；

μ_r——屋面积雪分布系数，是考虑到屋面形状与空旷平坦地面的不同而引用的修正系数，可查《建筑结构荷载规范》(GB 50009—2012)；

s_0——基本雪压(kN/m^2)，按《建筑结构荷载规范》(GB 50009—2012)附录给出的 50 年一遇的雪压采用，或按当地设计资料采用。

对生产中有大量排灰的厂房及其邻近建筑应考虑屋面积灰荷载。

> **特别提示**
>
> 考虑到不可能在屋面积雪很深时进行屋面施工，故规定雪荷载与屋面均布活荷载不同时考虑，设计时，取其中较大值。当有积灰荷载时，应与雪荷载或不上人的屋面均布活荷载两者中的较大值同时考虑。

吊车荷载

2) 吊车荷载

桥式吊车是厂房中最常见的一种吊车形式，由大车(桥架)和小车组成。大车在吊车梁的轨道上沿厂房纵向行驶，小车在大车的轨道上沿厂房横向运行，带有吊钩的起重卷扬机安装在小车上。吊车荷载通过大车两端行驶的四个轮子作用在吊车梁上，再由吊车梁传给排架柱。吊车荷载示意图如图 8.15 所示。

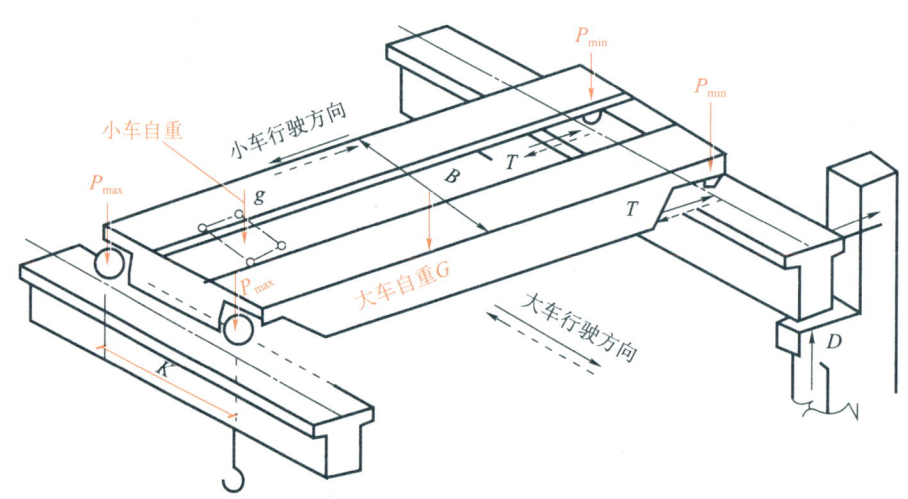

图 8.15 吊车荷载示意图

(1) 吊车竖向荷载。

吊车竖向荷载是指吊车(大车与小车)自重与起吊重物经由吊车梁传给柱的竖向压力。当小车吊有额定最大起重量开到大车某一侧极限位置时，在这一侧的每个大车轮压称为吊车的<u>最大轮压 P_{max}</u>，在另一侧的称为<u>最小轮压 P_{min}</u>。P_{max} 与 P_{min} 同时发生。P_{max} 与 P_{min} 的标准值可根据吊车的规格，从吊车产品说明书，或从起重运输机械专业标准中查得。

吊车是移动的，因此必须根据吊车梁(按简支梁考虑)的支座反力影响线计算出由吊车梁传给柱子的吊车最大竖向荷载 D_{max} 与吊车最小竖向荷载 D_{min}，如图 8.16 所示。

D_{max}、D_{min} 分别按式(8-2)和式(8-3)计算。

$$D_{max} = P_{max}(y_1 + y_2 + y_3 + y_4) = P_{max}\sum_{i=1}^{4} y_i \tag{8-2}$$

$$D_{\min} = P_{\min}(y_1 + y_2 + y_3 + y_4) = P_{\min}\sum_{i=1}^{4} y_i \qquad (8-3)$$

式中　y_1、y_2、y_3、y_4——相应于吊车轮压处于最不利位置时，各支座反力影响线的竖向坐标值。

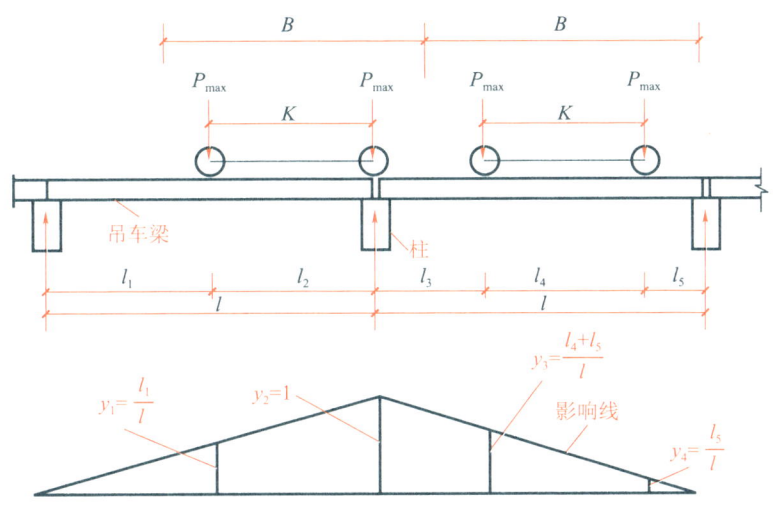

图 8.16　吊车梁支座反力影响线

(2) 吊车水平荷载。

吊车水平荷载有横向水平荷载和纵向水平荷载两种。

吊车横向水平荷载是指当小车带着吊重在大车轨道上启动和制动时所产生的惯性力。横向水平荷载应等分于桥架的两端，分别由轨道上的车轮平均传至轨道，其方向与轨道垂直。

吊车横向水平荷载标准值，应取小车自重标准值 g 与额定起重标准值 Q 之和的百分数。

吊车横向水平荷载平均分配于各轮，则每个轮子所传递的横向水平荷载为

$$T = \frac{\alpha(g + Q)}{n} \qquad (8-4)$$

式中　α——横向制动力系数，对软钩吊车取 12%(当 $Q \leqslant 10t$ 时)、10%(当 $Q=16\sim 50t$ 时)、8%(当 $Q \geqslant 75t$ 时)，对硬钩吊车取 20%；

　　　n——每台吊车两端的总轮数，一般为 4。

每个轮子传给吊车轨道的横向水平荷载 T 是移动荷载，依据影响线原理，可以按式(8-5)计算吊车横向水平荷载。

$$T_{\max} = T(y_1 + y_2 + y_3 + y_4) = T\sum_{i=1}^{4} y_i \qquad (8-5)$$

此 $T_{\max}$ 同时作用于吊车两边的柱上，方向相同。因为小车沿横向刹车时可能向左，也可能向右，因此一根柱受到的吊车横向水平荷载也有向左或向右两种可能。图 8.17 所示为吊车横向水平荷载作用下的排架示意图。对于设有多台吊车的多跨厂房，最多考虑两台吊车的横向水平荷载。

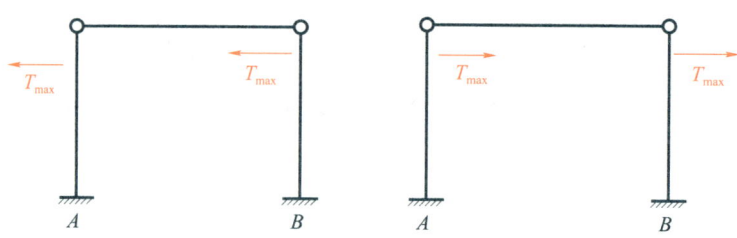

图 8.17 吊车横向水平荷载作用下的排架示意图

计算排架时,多台吊车的竖向荷载和水平荷载的标准值,应乘以表 8-1 中规定的折减系数。

表 8-1 多台吊车的荷载折减系数

参与组合的吊车台数	吊车工作级别	
	A1~A5	A6~A8
2	0.95	0.95
3	0.85	0.90
4	0.8	0.85

吊车纵向水平荷载是指大车启动或制动时所产生的惯性力,其作用点位于刹车轮与轨道的接触点。吊车纵向水平荷载由厂房纵向排架承受,一般不必计算。

3. 风荷载

《建筑结构荷载规范》(GB 50009—2012)规定,作用在建筑物表面上的风荷载标准值 W_k 计算如下。

$$W_k = \beta_z \mu_s \mu_z W_0 \tag{8-6}$$

式中 W_k——风荷载标准值(kN/m^2);

   β_z——高度 z 处的风振系数,对于高度小于 30m 或高宽比小于 1.5 的房屋,不考虑风振系数,即 $\beta_z=1.0$;

   μ_s——风荷载体型系数,具体数值可查《建筑结构荷载规范》(GB 50009—2012)中相应表格;

   μ_z——风压高度变化系数,具体数值可查《建筑结构荷载规范》(GB 50009—2012)中相应表格;

   W_0——基本风压值,按《建筑结构荷载规范》(GB 50009—2012)中全国各城市的 50 年一遇风压,但不得小于 $0.3\ kN/m^2$。

计算单层厂房风荷载时,柱顶以下的风荷载可按均布荷载计算,屋面与天窗架所受的风荷载一般折算成作用在柱顶的集中水平风荷载。此外,应注意到风荷载方向的不确定性,所以计算时要考虑左风、右风作用,但左风、右风不同时考虑。

8.2.3 排架结构的内力计算

如果各柱顶标高相同或虽然不同但是柱顶由倾斜横梁贯通相连,当排架发生水平位移时,各柱顶位移相同,在排架计算中,对这类排架称为<u>等高排架</u>;若柱顶位移不相等,则称为不等高排架。等高排架可按下面介绍的剪力分配法计算,不等高排架可参阅有关资料按力法进行计算。

1. 等高排架在柱顶集中荷载作用下的内力计算方法

使柱顶产生单位水平位移,则需在柱顶施加 $\dfrac{1}{\delta}$ 的水平力,即柱的抗剪刚度为 $\dfrac{1}{\delta}$,它是反映构件抗侧移能力的一个力学指标。

设有 n 根柱,任意柱 i 的抗剪刚度为 $\dfrac{1}{\delta_i}$,则其分担的柱顶剪力可由平衡和变形条件求得,即

$$V_i = \dfrac{\dfrac{1}{\delta_i}}{\sum\limits_1^n \dfrac{1}{\delta_i}} \cdot F = \eta_i \cdot F \tag{8-7}$$

式中　η_i——柱剪力分配系数,它等于自身的抗剪刚度与所有柱总的抗剪刚度之比。

2. 等高排架在任意荷载作用下的内力计算方法(图 8.18)

在任意荷载作用下,采用剪力分配法计算时可以分为 3 个步骤。

(1) 先在排架柱顶附加不动铰支座,如图 8.18(b)所示,并求出其支座反力 R 及相应的内力。

(2) 撤除附加不动铰支座,并将 R 以反方向作用于排架柱,以期恢复到原来的结构体系,如图 8.18(c)所示,求出其相应的内力。

(3) 叠加上述两个步骤中的内力,所得结构内力即为排架实际内力。

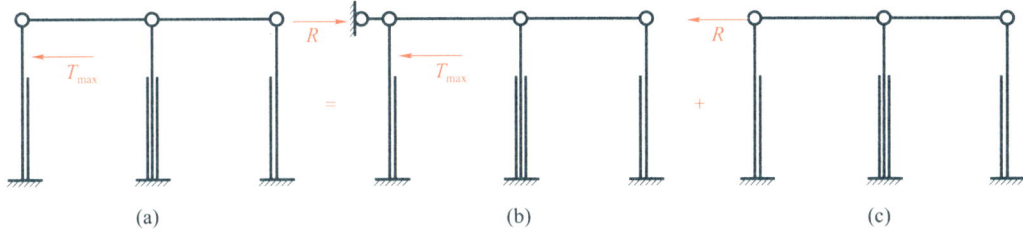

图 8.18　等高排架在任意荷载作用下的内力计算示意图

8.2.4　排架结构的控制截面和内力组合

排架在使用中可能同时承受多种荷载的共同作用,且对排架柱的某一截面来说,并不一定所有荷载同时作用才产生最危险的内力。因此在结构设计中应先求出排架柱在各单项荷载作用下的内力,按照它们在使用过程中同时出现的可能性,求出在某些荷载共同作用下,柱控制截面可能产生的最不利内力,为柱和基础的截面设计提供计算依据。

1. 控制截面

控制截面是指对柱配筋和基础设计有控制作用的截面。

在一般单阶柱的厂房中,整个上柱截面的配筋相同,而上柱底部截面 I—I 的内力比其

他截面大，故上柱的I—I截面是上柱的控制截面。

对下柱来说，在吊车竖向荷载作用下，牛腿顶面处Ⅱ—Ⅱ截面的弯矩最大；在风荷载或吊车横向水平荷载作用下，下柱底部截面Ⅲ—Ⅲ的弯矩最大，而且设计基础时需要知道Ⅲ—Ⅲ的内力；故Ⅱ—Ⅱ、Ⅲ—Ⅲ为下柱的控制截面。

所以，内力组合的控制截面应为I—I、Ⅱ—Ⅱ、Ⅲ—Ⅲ三个截面，如图8.19所示。

2．荷载组合及内力组合

(1) 荷载组合。

在排架内力分析时，得出了各种荷载单独作用下控制截面内力，为了找到最不利内力，就必须考虑其中一些可变荷载同时出现的可能性，即**荷载组合**。

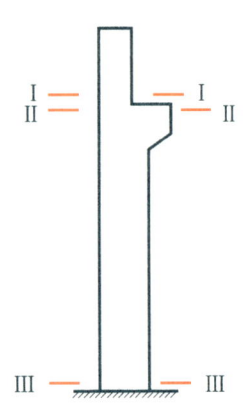

图8.19 柱的控制截面

在工程实际中，几种荷载同时出现是可能的，但同时都达到最大值则可能性很小，因此应分析各种荷载的特点及它们同时作用的可能性。《建筑结构荷载规范》(GB 50009—2012)规定，对于荷载基本组合，荷载效应组合的设计值S应从组合值中选取最不利数值确定。荷载组合方法见第1章或《建筑结构荷载规范》(GB 50009—2012)。

(2) 内力组合。

对于同一控制截面，弯矩M、轴向力N和水平剪力V应怎样选配，其截面的承载力才最不利，这就需要进行最不利内力组合。

排架柱是偏心受压构件，一般应考虑以下4种不利内力组合。

① $+M_{max}$ 及相应的N、V。

② $-M_{max}$ 及相应N、V。

③ N_{max} 及相应的M、V。

④ N_{min} 及相应的M、V。

> **特别提示**
>
> 一般来说，上述4种内力组合已能满足工程上的要求，但在某些情况下，可能还存在其他最不利的内力组合。例如，对于大偏心受压构件，偏心距$e_0 = M/N$越大(即M越大，N越小)时，截面配筋量往往较多。因此，有时M不是最大值，仅比最大值略小，但它相应的N却小很多，则这组内力组合可能是最不利的。

内力组合时，需要注意的事项有以下几方面。

① 永久荷载是始终存在的，故无论在何种内力组合中，永久荷载都必须参加组合。

② 吊车最大竖向荷载D_{max}可分别作用在一跨的左柱或右柱，对于这两种情况，每次只能选择其中一种情况参加内力组合。对一层吊车单跨厂房的每个排架，参与组合的吊车台数不宜多于2台；对一层吊车多跨厂房的每个排架，不宜多于4台。

③ 在考虑吊车横向水平荷载时，该跨必然相应作用有该吊车的竖向荷载；但在考虑该

吊车竖向荷载时，该跨不一定相应作用有该吊车的横向水平荷载。

④ 同一台吊车的最大横向水平荷载 T_{max} 同时作用于左、右两边的柱上，其方向可左可右，组合时只能择其一。考虑多台吊车横向水平荷载时，对单跨或多跨厂房的每个排架，参与组合的吊车台数不应多于 2 台。

⑤ 风荷载的作用方向有向左和向右两种情况，内力组合时只能选用其中一种情况。

8.3 单层厂房主要构件设计

钢筋混凝土结构单层厂房主要构件有屋面板、屋架、柱、吊车梁、基础梁、基础等。其中屋面板、屋架、吊车梁、基础梁等大都有现成的标准图集，供设计时选用，主要需自行设计的构件为基础和柱。

8.3.1 柱下独立基础设计

单层厂房的柱基础一般采用钢筋混凝土杯形独立基础(简称杯形基础)，由预制钢筋混凝土柱插入基础杯口，并采用高强度细石混凝土在其四周灌实，形成整体连接。杯形基础按其外形可分为阶梯形基础和锥形基础，如图 8.20(a)、(b)所示；按其埋置深度可分为低杯口基础和高杯口基础[图 8.20(c)]；按其受力形式的不同可分为轴心受压和偏心受压两种，一般多为偏心受压。

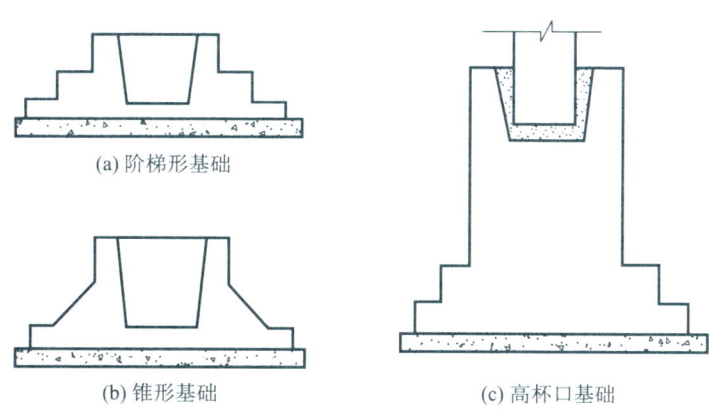

图 8.20 基础形式

柱下独立基础的计算内容有 3 部分：根据地基的承载力确定基础底面尺寸；根据混凝土的抗冲切验算确定基础的高度；根据基础底板的受弯承载力确定底板的配筋。

基础设计除须进行上述 3 部分计算外，还应满足下列构造要求。

1. **一般规定**

锥形基础的边缘高度，不宜小于 200mm；阶梯形基础的每阶高度，宜为 300～500mm。
垫层的厚度不宜小于 70mm；垫层混凝土的强度等级应为 C15。

基础的混凝土强度等级不应低于 C20。受力钢筋的最小直径不宜小于 10mm，间距不宜大于 200mm，也不宜小于 100mm。当基础边长大于或等于 2.5m 时，基础底板受力钢筋的长度可取边长的 0.9 倍，并宜交错布置。

基础常设 100mm 厚(不宜小于 70mm)、强度等级为 C10 的素混凝土垫层，保护层厚度不小于 40mm。设于比较干燥且土质好的土层上时，可不设垫层，但保护层厚度不宜小于 70mm。

2. 预制钢筋混凝土柱与杯口基础的连接构造

(1) 柱的插入深度。

为使柱锚固可靠和保证吊装时的稳定，柱的插入深度 h_1 应按表 8-2 采用，并应满足柱内纵向钢筋锚固长度的要求和吊装时柱的稳定性要求。

表 8-2　柱的插入深度 h_1

柱的类型	矩形或工字形柱				双肢柱
	$h < 500$	$500 \leqslant h < 800$	$800 \leqslant h < 1000$	$h > 1000$	
插入深度 h_1	$h \sim 1.2h$	h	$0.9h$ 且 $\geqslant 800$	$0.8h$ 且 $\geqslant 1000$	$(1/3 \sim 2/3)h_a$ $(1.5 \sim 1.8)h_b$

注：① h 为柱截面长边尺寸；h_a 为双肢柱全截面长边尺寸；h_b 为双肢柱全截面短边尺寸。
② 柱轴心受压或小偏心受压时，h_1 可适当减小，偏心距大于 $2h$ 时，h_1 应适当加大。

(2) 基础的杯底厚度和杯壁厚度。

为保证施工时的可靠锚固和避免在柱自重作用下杯底发生冲切破坏，基础的杯底厚度 a_1 和杯壁厚度 t 应按表 8-3 取值。

表 8-3　基础的杯底厚度和杯壁厚度

柱截面长边尺寸 h/mm	杯底厚度 a_1/mm	杯壁厚度 t/mm
$h < 500$	$\geqslant 150$	$150 \sim 200$
$500 \leqslant h < 800$	$\geqslant 200$	$\geqslant 200$
$800 \leqslant h < 1000$	$\geqslant 200$	$\geqslant 300$
$1000 \leqslant h < 1500$	$\geqslant 250$	$\geqslant 350$
$1500 \leqslant h < 2000$	$\geqslant 300$	$\geqslant 400$

(3) 杯壁配筋。

当柱为轴心受压或小偏心受压且 $t/h_2 \geqslant 0.65$ 时(h_2 见图 8.21)，或大偏心受压且 $t/h_2 \geqslant 0.75$ 时，杯壁可不配筋；当柱为轴心受压或小偏心受压且 $0.5 \leqslant t/h_2 \leqslant 0.65$ 时，杯壁可按表 8-4 构造配筋。其他情况应按计算配筋。

表 8-4　杯壁构造配筋

柱截面长边尺寸/mm	$h < 1000$	$1000 \leqslant h < 1500$	$1500 \leqslant h \leqslant 2000$
钢筋直径/mm	$8 \sim 10$	$10 \sim 12$	$12 \sim 16$

预制柱的杯口构造见图 8.21。

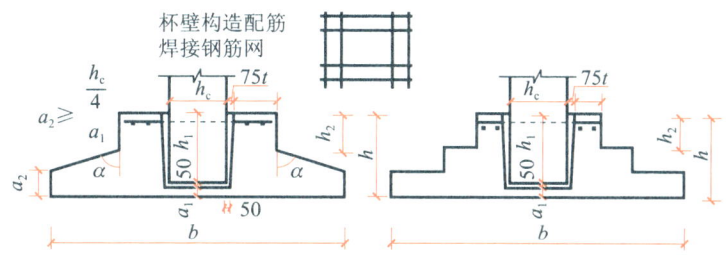

图 8.21 预制柱的杯口构造

8.3.2 钢筋混凝土柱的设计

钢筋混凝土柱的设计内容包括以下几方面。

(1) 选择柱的形式，确定柱的外形尺寸。单层厂房柱的形式有实腹矩形柱、工字形柱、双肢柱等，如图 8.22 所示。依据厂房的面积和荷载大小以及地区材料和施工条件等情况，通过技术经济分析比较，确定柱的形式及外形尺寸。

(2) 柱的截面设计。在排架内力分析的基础上，计算保证承载力所需要的柱截面配筋，并验算柱在吊装运输阶段的承载力和裂缝宽度。

(3) 牛腿设计。确定牛腿的外形尺寸及其配筋。

(4) 预埋件及其他连接构造的设计。

(5) 绘制施工图。

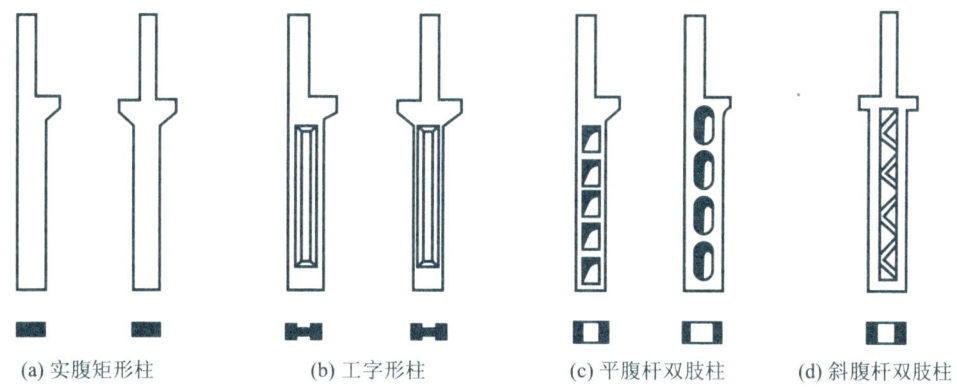

(a) 实腹矩形柱　　(b) 工字形柱　　(c) 平腹杆双肢柱　　(d) 斜腹杆双肢柱

图 8.22 单层厂房柱的形式

下面介绍柱截面设计和牛腿设计。

1. 柱截面设计

(1) 截面配筋设计。

根据排架计算求得控制截面的最不利内力组合 M、N 和 V，按偏心受压构件进行截面计算，它的配筋计算和构造要求与一般钢筋混凝土偏心受压构件设计相似。在进行柱截面配筋计算时，柱承受的弯矩可能正向也可能反向，为避免施工中出错，应采用对称配筋。采用刚性屋盖的单层工业厂房柱、露天吊车柱和栈桥柱的计算长度 l_0 可按表 8-5 取用。

表 8-5　采用刚性屋盖的单层工业厂房柱、露天吊车柱和栈桥柱的计算长度 l_0

柱的类型		排架方向	垂直排架方向	
			有柱间支撑	无柱间支撑
无吊车厂房柱	单　跨	$1.5H$	$1.0H$	$1.2H$
	两跨及多跨	$1.25H$	$1.0H$	$1.2H$
有吊车厂房柱	上　柱	$2.0H_u$	$1.25H_u$	$1.5H_u$
	下　柱	$1.0H_l$	$0.8H_l$	$1.0H_l$
露天吊车柱和栈桥柱		$2.0H_l$	$1.0H_l$	—

注：① H 为从基础顶面算起的柱全高；H_l 为从基础顶面至装配式吊车梁底面或现浇式吊车梁顶面的柱下部高度；H_u 为从装配式吊车梁底面或从现浇式吊车梁顶面算起的柱上部高度。

② 表中有吊车厂房柱的计算长度，当计算中不考虑吊车荷载时，下柱可按无吊车厂房柱的计算长度采用，但上柱的计算长度仍按有吊车厂房采用。

③ 表中有吊车厂房柱的上柱在排架方向的计算长度，仅适用于 $H_u/H_l \geqslant 0.3$ 的情况，当 $H_u/H_l < 0.3$ 时，计算长度宜采用 $2.5H_u$。

(2) 吊装运输阶段验算。

吊装时柱的混凝土强度等级一般按设计强度等级的 70% 考虑，当吊装验算要求高于设计强度等级的 70% 方可吊装时，应在设计图上注明。

一般来讲，柱无论是采用平吊，还是采用翻身吊，其吊点一般在牛腿下缘处，故其计算简图如图 8.23 所示。应按 1—1、2—2、3—3 这 3 个截面进行强度及裂缝宽度的验算。

验算时，柱的自重采用荷载的标准值，并乘以动力系数 1.5。

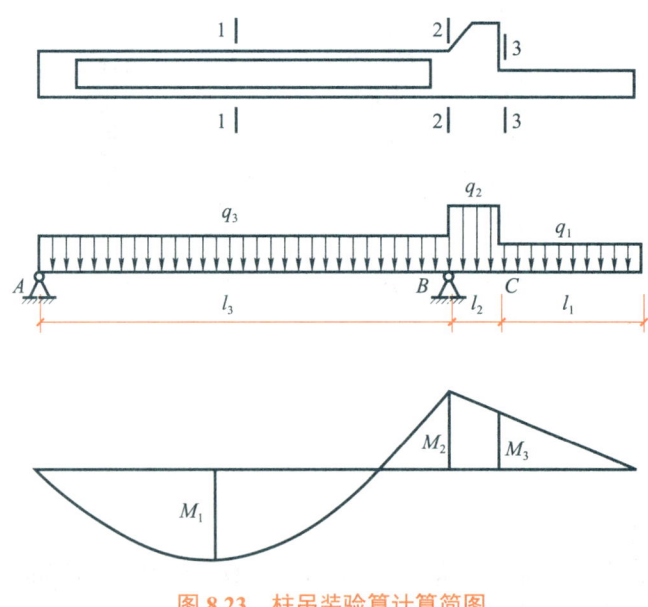

图 8.23　柱吊装验算计算简图

2. 牛腿设计

(1) 牛腿的分类和受力特点。

根据牛腿竖向荷载 F_v 的作用点至下柱边缘的水平距离 a 的大小，牛腿分为两类：当 $a > h_0$ 时，为长牛腿；当 $a \leqslant h_0$ 时，为短牛腿(h_0 为牛腿与下柱交接处垂直截面的有效高度)，如图 8.24 所示。

长牛腿的受力特点与悬臂梁相似，可按悬臂梁设计。短牛腿实质上是一变截面深梁，其受力性能与普通悬臂梁不同。下面主要讨论短牛腿的设计。

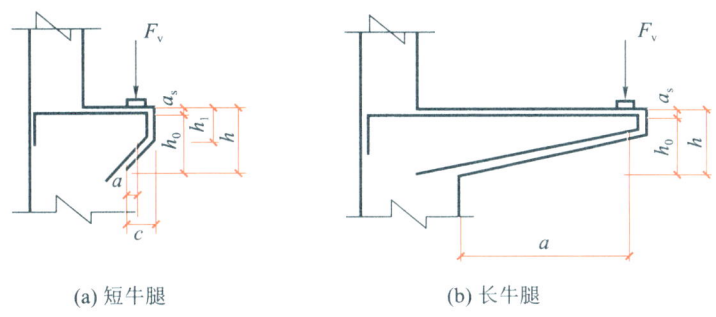

(a) 短牛腿　　　　　　　　(b) 长牛腿

图 8.24　牛腿的类型

(2) 牛腿的破坏形态。

在吊车的竖向与水平荷载作用下，随 a/h_0 值的不同，牛腿有各种破坏形式，如图 8.25 所示。当 $a/h_0 \leqslant 0.1$ 或 a/h_0 虽大但是牛腿边缘高度较小时，发生剪压破坏；当 $a/h_0 = 0.1 \sim 0.75$ 时，发生斜压破坏；当 $a/h_0 > 0.75$ 且纵向受力钢筋配筋率较低时，发生弯压破坏；这是 3 种主要的破坏形态。此外，当加载板过小、过柔或牛腿的宽度过窄时，还会导致加载板下的混凝土局压破坏等。

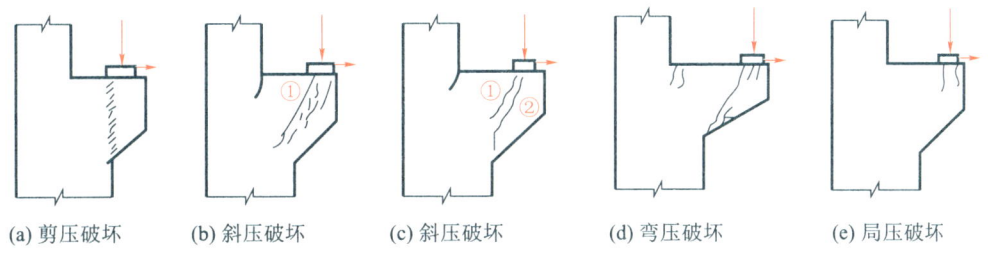

(a) 剪压破坏　　(b) 斜压破坏　　(c) 斜压破坏　　(d) 弯压破坏　　(e) 局压破坏

图 8.25　牛腿的破坏形态

单层厂房中常用牛腿的 a/h_0 值，一般为 $0.1 \sim 0.75$，为斜压破坏。其特征是：首先在牛腿上表面与上柱交接处出现垂直裂缝，但它始终开展很小，对牛腿的受力性能影响不大。当加载到极限荷载的 40%～60% 时，在加载板内侧附近出现斜裂缝①，如图 8.25(b) 所示，并不断发展，当加载到极限荷载的 70%～80% 时，斜裂缝①的外侧附近出现大量短小斜裂缝。当这些短小斜裂缝相互贯通时，混凝土剥落崩出，牛腿破坏。也有少数牛腿在斜裂缝①发展到相对稳定后，突然从加载板内侧出现一条通长斜裂缝②，然后就很快沿此斜裂缝破坏。

(3) 牛腿的计算简图(图 8.26)。

根据上述破坏形态，牛腿在接近破坏时，其纵向受力钢筋受拉。在斜裂缝①形成后，混凝土中的斜向压应力集中分布在斜裂缝①外侧一个不很宽的压力带内,斜向压应力分布比较均匀,其作用如同桁架中的压杆,整个牛腿的工作状况接近于一个三角形桁架,因此,其正截面承载力计算简图为一个三角形桁架。

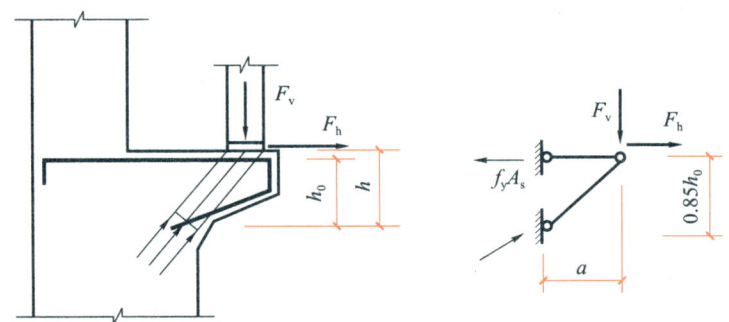

图 8.26 牛腿的计算简图

(4) 牛腿截面尺寸的确定。

牛腿截面宽度 b 与柱宽相同,主要是确定截面高度。牛腿的高度 h 是按抗裂要求确定的,即控制在使用阶段不允许出现斜裂缝①。设计时可根据经验预先假定牛腿高度,然后根据式(8-8)验算。

$$F_{vk} \leq \beta \left(1 - 0.5 \frac{F_{hk}}{F_{vk}}\right) \frac{f_{tk} b h_0}{0.5 + a/h_0} \tag{8-8}$$

式中 F_{vk} ——作用于牛腿顶部按荷载效应标准组合计算的竖向力;

F_{hk} ——作用于牛腿顶部按荷载效应标准组合计算的水平拉力;

β ——裂缝控制系数(对于支承吊车梁的牛腿,取 0.65;对于其他牛腿,取 0.8);

a ——竖向力作用点至下柱边缘的水平距离,并应考虑 20mm 的安装偏差(当 $a < 0$ 时,取 0);

b ——牛腿宽度;

h_0 ——牛腿与下柱交接处的垂直截面有效高度,$h_0 = h_1 - a_s + c \cdot \tan \alpha$(当 $\alpha > 45°$ 时,取 $\alpha = 45°$;c 为下柱边缘到牛腿外边缘的水平长度)。

(5) 牛腿承载力的计算。

牛腿的纵向受力钢筋由承受竖向力所需的受拉钢筋和承受水平拉力所需的水平锚筋组成,由牛腿计算简图,可以得出纵向受力钢筋的总截面面积 A_s 的计算公式为

$$A_s \geq \frac{F_v a}{0.85 h_0 f_y} + 1.2 \frac{F_h}{f_y} \tag{8-9}$$

式中 F_v ——作用于牛腿顶部的竖向力设计值;

a ——竖向力 F_v 作用点至下柱边缘的水平距离(当 $a < 0.3h_0$ 时,取 $a = 0.3h_0$);

F_h ——作用于牛腿顶面的水平拉力设计值。

(6) 牛腿的构造要求。

① 牛腿的外边缘高度 h_1,不应大于 $h/3$,且不小于 200mm。

② 在牛腿顶部的承压面上,由竖向力 F_{vk} 所引起的局部受压应力不应超过 $0.75 f_c$,否则应采取加大承压面积、提高混凝土强度等级或设置钢筋网等有效措施。

③ 牛腿顶部纵向受力钢筋。

a. 沿牛腿顶部配置的纵向受力钢筋，宜采用 HRB400 级或 HRB500 级钢筋。全部纵向受力钢筋及弯起钢筋宜沿牛腿外边缘向下伸入下柱内 150mm 后截断。纵向受力钢筋及弯起钢筋伸入上柱锚固长度，当选用直线锚固时不应小于受拉钢筋最小锚固长度 l_a；当上柱尺寸不足时，钢筋的锚固长度应符合梁上部钢筋在框架中间层端节点中带 90°弯折的锚固规定。此时，锚固长度应从上柱内边缘算起。

b. 承受竖向力所需的纵向受力钢筋的配筋率，按牛腿有效截面计算，不应小于 0.2% 及 $0.45 f_t / f_y$，也不宜大于 0.6%，钢筋数量不宜少于 4 根，直径不宜小于 12mm。

④ 水平箍筋。牛腿的水平箍筋对于限制斜裂缝的开展有显著作用。

牛腿应设置水平箍筋。水平箍筋应采用直径为 6~12mm 的钢筋，在牛腿高度范围内均匀布置，间距为 100~150mm，且在上部 $2h_0/3$ 范围内的水平箍筋的总截面面积不应小于承受竖向力的受拉钢筋截面面积的 1/2。

⑤ 弯起钢筋。当牛腿的剪跨比 $a/h_0 \geqslant 0.3$ 时，宜设置弯起钢筋。弯起钢筋宜采用 HRB400 级或 HRB500 级钢筋，并宜使其与集中荷载作用点到牛腿斜边下端点连线的交点位于牛腿上部 $l/6 \sim l/2$ 区域，l 为该连线的长度，以保证能充分发挥其作用。弯起钢筋的截面面积不宜小于承受竖向力的纵向受拉钢筋截面面积的 1/2，直径不宜小于 12mm，根数不宜少于 2 根，纵向受拉钢筋不得兼作弯起钢筋。

牛腿的外形尺寸及钢筋配置要求如图 8.27 所示。

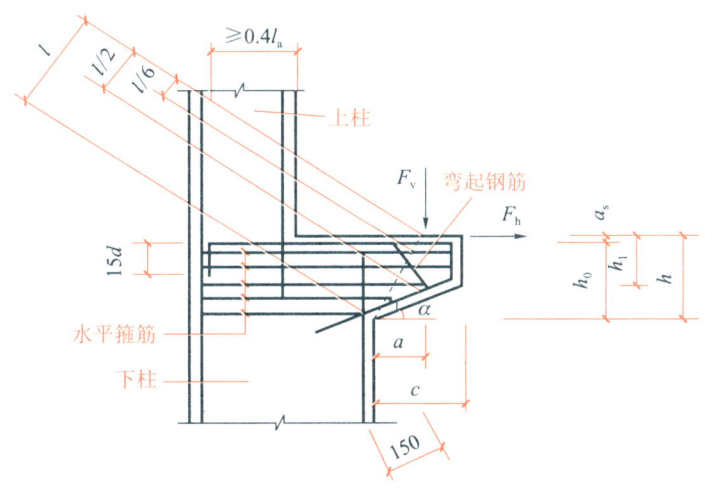

图 8.27 牛腿外形及钢筋配置

本章小结

排架结构是单层厂房中应用最广泛的一种结构形式，由屋架(或屋面梁)、柱和基础组成，柱与屋架(或屋面梁)铰接而与基础刚接。

钢筋混凝土排架结构单层厂房由屋盖结构、横向平面排架、纵向平面排架、墙体围护结构 4 部分组成。横向平面排架是厂房的基本承重结构。

由荷载的传递路线可以看出，作用在厂房结构上的各种荷载基本上都是先传给排架柱，再传给基础，最后传给地基。

在装配式钢筋混凝土单层厂房结构中，厂房支撑是联系各主要结构构件并构成厂房空间整体的重要组成部分。单层厂房的支撑包括屋盖支撑和柱间支撑两部分。

作用在排架上的荷载主要有永久荷载和可变荷载两大类。可变荷载一般包括屋面活荷载(屋面均布活荷载、雪荷载和积灰荷载)、吊车荷载(吊车竖向荷载和吊车水平荷载)以及风荷载等。

排架计算的目的是求出排架在各种荷载共同作用下控制截面可能产生的最不利内力，为柱和基础的截面设计提供计算依据。

柱下独立基础的计算内容有3部分：根据地基的承载力确定基础底面尺寸；根据混凝土的抗冲切验算确定基础的高度；根据基础底板的受弯承载力确定底板的配筋。

钢筋混凝土柱的设计内容包括：①选择柱的形式；②柱的截面设计；③牛腿设计；④预埋件及其他连接构造的设计；⑤绘制施工图。

习 题

一、判断题

1. 根据牛腿竖向荷载 F_v 的作用点至下柱边缘的水平距离 a 的大小，牛腿分为两类：当 $a > h_0$ 时，为长牛腿；当 $a \leqslant h_0$ 时，为短牛腿(h_0 为牛腿与下柱交接处垂直截面的有效高度)。　　　　　　　　　　　　　　　　　　　　　　　　　　　　　　　(　　)

2. 单层厂房内力组合时的控制截面应为上柱的底部截面、牛腿的顶部截面和下柱的底部截面。　　　　　　　　　　　　　　　　　　　　　　　　　　　　　　　(　　)

二、单选题

1. 单层厂房柱进行内力组合时，任何一组最不利内力组合中都必须包括(　　)引起的内力。

　　A. 永久荷载　　　B. 吊车荷载　　　C. 风荷载　　　D. 屋面活荷载

2. 在排架结构中，上柱柱间支撑和下柱柱间支撑的设置位置合理的是(　　)。

　　A. 上柱柱间支撑设在伸缩缝区段中部的柱间
　　B. 上柱柱间支撑设在伸缩缝区段中部和两端的柱间
　　C. 下柱柱间支撑设在伸缩缝区段的两端柱间
　　D. 下柱柱间支撑设在伸缩缝区段的中部和两端的柱间

3. (　　)的作用是构成刚性框架，增强屋盖的整体刚度，保证屋架上弦稳定性的同时将抗风柱传来的风力传递到(纵向)排架柱顶。

　　A. 上弦横向水平支撑　　　　　　B. 下弦横向水平支撑
　　C. 纵向水平支撑　　　　　　　　D. 垂直支撑

4. 牛腿的弯压破坏多发生在( )的情况下。
   A. $0.75 < a/h_0 \leqslant 1$ 且箍筋配制不足
   B. $a/h_0 \leqslant 0.1$ 且箍筋配制不足
   C. $0.75 < a/h_0$ 且纵向受力钢筋配筋率较低
   D. $a/h_0 \leqslant 0.1$ 且纵向受力钢筋配制不足

三、简答题

1. 钢筋混凝土排架结构单层厂房由哪几部分组成？其各自的作用是什么？
2. 什么是单层厂房的柱网？简述柱网尺寸的要求。
3. 单层厂房支撑体系的作用是什么？单层厂房的支撑体系包括哪两部分？
4. 单层厂房排架计算的基本假定是什么？
5. 如何用剪力分配法计算等高排架在任意荷载作用下的内力？
6. 柱的最不利内力组合有哪几种？
7. 进行单层厂房结构的内力组合时，应注意哪几点问题？
8. 柱下独立基础的计算内容有哪几部分？
9. 钢筋混凝土柱的设计内容包括哪些？
10. 长牛腿、短牛腿是如何划分的？
11. 牛腿的破坏形态有哪些？

在线答题

第 9 章　多层及高层钢筋混凝土结构

教学目标

通过学习多层及高层钢筋混凝土结构的常用结构体系的特点和适用范围，框架结构、剪力墙结构、框架-剪力墙结构的受力特点和构造要求等，初步具备多层及高层房屋常用结构体系的选择和一定的分析能力，并能熟练掌握相关构造要求。

教学要求

能力目标	知识要点	权重	自评分数
掌握常用结构体系	高层建筑结构的特点	5%	
	多层与高层结构体系	15%	
掌握框架结构	结构布置	20%	
	框架结构的受力特点	15%	
	框架结构的构造	15%	
掌握剪力墙结构	剪力墙结构的受力特点	10%	
	剪力墙的构造	10%	
了解框架-剪力墙结构	框架-剪力墙结构的受力特点	5%	
	框架-剪力墙结构的构造	5%	

第 9 章 多层及高层钢筋混凝土结构

章节导读

多层及高层建筑在近现代大量兴建,是民用建筑的主要形式。从安全、适用、经济角度综合比较,钢筋混凝土无论是目前还是今后仍将是多层及高层建筑的主要结构材料。在前面各章学习了钢筋混凝土结构各类构件的受力性能、计算和配筋构造后,需要进一步了解多层及高层钢筋混凝土结构的常用结构体系,能够掌握其受力特点,熟悉其构造要求。钢筋混凝土多层及高层房屋常见的结构体系有框架结构体系、剪力墙结构体系、框架-剪力墙结构体系和筒体结构体系等。

本章主要讨论框架结构体系、剪力墙结构体系和框架-剪力墙结构体系的受力特点和构造要求。学习中应联系工程实际进行理解,并能分析和处理施工及使用中出现的一般性结构问题。

引例

随着经济、社会的发展,多层及高层建筑大量兴建,近年来在我国各大城市越来越多的高层、超高层建筑也迅速发展。

位于广州天河区天河北路的广州中信大厦如图 9.1 和图 9.2 所示,楼高 83 层,391m。1997 年建成时为当时中国的最高建筑。

图 9.1 广州中信大厦

如此高的大楼应采用什么结构形式来建造,怎样能既满足结构受力上的强度和刚度,又具有良好的使用功能,是设计中应首先考虑的问题。

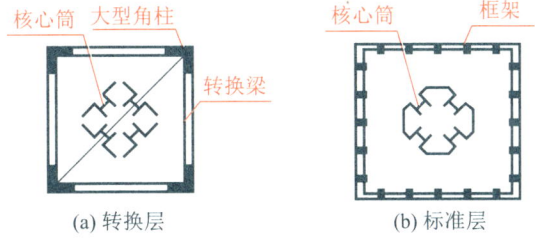

图 9.2 广州中信大厦结构平面

广州中信大厦采用的是钢筋混凝土筒中筒结构,在第 5 层设置转换层,1~4 层仅有 4 个角的角柱和中部的核心筒,转换大梁截面尺寸为 2.5m×7.5m,角柱肢长 7.75m,肢厚 2.5m。筒体具有很大的刚度,内部空间也比较大,平面布置灵活,因而广泛应用于写字楼等超高层公共建筑。

引例小结

建造多层及高层建筑时,应根据建筑的高度、使用功能及抗震设防要求等选用不同的结构体系。工程技术人员需要正确了解多层及高层建筑的常用结构,理解它们的受力特点,掌握各类混凝土结构的受力性能、设计计算方法,熟悉构造要求,增强解决实际工程问题的能力,能够结合规范分析不同的设计方案对结构安全、经济、工程进度等方面的影响,深刻理解工程技术人员应承担的社会责任,关注新技术、新设备、新工艺、新材料在实际工程中的应用,培养创新精神,才能实现合理地设计和正确地施工。

9.1　常用结构体系

9.1.1　高层建筑结构的特点

高层结构与多层结构相比的特点

多层和高层建筑之间并没有严格的界线。多少层的建筑或多少高度的建筑为高层建筑,不同国家有不同的规定。我国《高层建筑混凝土结构技术规程》(JGJ 3—2010)把 10 层及 10 层以上或房屋高度大于 28m 的建筑物定义为**高层建筑**,10 层以下的建筑物定义为**多层建筑**。

高层建筑结构与低层、多层建筑结构相比较有较明显的特点。

1. 侧向力成为决定因素

建筑结构所受的荷载主要来自垂直方向和水平方向,在较低的建筑结构中,由于结构高度低、平面尺寸较大,其高宽比很小,而结构的水平荷载和地震作用也很小,所以结构以抵抗竖向荷载为主,也就是说,竖向荷载是结构设计的主要控制因素。建筑结构的这种受力特点随着建筑高度的增大而逐渐发生改变。在高层建筑结构中,水平荷载随房屋高度的增加而迅速增大,侧向力(风荷载或水平地震作用)成了影响结构内力、结构变形及建筑物工程造价的主要因素。

荷载效应最大值(轴力 N、弯矩 M 和位移 Δ)可由图 9.3 得到:

$$\begin{cases} N = WH = f(H) \\ M = \dfrac{1}{2}qH^2 = f(H^2) \\ \Delta = \dfrac{qH^4}{8EI} = f(H^4) \end{cases} \quad (9\text{-}1)$$

式中　W——建筑每米高度上的竖向荷载;

　　　q——水平均布荷载;

　　　H——建筑高度;

　　　EI——建筑总体抗弯刚度(E 为弹性模量,I 为惯性矩)。

式(9-1)表示的荷载和内力、位移的关系,可以用图 9.4 直观反映。

2. 侧向位移成为控制指标

从图 9.4 可见，随着建筑高度的增加，水平荷载作用下结构的侧向变形增长最快，与建筑高度 H 的 4 次方成正比，结构侧向位移已成为高层结构设计中的关键因素。另外，高层建筑随着高度的增加、轻质高强材料的应用、新的建筑形式和结构体系的出现、侧向位移的迅速增大，在设计中不仅要求结构具有足够的强度，还要求具有足够的抗侧移刚度，使结构在水平荷载作用下产生的侧向位移被控制在某一限度之内，否则会产生以下几种情况。①侧向位移产生较大的附加内力，尤其是竖向构件，当侧向位移增大时，偏心加剧，当产生的附加内力值超过一定数值时，将会导致房屋倒塌；②使居住人员感到不适或惊慌；③使填充墙或建筑装饰开裂或损坏，使机电设备管道损坏，使电梯轨道变形而不能正常运行；④使主体结构构件出现大裂缝，甚至损坏。

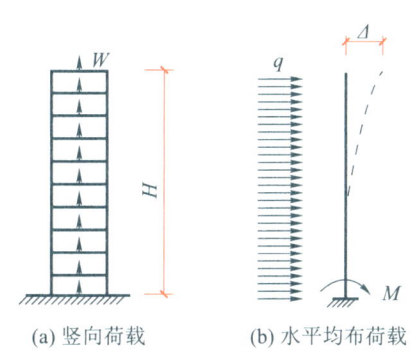

图 9.3 荷载、内力和位移示意图

(a) 竖向荷载　　(b) 水平均布荷载

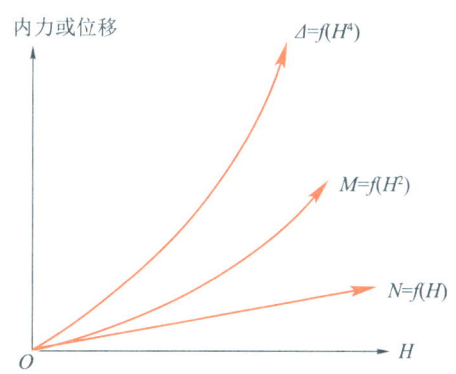

图 9.4 荷载和内力、位移的关系

除上述特点外，高层建筑结构的抗震要求也较高，我们应合理选择结构体系，以抵抗侧向力设计为核心，使所设计的结构具有足够的强度、刚度和良好的抗震性能。

9.1.2 多层与高层结构体系

钢筋混凝土多层及高层房屋常见的结构体系有框架结构体系、剪力墙结构体系、框架-剪力墙结构体系和筒体结构体系等。

1. 框架结构体系

<u>框架结构体系是以梁、柱组成的框架作为房屋的竖向承重结构，并同时承受水平荷载的结构体系</u>[图 9.5(a)]。

多层与高层结构体系

框架结构的内、外墙起围护和分隔的作用，所以能够提供较大的室内空间，平面布置灵活，因而适用于多层和高层办公楼、旅馆、医院、学校、商场及住宅等内部有较大空间要求的房屋，以及各种多层工业厂房和仓库等。

框架结构的梁、柱断面尺寸都不能太大，否则会影响平面及空间的使用功能，因此框架结构在水平荷载作用下表现出抗侧移刚度小、水平位移大的特点，属于柔性结构。随着房屋层数的增加，水平荷载逐渐增大，框架结构将因侧向位移过大而不能满足要求。因此，框架结构房屋的高度受到了限制，一般在非抗震设防区，框架结构的最大适用高度为 70m；在 8 度抗震设防区，最大高度为 45m；在 9 度抗震设防区，最大高度为 25m。

2．剪力墙结构体系

利用墙体承受水平作用和竖向作用的结构，称为剪力墙结构体系[图 9.5(b)]。

剪力墙在抗震结构中也称抗震墙。它在自身平面内的刚度大、强度高、整体性好，在水平荷载作用下侧向变形小，抗震性能较强。因此，剪力墙结构在非抗震设防区或抗震设防区的高层建筑中都得到了广泛的应用。图 9.6 所示为我国首栋百米高层建筑——广州白云宾馆的标准层平面图。

剪力墙结构体系特点

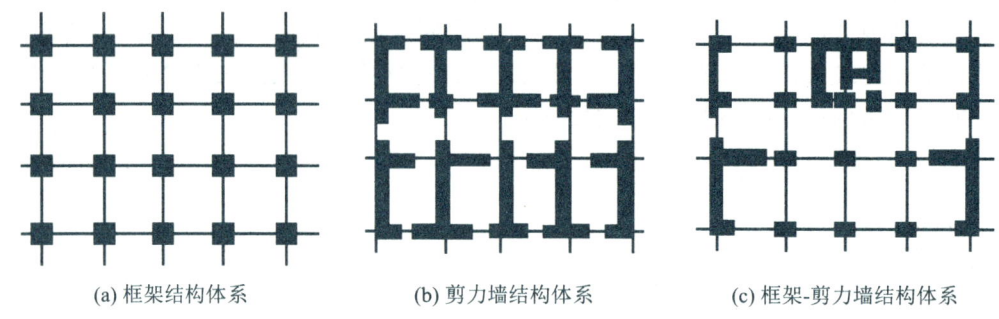

(a) 框架结构体系　　　(b) 剪力墙结构体系　　　(c) 框架-剪力墙结构体系

图 9.5　常用结构体系

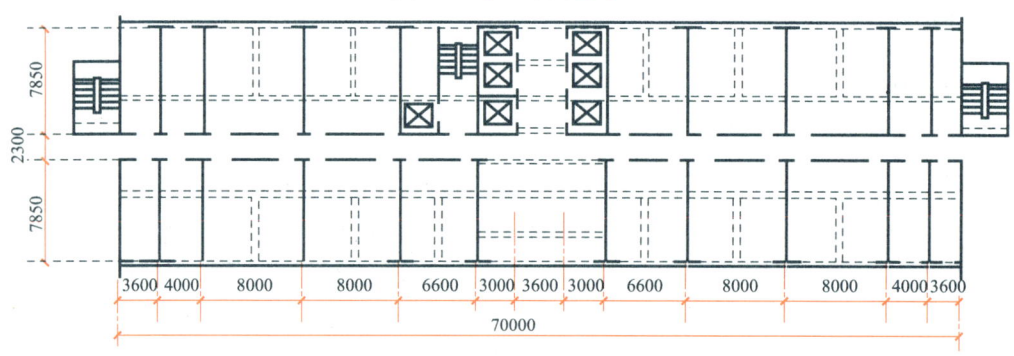

图 9.6　广州白云宾馆标准层平面

但剪力墙结构由于横墙较多、间距较密，使得建筑平面的空间小，难以布置房间，使用不灵活，故适用于住宅、公寓、旅馆等小开间的民用建筑，在工业建筑中很少采用。

当建筑底部需要较大空间来满足使用要求时，可将剪力墙结构底部一层或几层的部分剪力墙取消，用框架来代替，形成框支剪力墙结构。

3．框架-剪力墙结构体系

在框架结构中设置适当数量的剪力墙，即形成框架-剪力墙结构体系[图 9.5(c)]。

在框架-剪力墙结构房屋中，框架以负担竖向荷载为主，而剪力墙将负担绝大部分水平荷载。这种结构既具有框架结构布置灵活、使用方便的特点，又具有较大的刚度和较强的抗震能力，因此其广泛应用于办公楼、宾馆等公用建筑中。

4．筒体结构体系

随着建筑层数、高度的增长和抗震设防要求的提高，以平面工作状态的框架、剪力墙来组成高层建筑结构体系，往往不能满足要求。这时可以**将剪力墙或密柱框架围合而成一个或多个封闭的筒体，利用竖向筒体承受水平和竖向作用，这种结构体系称为筒体结构体系。**

根据房屋高度及其所受水平力的不同，筒体结构体系可以布置成框架-筒体结构、筒中筒结构和成束筒结构等，如图 9.7 所示。

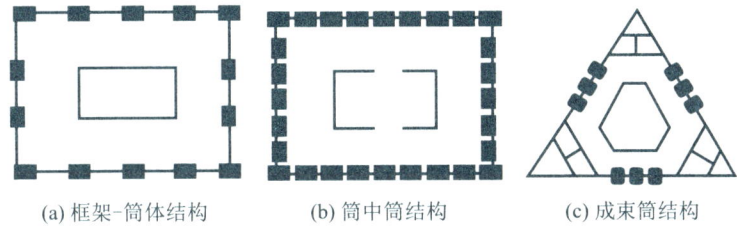

(a) 框架-筒体结构　　(b) 筒中筒结构　　(c) 成束筒结构

图 9.7　筒体结构体系

(1) 框架-筒体结构。框架-筒体结构是中心为剪力墙薄壁筒体，外围为普通框架所组成的结构。这种结构受力特点类似于框架-剪力墙结构。

(2) 筒中筒结构。筒中筒结构由内外几层筒体组合而成，通常核心筒为剪力墙薄壁筒体，外筒为密柱(通常柱距不大于 3m)组成的框筒。

(3) 成束筒结构。成束筒结构是在平面内设置多个剪力墙薄壁筒体，每个筒体都比较小，这种结构多应用于平面形状复杂的建筑。

筒体结构体系具有很大的刚度，内部空间也比较大，平面布置灵活，因而广泛应用于写字楼等超高层公共建筑。

9.2　框架结构

框架结构是以梁、柱组成的框架作为房屋的竖向承重结构，并同时承受水平荷载的结构形式。按施工方法的不同，框架结构可分为现浇整体式、装配式和装配整体式 3 种。现浇整体式框架结构的承重构件梁、板、柱均在现场浇筑而成。装配式框架结构的构件全部为预制，在施工现场进行吊装和连接。装配整体式框架结构是将预制梁、板、柱现场安装就位后，在构件连接处浇捣混凝土，使之形成整体，其优点是，省去了预埋件，减少了用钢量，整体性比装配式结构好，但节点施工复杂。

9.2.1　结构布置

1. 结构布置的一般原则

结构布置时，既要满足建筑物的使用要求，又要使结构布置合理，并有利于建筑工业化。确定一个合理的结构布置方案应考虑以下几点。

(1) 平面布置尽量简单、规则、均匀对称。

(2) 平面长度 L 不宜过长，L/B 宜小于 6。

(3) 房屋高宽比一般不宜超过 5。

框架结构布置

(4) 房屋竖向体型宜规则，布置要匀称，做到结构受力明确。

(5) 地震区应尽可能采用对抗震有利的结构形式。

2．承重框架布置

根据承重框架布置方向的不同，框架的结构布置方案可划分为以下 3 种：横向框架承重、纵向框架承重和纵横向框架混合承重。

(1) 横向框架承重。

横向框架承重的结构布置如图 9.8(a)所示。这种布置方案是板、连系梁沿房屋纵向布置，框架主梁沿横向布置，有利于增加房屋横向刚度。其缺点是由于主梁截面尺寸较大，当房屋需要较大空间时，其净空尺寸较小。

(2) 纵向框架承重。

纵向框架承重的结构布置如图 9.8(b)所示。这种布置方案是框架主梁沿房屋纵向布置，板和连系梁沿横向布置。其优点是房屋采光、通风好，有利于楼层净高的有效利用，房间布置上比较灵活，但横向刚度较差，一般不宜采用。

(3) 纵横向框架混合承重。

纵横向框架混合承重的结构布置如图 9.8(c)所示。这种布置方案是在房屋的纵、横两个方向布置框架主梁来承受楼面荷载。其特点是纵、横向刚度较好，因此柱网尺寸为正方形或接近正方形。地震区的多层框架房屋，以及由于工艺要求需双向承重的厂房常采用这种布置方案。

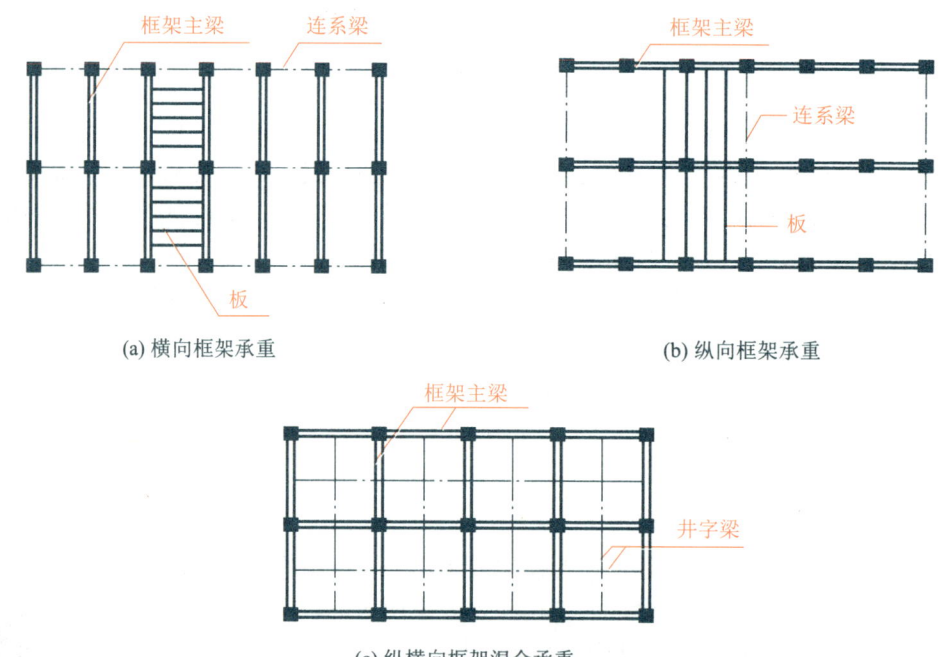

图 9.8 承重框架布置方案

3. 变形缝布置

> **特别提示**
>
> 当建筑物体型复杂，平面尺寸过长或房屋的刚度、自重、高度分布严重不均匀时，可以设置建筑物的变形缝。变形缝有伸缩缝、沉降缝和防震缝3种。

(1) 伸缩缝。

伸缩缝也称温度缝，设置的目的是避免由于温度变化和混凝土收缩而使房屋产生裂缝。伸缩缝必须贯穿基础以上的建筑高度。

当结构未采取可靠措施时，伸缩缝最大间距应满足表 9-1 的规定。

表 9-1 钢筋混凝土结构伸缩缝最大间距

单位：m

结构类别	室内或土中	露天
装配式框架结构	75	50
装配整体式框架结构、现浇整体式框架结构	55	35

当采取以下构造措施和施工措施减少温度和收缩应力时，伸缩缝最大间距可适当增大。

① 混凝土浇筑采用后浇带分段施工。每隔 30～40m 留 700～1000mm 的混凝土后浇带，钢筋采用搭接接头，以保证在施工过程中混凝土可以自由收缩，从而降低收缩应力。

② 采用专门的预加应力措施。

③ 采取能减小混凝土温度变化或收缩的措施。如对受温度影响比较大的部位(顶层、底层山墙和内纵墙端开间等)提高配筋率。

(2) 沉降缝。

沉降缝设置的目的是避免因地基不均匀沉降在房屋构件中产生裂缝。沉降缝应将基础至屋顶全部分开。

当有下列情况之一时应考虑设置沉降缝。

① 地质条件变化较大处。

② 地基基础处理方法不同处。

③ 建筑平面的转折处。

④ 房屋高度、自重、刚度有较大变化处。

⑤ 新建部分与原有建筑的结合处。

沉降缝可利用挑梁或搁置预制板、预制梁等方法做成，如图 9.9 所示。

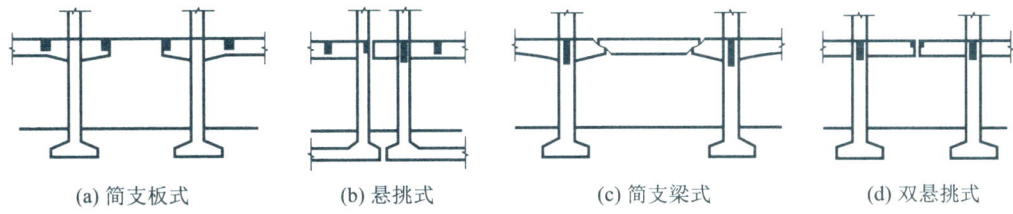

(a) 简支板式　　(b) 悬挑式　　(c) 简支梁式　　(d) 双悬挑式

图 9.9 沉降缝做法

(3) 防震缝。

防震缝的设置原则是将结构体系划分为两个或几个形状规则、匀称，刚度、自重分布均匀的子结构，以避免地震作用下出现扭转等复杂的结构效应。平面形状复杂而无加强措施，房屋有较大错层以及各部分结构的刚度或荷载相差悬殊时宜设防震缝。防震缝宽度应满足抗震需要，详见《建筑抗震设计标准》(2024年版)(GB/T 50011—2010)。

当需要同时设置一种以上变形缝时，应合并设置。

9.2.2 框架结构的受力特点

1. 框架上的荷载

框架结构承受的荷载包括竖向荷载和水平荷载。

竖向荷载包括恒载(结构自重及建筑装修材料自重等)及活载(楼面及屋面均布活荷载、雪荷载、积灰荷载等)。这些荷载根据现行《建筑结构荷载规范》(GB 50009—2012)进行取值计算。对于楼面均布活荷载，在设计楼面梁、墙、柱及基础时，要根据承荷面积(对于梁)及承荷层数(对于墙、柱及基础)，对其乘以相应的折减系数。

水平荷载主要为风荷载和水平地震作用。风荷载一般简化为作用于框架节点的水平集中力，并考虑左风、右风两种可能。风荷载标准值 W_k、基本风压 W_0、风压高度变化系数 μ_z、风荷载体型系数 μ_s 参见第8章。只对于高度大于30m，且高宽比大于1.5的房屋结构，还需考虑风振系数 β_z。

水平地震作用在抗震设防烈度6度以上时需考虑。

2. 框架结构的计算简图

框架结构是一个空间受力体系。为了方便通常可以忽略相互之间的空间联系，将横向框架和纵向框架分别按平面框架进行分析计算。

在计算简图中，框架的杆件一般用其截面形心轴线表示；杆件之间的连接用节点表示，对于现浇整体式框架各节点视为刚节点，认为框架柱在基础顶面处为固接；杆件的长度用节点间的距离表示；梁跨度取柱轴线间距；柱高一般取层高，对于底层柱，偏安全地取基础顶面到底层楼面间的距离。框架计算简图如图9.10所示。

3. 框架结构的内力

(1) 竖向荷载作用下的内力。

图9.11(a)所示为某多层框架结构在竖向荷载作用下的计算简图，图9.11(b)所示为竖向荷载作用下的弯矩图，图9.11(c)所示为竖向荷载作用下的剪力图和轴力图。由图9.11可知，在竖向荷载作用下，框架梁、柱截面上均有弯矩，框架梁中的弯矩为抛物线，跨中截面的正弯矩最大，支座截面的负弯矩最大。最大剪力在梁端，框架柱中有轴力，最大轴力在柱的下端。

(2) 水平荷载作用下的内力。

图9.12(a)所示为某多层框架在水平荷载作用下的计算简图，图9.12(b)所示为水平荷载作用下的弯矩图，图9.12(c)所示为水平荷载作用下的剪力图和轴力图。

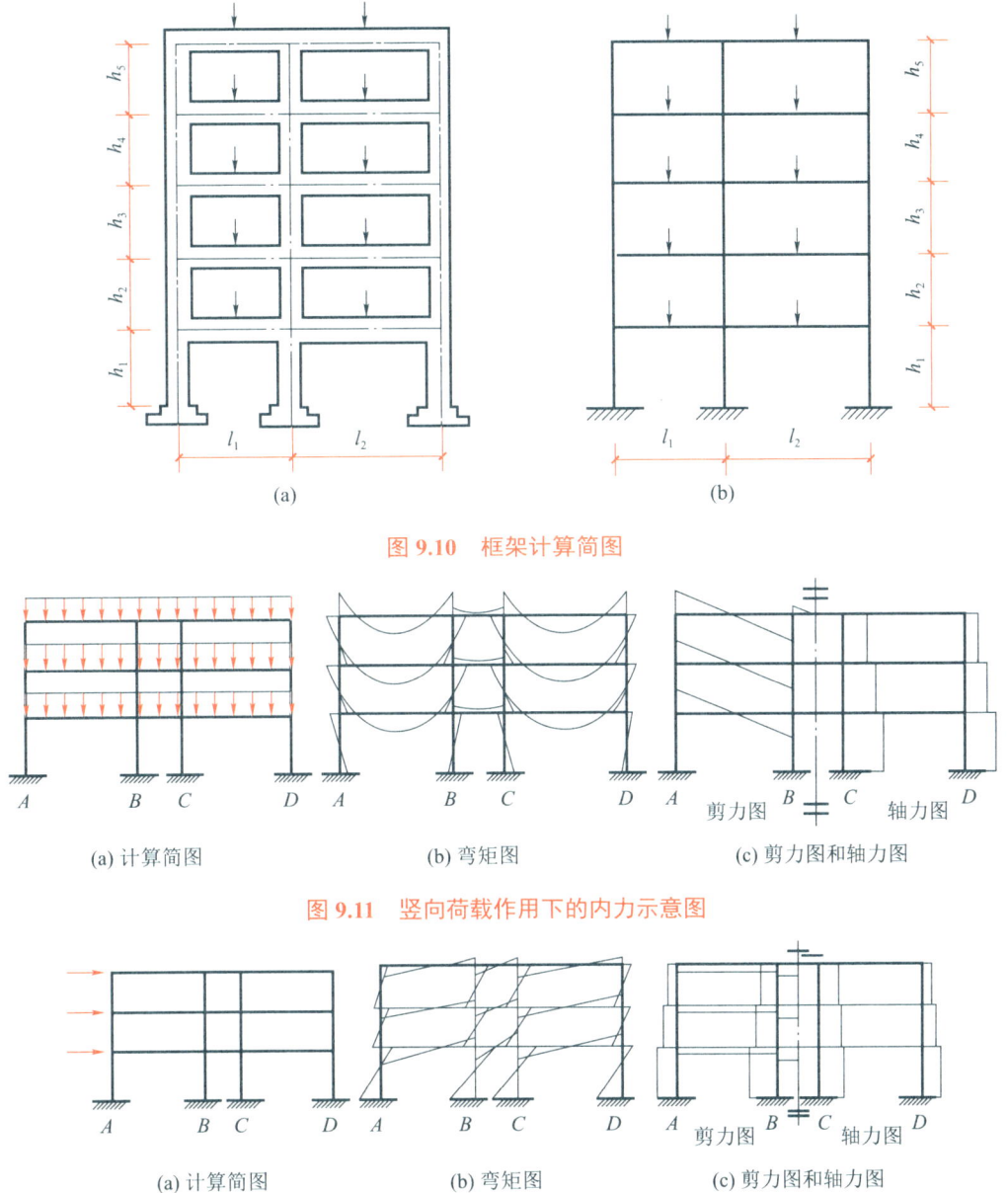

图 9.10 框架计算简图

图 9.11 竖向荷载作用下的内力示意图

图 9.12 水平荷载作用下的内力示意图

由图 9.12 可知,在水平荷载作用下,框架梁、柱弯矩均呈线性变化,梁、柱的支座截面弯矩最大,同一柱中弯矩由上而下逐层增大。剪力在梁的各跨长度范围内均匀分布。部分框架柱受拉,部分受压,同一根柱中由上到下轴力逐层增大,最大轴力在柱的下端。

4．控制截面和内力组合

框架结构在荷载作用下的内力确定后,在进行框架梁柱截面配筋设计之前,必须进行荷载效应组合,求出构件各控制截面的最不利内力,以此作为梁、柱配筋的依据。

(1) 框架梁。

框架梁，一般取梁两端和跨间最大弯矩处截面为控制截面。

最不利内力组合就是使得所分析杆件的控制截面产生不利的内力组合，通常是指对截面配筋起控制作用的内力组合。框架梁的最不利内力组合类型如下。

梁端截面：$+M_{max}$；$-M_{max}$；V_{max}。

梁跨中截面：$+M_{max}$；M_{min}。

(2) 框架柱。

框架柱，一般取各层柱上、下两端为控制截面。

框架柱的最不利内力组合类型如下。

柱端截面：$+|M|_{max}$ 及相应的 N、V；N_{max} 及相应的 M、V；N_{min} 及相应的 M、V。

9.2.3 框架结构的构造

1. 框架梁

纵向受拉钢筋的最小配筋率不应小于 0.2% 和 $0.45 f_t / f_y$ 两者的较大值；沿梁全长顶面和底面应至少各配置两根纵向钢筋，钢筋直径不应小于 12mm。框架梁的纵向钢筋不应与箍筋、拉筋及预埋件等焊接。

框架梁的箍筋应沿梁全长设置。截面高度大于 800mm 的梁，其箍筋直径不宜小于 8mm；其余截面高度的梁，其箍筋直径不应小于 6mm。在纵向受力钢筋搭接长度范围内，箍筋直径不应小于搭接钢筋最大直径的 0.25 倍。非抗震设计梁箍筋间距不应大于表 9-2(表中 h_b 为梁截面高度)的规定；在纵向受拉钢筋的搭接长度范围内，箍筋间距尚不应大于搭接钢筋较小直径的 5 倍，且不应大于 100mm，在纵向受压钢筋的搭接长度范围内，箍筋间距也不应大于搭接钢筋较小直径的 10 倍，且不应大于 200mm。

表 9-2 非抗震设计梁箍筋的最大间距

单位：mm

h_b/mm	$V > 0.7 f_t b h_0$	$V \leqslant 0.7 f_t b h_0$
$h_b \leqslant 300$	150	200
$300 < h_b \leqslant 500$	200	300
$500 < h_b \leqslant 800$	250	350
$h_b > 800$	300	400

注：h_b 为梁截面高度。

2. 框架柱

框架结构受到的水平荷载可能来自正反两个方向，故柱的纵向钢筋宜采用对称配置。

柱全部纵向钢筋的配筋率不应小于0.6%，同时每一侧配筋率不应小于0.2%；当混凝土强度等级大于C60时，柱全部纵向钢筋的配筋率不应小于0.7%；当采用HRB400、RRB400级钢筋时，柱全部纵向钢筋的配筋率不应小于0.5%。柱全部纵向钢筋的配筋率不宜大于5%，不应大于6%。柱纵向钢筋间距不应大于350mm，截面尺寸大于400mm的柱，纵向钢筋间距不宜大于200mm；柱纵向钢筋净距均不应小于50mm。柱的纵向钢筋不应与箍筋、拉筋及预埋件等焊接；柱纵向钢筋的绑扎接头应避开柱端的箍筋加密区。

框架柱的周边箍筋应为封闭式。箍筋间距不应大于400mm，且不应大于构件截面的短边尺寸和最小纵向受力钢筋直径的15倍。箍筋直径不应小于最大纵向受力钢筋直径的1/4，且不应小于6mm。当柱中全部纵向受力钢筋的配筋率超过3%时，箍筋直径不应小于8mm，箍筋间距不应大于最小纵向受力钢筋直径的10倍，且不应大于200mm，箍筋末端应做成135°弯钩且弯钩末端平直段长度不应小于10倍箍筋直径。当柱每边纵向受力钢筋多于3根时，应设置复合箍筋(可采用拉筋)。

3．现浇框架节点构造

节点构造是框架结构设计中非常重要的部分。框架梁、柱的纵向钢筋在框架节点区的锚固和搭接，应符合下列要求(图 9.13)。

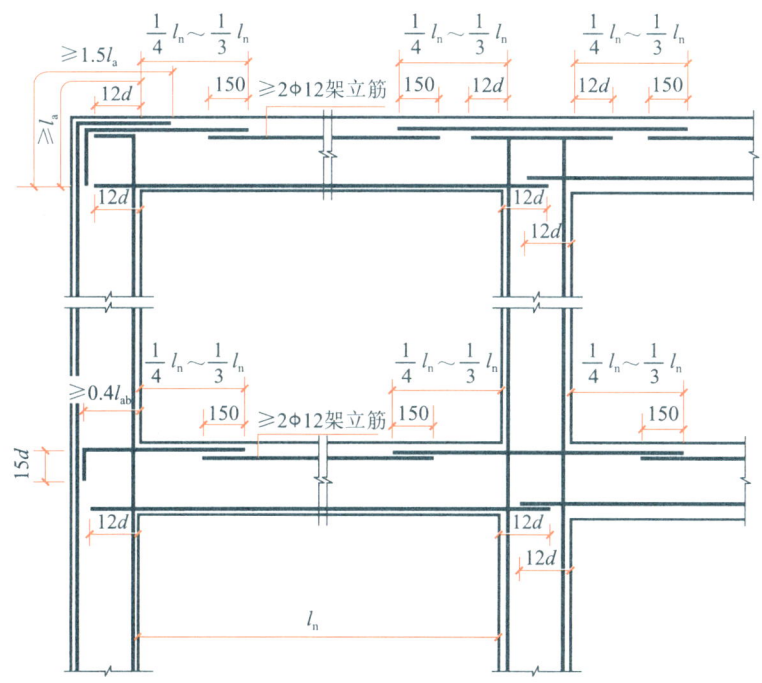

图9.13 非抗震设计时框架梁、柱纵向钢筋在框架节点区的锚固和搭接

(1) 顶层中节点柱纵向钢筋和边节点柱内侧纵向钢筋应伸至柱顶；当从梁底边计算的直线锚固长度不小于l_a时，可不必水平弯折，否则应向柱内或梁、板内水平弯折，当充分利用柱纵向钢筋的抗拉强度时，其锚固段弯折前的竖直投影长度不应小于$0.5l_{ab}$（l_{ab}为钢筋基本锚固长度），弯折后的水平投影长度不宜小于12倍柱纵向钢筋直径。

(2) 顶层端节点处，在梁宽范围以内的柱外侧纵向钢筋可与梁上部纵向钢筋搭接，搭接长度不应小于$1.5l_a$；在梁宽范围以外的柱外侧纵向钢筋可伸入现浇板内，其伸入长度与伸入梁内的相同。当柱外侧纵向钢筋的配筋率大于1.2%时，伸入梁内的柱纵向钢筋宜分两批截断，其截断点之间的距离不宜小于20倍柱纵向钢筋直径。

(3) 梁上部纵向钢筋伸入端节点的锚固长度，直线锚固时不应小于l_a，且伸过柱中心线的长度不宜小于5倍梁纵向钢筋直径；当柱截面尺寸不足时，梁上部纵向钢筋应伸至节点对边并向下弯折，弯折水平段的投影长度不应小于 $0.4l_{ab}$，弯折后的竖直投影长度不应小于 15 倍梁纵向钢筋直径。

(4) 当计算中不利用梁下部纵向钢筋的强度时，其伸入节点内的锚固长度应取不小于 12 倍梁纵向钢筋直径。当计算中充分利用梁下部钢筋的抗拉强度时，梁下部纵向钢筋可采用直线方式或向上 90°弯折方式锚固于节点内，直线锚固时的锚固长度不应小于 l_a；弯折锚固时，弯折水平段的投影长度不应小于 $0.4l_{ab}$，弯折后的竖直投影长度不应小于 15 倍的梁纵向钢筋直径。

(5) 梁支座截面上部纵向受拉钢筋应向跨中延伸至 $(1/4\sim1/3)l_n$(梁净跨)处，并与跨中的架立筋(不少于 2Φ12)搭接，搭接长度可取 150mm。

9.3　剪力墙结构

剪力墙结构是由一系列纵向、横向剪力墙及楼盖所组成的空间结构，承受竖向荷载和水平荷载，是高层建筑中常用的结构形式。剪力墙是利用建筑外墙和内隔墙位置布置的钢筋混凝土结构墙，由于它主要承受水平力，因此俗称剪力墙。

9.3.1　剪力墙结构的受力特点

剪力墙主要承受两类荷载：一类是由楼板传来的竖向荷载，在地震区还应包括竖向地震作用的影响；另一类是水平荷载，包括水平风荷载和水平地震作用。在竖向荷载作用下，剪力墙主要承受压力，在不考虑结构的连续性的情况下，各片剪力墙承受的压力可近似按楼面传到该片剪力墙上的荷载及墙体自重计算，或按总竖向荷载引起的剪力墙截面上的平均压应力乘以该剪力墙的截面面积求得。

水平荷载作用下，剪力墙的受力特性与变形状态主要取决于剪力墙上的开洞情况。

1. 剪力墙的分类

为满足使用要求，剪力墙常开有门窗洞口，根据洞口的大小、形状和位置，剪力墙分为整体剪力墙、小开口整体剪力墙、联肢剪力墙和壁式框架 4 类(图 9.14)。不同类型的剪力墙具有不同的受力状态和特点。

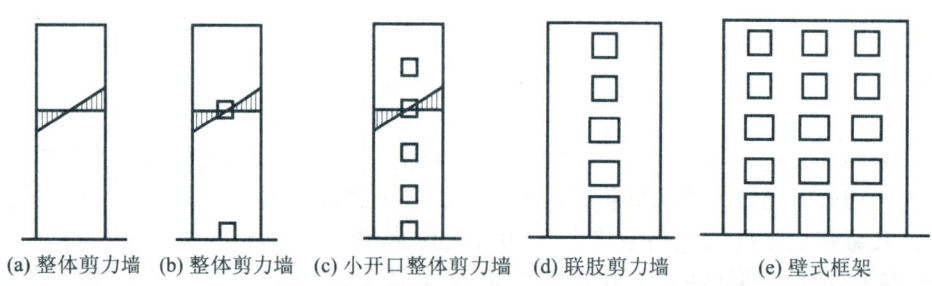

图 9.14　剪力墙的类型

(1) 整体剪力墙。

不开洞或洞口的面积不超过墙体面积的 15%，且洞口至墙边的净距及洞口之间的净距大于洞口长边尺寸时，可以忽略洞口对墙体的影响，这种墙体称为整体剪力墙。整体剪力墙的受力状态如同竖向悬臂梁，符合平面假定，正应力呈直线分布，剪力墙的变形以弯曲型为主。可采用材料力学中悬臂梁的内力和变形的基本公式进行计算。

(2) 小开口整体剪力墙。

当剪力墙上所开洞口面积稍大且超过墙体面积的 15%时，洞口对剪力墙的受力影响仍较小，这种墙体称为小开口整体剪力墙。在水平荷载作用下，正应力分布略偏离了直线分布的规律，变成了相当于在整体墙弯曲时的直线分布应力之上叠加了墙肢局部弯曲应力，截面变形仍以弯曲型为主，接近于整体剪力墙。为方便计算，仍采用与整体剪力墙相同的方法进行计算，但需进行局部的修正。

(3) 联肢剪力墙。

当剪力墙沿竖向开有一列或多列较大的洞口时，由于洞口较大，剪力墙截面的整体性已被破坏，剪力墙的截面变形已不再符合平截面假设，剪力墙可看成是若干个单肢剪力墙或墙肢[墙肢(左、右洞口之间的部分)由一系列连梁(上、下洞口之间的部分)联结起来组成]，这种墙体成为联肢剪力墙。当开有一列洞口时称为双肢墙；当开有多列洞口时称为多肢墙。

每根连梁中部有反弯点，在少数层内墙肢出现反弯点，墙肢局部弯矩较大，整个截面正应力已不再呈直线分布，变形曲线为弯曲型。

(4) 壁式框架。

洞口开得比联肢剪力墙更宽，墙肢宽度相对较小，连梁的刚度接近或大于墙肢的刚度时，剪力墙的受力性能与框架结构相类似，这种剪力墙称为壁式框架。壁式框架实质是介于剪力墙和框架之间的一种过渡形式，变形曲线呈整体剪切型。

2．构件的受力特点

开洞剪力墙由墙肢和连梁两种构件组成。

(1) 墙肢。

悬臂墙的墙肢为压、弯、剪构件，而开洞剪力墙的墙肢可能是压、弯、剪构件，也可能是拉、弯、剪构件。弯矩和剪力在基底部位达到最大值。配筋计算与偏心受力柱类似，但由于剪力墙截面高度大，在墙肢内除在端部正应力较大部位集中配置竖向钢筋外，还应在剪力墙腹板中设置分布钢筋。

(2) 连梁。

连梁承受弯矩、剪力、轴力的共同作用，属于受弯构件。依据正截面承载力计算纵向受力钢筋，纵向受力钢筋常为对称配筋；依据斜截面承载力计算箍筋。连梁的跨高比一般较小，对剪切变形敏感，容易出现斜裂缝，容易出现脆性的剪切破坏。

9.3.2　剪力墙的构造

1．混凝土强度等级

为了保证剪力墙的承载能力和变形能力，钢筋混凝土剪力墙中，混凝土强度等级不宜低于C20；带有筒体和短肢剪力墙(短肢剪力墙是指墙肢截面高度与厚度之比为 5~8 的剪力墙，一般剪力墙的墙肢截面高度与厚度之比大于8)的剪力墙结构的混凝土强度等级不应低于C25。

2. 剪力墙截面尺寸

剪力墙的厚度不应太小，以保证墙体出平面的刚度和稳定性，以及浇筑混凝土的质量。钢筋混凝土剪力墙的截面厚度不应小于层高或剪力墙无支长度的1/25，且不应小于160mm。短肢剪力墙截面厚度不应小于 200mm。

3. 墙肢配筋要求

(1) 端部钢筋。

剪力墙两端和洞口两侧应按规定设置边缘构件。边缘构件分为约束边缘构件和构造边缘构件。非抗震设计时应设构造边缘构件。

非抗震设计剪力墙端部应按构造配置不少于 4 根 12mm 的纵向钢筋，沿纵向钢筋应配置直径不小于 6mm、间距不大于 250mm 的拉筋。纵向钢筋宜采用 HRB400 级钢筋。

(2) 墙身分布钢筋。

剪力墙墙身分布钢筋分为水平分布钢筋和竖向分布钢筋。由于高层建筑的剪力墙厚度大，为防止混凝土表面出现收缩裂缝，同时使剪力墙具有一定的出平面抗弯能力，因此，剪力墙墙身分布钢筋不应采用单排分布。当剪力墙厚度不大于400mm时，可采用双排配筋；超过400mm时，若仅采用双排配筋，会形成中间大体积的素混凝土，使剪力墙截面应力分布不均匀，故当厚度为 400~700mm 时，宜采用三排配筋；当厚度大于 700mm 时，宜采用四排配筋。受力钢筋可均匀分布成数排。各排分布钢筋之间的拉筋间距不应大于 600mm，直径不应小于 6mm，在底部加强部位，约束边缘构件以外的拉筋间距尚应适当加密。

为了防止剪力墙在受弯裂缝出现后立即达到极限受弯承载力，同时，为了防止斜裂缝出现后发生脆性破坏，剪力墙分布钢筋的配筋率不应小于 0.20%，间距不应大于 300mm，直径不应小于 8mm。房屋顶层剪力墙、长矩形平面房屋的楼梯间和电梯间剪力墙、端开间纵向剪力墙以及端山墙的水平和竖向分布钢筋的配筋率均不应小于 0.25%，间距均不应大于 200mm。为保证分布钢筋具有可靠的混凝土握裹力，剪力墙分布钢筋的直径不宜大于墙肢截面厚度的 1/10。

(3) 钢筋的连接和锚固。

剪力墙竖向及水平分布钢筋的搭接连接如图 9.15 所示，非抗震设计时，分布钢筋的搭接长度不应小于$1.2l_a$。暗柱及端柱内纵向钢筋连接和锚固要求宜与框架柱相同。

4. 连梁配筋构造

连梁顶面、底面纵向受力钢筋伸入墙内的长度不应小于l_a，且不应小于 600mm；沿连梁全长的箍筋直径不应小于 6mm，间距不应大于 150mm；顶层连梁纵向受力钢筋伸入墙体的长度范围内，应配置间距不大于 150mm 的构造箍筋，构造箍筋直径应与该连梁的箍筋直径相同(图 9.16)；墙体水平分布钢筋应作为连梁的腰筋在连梁范围内拉通连续配置；当连梁截面高度大于 700mm 时，其两侧面沿梁高范围设置的纵向构造钢筋(腰筋)的直径不应小于10mm,间距不应大于200mm;对跨高比不大于2.5的连梁,梁两侧的纵向构造钢筋(腰筋)的面积配筋率不应小于0.3%。

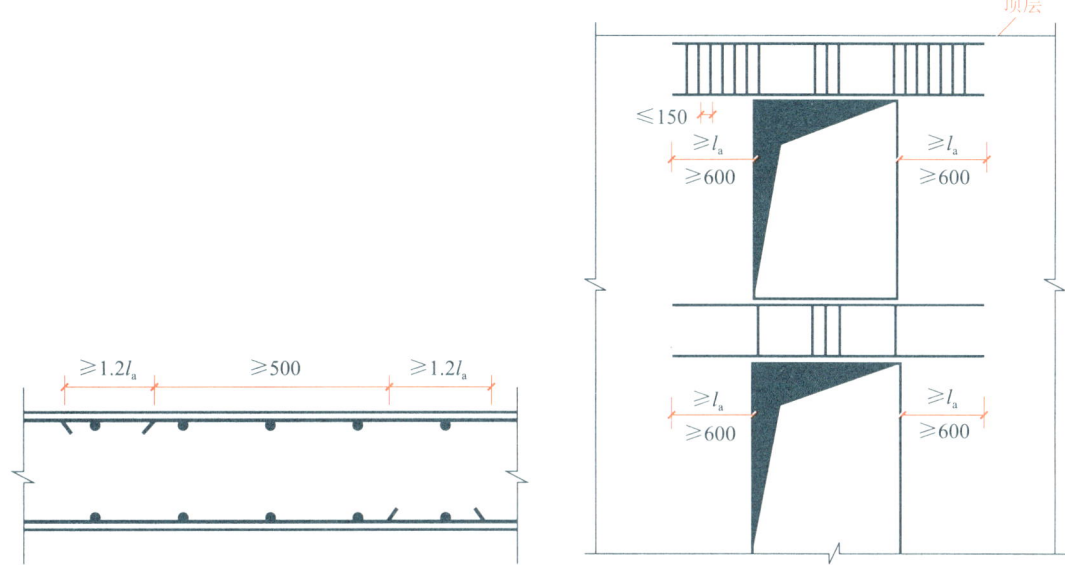

图 9.15 剪力墙内分布钢筋的搭接连接   图 9.16 连梁配筋构造

5. 剪力墙墙面开洞和连梁开洞时构造要求

当开洞较小,在整体计算中不考虑其影响时,除将切断的分布钢筋集中在洞口边缘补足外,还要有所加强,以抵抗洞口处的应力集中。连梁是剪力墙中的薄弱部位,应重视连梁中开洞后的加强措施。

当剪力墙墙面开有非连续小洞口(其各边长度小于或等于800mm),且在整体计算中不考虑其影响时,应将洞口处被截断的分布钢筋分别集中配置在洞口上下和左右两边,且钢筋直径不应小于 12mm,如图 9.17(a)所示。穿过连梁的管道宜预埋套管,洞口上、下的有效高度不宜小于梁高 h_b 的 1/3,且不宜小于 200mm,洞口处宜配置补强钢筋,如图 9.17(b)所示。

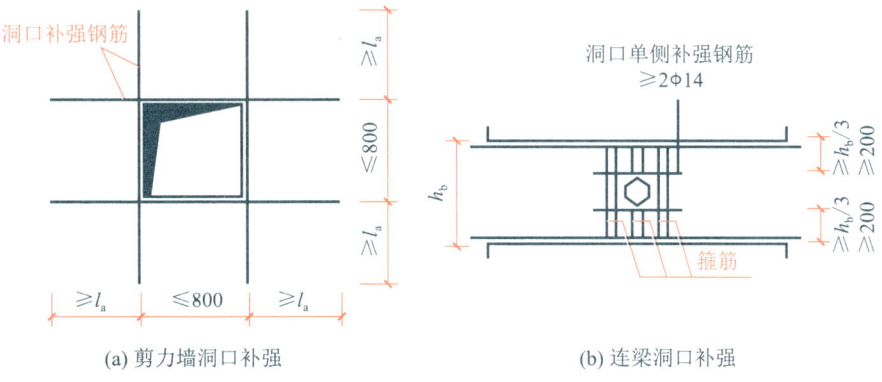

(a) 剪力墙洞口补强　　　　(b) 连梁洞口补强

图 9.17 洞口补强配筋

9.4 框架-剪力墙结构

框架-剪力墙结构，通常简称为框剪结构，是由框架和剪力墙共同组成的结构体系。

9.4.1 框架-剪力墙结构的受力特点

框架-剪力墙结构由框架和剪力墙两类抗侧力单元组成，在水平荷载作用下，框架的变形曲线以剪切变形为主；而剪力墙是竖向悬臂梁，在水平荷载作用下，其变形曲线以弯曲变形为主。在框架-剪力墙结构中，框架和剪力墙由楼盖连接起来而共同变形、协同工作，其变形曲线介于弯曲变形与整体剪切变形之间，剪力墙的下部变形加大而上部变形减小，框架下部变形减小而上部变形加大，如图9.18所示。框架与剪力墙之间的这种协同工作是非常有利的，它使框架-剪力墙结构的侧移大大减小，且使框架与剪力墙中的内力分布更趋合理。

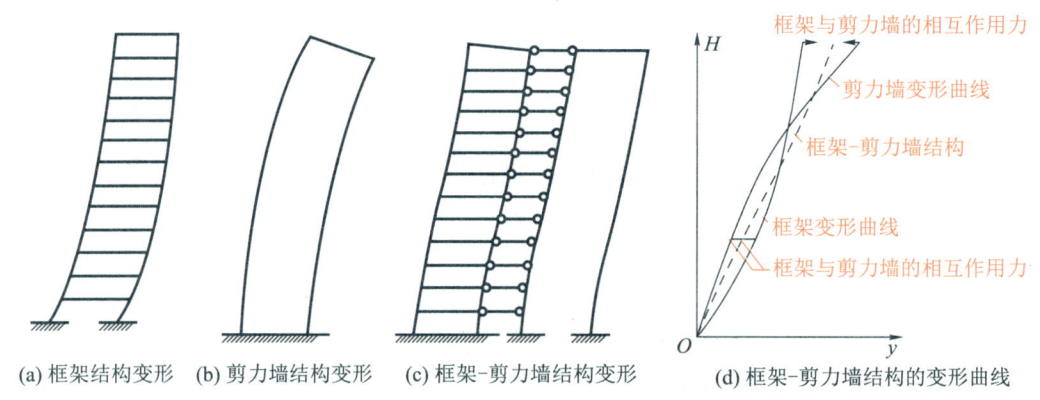

(a) 框架结构变形　(b) 剪力墙结构变形　(c) 框架-剪力墙结构变形　(d) 框架-剪力墙结构的变形曲线

图 9.18 框架-剪力墙结构的变形特征

框架-剪力墙结构协同工作时，由于剪力墙的刚度比框架大得多，因此剪力墙负担大部分的水平力(70%～90%)。同时，框架和剪力墙之间的剪力分配随楼层不同而变化。在房屋下部，剪力墙担负更多剪力，而框架下部担负的剪力较少；在上部，剪力墙担负外荷载减小，而框架担负剪力增大。

9.4.2 框架-剪力墙结构的构造

框架-剪力墙结构中的框架和剪力墙应符合框架结构和剪力墙结构的有关构造要求。在框架-剪力墙结构中，剪力墙是主要的抗侧力构件，承担着绝大部分剪力，因此构造还应加强，应满足以下要求。

剪力墙的竖向和水平向分布钢筋的配筋率均不应小于0.2%，并至少采用双排布置。各排分布钢筋间应设置拉筋，拉筋直径不小于6mm，间距不应大于600mm。

9.4.3 带边框剪力墙的构造要求

带边框剪力墙即在框架结构的若干跨内嵌入剪力墙。

带边框剪力墙的剪力墙应有足够的厚度以保证其稳定性。非抗震设计时，剪力墙的厚度不应小于 160mm，也不应小于 $h/20$（h 为层高）。当剪力墙截面厚度不满足要求时，应验算墙体稳定性。

剪力墙的水平钢筋应全部锚入边框柱内，锚固长度不应小于 l_a。带边框剪力墙的混凝土强度等级宜与边框柱相同。剪力墙截面宜按工字形设计，故其端部的纵向受力钢筋应配置在边框柱截面内。

与剪力墙重合的框架梁可保留，也可做成宽度与墙厚相同的暗梁，暗梁截面高度可取墙厚的 2 倍或与该框架梁截面等高，暗梁的配筋可按构造配置且应符合一般框架梁相应抗震等级的最小配筋要求。

边框柱截面宜与该榀框架其他柱的截面相同，边框柱应符合框架柱构造配筋规定；剪力墙底部加强部位边框柱的箍筋宜沿全高加密；当带边框剪力墙上的洞口紧邻边框柱时，边框柱的箍筋宜沿全高加密。

本 章 小 结

我国《高层建筑混凝土结构技术规程》(JGJ 3—2010)把 10 层及 10 层以上或房屋高度大于 28m 的建筑物定义为高层建筑，10 层以下的建筑物定义为多层建筑。

钢筋混凝土多层及高层房屋常见的结构体系有框架结构体系、剪力墙结构体系、框架-剪力墙结构体系和筒体结构体系等。

根据承重框架布置方向的不同，框架的结构布置方案可划分为以下 3 种：横向框架承重、纵向框架承重和纵横向框架混合承重。

当建筑物体型复杂，平面尺寸过长或房屋的刚度、自重、高度分布严重不均匀时，可设置建筑物的变形缝。变形缝有伸缩缝、沉降缝和防震缝 3 种。

框架结构是一个空间受力体系，为了方便通常可以忽略相互之间的空间联系，将横向框架和纵向框架分别按平面框架进行分析计算。框架结构在竖向荷载和水平荷载作用下，梁、柱端弯矩、剪力、轴力均较大，所以，框架梁一般取梁两端和跨间最大弯矩处截面为控制截面；框架柱，一般取各层柱上、下两端为控制截面。现浇框架节点构造是保证框架结构整体空间受力性能的重要措施。

剪力墙根据洞口的大小、形状和位置分为整体剪力墙、小开口整体剪力墙、联肢剪力墙和壁式框架 4 类。不同类型的剪力墙具有不同的受力状态和特点。剪力墙结构的构造要求包括：混凝土强度等级；剪力墙截面尺寸；墙肢和连梁的构造；开洞时构造要求。

框架-剪力墙结构中，剪力墙是主要的抗侧力构件，承担着绝大部分剪力，因此构造应加强。

习 题

一、判断题

1. 纵向框架承重有利于增加房屋的横向刚度，但主梁截面尺寸较大。（　）
2. 按施工方法的不同，框架可分为现浇整体式、装配式和装配整体式3种。（　）

二、单选题

1. (　)结构在水平荷载作用下表现出抗侧移刚度小、水平位移大的特点，属于柔性结构。

   A．框架　　　　B．剪力墙　　　　C．框架-剪力墙　　　　D．筒体

2. 框架结构与剪力墙结构相比(　)。

   A．框架结构延性好，但抗侧移刚度差

   B．框架结构延性差，但抗侧移刚度好

   C．框架结构延性和抗侧移刚度都好

   D．框架结构延性和抗侧移刚度都差

3. 常用作超高层建筑的结构体系是(　)。

   A．框架结构　　　B．排架结构　　　C．筒体结构　　　D．框剪结构

三、简答题

1. 多层及高层钢筋混凝土结构的结构体系有哪些？各种体系的适用范围是什么？
2. 按施工方法不同，钢筋混凝土框架结构可分为哪几种形式？
3. 框架结构的承重框架布置方式有哪几种？各有何优缺点？
4. 在竖向荷载作用下，框架中的内力是如何分布的？
5. 在水平荷载作用下，框架中的内力是如何分布的？
6. 框架梁柱的控制截面有哪些？各控制截面上的最不利内力是什么？
7. 剪力墙可分为哪几类？受力特点有何不同？
8. 简述框架-剪力墙的受力特点。

在线答题

第 10 章 砌体结构

教学目标

通过了解砌体结构的材料和种类，初步掌握砌体结构房屋的静力计算，掌握砌体结构墙、柱的设计要点及构造要求。

教学要求

能力目标	知识要点	权重	自评分数
能正确理解砌体结构的分类及力学性能	砌体结构的分类及力学性能	20%	
能够在实际工程中进行砌体受压构件承载力的计算	砌体受压承载力计算	30%	
能够进行墙、柱高厚比验算	墙、柱高厚比验算	30%	
能够正确理解砌体房屋构造要求	墙、柱的一般构造要求	20%	

📖 章节导读

我国古代就用砌体结构建造城墙、佛塔、宫殿和拱桥。如闻名中外的万里长城、西安大雁塔等均为砌体结构(图 10.1);隋代李春所造的河北赵县赵州桥(图 10.2)迄今已有 1400 多年,主拱净跨 37.02m,为世界上最早的单孔空腹式石拱桥。

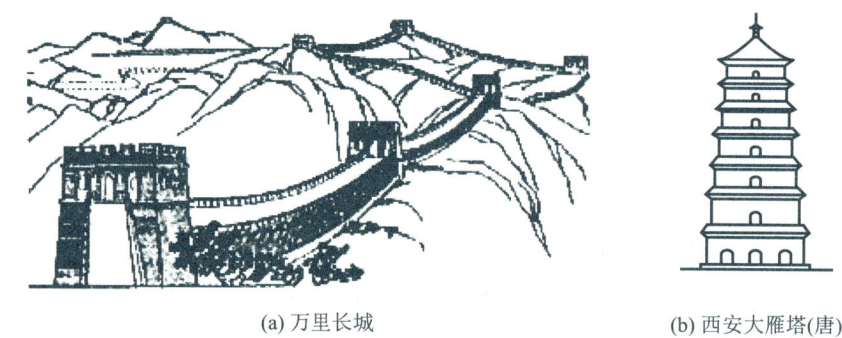

(a) 万里长城　　　　　　　　　　　(b) 西安大雁塔(唐)

图 10.1　万里长城与西安大雁塔

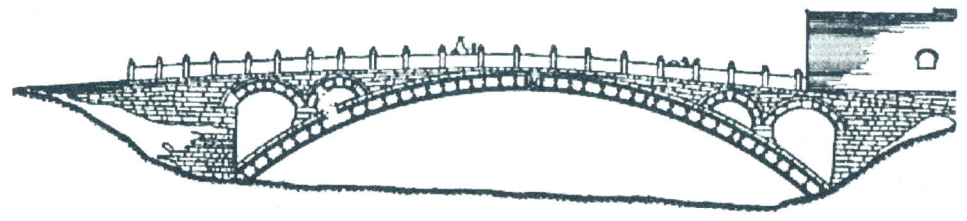

图 10.2　河北赵县赵州桥

砌体结构历史悠久,使用范围不断扩展,计算理论和方法不断完善。本章主要介绍砌体结构的力学性能,砌体受压承载力,局部受压,墙、柱高厚比验算及构造要求等内容。

📖 引例

湖南湘潭市白石镇一农房倒塌案例:该农房为四层砖混结构,建筑面积 $862m^2$。一层采用眠墙,二层以上采用无眠空斗墙;基础 2m 以上采用白灰砂浆,四层采用掺黄泥砌筑;无构造柱,无圈梁。施工中墙体组砌混乱,砂浆强度很低。该工程 1995 年 11 月开工,1996 年 3 月进行主体结构施工。1996 年 8 月 30 日,当主体结构基本完成时,由于砖砌体破坏,导致整个房屋倒塌,造成 5 人死亡、6 人重伤的重大事故。事故后经结构设计核算,倒塌的主要原因是楼房大梁下墙体实际承受荷载为 331kN,约是最大允许承受荷载 158kN 的 2.1 倍,墙体高厚比也超过规范允许值,大梁下墙体首先受压破坏,接着整个房屋倒塌。

📖 引例小结

砌体结构设计要满足相关的强度指标,进而选择合理的设计计算方案。只有正确地掌握砌体结构计算的方法,才能采取有效的防范措施,避免事故的发生。

在砌体结构中,施工方法、材料质量等都会影响建筑物的结构安全,增强安全意识和责任意识是确保砌体结构可靠的重要保障。

第 10 章 砌体结构

10.1 砌体结构概述

10.1.1 砌体结构的特点

砌体结构的
优缺点

采用块体(砖、砌块)和砂浆砌筑而成的结构称为砌体结构。

砌体结构的优点：砌体材料抗压性能好；保温、耐火、耐久性能好；材料经济，就地取材；施工简便，管理、维护方便。砌体结构的应用范围广，可用作住宅、办公楼、学校、旅馆、跨度小于 15m 的中小型厂房的墙体、柱和基础。

砌体结构的缺点：砌体结构的抗压强度相对于块体的强度来说还很低，抗弯、抗拉强度则更低；黏土砖所需土源要占用大片良田，更要耗费大量的能源；自重大，施工劳动强度高，运输损耗大。

10.1.2 砌体的分类

砌体(这里砌体指砌体结构)按照所用材料不同，可分为砖砌体、砌块砌体及石砌体；按砌体中有无配筋可分为无筋砌体与配筋砌体；按实心与否可分为实心砌体与空斗砌体；按在结构中所起的作用不同，可分为承重砌体与自承重砌体；等等。

1. 砖砌体

砖砌体由砖和砂浆砌筑而成，砖砌体包括烧结普通砖砌体、烧结多孔砖砌体和蒸压硅酸盐砖砌体。在房屋建筑中，砖砌体常用作一般单层和多层工业与民用建筑的内外墙、柱、基础等承重结构，以及高层建筑的围护墙与隔墙等自承重结构等。

实心砖砌体墙常用的砌筑方法有一顺一丁(砖长面与墙长度方向平行的则为顺砖，砖短面与墙长度方向平行的则为丁砖)、三顺一丁或梅花丁等。

试验表明，采用同强度等级的材料，按照上述几种方法砌筑的砌体，其抗压强度相差不大。但应注意上下两皮丁砖间的顺砖数量愈多，则意味着宽为 240mm 的两片半砖墙之间的联系愈弱，很容易产生"两片皮"的效果而急剧降低砌体的承载力。

标准砌筑的实心墙体厚度常为 240mm(一砖)、370mm(一砖半)、490mm(二砖)、620mm(二砖半)、740mm(三砖)等。有时为节省材料，墙厚可不按半砖长而按 1/4 砖长的倍数设计，即砌筑成所需的 180mm、300mm、420mm 等厚度的墙体。试验表明，这些厚度的墙体的强度是符合要求的。

砖砌体使用面广，确保砌体的质量尤为重要。如在砌筑作为承重结构的墙体或砖柱时，应严格遵守施工规程操作，应防止不同强度等级的砖混用，特别是应防止大量混入低于要求强度等级的砖，并应使配制的砂浆强度符合设计强度的要求。一般地，达不到施工验收标准的砌体墙、柱，有可能是混入低于设计强度等级的砖或使用不符合设计强度要求的砂浆。此外，应严禁用包心砌法砌筑砖柱。这种柱仅四边搭接，整体性极差，承受荷载后柱的变形大，强度不足，极易引起严重的工程事故。

2. 砌块砌体

砌块砌体由砌块和砂浆砌筑而成。目前国内外常用的砌块砌体以混凝土空心砌块砌体为主，其中包括以普通混凝土为块体材料的普通混凝土空心砌块砌体和以轻骨料混凝土为块体材料的轻骨料混凝土空心砌块砌体。

砌块按尺寸的不同，分为小型、中型和大型三种。小型砌块尺寸较小，型号多，尺寸灵活，一般高度在180～350mm，施工时可不借助吊装设备而用手工砌筑，适用面广，但劳动量大。中型砌块尺寸较大，高度为350～900mm，适于机械化施工，便于提高劳动生产率，但其型号少，使用不够灵活。大型砌块尺寸大，高度大于900mm，有利于生产工厂化，施工机械化，可大幅提高劳动生产率，加快施工进度，但需要有相当的生产设备和施工能力。

砌块砌体主要用作住宅、办公楼及学校等建筑以及一般工业建筑的承重墙或围护墙。砌块大小的选用主要取决于房屋墙体的分块情况及吊装能力。砌块排列设计是砌块砌体砌筑施工前的一项重要工作，设计时应充分利用其规律性，尽量减少砌块类型，使其排列整齐，避免通缝，并砌筑牢固，以取得较好的经济技术效果。

3. 石砌体

石砌体由天然石材和砂浆(或混凝土)砌筑而成。用作石砌体块体的石材分为毛石和料石两种。毛石又称片石，是在采石场由爆破直接获得的形状不规则的石块。根据平整程度又将其分为乱毛石和平毛石两类，其中乱毛石指形状完全不规则的石块，平毛石指形状不规则但有两个平面大致平行的石块。料石是由人工或机械开采出的较规则的六面体石块，再略经凿琢而成。根据表面加工的平整程度，料石分为毛料石、粗料石、半细料石和细料石四种。根据石材的分类，石砌体又可分为料石砌体、毛石砌体和毛石混凝土砌体等。毛石混凝土砌体由在模板内交替铺置混凝土层及形状不规则的毛石构成。

石材是最古老的土木工程材料之一，用石材建造的砌体结构物具有很高的抗压强度，良好的耐磨性和耐久性，且石砌体表面经加工后美观且富于装饰性。石砌体具有永久保存的可能性，人们用它来建造重要的建筑物和纪念性的结构物；石砌体还能给人以威严雄浑、庄重高贵的感觉，欧洲许多皇家建筑都采用石砌体，例如欧洲最大的皇宫——法国凡尔赛宫(1661—1689年建造)，宫殿建筑物的墙体全部使用石砌体建成。另外，石砌体中的石材资源分布广，蕴藏量丰富，便于就地取材，生产成本低，故古今中外在修建城垣、桥梁、房屋、道路和水利等工程中多有应用。如用毛石砌体砌筑基础、堤坝、城墙、挡土墙，用料石砌体砌筑房屋建筑上部结构、石拱桥等构筑物等。

4. 配筋砌体

为提高砌体强度、减小其截面尺寸、增加砌体结构(或构件)的整体性，可在砌体中配置钢筋或钢筋混凝土，即为配筋砌体。配筋砌体可分为配筋砖砌体和配筋砌块砌体，其中配筋砖砌体又可分为网状配筋砖砌体、组合砖砌体。

网状配筋砖砌体又称横向配筋砖砌体，是在砖柱或砖墙中，每隔几皮砖在其水平灰缝中设置直径为3～4mm的方格网式钢筋网片或直径为6～8mm的连弯式钢筋网片砌筑而成的砌体结构，如图10.3(a)所示。在砌体受压时，网状配筋可约束和限制砌体的横向变形及竖向裂缝的开展和延伸，从而提高砌体的抗压强度。网状配筋砖砌体可用作承受较大轴心压力或偏心距较小的较大偏心压力的墙、柱。

组合砖砌体是由砖砌体和钢筋混凝土面层或钢筋砂浆面层构成的整体材料。工程应用上有两种形式：一种是采用钢筋混凝土或钢筋砂浆作面层的砌体，这种砌体可以用作承受偏心距较大的偏心压力的墙、柱，如图 10.3(b)所示；另一种是在砖砌体的转角、交接处以及每隔一定距离设置钢筋混凝土构造柱，并在各层楼盖处设置钢筋混凝土圈梁，使砖砌体与钢筋混凝土构造柱、圈梁组成一个共同受力的整体结构，如图 10.3(c)所示。组合砖砌体建造的多层砖混结构房屋的抗震性能较无筋砌体砖混结构房屋的抗震性能有显著改善，同时它的抗压强度和抗剪强度也有一定程度的提高。

国外配筋砌体类型较多，大致可概括为两类：一类是在空心砖或空心砌块的水平灰缝或凹槽内设置水平钢筋或桁架状钢筋，在孔洞内设置竖向钢筋，并灌注混凝土；另一类是在内外两片砌体的中间空腔内设置竖向和水平钢筋，并灌注混凝土，其配筋形式如图 10.3(d)所示。国外已采用配筋砌体建造了许多高层建筑，如美国拉斯维加斯的 Excalibur Hotel 酒店，采用的是配筋混凝土砌块砌体剪力墙承重结构。

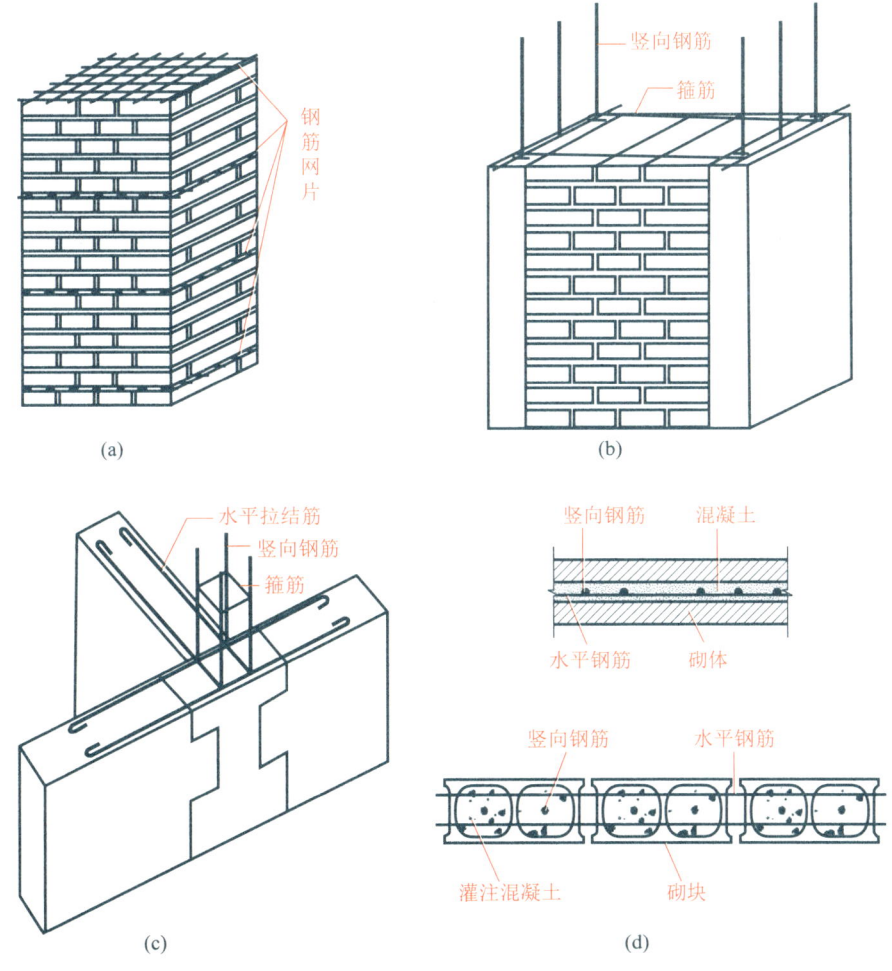

图 10.3　配筋砌体截面

10.2 砌体材料及砌体的力学性能

10.2.1 块体材料

1. 砖

砖有烧结普通砖、烧结多孔砖、蒸压硅酸盐砖等。

烧结普通砖及烧结多孔砖是以黏土、页岩等为主要材料焙烧而成的块体，其标准尺寸为 240mm×115mm×53mm。蒸压硅酸盐砖是以硅酸盐材料、石灰、砂石、矿渣、粉煤灰等为主要材料，压制成型后经蒸汽养护制成的实心砖，常用的有蒸压灰砂砖、蒸压粉煤灰砖、炉渣砖、矿渣砖。

砖的强度等级是根据受压试件测得的抗压强度来划分的，其强度等级按《砌体结构设计规范》(GB 50003—2011)的规定，有 MU30、MU25、MU20、MU15、MU10 和 MU7.5 六级，其中 MU 后的数字表示砖的抗压强度值，单位为 N/mm^2(MPa)。

2. 砌块

砌块一般用混凝土或水泥炉渣浇制而成，主要有混凝土空心砌块、加气混凝土砌块、水泥炉渣空心砌块、粉煤灰硅酸盐砌块。混凝土小型空心砌块的主规格尺寸为 390mm×190mm×190mm，如图 10.4(a)所示，另外还有如图 10.4(b)、(c)、(d)所示的几种规格。混凝土小型空心砌块的强度等级为 MU20、MU15、MU10、MU7.5 和 MU5 五个等级。

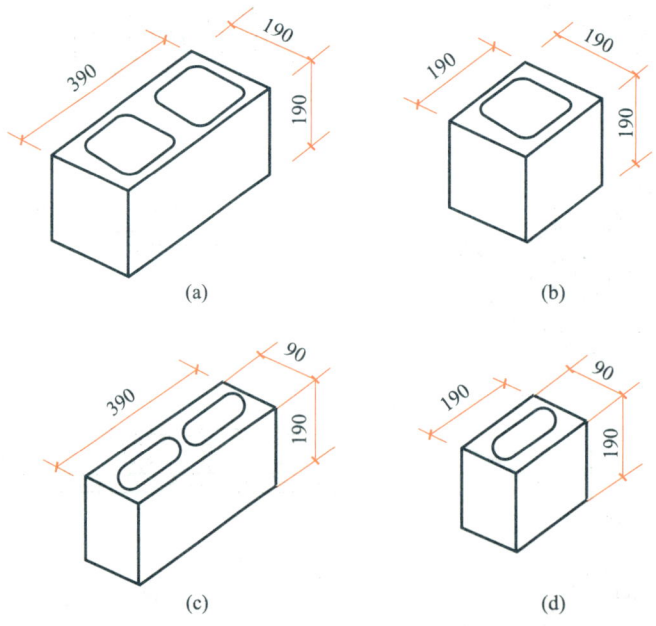

图 10.4　几种砌块的规格和孔洞形式

3. 石材

石材主要来源于重质岩石和轻质岩石。天然石材分为料石和毛石两种。石材主要用于围墙和装饰墙，如图 10.5 所示。《砌体结构设计规范》(GB 50003—2011)规定石材的强度等级有 MU100、MU80、MU60、MU50、MU40、MU30、MU20 七级。

图 10.5　石材的应用

10.2.2　砂浆

砂浆是由胶凝材料(石灰、水泥)和细骨料(砂)加水搅拌而成的混合材料。砂浆的作用是将砌体中的单个块体连成整体，并抹平块体表面，从而促使其表面受力均匀，同时填满块体间的缝隙，减少砌体的透气性，提高砌体的保温性能和抗冻性能。

1. 砂浆的分类

砂浆有水泥砂浆、混合砂浆和非水泥砂浆 3 种类型。

(1) 水泥砂浆是由水泥、砂子和水搅拌而成的，其强度高，耐久性好，但和易性差，一般用于对强度有较高要求的砌体中。

(2) 混合砂浆是在水泥砂浆中掺入适量的塑化剂，如水泥石灰砂浆、水泥黏土砂浆等。这种砂浆具有一定的强度和耐久性，且和易性和保水性较好，是一般墙体中常用的砂浆类型。

(3) 非水泥砂浆有石灰砂浆、黏土砂浆和石膏砂浆等。这类砂浆强度不高，有些耐久性不够好，故只能用在受力小的砌体或简易建筑、临时建筑中。

2. 砂浆的强度等级

砂浆的强度等级是根据其试块的抗压强度确定的，具体来说，砂浆的强度等级以边长为 70.7mm 的立方体试块为基础，在标准养护条件下[通常是温度为(20±2)℃、相对湿度 90%以上]养护至 28d，然后进行抗压试验，所得的抗压强度平均值，以 MPa 为单位表示。砂浆的强度等级为 M15、M10、M7.5、M5 和 M2.5。其中 M 表示砂浆，其后数字表示砂浆的强度大小(单位为 MPa)。混凝土小型空心砌块砂浆的强度等级用 Mb 标记，以区别于其他砌筑砂浆，其强度等级有 Mb30、Mb25、Mb20、Mb15、Mb10、Mb7.5 和 Mb5。

3. 砂浆的性能要求

为满足工程质量和施工要求，砂浆除应具有足够的强度外，还应有较好的和易性和保水性。和易性好，则便于砌筑、保证砌筑质量和提高施工工效；保水性好，则不致在存放、运输过程中出现明显的泌水、分层和离析，以保证砌筑质量。水泥砂浆的和易性和保水性不如混合砂浆好，在砌筑墙体、柱时，除有防水要求外，一般采用混合砂浆。

10.2.3　砌体的力学性能

1. 砌体的受压性能

试验研究表明，砌体轴心受压从加载到破坏，按照裂缝的出现、发展和最终破坏，大致经历三个阶段。

第一阶段：从砌体受压开始，当压力增大至 50%～70%的破坏荷载时，砌体内出现第一批裂缝。对于砖砌体，在此阶段，单块砖内产生细小裂缝，但一般不穿过砂浆层；如果不再增加压力，单块砖内的裂缝也不继续发展，如图 10.6(a)所示。对于混凝土小型空心砌块，在此阶段，砌体内通常只产生一条细小的裂缝，但裂缝往往在单个块体的高度内贯通。

第二阶段：随着荷载的增加，当压力增大至 80%～90%的破坏荷载时，单个块体内的裂缝将不断发展，裂缝沿着竖向灰缝通过若干皮砖或砌块，并逐渐在砌体内连接成一段段较连续的裂缝。此时荷载即使不再增加，裂缝仍会继续发展，砌体已临近破坏，在工程实践中可视为处于十分危险状态，如图 10.6(b)所示。

第三阶段：随着荷载继续增加，砌体中的裂缝迅速延伸、宽度扩展，连续的竖向贯通裂缝把砌体分割成小柱体，砌体个别块体材料可能被压碎或小柱体失稳，从而导致整个砌体的破坏，如图 10.6(c)所示。

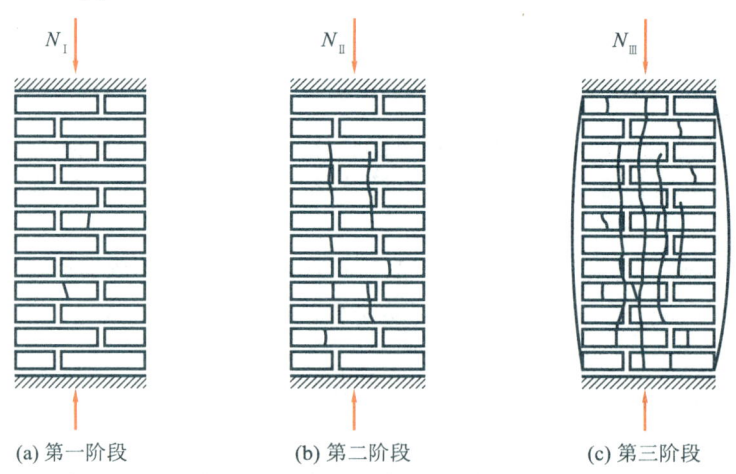

图 10.6　砌体的受压性能

2. 影响砌体抗压强度的因素

砌体是一种复合材料，其抗压性能不仅与块体和砂浆材料的物理力学性能有关，还受施工质量及试验方法等多种因素的影响。通过对各种砌体在轴心受压时的受力进行分析，试验结果表明，影响砌体抗压强度的主要因素有以下几个。

(1) 块体与砂浆的强度等级。

块体与砂浆的强度等级是确定砌体强度最主要的因素。一般来说，砌体强度将随块体和砂浆强度等级的提高而提高，且单个块体的抗压强度在某种程度上决定了砌体的抗压强度；块体抗压强度高时，砌体的抗压强度也较高，但砌体的抗压强度并不会与块体和砂浆强度等级的提高同比例提高。例如，对于一般砖砌体，当砖的抗压强度提高一倍时，砌体的抗压强度大约提高 60%。此外，砌体的破坏主要由单个块体受弯剪应力作用引起，故对单个块体材料，除要求要有一定的抗压强度外，还必须有一定的抗弯或抗折强度。对于砌体结构中所用砂浆，其强度等级越高，砂浆的横向变形越小，砌体的抗压强度也将有所提高。

对于灌孔的混凝土小型空心砌块砌体，块体强度和灌孔混凝土强度是影响其强度的主要因素，而砌筑砂浆强度的影响则不明显。为了充分发挥材料的强度，应使砌块混凝土的强度和灌孔混凝土的强度接近。

(2) 块体的尺寸、几何形状及表面的平整程度。

块体的尺寸、几何形状及表面的平整程度对砌体的抗压强度也有较大的影响。高度大的块体，其抗弯、抗剪及抗拉能力增大；块体长度较大时，块体在砌体中引起的弯剪应力也较大。因此砌体强度随块体厚度的增大而加大，随块体长度的增大而减小；而块体的形状越规则，表面越平整，则块体的受弯剪作用越小，可推迟单块块体内竖向裂缝的出现，因而能提高砌体的抗压强度。

(3) 砂浆的流动性、保水性及弹性模量的影响。

砂浆的流动性大、保水性好时，容易铺成厚度和密实性较均匀的灰缝，因而可减少单块砖内的弯剪应力而提高砌体强度。纯水泥砂浆的流动性较差，所以同一强度等级的混合砂浆砌筑的砌体的强度要比相应纯水泥砂浆砌体的强度高；砂浆弹性模量的大小对砌体强度也具有决定性的作用，砂浆的弹性模量越大，相应砌体的抗压强度越高。

(4) 砌筑质量。

砌筑质量的影响因素是多方面的，砌体砌筑时水平灰缝的饱满度、水平灰缝厚度、块体材料的含水率以及组砌方法等关系着砌体质量的优劣。

砂浆铺砌饱满、均匀，可改善块体在砌体中的受力性能，使之较均匀地受压而提高砌体的抗压强度；反之，则降低砌体强度。因此《砌体结构工程施工质量验收规范》(GB 50203—2011)规定，砌体水平灰缝的砂浆饱满程度不得低于 80%，砌体灰缝砂浆应密实饱满；砖柱水平灰缝和竖向灰缝饱满度不得低于 90%。在保证质量的前提下，采用快速砌筑法能使砌体在砂浆硬化前即受压，可增加水平灰缝的密实性而提高砌体的抗压强度。

砌体在砌筑前，应先将块体材料充分湿润。例如，在砌筑砖砌体时，砖应在砌筑前提前 1~2d 浇水湿透。砌体的抗压强度将随块体材料砌筑时的含水率的增大而提高，而采用干燥的块体砌筑的砌体比采用饱和含水率块体砌筑的砌体的抗压强度约下降 15%。

砌体的组砌方法对砌体的强度和整体性的影响也很明显。工程中常采用的一顺一丁、梅花丁和三顺一丁法砌筑的砖砌体，整体性好，砌体抗压强度可得到保证。但如采用包心砌法，由于砌体的整体性差，其抗压强度大大降低，容易酿成严重的工程事故。

砌体抗压强度除与上述砌筑质量有关外，还应考虑施工现场的技术水平和管理水平等因素的影响。《砌体结构工程施工质量验收规范》(GB 50203－2011)依据施工现场的质量管理、砂浆和混凝土强度、砂浆拌和方式、砌筑工人技术等级综合水平，从宏观上将砌体施工质量控制等级分为 A、B、C 三级。砌体施工质量控制等级见表 10-1。

表 10-1 砌体施工质量控制等级

项目	施工质量控制等级		
	A	B	C
施工现场的质量管理	制度健全，并严格执行；非施工方质量监督人员经常到现场，或现场设有常驻代表；施工方有在岗专业技术管理人员，人员齐全，并持证上岗	制度基本健全，并能执行；非施工方质量监督人员间断地到现场进行质量控制；施工方有在岗专业技术管理人员，并持证上岗	有制度；非施工方质量监督人员很少做现场质量控制；施工方有在岗专业技术管理人员
砂浆和混凝土强度	试块按规定制作，强度满足验收规定，离散性小	试块按规定制作，强度满足验收规定，离散性较小	试块强度满足验收规定，离散性大
砂浆拌和方式	机械拌和；配合比计量控制严格	机械拌和；配合比计量控制一般	机械或人工拌和；配合比计量控制较差
砌筑工人技术等级综合水平	中级工以上，其中高级工不少于20%	高级工、中级工不少于70%	初级工以上

3. 砌体的受拉、受弯和受剪性能

在实际工程中，因砌体具有良好的抗压性能，故多将砌体用作承受压力的墙、柱等构件。与砌体的抗压强度相比，砌体的轴心抗拉、弯曲抗拉及抗剪强度都低很多。但有时也用它来承受轴心拉力、弯矩和剪力，如砖砌的圆形水池、承受土壤侧压力的挡土墙以及拱或砖过梁支座处承受水平推力的砌体等。

(1) 砌体的受拉性能。

砌体轴心受拉时，依据拉力作用于砌体的方向，有 3 种破坏形态。当轴心拉力与砌体水平灰缝平行时，砌体可能沿灰缝 I—I 齿状截面(或阶梯形截面)发生破坏，即为砌体沿齿状灰缝截面的轴心受拉破坏，如图 10.7(a)所示。在同样的拉力作用下，砌体也可能沿块体和竖向灰缝 II—II 发生较为整齐的截面破坏，即为砌体沿块体(及灰缝)截面的轴心受拉破坏，如图 10.7(a)所示。当轴心拉力与砌体的水平灰缝垂直时，砌体可能沿III—III通缝截面发生破坏，即为砌体沿水平通缝截面的轴心受拉破坏，如图 10.7(b)所示。

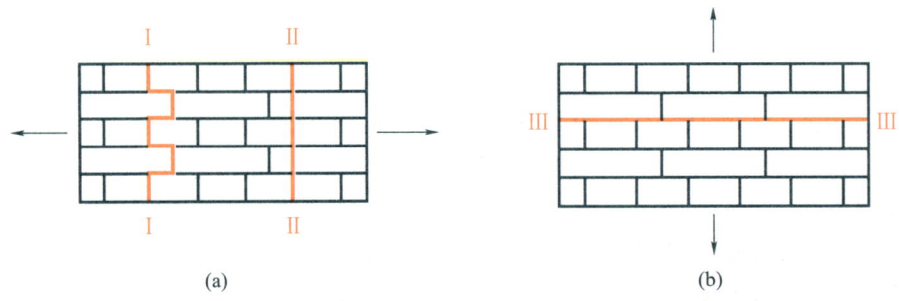

图 10.7 砌体轴心受拉破坏形态

砌体的抗拉强度主要取决于块体与砂浆连接面的黏结强度。由于块体和砂浆的黏结强度主要取决于砂浆强度等级,所以砌体的抗拉强度可由砂浆的强度等级来确定。

(2) 砌体的受弯性能。

砌体结构弯曲受拉时,按其弯曲拉应力使砌体截面破坏的特征,同样存在 3 种破坏形态,即可分为沿齿缝截面的受弯破坏、沿块体与竖向灰缝截面的受弯破坏以及沿通缝截面的受弯破坏。沿齿缝和通缝截面的受弯破坏与砂浆的强度等级有关。

(3) 砌体的受剪性能。

砌体在剪力作用下的破坏,均为沿灰缝的破坏,故单纯受剪时砌体的抗剪强度主要取决于水平灰缝中砂浆的强度等级及砂浆与块体的黏结强度。

4. 砌体的受压变形

砌体为弹塑性材料,随应力增大,塑性变形在变形(总量)中所占比例增大。试验表明,砌体受压后的变形由空隙的压缩变形、块体的压缩变形和砂浆层的压缩变形三部分所组成,其中砂浆层的压缩变形是主要部分。

5. 砌体的强度设计值

砌体的强度设计值是在承载力极限状态设计时采用的强度值。

10.3 砌 体 构 件

10.3.1 无筋砌体受压构件

砌体构件的整体性比较差,因此砌体构件在受压时,纵向弯曲对砌体构件承载力的影响较其他整体构件显著;同时又因为荷载作用位置的偏差、砌体材料的不均匀性以及施工的误差,使轴心受压构件产生附加弯矩和侧向挠度变形。《砌体结构设计规范》(GB 50003—2011)规定,把轴向力偏心距和构件的高厚比对受压构件承载力的影响采用同一系数 φ 来考虑。无筋砌体轴心受压构件、偏心受压构件承载力均按式(10-1)计算。

$$N \leqslant \varphi f A \tag{10-1}$$

式中 N——轴向力设计值;

φ——高厚比和轴向力偏心距对受压构件承载力的影响系数;

f——砌体抗压强度设计值;

A——截面面积,对各类砌体均按毛截面计算。

高厚比 β 和轴向力偏心距 e 对受压构件承载力的影响系数按式(10-2)和式(10-3)计算。

$$\varphi = \cfrac{1}{1 + 12\left[\cfrac{e}{h} + \sqrt{\cfrac{1}{12}\left(\cfrac{1}{\varphi_0} - 1\right)}\right]^2} \tag{10-2}$$

$$\varphi_0 = \frac{1}{1 + \alpha \beta^2} \tag{10-3}$$

式中 e——轴向力偏心距,按内力设计值计算。

h——矩形截面轴向力偏心方向的边长,当轴心受压时为截面较小边长;若为 T 形截面,则 $h=h_T$,h_T 为 T 形截面的折算厚度,可近似按 $3.5i$ 计算(i 为截面回转半径)。

φ_0——轴心受压构件的稳定系数,当 $\beta \leq 3$ 时,$\varphi_0 = 1$。

α——与砂浆强度等级有关的系数,当砂浆强度等级大于或等于 M5 时,$\alpha=0.0015$;当砂浆强度等级等于 M2.5 时,$\alpha=0.002$;当砂浆强度等级等于 0 时,$\alpha=0.009$。

β——构件的高厚比。

计算稳定系数 φ_0 时,构件高厚比 β 按式(10-4)确定。

$$\beta = \gamma_\beta \frac{H_0}{h} \tag{10-4}$$

式中 γ_β——不同砌体的高厚比修正系数,查表 10-2,该系数主要考虑不同砌体种类受压性能的差异性;

H_0——受压构件计算高度,查表 10-6。

表 10-2 高厚比修正系数

砌体材料类别	γ_β	砌体材料类别	γ_β
烧结普通砖、烧结多孔砖、灌孔混凝土砌块	1.0	蒸压灰砂砖、蒸压粉煤灰砖、细料石和半细料石	1.2
普通混凝土砌块、轻骨料混凝土砌块	1.1	粗料石、毛石	1.5

对带壁柱墙,其翼缘计算宽度可按下列规定采用。

多层房屋,当有门窗洞口时,可取窗间墙宽度;当无门窗洞口时,每侧翼墙可取壁柱高度的 1/3。

单层房屋,可取壁柱宽加 2/3 墙高,但不大于窗间墙宽度和相邻壁柱之间的距离。

当计算带壁柱墙的条形基础时,可取相邻壁柱之间的距离。

受压构件计算中应该注意的问题如下。

(1) 轴向力偏心距的限值。受压构件的偏心距过大时,可能使构件产生水平裂缝,构件的承载力明显降低,结构既不安全也不经济合理。因此《砌体结构设计规范》(GB 50003—2011)规定:轴向力偏心距不应超过 $0.6y$,y 为截面重心到轴向力所在偏心方向截面边缘的距离。若设计中超过以上限值,则应采取适当措施予以降低。

(2) 对于矩形截面构件,当轴向力偏心方向的截面边长大于另一方向的截面边长时,除按偏心受压计算外,还应对较小边长按轴心受压计算。

【例 10.1】 某截面为 370mm×490mm 的砖柱,柱计算高度 $H_0=H=5$m,采用强度等级为 MU10 的烧结普通砖及 M5 的混合砂浆砌筑,柱底承受轴向压力设计值为 $N=150$kN,结构安全等级为二级,施工质量控制等级为 B 级。试验算该柱底截面是否安全。

【解】 查表得 MU10 的烧结普通砖与 M5 的混合砂浆砌筑的砖砌体的抗压强度设计值 $f=1.5$MPa。

由于截面面积 $A=0.37\text{m}\times 0.49\text{m} \approx 0.18\text{m}^2 < 0.3\text{m}^2$，因此砌体抗压强度设计值应乘以调整系数。

$$\gamma_a = A + 0.7 = 0.18 + 0.7 = 0.88$$

将 $\beta = \gamma_\beta \dfrac{H_0}{h} = 1.0 \times \dfrac{5000}{370} \approx 13.5$ 代入式(10-3)得

$$\varphi = \varphi_0 = \frac{1}{1+\alpha\beta^2} = \frac{1}{1+0.0015\times 13.5^2} \approx 0.785$$

则柱底截面的承载力为

$$\varphi\gamma_a fA = 0.785\times 0.88\times 1.5\times 490\times 370\times 10^{-3} \approx 187(\text{kN}) > 150\text{kN}$$

故柱底截面安全。

【例 10.2】 一偏心受压柱，截面尺寸为 490mm×620mm，柱计算高度 $H_0=H=5\text{m}$，采用强度等级为 MU10 蒸压灰砂砖及 M5 水泥砂浆砌筑，柱底承受轴向压力设计值为 $N=160\text{kN}$，弯矩设计值 $M = 20\text{kN}\cdot\text{m}$ (沿长边方向)，结构的安全等级为二级，施工质量控制等级为 B 级。试验算该柱底截面是否安全。

【解】(1) 弯矩作用平面内承载力验算。

$$e = \frac{M}{N} = \frac{20}{160} = 0.125(\text{m}) \qquad 0.125\text{m} = 125\text{mm} < 0.6y，满足规范要求。$$

MU10 蒸压灰砂砖及 M5 水泥砂浆砌筑，查表 10-2 得 $\gamma_\beta = 1.2$，则

$$\beta = \gamma_\beta \frac{H_0}{h} = 1.2\times \frac{5}{0.62} \approx 9.68 \text{ 及 } \frac{e}{h} = \frac{125}{620} \approx 0.202$$

$$\varphi_0 = \frac{1}{1+\alpha\beta^2} = \frac{1}{1+0.0015\times 9.68^2} \approx 0.877$$

将 $\varphi_0 = 0.877$ 代入式(10-2)得

$$\varphi = \frac{1}{1+12\left[\dfrac{e}{h}+\sqrt{\dfrac{1}{12}\left(\dfrac{1}{\varphi_0}-1\right)}\right]^2} \approx 0.646$$

查表得，MU10 蒸压灰砂砖与 M5 水泥砂浆砌筑的砖砌体抗压强度设计值 $f = 1.5\text{MPa}$。由于采用水泥砂浆，因此砌体抗压强度设计值应乘以调整系数 $\gamma_a = 0.9$。

柱底截面承载力为

$$\varphi\gamma_a fA = 0.646\times 0.9\times 1.5\times 490\times 620\times 10^{-3} \approx 265(\text{kN}) > 160\text{kN}$$

(2) 弯矩作用平面外承载力验算。

对较小边长方向，按轴心受压构件验算，此时

$$\beta = \gamma_\beta \frac{H_0}{h} = 1.2\times \frac{5}{0.49} \approx 12.24$$

将 $\beta = 12.24$ 代入式(10-3)得

$$\varphi = \varphi_0 = \frac{1}{1+\alpha\beta^2} = \frac{1}{1+0.0015\times 12.24^2} \approx 0.816$$

则柱底截面的承载力为

$$\varphi\gamma_a fA = 0.816 \times 0.9 \times 1.5 \times 490 \times 620 \times 10^{-3} \approx 335(\text{kN}) > 160\text{kN}$$

故柱底截面安全。

10.3.2 无筋砌体局部受压

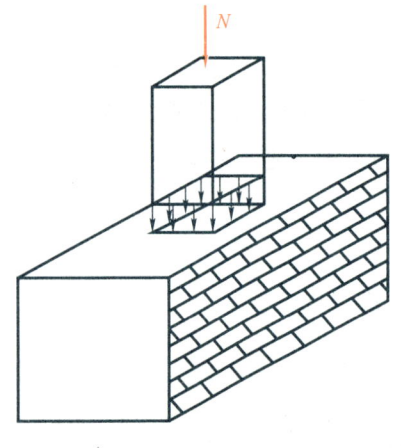

图 10.8 局部均匀受压

局部受压是工程中常见的情况，其特点是压力仅仅作用在砌体的局部受压面上，如独立柱的基础顶面、屋架端部的砌体支承处、梁端支承处的砌体等。若砌体局部受压面上压应力呈均匀分布，则称为局部均匀受压，如图10.8所示。

(1) **因纵向裂缝的发展而破坏**。图10.9(a)所示为一在中部承受局部压力作用的墙体，当砌体的截面面积与局部受压面积的比值较小时，在局部压力作用下，试验钢垫板下一或二皮砖以下的砌体内产生第一批纵向裂缝；随着压力的增大，纵向裂缝逐渐向上和向下发展，并出现其他纵向裂缝和斜裂缝，裂缝数量不断增加。当其中的部分纵向裂缝延伸形成一条主要裂缝时，试件即将破坏。开裂荷载一般小于破坏荷载。在砌体的局部受压中，这是一种较为常见的破坏形态。

(2) **劈裂破坏**。当砌体的截面面积与局部受压面积的比值相当大时，在局部压力作用下，砌体产生数量少但较集中的纵向裂缝，如图10.9(b)所示；而且纵向裂缝一旦出现，砌体很快就会发生犹如刀劈一样的破坏，开裂荷载一般接近破坏荷载。在大量的砌体局部受压试验中，仅有少数为劈裂破坏情况。

(3) **局部受压面积处破坏**。在实际工程中，当砌体的强度较低，但所支承的墙梁的高跨比较大时，有可能发生梁端支承处砌体局部被压碎而破坏的现象。在砌体局部受压试验中，这种破坏极少发生。试验分析表明：在局部压力作用下，砌体中的压应力不仅能扩散到一定的范围[图10.9(c)]，而且非直接受压部分的砌体对直接受压部分的砌体有约束作用，从而使直接受压部分的砌体处于双向或三向受压状态，其抗压强度高于砌体的轴心抗压强度设计值f。

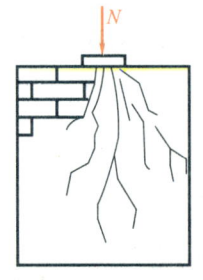
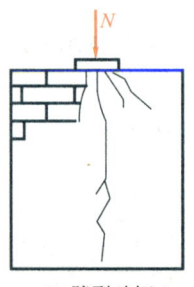
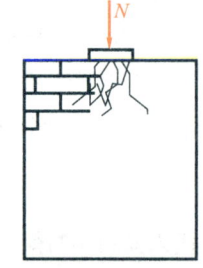

(a) 因纵向裂缝的发展而破坏　　(b) 劈裂破坏　　(c) 局部受压面积处破坏

图 10.9 砌体局部受压破坏形态

1. 砌体局部均匀受压时的承载力计算

砌体截面中受局部均匀压力时的承载力应按式(10-5)计算。

$$N_l \leq \gamma f A_l \tag{10-5}$$

式中 N_l——局部受压面积上的轴向力设计值；

γ——砌体局部抗压强度提高系数；

f——砌体局部抗压强度设计值，可不考虑强度调整系数γ_a的影响；

A_l——局部受压面积。

由于砌体周围未直接受荷载部分对直接受荷载部分砌体的横向变形起着约束的作用，因此砌体局部抗压强度应高于砌体整体抗压强度。《砌体结构设计规范》(GB 50003—2011)用局部抗压强度提高系数γ来反映砌体局部受压时抗压强度的提高程度。

砌体局部抗压强度提高系数，按式(10-6)计算。

$$\gamma = 1 + 0.35\sqrt{\frac{A_0}{A_l} - 1} \tag{10-6}$$

式中 A_0——影响砌体局部抗压强度的计算面积(图 10.10)，按规定采用。

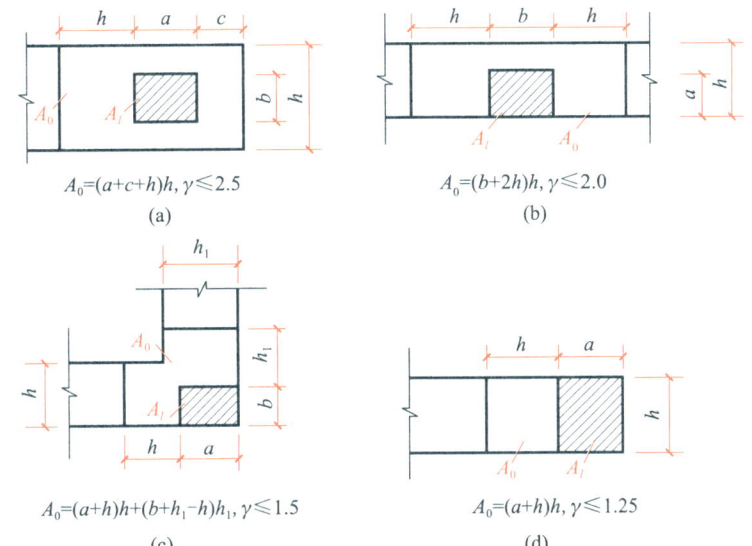

a、b—矩形局部受压面积 A_l 的边长；h、h_1—墙厚或柱的较小边长、墙厚；

c—矩形局部受压面积的外边缘至构件边缘的较小边距离，当$c > h$时，应取$c = h$。

图 10.10 影响砌体局部抗压强度的计算面积 A_0

2. 梁端支承处砌体的局部受压承载力的计算

(1) 梁支承在砌体上的有效支承长度。

当梁支承在砌体上时，由于梁的弯曲，会使梁末端有脱离砌体的趋势，因此，两端支承处砌体局部压应力是不均匀的。将梁端底面没有离开砌体的长度称为有效支承长度a_0，因此，有效支承长度不一定等于梁端伸入砌体的长度。经过理论分析和研究证明，梁和砌体的刚度是影响有效支承长度的主要因素，经过简化后的有效支承长度a_0为

$$a_0 = 10\sqrt{\frac{h_c}{f}} \tag{10-7}$$

式中　a_0——梁端有效支承长度(mm)，当 $a_0 > a$ 时，应取 $a_0 = a$（a 为梁端实际支承长度）；
　　　h_c——梁的截面高度(mm)；
　　　f——砌体的抗压强度设计值(MPa)。

(2) 上部荷载对局部受压承载力的影响。

梁端支承处砌体的压应力由两部分组成(图10.11)：一部分为局部受压面积 A_l 上由上部砌体传来的平均压应力 σ_0；另一部分为由本层梁传来的梁端非均匀压力，其合力为 N_l。

当梁上荷载增加时，与梁端底部接触的砌体产生较大的压缩变形，此时如果上部荷载产生的平均压应力 σ_0 较小，梁端顶部与砌体的接触面积将减小，甚至与砌体脱开，试验时可观察到有水平裂缝出现，砌体形成内拱来传递上部荷载，引起内力重分布(图10.12)。σ_0 的存在和扩散对梁下部砌体有横向约束作用，对砌体的受压是有利的，但随着 σ_0 的增加，上部砌体的压缩变形增大，梁端顶部与砌体的接触面积也增加，内拱作用减小，σ_0 的有利影响也减小，规范规定当 $A_0 / A_l \geq 3$ 时，不考虑上部荷载的影响。

上部荷载折减系数 ψ 可按式(10-8)计算。

$$\psi = 1.5 - 0.5 \frac{A_0}{A_l} \tag{10-8}$$

式中　A_l——局部受压面积，$A_l = a_0 b$，b 为梁宽，a_0 为有效支承长度；当 $\frac{A_0}{A_l} \geq 3$ 时，取 $\psi = 0$。

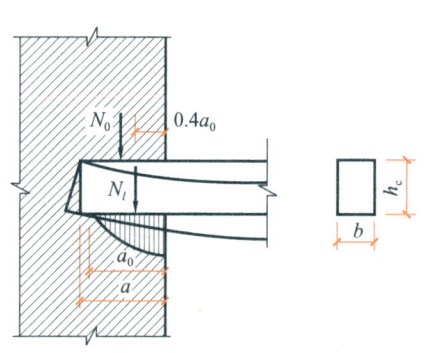
图 10.11　梁端支承处砌体的局部受压

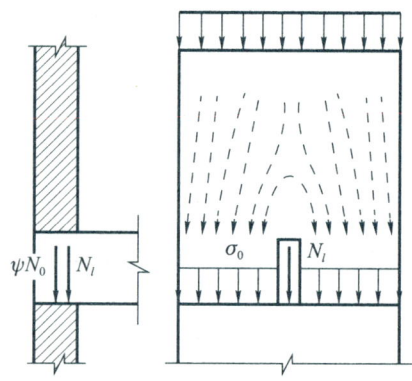
图 10.12　梁端上部砌体的内拱作用

(3) 梁端支承处砌体的局部受压承载力，应按式(10-9)计算。

$$\psi N_0 + N_l \leq \eta \gamma f A_l \tag{10-9}$$

式中　N_0——局部受压面积内上部荷载产生的轴向力设计值(N)，$N_0 = \sigma_0 A_l$；
　　　σ_0——上部平均压应力设计值(N/mm²)；
　　　N_l——梁端支承压力设计值(N)；
　　　η——梁端底面压应力图形的完整系数，一般可取 0.7，对于过梁和墙梁可取 1.0；
　　　f——砌体的抗压强度设计值(MPa)。

3. 梁端下设有刚性垫块的砌体局部受压承载力计算

当梁局部受压承载力不足时，可在梁端下设置刚性垫块(图10.13)，设置刚性垫块不但能增大局部承压面积，而且还可以使梁端压应力比较均匀地传递到垫块下的砌体截面上，从而改变砌体的受力状态。

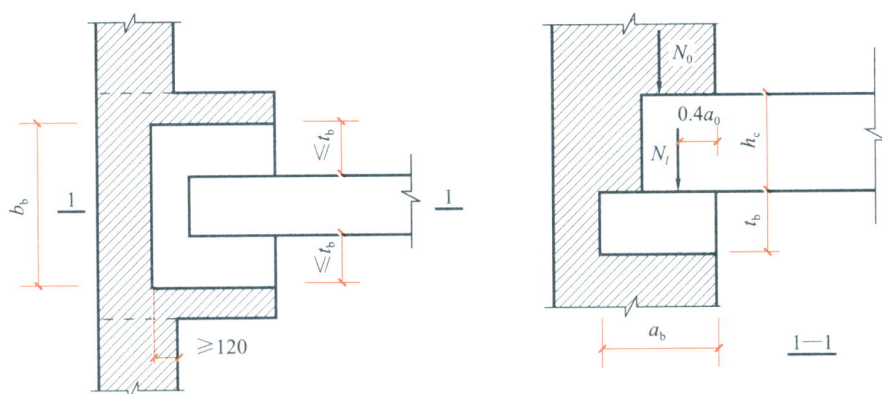

图 10.13　梁端下设预制刚性垫块时的局部受压情况

刚性垫块分为预制刚性垫块和现浇刚性垫块，在实际工程中，往往采用预制刚性垫块。为了计算简化起见，《砌体结构设计规范》(GB 50003—2011)规定，两者可采用相同的计算方法。刚性垫块下的砌体局部受压承载力计算公式为

$$N_0 + N_l \leq \varphi \gamma_1 f A_b \tag{10-10}$$

式中　N_0——垫块面积 A_b 内上部轴向力设计值(N)，$N_0 = \sigma_0 A_b$；

　　　A_b——垫块面积(mm^2)，$A_b = a_b b_b$ (a_b 和 b_b 分别为垫块伸入墙内的长度和垫块宽度)；

　　　φ——垫块上 N_0 及 N_l 的合力的影响系数，应按《砌体结构设计规范》(GB 50003—2011) 附录 D 的规定采用；

　　　γ_1——垫块外砌体面积的有利影响系数，γ_1 应为 0.8γ，但不小于 1.0[γ 为砌体局部抗压强度提高系数，按式(10-6)计算(以 A_b 代替 A_l)]。

刚性垫块的构造应符合下列规定。

(1) 刚性垫块的高度不宜小于 180mm，自梁边算起的垫块挑出长度不宜大于垫块高度 t_b。

(2) 在带壁柱墙的壁柱内设置刚性垫块时，其计算面积应取壁柱范围内的面积，而不应计算翼缘部分，同时壁柱上垫块深入翼墙内的长度不应小于 120mm。

(3) 当现浇垫块与梁端整体浇筑时，垫块可在梁高范围内设置。

梁端设有刚性垫块时，梁端有效支承长度应按式(10-11)确定。

$$a_0 = \delta_1 \sqrt{\frac{h_c}{f}} \tag{10-11}$$

式中　δ_1——刚性垫块的影响系数，可按表 10-3 采用。

表 10-3　系数 δ_1 取值表

σ_0/f	0	0.2	0.4	0.6	0.8
δ_1	5.4	5.7	6.0	6.9	7.8

注：中间的数值可采用插入法求得。

垫块上 N_l 的作用位置可取 $0.4a_0$ 处。

【例 10.3】 一钢筋混凝土柱截面尺寸为 250mm×250mm，支承在厚为 370mm 的砖墙上，作用位置如图 10.14 所示，砖墙用 MU10 烧结普通砖和 M5 水泥砂浆砌筑，柱传到墙上的荷载设计值为 120kN。试验算柱下砌体的局部受压承载力。

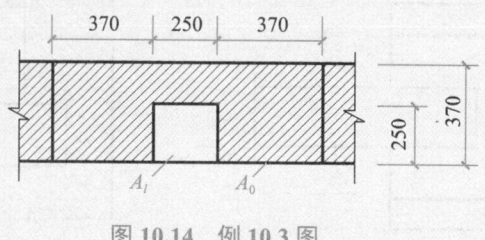

图 10.14　例 10.3 图

【解】 局部受压面积为
$$A_l = 250 \times 250 = 62500 (\text{mm}^2)$$
局部受压影响面积为
$$A_0 = (b+2h)h = (250+2\times370)\times370 = 366300(\text{mm}^2)$$
砌体局部抗压强度提高系数为
$$\gamma = 1 + 0.35\sqrt{\frac{A_0}{A_l}-1} = 1+0.35\times\sqrt{\frac{366300}{62500}-1} \approx 1.77 < 2$$
查表得 MU10 烧结普通砖和 M5 水泥砂浆砌筑的砌体的抗压强度设计值为 $f=1.5$MPa。砌体局部受压承载力为
$$\gamma f A_l = 1.77\times1.5\times62500\times10^{-3}\text{kN} \approx 165.9\text{kN} > 120\text{kN}$$
故砌体局部受压承载力满足要求。

【例 10.4】 窗间墙截面尺寸为 370mm×1200mm，如图 10.15 所示，砖墙用 MU10 烧结普通砖和 M5 混合砂浆砌筑。大梁的截面尺寸为 200mm×550mm，在墙上的搁置长度为 240mm。大梁的支座反力为 100kN，窗间墙范围内梁底截面处的上部荷载设计值为 240kN，试对大梁端部下砌体的局部受压承载力进行验算。

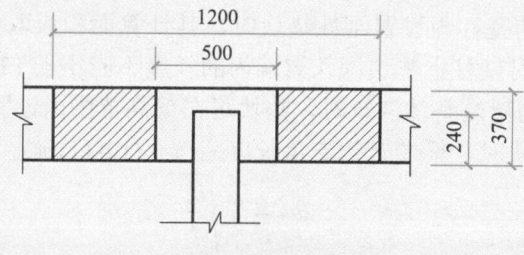

图 10.15　例 10.4 图

【解】 查表得 MU10 烧结普通砖和 M5 混合砂浆砌筑的砌体的抗压强度设计值为 $f=1.5$MPa。
梁端有效支承长度为
$$a_0 = 10\sqrt{\frac{h_c}{f}} = 10\times\sqrt{\frac{550}{1.5}} \approx 191(\text{mm})$$

局部受压面积为
$$A_l = a_0 b = 191 \times 200 = 38200 (\text{mm}^2)$$

局部受压影响面积为
$$A_0 = (b+2h)h = (200+2\times 370)\times 370 = 347800 (\text{mm}^2)$$

$$\frac{A_0}{A_l} = \frac{347800}{38200} \approx 9.1 > 3, \quad 取 \psi = 0$$

砌体局部抗压强度提高系数为
$$\gamma = 1+0.35\sqrt{\frac{A_0}{A_l}-1} = 1+0.35\times\sqrt{\frac{347800}{38200}-1} \approx 1.996 < 2$$

砌体局部受压承载力为
$$\eta \gamma f A_l = 0.7\times 1.996 \times 1.5 \times 38200 \times 10^{-3} \approx 80(\text{kN}) < \psi N_0 + N_l = 100\text{kN}$$

故局部受压承载力不满足要求。

10.3.3 砌体轴心受拉构件

因砌体的抗拉强度较低，故实际工程中采用的砌体轴心受拉构件较少。对于小型圆形水池或筒仓，可采用砌体结构（图 10.16）。

砌体轴心受拉构件的承载力按式(10-12)计算。

$$N_t = f_t A \qquad (10\text{-}12)$$

式中 N_t——轴向拉力设计值；
f_t——砌体的轴心抗拉强度设计值。

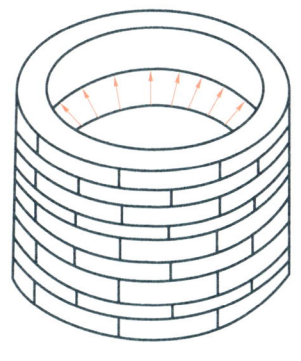

图 10.16 砌体结构

10.3.4 配筋砌体

配筋砌体是在砌体中设置了钢筋或钢筋混凝土材料的砌体。配筋砌体的抗压、抗剪和抗弯承载力高于无筋砌体，并有较好的抗震性能。

1. 网状配筋砖砌体

(1) 受力特点。

当砖砌体受压构件的承载力不足而截面尺寸又受到限制时，可以考虑采用网状配筋砖砌体，如图 10.17 所示。网状配筋砖砌体常用的形式有方格网和连弯式钢筋网。

砌体承受轴向压力时，除产生纵向压缩变形外，还会产生横向膨胀。当砌体中配置横向钢筋网时，由于钢筋的弹性模量大于砌体的弹性模量，因此，钢筋能够阻止砌体的横向变形，同时，钢筋能够连接被竖向裂缝分割的小砖柱，避免了因小砖柱过早失稳而导致整个砌体的破坏，从而间接地提高了砌体的抗压强度，因此，这种配筋也称间接配筋。

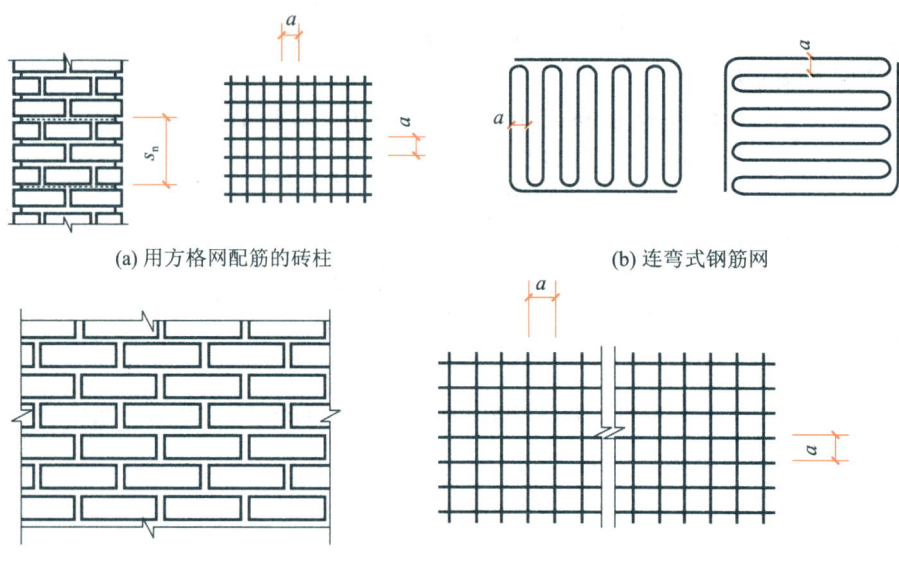

图 10.17 网状配筋砖砌体

(2) 承载力计算简介。

网状配筋砖砌体受压构件的承载力按式(10-13)～式(10-15)计算。

$$N \leqslant \varphi_n f_n A \tag{10-13}$$

$$f_n = f + 2\left(1 - \frac{2e}{y}\right)\frac{\rho}{100} f_y \tag{10-14}$$

$$\rho = 100(V_s / V) \tag{10-15}$$

式中　N——轴向力设计值；

　　　φ_n——高厚比和配筋率以及轴向力的偏心距对网状配筋砖砌体受压构件承载力的影响系数，可查表10-4；

　　　f_n——网状配筋砖砌体的抗压强度设计值；

　　　A——截面面积；

　　　e——轴向力的偏心距；

　　　ρ——体积配筋率，当采用截面面积为 A_s 的钢筋组成的方格网，网格尺寸为 a 和钢筋网的竖向间距为 s_n 时，$\rho = 100\left(\dfrac{2A_s}{as_n}\right)$；

　　　V_s、V——分别为钢筋和砌体的体积；

　　　f_y——钢筋的抗拉强度设计值，当 $f_y > 320\text{MPa}$ 时，$f_y = 320\text{MPa}$。

当采用连弯式钢筋网时，钢筋网的钢筋方向应互相垂直，沿砌体高度交错设置。

表 10-4 影响系数 φ_n

ρ/%	β	e/h					ρ/%	β	e/h				
		0	0.05	0.10	0.15	0.17			0	0.05	0.10	0.15	0.17
0.1	4	0.97	0.89	0.78	0.67	0.63	0.7	4	0.93	0.83	0.72	0.61	0.57
	6	0.93	0.84	0.73	0.62	0.58		6	0.86	0.75	0.63	0.53	0.50
	8	0.89	0.78	0.67	0.57	0.53		8	0.77	0.66	0.56	0.47	0.43
	10	0.84	0.72	0.62	0.52	0.48		10	0.68	0.58	0.49	0.41	0.38
	12	0.78	0.67	0.56	0.48	0.44		12	0.60	0.50	0.42	0.36	0.33
	14	0.72	0.61	0.52	0.44	0.41		14	0.52	0.44	0.37	0.31	0.30
	16	0.67	0.56	0.47	0.40	0.37		16	0.46	0.38	0.33	0.28	0.26
0.3	4	0.96	0.87	0.76	0.65	0.61	0.9	4	0.92	0.82	0.71	0.60	0.56
	6	0.91	0.80	0.69	0.59	0.55		6	0.83	0.72	0.61	0.52	0.48
	8	0.84	0.74	0.62	0.53	0.49		8	0.73	0.63	0.53	0.45	0.42
	10	0.78	0.67	0.56	0.47	0.44		10	0.64	0.54	0.46	0.38	0.36
	12	0.71	0.60	0.51	0.43	0.40		12	0.55	0.47	0.39	0.33	0.31
	14	0.64	0.54	0.46	0.38	0.36		14	0.48	0.40	0.34	0.29	0.27
	16	0.58	0.49	0.41	0.35	0.3		16	0.41	0.35	0.30	0.25	0.24
0.5	4	0.94	0.85	0.74	0.63	0.59	1.0	4	0.91	0.81	0.70	0.59	0.55
	6	0.88	0.77	0.66	0.56	0.52		6	0.82	0.71	0.60	0.51	0.47
	8	0.81	0.69	0.59	0.50	0.46		8	0.72	0.61	0.52	0.43	0.41
	10	0.73	0.62	0.52	0.44	0.41		10	0.62	0.53	0.44	0.37	0.35
	12	0.65	0.55	0.46	0.39	0.36		12	0.54	0.45	0.38	0.32	0.30
	14	0.58	0.49	0.41	0.35	0.32		14	0.46	0.39	0.33	0.28	0.26
	16	0.51	0.43	0.36	0.31	0.29		16	0.39	0.34	0.28	0.24	0.23

(3) 构造要求。

网状配筋砖砌体构件的构造应符合下列规定。

① 网状配筋砖砌体的体积配筋率,不应小于 0.1%,过小效果不大;也不应大于 1%,否则钢筋的作用不能充分发挥。

② 采用钢筋网时,钢筋的直径宜采用 3~4mm;当采用连弯式钢筋网时,钢筋的直径不应大于 8mm。钢筋过细,钢筋的耐久性得不到保证;钢筋过粗,会使钢筋的水平灰缝过厚或保护层厚度得不到保证。

③ 钢筋网中钢筋的间距,不应大于 120mm,并不应小于 30mm;因为若钢筋间距过小,则灰缝中的砂浆不易均匀密实,若间距过大,则钢筋网的横向约束效应低。

④ 钢筋网的间距,不应大于 5 皮砖,并不应大于 400mm。

⑤ 网状配筋砖砌体所用的砂浆强度等级不应低于 M7.5,钢筋网应设在砌体的水平灰缝中,灰缝厚度应保证钢筋上下至少各有 2mm 厚的砂浆层。其目的是避免钢筋锈蚀和提高钢筋与砌体之间的黏结力。为了便于检查钢筋网是否漏放或错误,可在钢筋网中留出标记,如将钢筋网中的一根钢筋的末端伸出砌体表面 5mm。

2. 组合砖砌体

当无筋砌体的截面受限制，设计成无筋砌体不经济或轴向压力偏心距过大时，可采用组合砖砌体。组合砖砌体构件截面如图 10.18 所示。

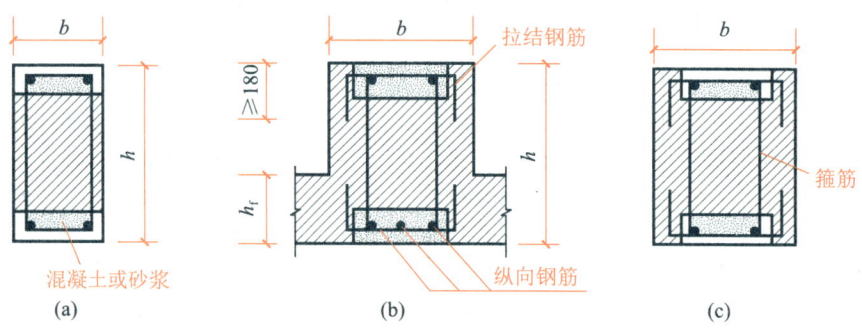

图 10.18　组合砖砌体构件截面

(1) 受力特点。

当作用轴心压力时，组合砖砌体常在砌体与面层混凝土(或面层砂浆)连接处产生第一批裂缝，随着荷载的增加，砖砌体内逐渐产生竖向裂缝；由于两侧的钢筋混凝土(或钢筋砂浆)对砖砌体有横向约束作用，因此砌体内裂缝的发展较为缓慢；最后，砌体内的砖和面层混凝土(或面层砂浆)严重脱落甚至被压碎，或竖向钢筋在箍筋范围内被压屈，组合砖砌体完全破坏。

(2) 构造要求。

① 面层混凝土强度等级宜采用 C20，面层水泥砂浆强度等级不宜低于 M10，砌筑砂浆的强度等级不宜低于 M7.5。

② 竖向受力钢筋的混凝土保护层厚度，不应小于规范的规定，竖向受力钢筋距砖砌体表面的距离不应小于 5mm。

③ 砂浆面层的厚度，可采用 30～45mm，当面层厚度大于 45mm 时，其面层宜采用混凝土。

④ 竖向受力钢筋宜采用 HPB300 级钢筋，受压钢筋一侧的配筋率，对砂浆面层，不宜小于 0.1%；对混凝土面层，不宜小于 0.2%。受拉钢筋的配筋率，不应小于 0.1%；竖向受力钢筋的直径，不应小于 8mm；钢筋的净间距，不应小于 30mm。

⑤ 箍筋的直径，不宜小于 4mm 及 0.2 倍的受压钢筋直径，并不宜大于 6mm，箍筋的间距，不应大于 20 倍受压钢筋的直径及 500mm，并不应小于 120mm。

⑥ 当组合砖砌体构件一侧的竖向受力钢筋多于 4 根时，应设置附加箍筋或设置拉结钢筋。

⑦ 组合砖砌体构件的顶部及底部，以及牛腿部位，必须设置钢筋混凝土垫块。竖向受力钢筋伸入垫块的长度，必须满足锚固要求。

⑧ 对于截面长短边相差较大的构件(如墙体等)，应采用穿通墙体的拉结钢筋作为箍筋，同时设置水平分布钢筋，水平分布钢筋的竖向间距及拉结钢筋的水平间距，均不应大于 500mm，如图 10.19 所示。

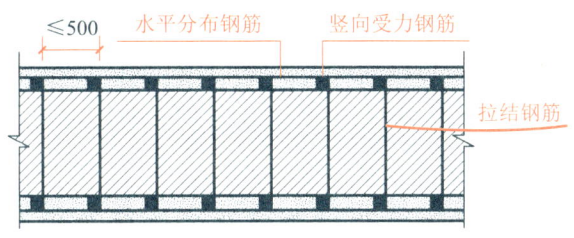

图 10.19 混凝土或砂浆面层组合墙

10.3.5 墙、柱高厚比的验算

砌体房屋中,作为受压构件的墙、柱,除要满足承载力要求之外,还必须满足高厚比的要求。墙、柱的高厚比验算是保证砌体房屋施工阶段和使用阶段稳定性与刚度的一项重要构造措施。

1. 高厚比的概念

高厚比 β,是指墙、柱计算高度 H_0 与墙厚 h(或与柱的计算高度相对应的柱边长)的比值,即 $\beta = H_0 / h$。

2. 验算高厚比的目的

墙、柱的高厚比验算是保证砌体房屋施工阶段和使用阶段稳定性与刚度的一项重要构造措施。墙、柱的高厚比过大,虽然强度满足要求,但是可能在施工阶段因过度的偏差倾斜以及施工和使用过程中的偶然撞击、振动等因素而导致丧失稳定;同时过大的高厚比,还可能使墙体发生过大的变形而影响使用。

3. 砌体墙、柱的允许高厚比 $[\beta]$

砌体墙、柱的允许高厚比 $[\beta]$ 指墙、柱高厚比的允许限值,见表 10-5,它与承载力无关,而是根据实践经验和现阶段的材料质量及施工技术水平综合研究而确定的。

表 10-5 墙、柱的允许高厚比 $[\beta]$

砂浆强度等级	墙	柱
≥M7.5	26	17
M5	24	16
M2.5	22	15

下列情况下,墙、柱的允许高厚比应进行调整。

(1) 毛石墙、柱的高厚比应按表中数字降低 20%。
(2) 组合砖砌体构件的允许高厚比,可按表中数值提高 20%,但不得大于 28。
(3) 验算施工阶段砂浆尚未硬化的新砌砌体高厚比时,允许高厚比对墙取 14,对柱取 11。

4. 墙、柱高厚比验算(图 10.20)

墙、柱高厚比验算应按式(10-16)和式(10-17)计算。

$$\beta = \frac{H_0}{h} \leqslant \mu_1 \mu_2 [\beta] \tag{10-16}$$

$$\mu_2 = 1 - 0.4\frac{b_s}{s} \tag{10-17}$$

式中 $[\beta]$——墙、柱的允许高厚比；

H_0——墙、柱的计算高度，应按表 10-6 采用；

h——墙厚或与矩形柱 H_0 相对应的边长；

μ_1——自承重墙允许高厚比的修正系数(按下列规定采用：当 $h=240$mm 时，$\mu_1=1.2$；当 $h=90$mm 时，$\mu_1=1.5$；当 240mm＞h＞90mm 时，μ_1 可按插入法取值)；

μ_2——有门窗洞口墙允许高厚比的修正系数；

b_s——在宽度 s 范围内的门窗洞口总宽度；

s——相邻窗间墙、壁柱或构造柱之间的距离。

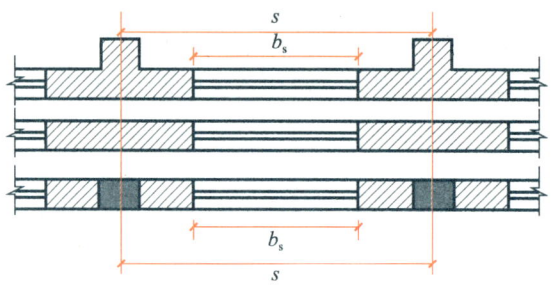

图 10.20 墙、柱高厚比验算

当按式(10-17)计算得到的 μ_2 值小于 0.7 时，应取 $\mu_2=0.7$；当洞口高度等于或小于墙高的 1/5 时，可取 $\mu_2=1$。

上述计算高度指对墙、柱进行承载力计算或验算高厚比时所采用的高度，用 H_0 表示，它是由实际高度 H 并根据房屋类别和构件两端支承条件按表 10-6 确定的。

表 10-6 受压构件计算高度 H_0

房屋类别			柱		带壁柱墙或周边拉接的墙		
			排架方向	垂直排架方向	$s>2H$	$2H \geq s > H$	$s \leq H$
有吊车的单层房屋	变截面柱上段	弹性方案	$2.5H_u$	$1.25H_u$	$2.5H_u$		
		刚性、刚弹性方案	$2.0H_u$	$1.25H_u$	$2.0H_u$		
	变截面柱下段		$1.0H_l$	$0.8H_l$	$1.0H_l$		
无吊车的单层和多层房屋	单跨	弹性方案	$1.5H$	$1.0H$	$1.5H$		
		刚弹性方案	$1.2H$	$1.0H$	$1.2H$		
	多跨	弹性方案	$1.25H$	$1.0H$	$1.25H$		
		刚弹性方案	$1.10H$	$1.0H$	$1.1H$		
	刚性方案		$1.0H$	$1.0H$	$1.0H$	$0.4s+0.2H$	$0.6s$

注：① 表中 H_u 为变截面柱的上段高度，H_l 为变截面柱的下段高度。
② 对于上端为自由端的构件，$H_0=2H$。
③ 独立砖柱，当无柱间支撑时，柱在垂直排架方向的 H_0 应按表中数值乘以 1.25 后采用。
④ s 为房屋横墙间距。
⑤ 自承重墙的计算高度应根据周边支承或拉接条件确定。

表中构件高度 H 应按下列规定取值。

(1) 在房屋的底层，H 为楼板顶面到构件下端支点的距离。下端支点的位置，可取在基础的顶面。当基础埋置较深且有刚性地坪时，可取室内外地面以下 500mm 处。

(2) 在房屋的其他层，H 为楼板或其他水平支点间的距离。

(3) 对于无壁柱的山墙，H 可取层高加山墙尖的高度的 1/2，对于带壁柱的山墙可取壁柱处的山墙高度。

对有吊车的房屋，当荷载组合不考虑吊车作用时，变截面柱上段的计算高度可按表 10-6 的规定采用，变截面柱下段的计算高度可按下列规定取值。

(1) 当 $H_u/H \leqslant 1/3$ 时，取无吊车房屋的 H_0。

(2) 当 $1/3 < H_u/H \leqslant 1/2$ 时，取无吊车房屋的 H_0 乘以修正系数 μ，$\mu = 1.3 - 0.3 I_u/I_l$，I_u 为变截面柱上段的惯性矩，I_l 为变截面柱下段的惯性矩。

(3) 当 $H_u/H \geqslant 1/2$ 时，取无吊车房屋的 H_0，但在确定 β 值时，应取柱的上截面。

5. 带壁柱墙的高厚比验算

带壁柱墙的高厚比验算包括两部分内容，即带壁柱整片墙体高厚比的验算和壁柱之间墙体局部高厚比的验算。

(1) 带壁柱整片墙体高厚比的验算。

该验算视壁柱为墙体的一部分，整片墙截面为 T 形截面，将 T 形截面墙按惯性矩和面积相等的原则换算成矩形截面，折算厚度 $h_T = 3.5i$，其高厚比的验算公式为

$$\beta = \frac{H_0}{h_T} \leqslant \mu_1 \mu_2 [\beta] \tag{10-18}$$

式中　h_T ——带壁柱墙截面折算厚度；

　　　i ——带壁柱墙截面的回转半径；

　　　H_0 ——墙、柱的计算高度，应按表 10-6 采用。

T 形截面的翼缘宽度，可按下列规定采用。

① 多层房屋，当有门窗洞口时，翼缘宽度可取窗间墙宽度；当无门窗洞口时，每侧可取壁柱高度的 1/3。

② 单层房屋，翼缘宽度可取壁柱宽加 2/3 壁柱高度，但不得大于窗间墙宽度和相邻壁柱之间的距离。

(2) 壁柱之间墙体局部高厚比的验算。

壁柱之间墙体局部高厚比按式(10-16)验算，壁柱视为墙体的侧向不动支点，计算时，取壁柱之间的距离，且不管房屋静力计算采用何种方案，在确定计算高度时，都按刚性方案考虑。

如果壁柱之间墙体的高厚比超过限值，可在墙高范围内设置钢筋混凝土圈梁。设有钢筋混凝土圈梁的带壁柱墙或带构造柱墙，当 $b/s \geqslant 1/30$ 时，圈梁可视为墙的壁柱间墙或构造柱间墙的不动铰支点(b 为圈梁宽度)。如果不允许增加圈梁宽度，可按墙体平面外等刚度原则增加圈梁高度，以满足壁柱间墙或构造柱间墙不动铰支点的要求。这样，墙高就降低为基础顶面(或楼层标高)到圈梁底面的高度。

6．带构造柱墙的高厚比验算

带构造柱墙的高厚比验算内容包括整片墙体高厚比的验算和构造柱之间墙体局部高厚比的验算。

(1) 整片墙体高厚比的验算。

$$\beta = \frac{H_0}{h} \leqslant \mu_1 \mu_2 \mu_c [\beta] \tag{10-19}$$

$$\mu_c = 1 + \gamma \frac{b_c}{l} \tag{10-20}$$

式中　μ_c——带构造柱墙允许高厚比$[\beta]$的提高系数；

　　　γ——系数(对细料石、半细料石砌体，$\gamma=0$；对混凝土砌块、粗料石及毛石砌体，$\gamma=1.0$；对其他砌体，$\gamma=1.5$)；

　　　b_c——构造柱沿墙长方向的宽度；

　　　l——构造柱间距。

当$b_c/l > 0.25$时，取$b_c/l = 0.25$；当$b_c/l < 0.05$时，取$b_c/l = 0$。

需注意的是，构造柱对墙体允许高厚比的提高只适用于构造柱与墙体形成整体后的使用阶段，并且构造柱与墙体有可靠的连接。

(2) 构造柱之间墙体局部高厚比仍按式(10-16)验算，验算时仍视构造柱为柱间墙的不动铰支点，计算时，取构造柱间距，并按刚性方案考虑。

【例 10.5】某单层房屋层高为 4.5m，砖柱截面为 490mm×370mm，采用 M5 混合砂浆砌筑，房屋的静力计算方案为刚性方案。试验算此砖柱的高厚比。

【解】查表 10-6，得 $H_0 = H = 4500+500 = 5000$ (mm)(500mm 为单层砖柱从室内地坪到基础顶面的距离)，$\mu_1 = 1$，$\mu_2 = 1$。

查表 10-5 得，$[\beta]=16$，$\beta = \frac{H_0}{h} = 5000/370 = 13.5 \leqslant \mu_1 \mu_2 [\beta] = 16$，因此高厚比满足要求。

10.4　砌体结构房屋构造要求

10.4.1　一般构造要求

工程实践表明，为了保证砌体结构房屋有足够的耐久性和良好的整体性能，必须采取合理的构造措施。

1．最小截面规定

为了避免柱截面过小导致稳定性能变差，以及局部缺陷对构件的影响，规范规定了各种构件的最小尺寸：承重的独立砖柱截面尺寸不应小于 240mm×370mm；毛石墙的厚度不宜小于 350mm；毛料石柱截面较小边长不宜小于 400mm；当有振动荷载时，墙、柱不宜采用毛石砌体。

2．墙、柱连接构造

为了增强砌体房屋的整体性和避免局部受压破坏，规范进行了如下规定。

(1) 跨度大于 6m 的屋架和跨度大于下列数值的梁，应在支承处砌体上设置混凝土或钢筋混凝土垫块；当墙中设有圈梁时，垫块与圈梁宜浇成整体。

① 对砖砌体为 4.8m。

② 对砌块和料石砌体为 4.2m。

③ 对毛石砌体为 3.9m。

(2) 当梁跨度大于或等于下列数值时，其支承处宜加设壁柱，或采取其他加强措施。

① 对 240mm 厚的砖墙为 6m，对 180mm 厚的砖墙为 4.8m。

② 对砌块、料石墙为 4.8m。

(3) 预制钢筋混凝土板的支撑长度，在墙上不宜小于 100mm；在钢筋混凝土圈梁上不宜小于 80mm；当利用板端伸出钢筋拉结和混凝土灌注时，其支承长度可为 40mm，但板端缝宽不小于 80mm，灌缝混凝土不宜低于 C20。

(4) 预制钢筋混凝土梁在墙上的支承长度不宜小于 240mm，支承在墙、柱上的吊车梁、屋架以及跨度大于或等于下列数值的预制梁的端部，应采用锚固件与墙、柱上的垫块锚固。

① 对砖砌体为 9m。

② 对砌块和料石砌体为 7.2m。

(5) 填充墙、隔墙应采取措施与周边构件可靠连接。一般是在钢筋混凝土结构中预埋拉结钢筋，在砌筑墙体时，将拉结钢筋砌入水平灰缝内。

(6) 山墙处的壁柱宜砌至山墙顶部，屋面构件应与山墙可靠拉结。

3．砌块砌体房屋

(1) 砌块砌体应分皮错缝搭砌，上下皮搭砌长度不得小于 90mm。当搭砌长度不满足上述要求时，应在水平灰缝内设置不少于 2 根，直径不小于 4mm 的焊接钢筋网片(横向钢筋间距不宜大于 200mm，网片每端应伸出该垂直缝不小于 300mm)。

(2) 砌块墙与后砌隔墙交接处，应沿墙高每 400mm 在水平灰缝内设置不少于 2 根，直径不小于 4mm、横筋间距不大于 200mm 的焊接钢筋网片，如图 10.21 所示。

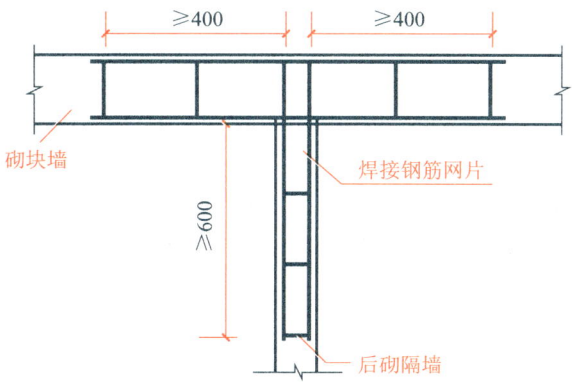

图 10.21 砌块墙与后砌隔墙交接处的焊接钢筋网片

(3) 混凝土砌块房屋，宜将纵横墙交接处、距墙中心线每边不小于 300mm 范围内的孔洞，采用不低于 Cb20 的灌孔混凝土将孔洞灌实，灌实高度应为墙身全高。

(4) 混凝土砌块墙体的下列部位，如未设圈梁或混凝土垫块，应采用不低于 Cb20 的灌孔混凝土将孔洞灌实。

① 搁栅、檩条和钢筋混凝土楼板的支承面下，高度不应小于 200mm 的砌体。

② 屋架、梁等构件的支承面下，高度不应小于 600mm，长度不应小于 600mm 的砌体。

③ 挑梁支承面下，距墙中心线每边不应小于 300mm，高度不应小于 600mm 的砌体。

4．砌体中留槽洞或埋设管道时应符合的规定

(1) 不应在截面长边小于 500mm 的承重墙体、独立柱内埋设管线。

(2) 不宜在墙体中穿行暗线或预留、开凿沟槽，无法避免时应采取必要的措施或按削弱后的截面验算墙体承载力。对受力较小或未灌孔的砌块砌体，允许在墙体的竖向孔洞中设置管线。

10.4.2　砌体结构裂缝的产生原因及防治措施

1．墙体开裂的原因

产生墙体裂缝的原因主要有 3 个方面：**外荷载、温度变化和地基不均匀沉降**。墙体承受外荷载后，按照规范要求，通过正确的承载力计算，选择合理的材料并满足施工要求，受力裂缝是可以避免的。

(1) 因温度变化和砌体干缩变形引起的墙体裂缝，如图 10.22 所示。

温度裂缝形态有水平裂缝、八字形裂缝两种。水平裂缝多发生在女儿墙根部、屋面板底部、圈梁底部附近以及比较空旷高大房间的顶层外墙门窗洞口上下水平位置处；八字形裂缝多发生在房屋顶层墙体的两端，且多数出现在门窗洞口上下，呈八字形。

干缩裂缝形态有垂直贯通裂缝、局部垂直裂缝两种。

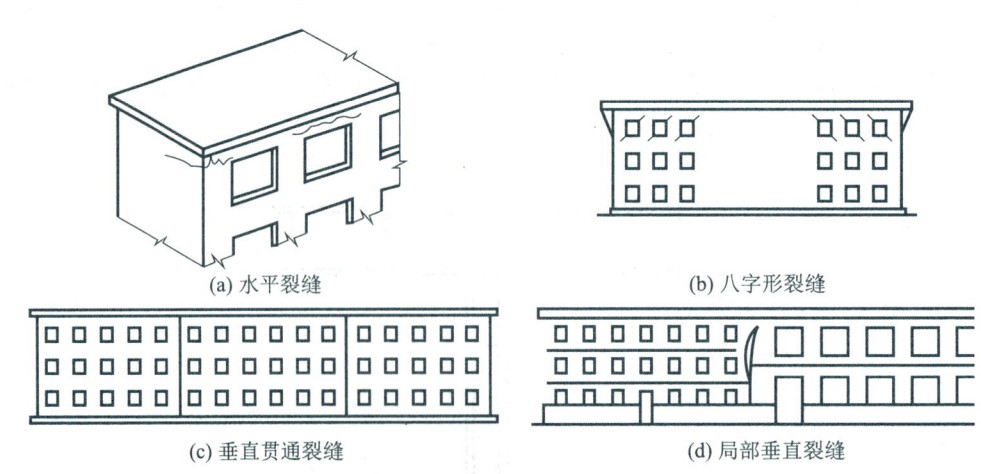

图 10.22　因温度变化和砌体干缩变形引起的墙体裂缝

(2) 因地基不均匀沉降引起的裂缝,如图 10.23 所示。

常见的因地基不均匀沉降引起的裂缝形态有:正八字形裂缝、倒八字形裂缝、高层沉降引起的斜向裂缝、底层窗台下墙体的斜向裂缝。

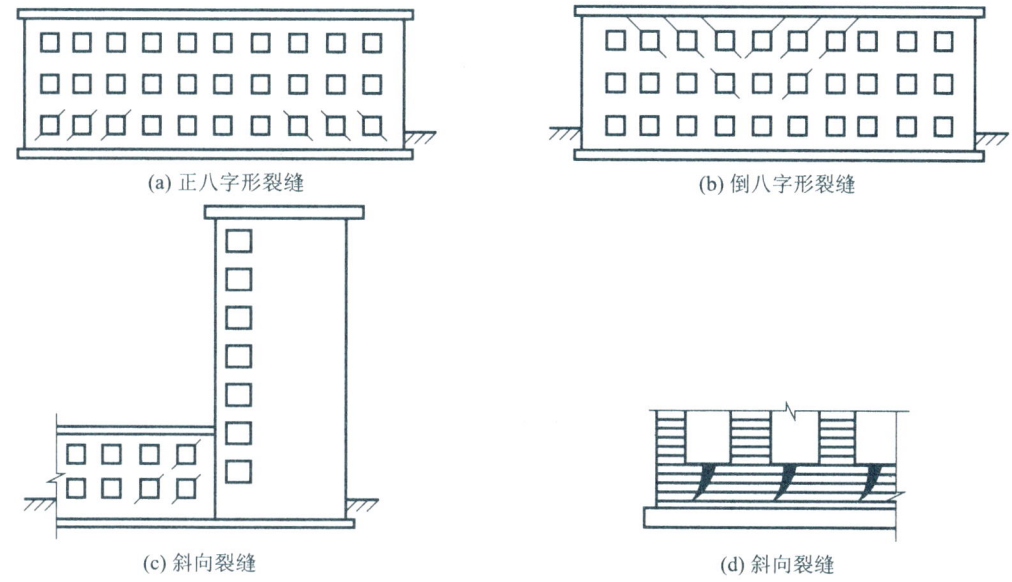

图 10.23　因地基不均匀沉降引起的裂缝

2. 防止墙体开裂的措施

(1) 为了防止或减轻房屋在正常使用条件下,由温度变化和砌体干缩引起的墙体裂缝,应在墙体中设置伸缩缝。伸缩缝应设置在因温度变化和干缩变形可能引起应力集中、砌体产生裂缝可能性最大的地方。砌体房屋伸缩缝的最大间距可按表 10-7 采用。

表 10-7　砌体房屋伸缩缝的最大间距

屋盖或楼盖类别		间距/m
整体式或装配整体式钢筋混凝土结构	有保温层或隔热层的屋盖、楼盖	50
	无保温层或隔热层的屋盖	40
装配式无檩体系钢筋混凝土结构	有保温层或隔热层的屋盖、楼盖	60
	无保温层或隔热层的屋盖	50
装配式有檩体系钢筋混凝土结构	有保温层或隔热层的屋盖	75
	无保温层或隔热层的屋盖	60
瓦材屋盖、木屋盖或楼盖、轻钢屋盖		100

注:① 对烧结普通砖、烧结多孔砖、配筋砌块砌体房屋取表中数值;对石砌体、蒸压灰砂砖、蒸压粉煤灰砖和混凝土砌块房屋取表中数值乘以 0.8。
② 在钢筋混凝土屋面上挂瓦的屋盖应按钢筋混凝土屋盖采用。
③ 层高大于 5m 的烧结普通砖、烧结多孔砖、配筋砌块砌体结构单层房屋,其伸缩缝间距可按表中数值乘以 1.3。
④ 温差较大且变化频繁地区和严寒地区不采暖的房屋及构筑物墙体的伸缩缝的最大间距,应按表中数值予以适当减小。
⑤ 墙体的伸缩缝应与结构的其他变形缝相重合,缝宽应满足各种变形缝的变形要求;在进行立面处理时,必须保证缝隙的变形作用。

(2) 为了防止和减轻房屋顶层墙体的开裂，可根据情况采取下列措施。

① 屋面设置保温层、隔热层。

② 屋面保温(隔热)层或屋面刚性面层及砂浆找平层应设置分隔缝，分隔缝间距不宜大于 6m，并与女儿墙隔开，其缝宽不小于 30mm。

③ 用装配式有檩体系钢筋混凝土屋盖和瓦材屋盖。

④ 在钢筋混凝土屋面板与墙体圈梁的接触面处设置水平滑动层，滑动层可采用两层油毡夹滑石粉或橡胶片等；对于长纵墙，可只在其两端的 2～3 个开间内设置，对于横墙可只在其两端 $l/4$ 范围内设置(l 为横墙长度)。

⑤ 顶层屋面板下设置现浇钢筋混凝土圈梁，并沿内外墙拉通，房屋两端圈梁下的墙体宜适当设置水平钢筋。

⑥ 顶层挑梁末端下墙体灰缝内设置 3 道焊接钢筋网片(纵向钢筋不宜少于 2 根，直径不小于 4mm，横筋间距不宜大于 200mm)或 2φ6 钢筋，钢筋网片或钢筋应自挑梁末端伸入两边墙体不小于 1m(图 10.24)。

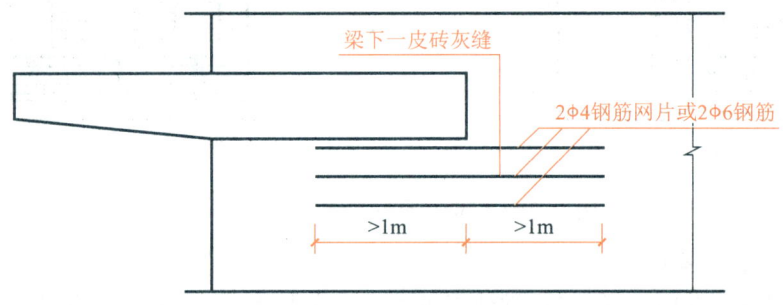

图 10.24　顶层挑梁末端钢筋网片或钢筋

⑦ 顶层墙体有门窗洞口时，在过梁上的水平灰缝内设置 2～3 道焊接钢筋网片或 2φ6 钢筋，并伸入过梁两边墙体不小于 600mm。

⑧ 顶层及女儿墙砂浆强度等级不低于 M7.5。

⑨ 女儿墙应设置构造柱，构造柱间距不宜大于 4m，构造柱应伸至女儿墙顶并与现浇钢筋混凝土压顶整浇在一起。

⑩ 房屋顶层端部墙体内应适当增设构造柱。

(3) 防止或减轻房屋底层墙体开裂的措施。

底层墙体的开裂主要是地基不均匀沉降引起的，或地基反力不均匀引起的，因此防止或减轻房屋底层墙体开裂可根据情况采取下列措施。

① 增大基础圈梁的刚度。

② 在底层的窗台下墙体灰缝内设置 3 道焊接钢筋网片或 2φ6 钢筋，并应伸入两边窗间墙内不小于 600mm。

③ 采用钢筋混凝土窗台板，窗台板嵌入窗间墙内不小于 600mm。

(4) 在墙体转角处和纵横墙交接处宜沿竖向每隔 400～500mm 设置拉结钢筋，其数量为每 120mm 墙厚不少于 1φ6 钢筋或焊接钢筋网片，埋入长度从墙的转角或交接处算起，每边不小于 600mm。

(5) 对于灰砂砖、粉煤灰砖、混凝土砌块或其他非烧结砖,宜在各层门、窗过梁上方的水平灰缝内及窗台下第一、第二道水平灰缝内设置焊接钢筋网片或 2ϕ6 钢筋,焊接钢筋网片或钢筋应伸入两边窗间墙内不小于 600mm。

(6) 为防止或减轻混凝土砌块房屋顶层两端和底层第一、二开间门窗洞口处开裂,可采取下列措施。

① 在门窗洞口两侧不少于一个孔洞中设置直径不小于 12mm 的竖向钢筋,竖向钢筋应在楼层圈梁或基础内锚固,孔洞用不低于 Cb20 的灌孔混凝土灌实。

② 在门窗洞口两边墙体的水平灰缝内,设置长度不小于 900mm,竖向间距为 400mm 的 2ϕ4 焊接钢筋网片。

③ 在顶层和底层设置通长钢筋混凝土窗台梁,窗台梁的高度宜为块体高度的模数,梁内纵向钢筋不少于 4 根,直径不小于 10mm,箍筋直径不小于 6mm,间距不大于 200mm,混凝土强度等级不小于 C20。

(7) 当房屋刚度较大时,可在窗台下或窗台角处墙体内设置竖向控制缝。在墙体的高度或厚度突然变化处也宜设置竖向控制缝,或采取其他可靠的防裂措施。竖向控制缝的构造和嵌缝材料应能满足墙体平面外传力和防护的要求。

(8) 灰砂砖、粉煤灰砖砌体宜采用黏结性好的砂浆砌筑,混凝土砌块宜采用砌块专用砌筑砂浆。

(9) 对抗裂要求较高的墙体可根据实际情况采用专门措施。

(10) 防止墙体因地基不均匀沉降而开裂的措施如下。

① 设置沉降缝。在地基土性质相差较大处,房屋高度、荷载、结构刚度变化较大处,房屋结构形式变化处,高低层的施工时间不同处设置沉降缝,将房屋分割为若干刚度较好的独立单元。

② 加强房屋整体刚度。

③ 对于软土地区或土质变化较复杂地区,利用天然地基建造房屋时,房屋体型力求简单,宜采用对地基不均匀沉降不敏感的结构形式和基础形式。

④ 合理安排施工顺序,先施工层数多、荷载大的单元,后施工层数少、荷载小的单元。

10.5 过梁、墙梁、挑梁

10.5.1 过梁

设置在门窗洞口的梁称为过梁。它用以支承门窗上面部分墙砌体的自重,以及距洞口上边缘高度不太大的梁板传下来的荷载,并将这些荷载传递到两边窗间墙上,以免压坏门窗。过梁的种类主要有砖砌过梁(图 10.25)和钢筋混凝土过梁(图 10.26)两大类。

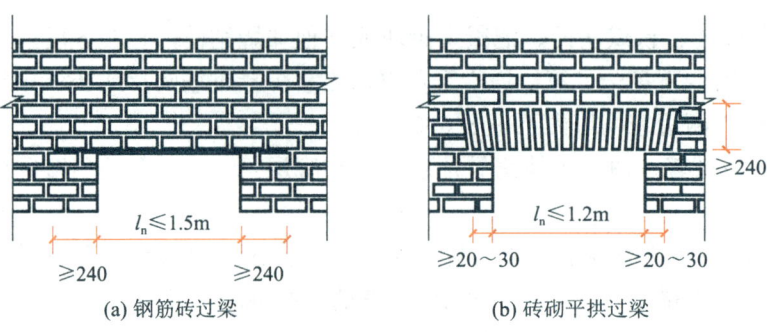

图 10.25 砖砌过梁

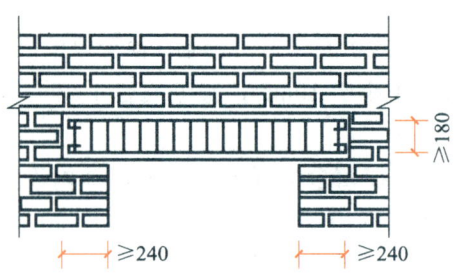

图 10.26 钢筋混凝土过梁

1. 砖砌过梁

(1) 钢筋砖过梁。一般来讲，钢筋砖过梁的跨度不宜超过 1.5m，砂浆强度等级不宜低于 M5。钢筋砖过梁的施工方法是：在过梁下皮设置支承和模板，然后在模板上铺一层厚度不小于 30mm 的水泥砂浆层，在砂浆层里埋入钢筋。钢筋直径不应小于 5mm，间距不宜大于 120mm。钢筋每边伸入砌体支座内的长度不宜小于 240mm。

(2) 砖砌平拱过梁。砖砌平拱过梁的跨度不宜超过 1.2m，砂浆的强度等级不宜低于 M5。

(3) 砖砌弧拱过梁。砖砌弧拱过梁竖砖砌筑的高度不应小于 115mm(半砖)。弧拱最大跨度一般为 2.5~4m。砖砌弧拱由于施工较为复杂，目前较少采用。

2. 钢筋混凝土过梁

对于有较大振动或产生不均匀沉降的房屋，或当门窗宽度较大时，可采用钢筋混凝土过梁。钢筋混凝土过梁按受弯构件设计，其截面高度一般不小于 180mm，截面宽度与墙体厚度相同，端部支承长度不应小于 240mm。目前砌体结构已大量采用钢筋混凝土过梁，各地区均已编有相应标准供设计时选用。

10.5.2 墙梁

由钢筋混凝土托梁及其以上计算高度范围内的墙体组成的组合受力构件称为墙梁(图 10.27)。墙梁按支承情况分为简支墙梁、框支墙梁、连续墙梁；按承受荷载情况可分为承重墙梁和自承重墙梁。除承受托梁和托梁以上的墙体自重外，还承受由屋盖或楼盖传来的荷载的墙梁为承重墙梁，如底层为大空间、上层为小空间时所设置的墙梁；只承受托梁及托梁以上墙体自重的墙梁为自承重墙梁，如基础梁、连系梁。

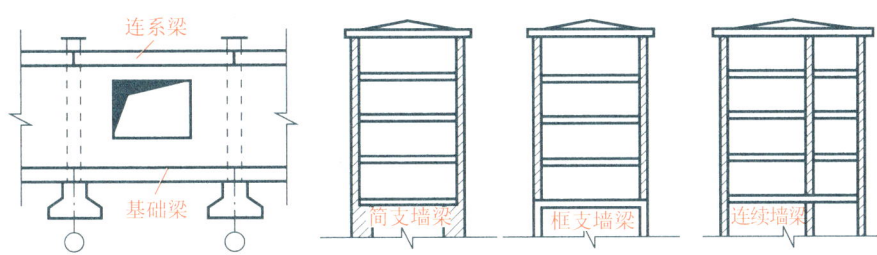

图 10.27 墙梁

墙梁中承托砌体墙和楼盖(屋盖)的混凝土简支梁、连续梁和框架梁，称为**托梁**；墙梁中考虑组合作用的计算高度范围内的砌体墙，称为**墙体**；墙梁的计算高度范围内墙体顶面处的现浇混凝土梁，称为**顶梁**；墙梁支座处与墙体垂直相连的纵向落地墙，称为**翼墙**。

10.5.3 挑梁

楼面及屋面结构中用来支撑阳台板、外伸走廊板、檐口板的构件即为挑梁(图 10.28)。挑梁是一种悬挑构件，它除要进行抗倾覆验算外，还应按钢筋混凝土受弯、受剪构件分别计算纵向钢筋和箍筋。此外，还要满足下列要求。

(1) 挑梁埋入墙体内的长度 l_1 与挑出长度 l 之比宜大于 1.2；当挑梁埋入段上无砌体时，l_1 与 l 之比宜大于 2。

(2) 挑梁中的纵向受力钢筋配置在梁的上部，至少应有一半伸入梁尾端，且不少于 2 根，直径不小于 12mm，其余钢筋伸入墙体的长度不应小于 $2l_1/3$。

(3) 挑梁下的墙砌体受到较大的局部压力，应进行挑梁下局部受压承载力验算。

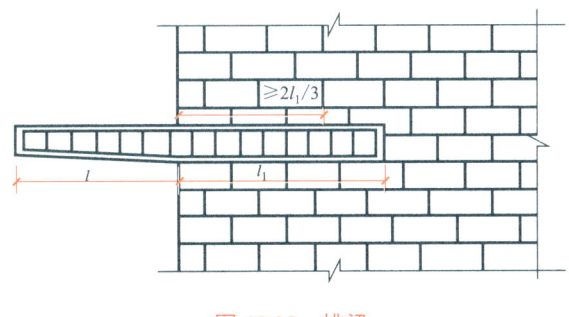

图 10.28 挑梁

本章小结

本章主要讲述以下内容。

(1) 砌体结构是由各种块体通过砂浆铺缝砌筑而成的。砌体按是否配有钢筋分为无筋砌体和配筋砌体；按所用材料不同分为砖砌体、砌块砌体和石砌体。

(2) 砌体的抗压强度较高，故在建筑物中主要利用砌体来承受压力。影响砌体抗压强度的因素主要有块体和砂浆的强度、砂浆的流动性和保水性、块体的尺寸与形状、砌筑质量等。

(3) 砌体构件受压承载力计算公式为 $N \leqslant \varphi f A$，其中 φ 为考虑高厚比 β 和轴向力偏心距 e 对受压构件承载力的影响系数。设计时应注意使 $e \leqslant 0.6y$，当不能满足时应采用配筋砌体。

(4) 梁端局部受压时，由于梁弯曲变形和砌体压缩变形的影响，梁端的有效支承长度 a_0 和实际支承长度 a 不同，梁下砌体的局部压应力也非均匀分布。当梁端局部受压承载力不满足要求时，应设置刚性垫块和垫梁。

(5) 砌体结构房屋中，在墙体内沿水平方向设置的连续、封闭的钢筋混凝土梁称为圈梁。圈梁的主要作用是增强房屋的整体性和空间刚度。由于地基不均匀沉降或较大振动荷载等会对房屋产生不利影响，因此，在各类房屋砌体中均应按规定设置圈梁。

(6) 砌体结构墙体中设置在门窗洞口上部的梁称为过梁，常见的有钢筋混凝土过梁和砖砌过梁两种。过梁上荷载的确定应符合《砌体结构设计规范》(GB 50003—2011)的相关规定。

习 题

一、判断题

1．影响砖砌体抗压强度的主要因素有块体的强度等级和高度，砂浆的物理力学性能和砌筑质量等。（　　）

2．其他条件相同时，采用水泥砂浆及混合砂浆砌筑的砌体强度相等。（　　）

3．配筋砌体与无筋砌体相比，不仅可以提高砌体的承载力而且可以提高构件的延性。（　　）

4．砌体局部受压可能出现的三种破坏形态是因纵向裂缝的发展而破坏、劈裂破坏和局部压碎破坏。（　　）

二、单选题

1．普通砖砌体构件，构件截面面积 $A < 0.3 \text{m}^2$ 时，其强度设计值应乘以调整系数（　　）。
   A．0.75　　　　B．0.89　　　　C．0.7+A　　　　D．0.9

2．刚性和刚弹性方案中的横墙，必须满足的条件有（　　）。
   A．横墙的洞口水平截面面积超过横墙截面面积的 50%
   B．横墙的厚度可以小于 120mm
   C．单层房屋的横墙长度不宜小于其高度
   D．多层房屋的横墙长度不宜小于其高度

3．普通砖砌体结构，采用水泥砂浆砌筑时，其强度设计值应乘以调整系数（　　）。
   A．0.75　　　　B．0.89　　　　C．0.7+A　　　　D．0.9

4．影响墙、柱的允许高厚比因素中说法正确的是（　　）。
   A．砂浆强度等级越高，允许高厚比越小
   B．采用组合砖砌体的允许高厚比可相应提高
   C．非承重墙体的允许高厚比应相应降低
   D．开有门窗洞口的墙体允许高厚比应乘以 μ 予以折减

5. 下列关于影响砖砌体抗压强度的因素说法正确的是( )。
   A. 砂浆的强度等级是影响砖砌体抗压强度的主要因素
   B. 砂浆的品种对砖砌体的抗压强度没有影响
   C. 提高砖的厚度可以提高砖砌体的抗压强度
   D. 砌筑质量好坏对砖砌体强度没有影响

6. 下列几种砌体房屋承重结构形式中，( )抗震性能最好。
   A. 内框架承重体系   B. 纵墙承重体系
   C. 横墙承重体系   D. 砖柱承重体系

7. 矩形截面墙、柱高厚比验算的公式应为( )。
   A. $\beta = \dfrac{H_0}{h} \leqslant \mu_1\mu_2[\beta]$ B. $\beta = \dfrac{H_0}{h} \geqslant \mu_1\mu_2[\beta]$
   C. $\beta = \dfrac{H_0}{h} \leqslant [\beta]$ D. $\beta = \dfrac{H_0}{h} \geqslant [\beta]$

8. 砌体局部受压可能有 3 种破坏形式，( )表现出明显的脆性，工程设计中必须避免发生。
   A. 先裂后坏   B. 一裂即坏   C. 未裂先坏   D. 以上都不是

9. 砌体结构房屋中，关于圈梁的设置，下面错误的叙述是( )。
   A. 多层砖砌工业房屋，圈梁可隔层设置
   B. 圈梁不必连续地设置在同一水平面上，并形成封闭状
   C. 钢筋混凝土圈梁的宽度宜与墙厚相同
   D. 以上都是

10. 混合结构房屋，主要承重框架沿( )布置，房屋的空间刚度大，整体性好。
    A. 横向   B. 纵向   C. 双向   D. 都不是

三、简答题
1. 什么是砌体结构？砌体结构有哪些优缺点？
2. 砌体有哪些种类？
3. 影响砌体抗压强度的因素有哪些？
4. 什么是墙、柱的高厚比？为什么要验算墙、柱的高厚比？
5. 什么是圈梁？圈梁的作用是什么？
6. 圈梁的布置原则和构造要求有哪些？
7. 过梁有哪几种类型？构造要求有哪些？

在线答题

四、计算题
1. 某砖柱截面尺寸为 490mm×620mm，柱的计算高度 H_0=5m，承受轴向压力设计值 N=160kN，沿长边方向弯矩设计值 $M=20$kN·m，施工质量控制等级为 B 级，采用 MU10 烧结普通砖、M2.5 混合砂浆砌筑。计算柱的受压承载是否满足要求。

2. 某多层砖混结构房屋，房屋的开间为 3.6m，每开间有 1.8m 宽的窗，墙厚 240mm，墙体计算高度 H_0=4.8m，砂浆为 M2.5。若该墙体为承重墙体，试验算该墙体的高厚比是否满足要求。

第 11 章 钢 结 构

教学目标

通过本章的学习，我们应了解钢结构的发展、特点，钢材的基本要求和选用原则；了解钢结构的常用连接方法及其特点和应用，其中主要了解焊接和螺栓连接的种类、形式、特点以及应用；了解梁受弯时弯曲应力的发展过程，桁架的应用、外形形式和受力特点，屋盖结构的组成和布置，以及支撑的作用、种类、组成和布置原则；掌握钢材主要力学性能及影响钢材力学性能的各种因素；掌握对接焊缝、角焊缝设计计算方法和普通螺栓受剪及受拉的承载力设计计算方法；了解实腹式轴心受力构件强度、刚度和稳定性的验算方法。

教学要求

能力目标	知识要点	权重	自评分数
掌握钢材的主要力学性能	钢材的主要力学性能	10%	
掌握对接焊缝、角焊缝设计计算方法和普通螺栓受剪及受拉的承载力设计计算方法	对接焊缝设计计算方法	10%	
	角焊缝设计计算方法	10%	
	普通螺栓受剪的承载力设计计算方法	10%	
	普通螺栓受拉的承载力设计计算方法	10%	
了解实腹式轴心受力构件强度、刚度和稳定性的验算方法	实腹式轴心受力构件强度的验算方法	10%	
	实腹式轴心受力构件刚度的验算方法	10%	
	实腹式轴心受力构件稳定性的验算方法	10%	
了解钢结构的发展、特点，钢材的基本要求和选用原则	钢结构的发展、特点，钢材的基本要求和选用原则	5%	
了解梁受弯时弯曲应力的发展过程，桁架的应用、外形形式和受力特点，屋盖结构的组成和布置，以及支撑的作用、种类、组成和布置原则	梁受弯时弯曲应力的发展过程，桁架的应用、外形形式和受力特点	10%	
	屋盖结构的组成和布置，以及支撑的作用、种类、组成和布置原则	5%	

第 11 章 钢 结 构

章节导读

为在钢结构设计中贯彻执行国家的技术经济政策,做到技术先进、经济合理、安全适用、确保质量,特制定了《钢结构设计标准》(GB 50017—2017)。《钢结构设计标准》(GB 50017—2017)适用于工业与民用房屋和一般构筑物的钢结构设计。设计钢结构时,应从工程实际情况出发,合理选用材料、结构方案和构造措施,满足结构在运输、安装和使用过程中的强度、稳定性和刚度要求,宜优先采用定型的和标准化的结构和构件,减少制作、安装工作量,符合防火要求,注意结构的抗腐蚀性能。

本章根据《钢结构设计标准》(GB 50017—2017)的要求,针对工业与民用房屋设计的相关规定编写。学习中要掌握各构件的设计要求和原理,了解钢结构中计算和构造间的关系,并联系工程实际应用去加深理解。

引例

某机车车辆股份有限公司于 2004 年 4 月投资新建了一座轻钢结构生产车间,建筑面积为 5000m^2,于 2004 年 7 月竣工。该生产车间的主体结构采用轻型单跨门式刚架形式,吊车最大起重量为 20t,中级工作制吊车。为使立面效果简洁美观,屋面采用有组织内排水形式。外墙面和屋面板均采用双层压型钢板,两层压型钢板之间放置了耐火性能较好的岩棉保温隔热层。

青岛某有限公司加工车间,是一座 20000m^2 轻钢结构多层工业厂房,主体结构采用轻钢结构框架体系,楼面板采用钢-混凝土组合楼板。屋面板采用压型钢板,波浪造型的轻钢结构屋面梁轻盈、活泼,克服了工业建筑造型单一、立面造型呆板的缺点。

钢结构工业厂房如图 11.1 所示。

(a) 轻钢结构生产车间

(b) 轻钢结构多层工业厂房

图 11.1 钢结构工业厂房

引例小结

钢结构主要采用预制构件,其材料的质量一般能够保证。钢结构工程的安全性除通过设计加以保证外,还通过施工安装来保证。改革开放以来,我国钢结构建筑应用范围逐步扩大,在新技术应用方面得到迅猛发展,如北京工人体育馆、广州塔、广州珠江大桥等钢结构工程,无论是在建筑造型还是在结构形式上都有了新的突破,同时,也拉开了我国建筑钢结构迈向世界领先水平的序幕。党的二十大大报告提出,改革开放和社会主义现代化建设取得巨大成就,为我们继续前进奠定了坚实基础、创造了良好条件。当前,遍及全国各地的工业和民用钢结构建筑日益增多,充分展示了钢结构在中国现代化建设中发挥的巨大作用。

11.1 钢结构概述

11.1.1 钢结构的特点

钢结构是用钢板、热轧型钢或冷加工成型的薄壁型钢制造而成的。和其他材料的结构相比,钢结构有如下一些特点。

钢结构的特点和应用

1. 材料的强度高,塑性和韧性好

钢材和其他建筑材料(如混凝土、砖石和木材)相比,强度要高得多,适用于跨度大或荷载很大的构件和结构。钢材还具有塑性和韧性好的特点,结构对动力荷载的适应性强。良好的吸能能力和延性使钢结构具有优越的抗震性能。由于钢材的强度高,做成的构件截面小而壁薄,受压时需要满足稳定的要求,强度有时不能充分发挥。这和混凝土抗压强度远远高于抗拉强度形成鲜明的对比。

2. 材质均匀,与力学计算的假定比较相符

钢材内部组织比较接近于匀质和各向同性体,而且在一定的应力幅度内几乎是弹性的,因此,钢结构的实际受力情况和力学计算结果比较符合。钢材在冶炼和轧制过程中质量可以严格控制,材质波动的范围小。

3. 钢结构制造简便,施工周期短

钢结构所用的材料加工比较简便,并能使用机械操作,因此,大部分钢结构在专业化的金属结构厂做成构件,精确度较高。钢结构构件在工地拼装时,可以采用安装简便的普通螺栓和高强度螺栓,有时还可以在地面拼装和焊接成较大的单元再行吊装,以缩短施工周期。部分钢结构和轻钢屋架可以在现场就地制造,随即用简便机具吊装。此外,已建成的钢结构也比较容易改建和加固,用螺栓连接的结构还可以根据需要进行拆除和迁移。

4. 钢结构的质量轻

钢材的密度虽比钢筋混凝土等建筑材料大,但钢结构却比钢筋混凝土结构轻,钢材的强度与密度之比要比钢筋混凝土大得多。以同样的跨度承受同样的荷载,钢屋架的质量是钢筋混凝土屋架的 1/4～1/3,冷弯薄壁型钢屋架甚至接近 1/10,为吊装提供了方便条件。对于需要远距离运输的结构,如建造在交通不便的山区和偏远地区的工程,质量轻也是一个重要的有利条件。屋盖结构的质量轻,对抵抗地震作用有利。另外,质量轻的屋盖结构

对可变荷载的变动比较敏感，荷载超额的不利影响比较大。有积灰荷载的结构如不注意及时清灰，可能会造成事故。设计沿海地区的房屋结构，如果对飓风作用下的风吸力估计不足，则屋面系统有被掀起的危险。

5. 钢材耐腐蚀性差

钢材耐腐蚀的性能比较差，必须对结构加强防护，尤其是暴露在大气中的结构(如桥梁)，更应特别注意。这使钢结构的维护费用比钢筋混凝土结构高。不过，在没有侵蚀性介质的一般厂房中，构件经过彻底除锈并涂上合格的油漆，锈蚀问题并不严重。近年来出现的耐候钢具有较好的抗锈性能，已经逐步推广应用。

6. 钢材耐热但不耐火

钢材长期经受100℃辐射热时，强度没有多大变化，具有一定的耐热性能；但温度达150℃以上时，就须用隔热层加以保护。钢材不耐火，重要的钢结构必须注意采取防火措施。例如，利用蛭石板、蛭石喷涂层或石膏板等加以防护。但防护会使钢结构造价提高。目前已经开始生产的具有一定耐火性能的钢材，是解决问题的一个方向。

11.1.2 钢结构的应用范围

在建设工程中，钢结构的应用不仅取决于钢结构本身的特点，更取决于国民经济发展的具体情况。近年来我国钢结构得到了很大发展，特别是对高度或跨度较大的结构、所受荷载或吊车起重量很大的结构、高温车间结构、密封要求很高的结构、需要经常移动的结构，钢结构的应用更为普遍。

1. 大跨度结构

结构跨度越大，自重在全部荷载中所占比重也就越大，减轻自重可以获得明显的经济效果。因此，钢结构强度高而质量轻的优点对于大跨桥梁和大跨建筑结构显得尤为重要。很多大型体育馆屋盖采用钢结构，跨度都已超过100m，如国家体育场(鸟巢)，屋面呈双曲线马鞍形，长轴为332.3m，短轴为296.4m(图11.2)。京沪高铁沿线旅客站台，如南京南站、上海虹桥站等，北京、昆明、武汉、广州等地航空港口改扩建工程都有钢结构的身影。1968年在长江上建成的第一座铁路公路两用桥梁——南京长江大桥，最大跨度160m。长江上的公路桥跨度更大，有900m的西陵长江大桥和1385m的江阴长江公路大桥。2009年建成的重庆朝天门长江大桥，采用钢桁架拱桥形式，主跨达552m(图11.3)。

图11.2　国家体育场(鸟巢)

图11.3　重庆朝天门长江大桥

2. 重型厂房结构

钢铁联合企业和重型机械制造业有许多车间属于重型厂房。所谓"重",就是车间里吊车的起重量大(常在 100t 以上,有的达到 440t),其中有些作业也十分繁重(24h 运转)。这些车间的主要承重骨架往往全部或部分采用钢结构,如曹妃甸钢铁基地、上海江南长兴造船厂、上海宝钢热轧三厂(图 11.4)、大同机械 4 号新厂房(图 11.5)。另外,有强烈辐射热的车间,也经常采用钢结构。

图 11.4 上海宝钢热轧三厂

图 11.5 大同机械 4 号新厂房

3. 受动力荷载影响的结构

由于钢材具有良好的韧性,设有较大锻锤或其他产生动力作用设备的厂房,即使屋架跨度不很大,也往往用钢材制成。对于抗震能力要求高的结构,用钢材来制作也是比较适宜的。

4. 可拆卸的结构

钢结构不仅质量轻,还可以用螺栓或其他便于拆装的手段来连接。需要搬迁的结构,如建筑工地生产和生活用房、临时性展览馆等,使用钢结构最为适宜。钢筋混凝土结构施工用的模板支架,现在也趋向于用工具式的钢桁架。

5. 高耸结构和高层建筑

高耸结构包括塔架和桅杆结构,如高压输电线路的塔架、广播和电视发射用的塔架和桅杆等。上海的东方明珠广播电视塔高度达 468m;1979 年建成的北京气象铁塔高 325m,是五层拉线的桅杆结构。高层建筑的骨架,也是钢结构应用的一个方面,如地上 88 层、地下 3 层的上海金茂大厦,高度为 420.5m;中央电视台总部大楼高 234m(图 11.6);台北 101 大楼(图 11.7)。

图 11.6 中央电视台总部大楼

图 11.7 台北 101 大楼

6. 容器和其他构筑物

用钢板焊成的容器具有密封和耐高压的特点,广泛用于冶金、石油、化工企业,包括油罐、煤气罐、高炉、热风炉、皮带通廊栈桥、管道支架、钻井和采油塔架，以及海上采油平台等。

7. 轻型钢结构

钢结构质量轻的特点不仅对大跨结构有利，而且对使用荷载特别轻的小跨结构也很有利。因为使用荷载特别轻时，自重是一个重要因素，而钢结构的自重小，因此其在小跨结构中有很大优越性。图11.8所示为轻型钢结构活动板房。冷弯薄壁型钢屋架在一定条件下的用钢量可以不超过钢筋混凝土屋架的用钢量。轻型门式刚架(图11.9)因其轻便和安装迅速，近年来如雨后春笋般大量出现。

图11.8　轻型钢结构活动板房

图11.9　轻型门式刚架

另外，从经济性的角度来看，钢结构还具有更多的优越性。在地基条件差的场地，钢结构因其质量轻而能降低基础工程造价，仍然可能是首选。在地价高昂的区域，钢结构则以占地面积小而显示出它的优越性。钢结构工期短，投资能及早得到回报。钢结构的构件可以在面积狭小的场地进行组装施工。此外，现代化的建筑物中各类服务设施，包括供电、供水、中央空调，以及信息化、智能化设备，需用管线很多，钢结构易于和这些设施配合，使之少占用空间。

11.2　钢结构的材料

11.2.1　钢材的主要性能

钢结构在使用过程中要承受各种形式的作用，因此要求钢材必须具有能够抵抗各种作用的能力，这种能力统称为钢材的力学性能。钢材的力学性能主要指屈服强度、抗拉强度、伸长率、冷弯性能、冲击韧性及可焊性等。

(1) 屈服强度。屈服强度(屈服点)是衡量结构的承载力和确定强度设计值的重要指标。钢材的应力到达屈服强度后，应变急剧增长，结构的变形也迅速增加以致不能正常使用，所以钢材的强度设计值一般取屈服强度。

(2) 抗拉强度。抗拉强度是钢材应力-应变图中的最大应力值，是钢材破坏前能够承受的最大应力，是衡量钢材抵抗拉断的性能指标。屈强比(屈服强度/抗拉强度)是钢材强度储备的系数。屈强比越低，安全储备越大；屈强比越高，安全储备越小。

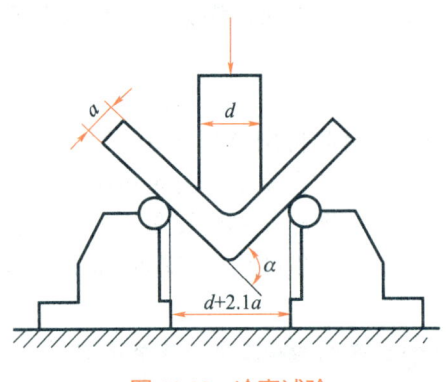

图 11.10 冷弯试验

(3) 伸长率。伸长率是试件被拉断的最大应变量，是衡量钢材塑性性能的指标。塑性是在外力作用下产生永久变形时抵抗断裂的能力。

(4) 冷弯性能。冷弯性能由冷弯试验来确定（图 11.10）。试验时按照规定的弯心直径在试验机上用冲头加压，使试件弯成 180°，如试件外表面不出现裂纹和分层，即为合格。冷弯试验不仅能直接检验钢材的弯曲变形能力或塑性性能，还能暴露钢材内部的冶金缺陷，如硫、磷偏析和硫化物与氧化物的掺杂情况等，这些都将降低钢材的冷弯性能。因此，冷弯性能合格是判别钢材的塑性性能和钢材质量的综合指标。

(5) 冲击韧性。拉力试验所表现的钢材性能，如强度和塑性是静力性能，而冲击韧性试验则可获得钢材的动力性能。韧性是钢材抵抗冲击荷载的能力，它用材料在断裂时所吸收的总能量(包括弹性能量和非弹性能量)来量度，其值为应力-应变曲线与横坐标所包围的总面积，总面积越大，韧性越高，故韧性是钢材强度和塑性的综合指标。通常钢材强度提高，韧性降低，表示钢材趋于脆性。

钢材的冲击韧性数值随试件缺口形式和试验机不同而异。现行国家标准规定，冲击韧性试验采用夏比 V 形缺口试件[图 11.11(a)]在夏比试验机上进行，折断试件所消耗的功用 C_V 表示，单位为 J。过去我国长期采用梅氏试件在梅氏试验机上进行冲击韧性试验[图 11.11(b)]，所得结果以单位截面面积上所消耗的冲击功 a_k 表示，单位为 J/cm^2。由于夏比试件比梅氏试件具有更为尖锐的缺口，更接近构件中可能出现的严重缺陷，近年来用 C_V 来表示钢材冲击韧性的方法日趋普遍。

由于低温对钢材的脆性破坏有显著影响，在寒冷地区建造的结构不但要求钢材具有常温(20℃)冲击韧性指标，还要求具有 0℃ 和负温(-20℃ 或 -40℃)冲击韧性指标，以保证结构具有足够的抗脆性破坏能力。

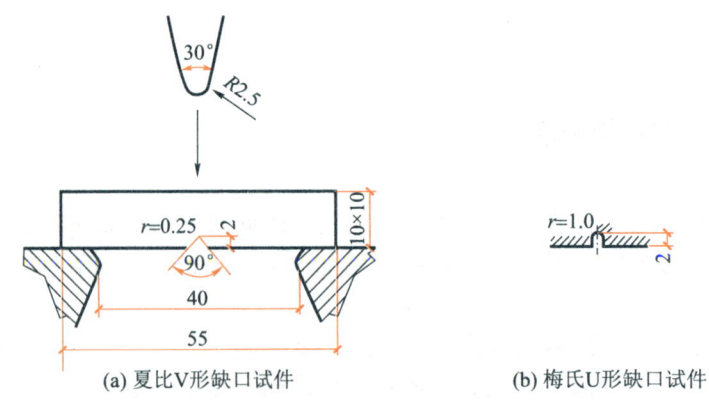

(a) 夏比V形缺口试件　　(b) 梅氏U形缺口试件

图 11.11 冲击韧性试验试件

(6) 可焊性。钢材在焊接过程中，焊缝及附近的金属要经历升温、熔化、冷却及凝固的过程。可焊性是采用一般的焊接工艺就可完成合格的焊缝的性能。钢材的可焊性受碳含量和合金元素含量的影响。碳含量在 0.1%~0.2%的碳素钢可焊性最好。可焊性良好的钢材，用普通的焊接方法焊接后焊缝金属及其附近的热影响区金属不产生裂纹，并且它们的机械性能不低于母材的机械性能。钢材的可焊性与钢材的品种、焊缝构造及所采取的焊接工艺有关。只要焊缝构造合理并采取恰当的焊接工艺，我国规范推荐的几种建筑钢材(当碳含量不超过 0.2%时)均有良好的可焊性。

11.2.2　钢材的品种

我国常用的建筑钢材主要为**碳素结构钢**和**低合金高强度结构钢**两种。结构钢又分为建筑用钢和机械用钢。优质碳素结构钢在冷拔碳素钢丝和连接用的紧固件中也有应用。

(1) 碳素结构钢，其国家标准为《碳素结构钢》(GB/T 700—2006)，质量等级分为 A、B、C、D 四级，从 A 到 D 表示质量等级由低到高。除 A 级外，其他三个级别的碳含量均在 0.2%以下，焊接性能好。规范将 Q235 号钢材选为承重用结构钢，因为 Q235 号钢材的化学成分和脱氧方法、拉伸和冲击试验均符合规范规定。

钢的牌号由代表屈服点的字母 Q、屈服点数值、质量等级符号(A、B、C、D)和脱氧方法符号四个部分按顺序组成。符号"F"代表沸腾钢，符号"B"代表半镇静钢，符号"Z"和"TZ"分别代表镇静钢和特种镇静钢。

(2) 低合金高强度结构钢，其国家标准为《低合金高强度结构钢》(GB/T 1591—2018)。低合金高强度结构钢采用与碳素结构钢相同的牌号表示方法，其牌号是根据钢材厚度(直径)≤16mm 时的屈服点数值来确定的，共分为 Q345、Q390、Q420、Q460、Q500、Q550、Q620、Q690 八种。

钢的牌号质量等级符号为 A、B、C、D、E，E 级主要是要求具有-40℃的冲击韧性。钢的牌号如 Q345-B、Q390-C 等。低合金高强度结构钢一般为镇静钢，因此钢的牌号中不注明脱氧方法。

优质碳素结构钢，对需要进行热处理状态交货的应在合同中注明，不需要进行热处理状态交货的不必注明。如用于高强度螺栓的优质碳素结构钢需要进行热处理，进行热处理后强度较高，对塑性和韧性并无显著影响。

11.2.3　钢材的规格

钢结构采用的钢材有热轧成型的钢板和型钢，以及冷加工成型的薄壁型钢。

1. 热轧钢板

热轧钢板分为厚钢板(厚度 4.5~60mm、宽度 700~3000mm、长度 4~12m)、薄钢板(厚度 0.35~4mm、宽度 500~1500mm、长度 0.5~4m)及扁钢(厚度 4~60mm、宽度 12~200mm、长度 3~9m)。热轧钢板的表示方法为在符号"—"后加"宽度×厚度×长度"，如—600×10×1200，单位为 mm。

2. 热轧型钢

热轧型钢有角钢、工字钢、H 型钢、T 型钢、槽钢和钢管等，图 11.12 所示为热轧型钢截面。

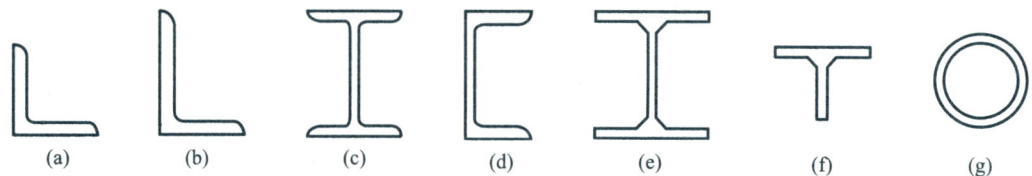

图 11.12　热轧型钢截面

角钢分为等边(等肢)和不等边(不等肢)两种。不等边角钢的表示方法为"⌐"后加"长边宽×短边宽×厚度",如⌐140×90×8；等边角钢为"⌐"后加"边宽×厚度",如⌐12×8。单位均为 mm。

工字钢有普通工字钢和轻型工字钢。其型号用符号"I"加截面高度厘米数来表示,腹板的厚度用 a、b、c 进行分类。如 I30a 表示截面高度为 30cm,腹板厚度为 a 类的工字钢。轻型工字钢的翼缘要比普通工字钢的翼缘宽而薄,回转半径较大。

H 型钢的翼缘板的内外表面平行,便于与其他构件连接,其翼缘可分为宽翼缘(HW)、中翼缘(HM)及窄翼缘(HN)三种。H 型钢还可剖成 T 型钢。它们的规格标记均用"高度 H×宽度 B×腹板厚度 t_1×翼缘厚度 t_2"表示,如 HW400×400×13×21 和 TW200×400×13×21,单位为 mm。

槽钢有普通槽钢和轻型槽钢两种。其型号用符号"["加截面高度厘米数来表示,腹板的厚度用 a、b、c 进行分类。型号与工字钢相似,如[32a 表示截面高度为 32cm,腹板厚度为 a 类的槽钢。

钢管分为无缝钢管和焊接钢管两种,表示方法为符号"ϕ"后加"外径×壁厚",如 ϕ300×8,单位为 mm。

3. 薄壁型钢

薄壁型钢(图 11.13)是用薄钢板经模压或弯曲而制成的,其壁厚一般为 1.5～6mm,在国外薄壁型钢厚度范围有加大的趋势,如美国可用到 1 英寸(25.4mm)厚。有防锈涂层的彩色压型钢板,所用钢板厚度为 0.3～1.6mm,用作轻型屋面及墙面等构件。

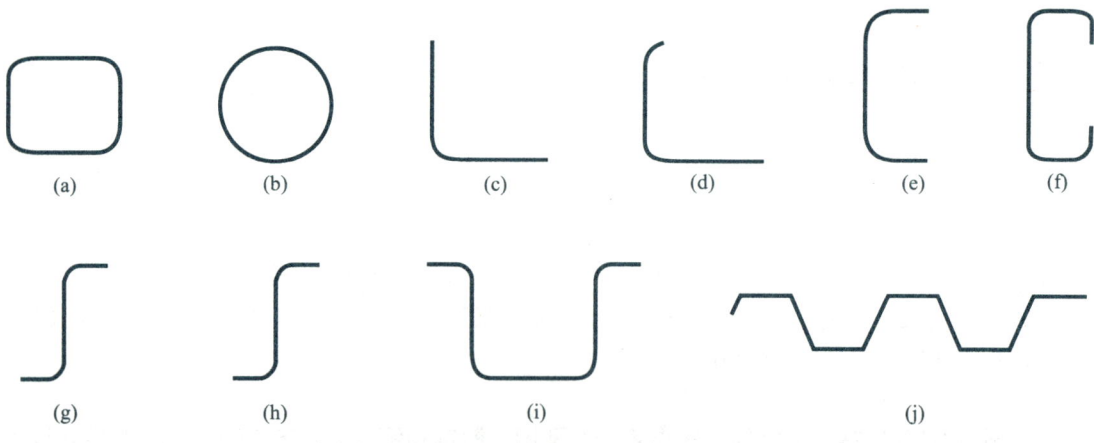

图 11.13　薄壁型钢截面

11.3 钢结构的连接

11.3.1 钢结构的连接方法

钢结构是由钢板、型钢等钢材通过一定的连接方式所形成的结构。因此，连接在钢结构中占有很重要的地位，设计任何钢结构都会遇到连接问题。钢结构连接设计的好坏将直接影响钢结构的制造安装、经济指标和使用性能。

钢结构的连接方法

钢结构连接必须符合安全可靠、传力明确、构造简单、制造方便和节约钢材的原则。连接接头应有足够的强度和刚度。

钢结构采用的连接方法有焊缝连接、铆钉连接、螺栓连接(图 11.14)。

(a) 焊缝连接　　　　(b) 铆钉连接　　　　(c) 螺栓连接

图 11.14　钢结构连接方法

焊缝连接是现代钢结构最主要的连接方法。其优点是构造简单，任何形式的构件都可直接相连；用料经济，不削弱截面；制作加工方便，可实现自动化操作；连接的密闭性好，结构刚度大。其缺点是在焊缝附近的热影响区内，钢材的金相组织会发生改变，导致局部材质变脆；焊接残余应力和残余变形会使受压构件承载力降低；焊接结构对裂纹很敏感，局部裂纹一旦发生，就容易扩展到整体，低温冷脆问题较为突出。

铆钉连接是将一端带有预制钉头的铆钉，经加热后插入连接构件的钉孔中，用铆钉枪或压铆机将另一端压成封闭钉头而成。因铆钉连接费钢、费工，现在已很少采用。但是，铆钉连接传力可靠，韧性和塑性较好，质量易于检查，对经常受动力荷载作用、荷载较大和跨度较大的结构，有时仍然采用铆钉连接。

螺栓连接分**普通螺栓连接**和**高强度螺栓连接**两种。普通螺栓连接的优点是施工简单、拆装方便；缺点是用钢量多，适用于需要安装连接和经常拆装的结构。高强度螺栓连接有两种类型：一种只依靠摩擦阻力传力，并以剪力不超过接触面摩擦力为设计准则，称为**摩擦型连接**；另一种允许接触面滑移，以连接达到破坏的极限承载力为设计准则，称为**承压型连接**。摩擦型连接高强度螺栓的孔径比螺栓公称直径 d 大 1.5～2.0mm，它的剪切变形小，弹性性能好，施工较简单，可拆卸，耐疲劳，特别适用于承受动力荷载的结构；承压型连接高强度螺栓的孔径比螺栓公称直径 d 大 1.0～1.5mm，它的承载力高于摩擦型，连接紧凑，但剪切变形大，故不得用于承受动力荷载的结构中。高强度螺栓连接的缺点是在材料、制造、安装等方面有一些特殊要求，价格较高。

除上述常用连接方式外，在薄钢结构中还经常采用射钉、自攻螺钉和焊钉等连接方式。射钉和自攻螺钉主要用于薄板之间的连接，如压型钢板与梁连接，这种连接方式具有安装操作方便的特点。焊钉用于混凝土与钢板之间的连接，使两种材料能共同工作。各种基本连接方式的对比，见表 11-1。

表 11-1 各种基本连接方式对比

连接方式	优点	缺点
焊缝连接	对焊件几何形体适应性强，构造简单，省材省工，工效高，连接连续性强，可达到气密和水密要求，节点刚度大	对材质要求高，焊接程序严格，质量检验工作量大，要求高；存在有焊接缺陷的可能，产生焊接应力和焊接变形，导致材料脆化，对构件的疲劳强度和稳定性产生影响；一旦开裂则裂缝开展较快，对焊工技术等级要求较高
铆钉连接	传力可靠，韧性和塑性好，质量易于检查，抗动力性能好	费钢、费工，开孔对构件截面有一定削弱
普通螺栓连接	装拆便利，设备简单	粗制螺栓不宜受剪，精制螺栓加工和安装难度较大，开孔对构件截面有一定削弱
高强度螺栓连接	加工方便，可拆换，能承受动力荷载，耐疲劳，塑性、韧性好	摩擦面处理及安装工艺略为复杂，造价略高，对构件截面削弱相对较小，质量检验要求高
射钉、自攻螺钉连接	灵活，安装方便，构件无须预先处理，适用于轻钢、薄板结构	不能承受较大集中力

钢结构基本连接方式对比

11.3.2 焊缝连接的构造与计算

1. 焊接方法

焊接的方法很多，钢结构中主要采用**电弧焊**，特殊情况可采用**电渣焊**和**电阻焊**等。电弧焊是利用电弧放电产生的热能使连接处的焊件钢材局部熔化，并添加焊接时由焊条或焊丝熔化的钢液，冷却后共同形成焊缝而使两焊件连成一体的焊接过程。电弧焊又分为手工电弧焊(图 11.15)、埋弧焊(自动或半自动)及气体保护焊等。

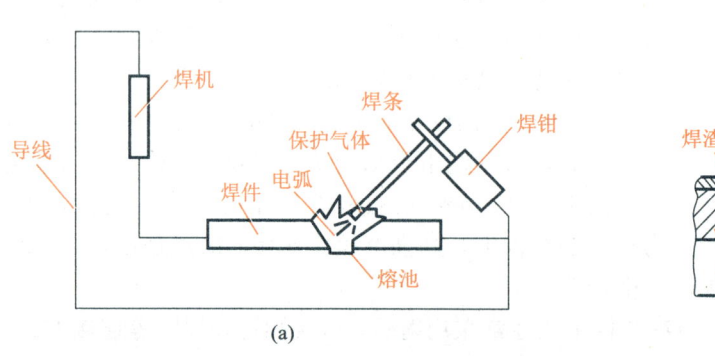
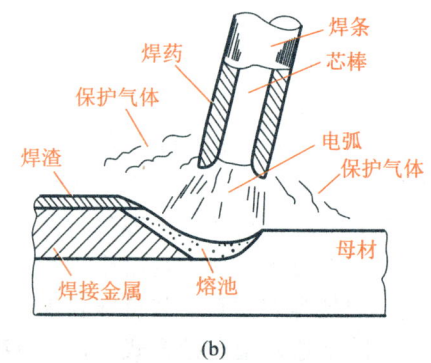

图 11.15 手工电弧焊

手工电弧焊是通电后在涂有焊药的焊条与焊件间产生电弧,由电弧提供热源,使焊条熔化,滴落在焊件上被电弧所吹成的小凹槽熔池中,并与焊件熔化部分结成焊缝。由焊条药皮形成的熔渣和气体覆盖熔池,防止空气中的氧、氮等气体与熔化的液体金属接触而形成脆性易裂的化合物。焊缝质量随焊工的技术水平而变化。手工电弧焊焊条应与焊件金属强度相适应,对 Q235 钢焊件用 E43 系列焊条,Q345 钢焊件用 E50 系列焊条,Q390 与 Q420 钢焊件用 E55 系列焊条。不同钢种的钢材连接时,宜用与低强度钢材相适应的焊条。手工电弧焊的设备简单,操作灵活方便,适用于任意空间位置的焊接,特别适用于焊接短焊缝。但手工电弧焊的生产效率低,劳动强度大,焊接质量取决于焊工的精神状态与技术水平。

埋弧焊是电弧在焊剂层下燃烧的一种电弧焊方法。焊丝送进和电弧按焊接方向的移动由专门机构控制完成的电弧焊称为**埋弧自动电弧焊**(图 11.16);焊丝送进由专门机构完成,而电弧按焊接方向的移动由手工操作完成的称为**埋弧半自动电弧焊**。埋弧焊所用焊丝和焊剂应与主体金属强度相适应,即要求焊缝与主体金属等强度。对 Q235 焊件,可采用 H08、H08A、H08MnA 等焊丝配合高锰、高硅型焊剂;对 Q345、Q390 和 Q420 焊件,可采用 H08A、H08E 焊丝配合高锰型焊剂,也可采用 H08Mn、H08MnA 焊丝配合中锰型焊剂或高锰型焊剂,或采用 H10Mn 配合无锰型或低锰型焊剂。埋弧焊的焊丝不涂药皮,但施焊端为焊剂所覆盖,能对较细的焊丝采用大电流。电弧热量集中、熔深大,适用于厚板的焊接,具有高生产率。由于采用了自动或半自动操作,焊接时的工艺条件稳定,焊缝的化学成分均匀,故形成的焊缝质量好,焊件变形小。同时,高焊速也减小了热影响区的范围。但埋弧焊对焊件边缘的装配精度(如间隙)要求比手工电弧焊高。

气体保护焊是用焊枪中喷出的惰性气体代替焊剂(图 11.17),焊丝可自动送入,如 CO_2 气体保护焊是以 CO_2 作为保护气体,使被熔化的金属不与空气接触,电弧加热集中,熔化深度大,焊接速度快,焊缝强度高,塑性好。CO_2 气体保护焊采用高锰、高硅型焊丝,具有较强的抗锈蚀能力,焊缝不易产生气孔,适用于低碳钢、低合金钢的焊接。气体保护焊在操作时应采取避风措施,否则容易出现焊坑、气孔等缺陷。

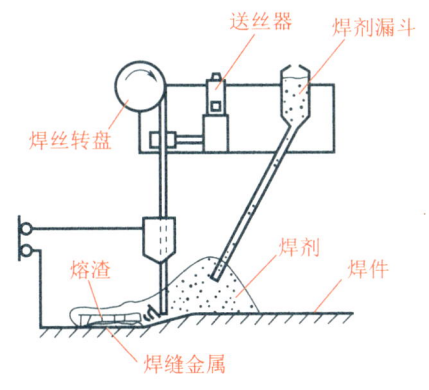

图 11.16 埋弧自动电弧焊

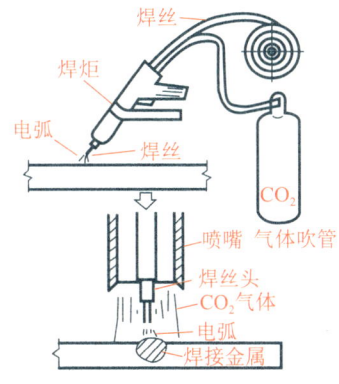

图 11.17 气体保护焊

2. 焊缝连接形式及焊缝形式

(1) 焊缝连接形式。

焊缝连接按被连接钢材的相互位置,可分为对接(也称平接)连接、搭接连接、T 形连接、角部连接等形式(图 11.18)。焊缝连接按焊缝本身的构造,通常有对接焊缝、角焊缝等形式。对接焊缝位于被连接板件或其中一个板件的平面内;角焊缝位于两个被连接板件的边缘位置。对接焊缝的静力和动力工作性能较好,而且省料,但加工要求较高;角焊缝构造简单,施工方便,但静力性能差,动力性能更差。

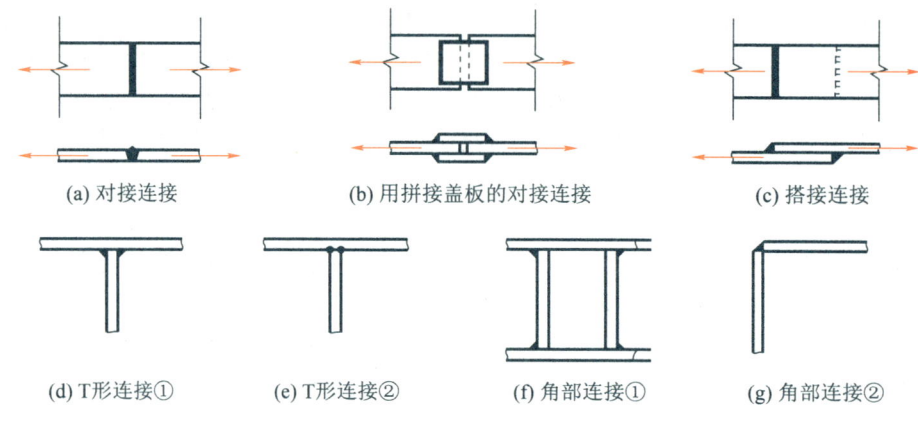

图 11.18　焊缝连接的形式

(2) 焊缝形式。

对接焊缝按受力方向,分为正对接焊缝(也称直缝)和斜对接焊缝(也称斜缝),如图 11.19 所示。角焊缝可分为正面角焊缝(也称端缝)、侧面角焊缝(也称侧缝)和斜焊缝。

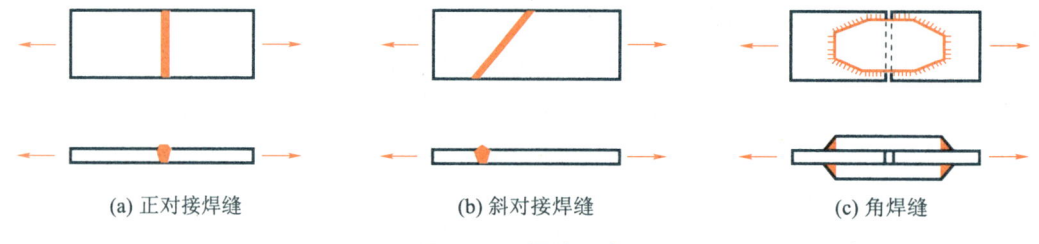

图 11.19　焊缝形式

焊缝按施焊位置分为平焊、横焊、立焊及仰焊(图 11.20)。平焊(又称俯焊)施焊方便,质量最好。横焊和立焊的质量及生产效率比平焊差一些。仰焊的操作条件最差,焊缝质量不易保证,因此应尽量避免采用仰焊。

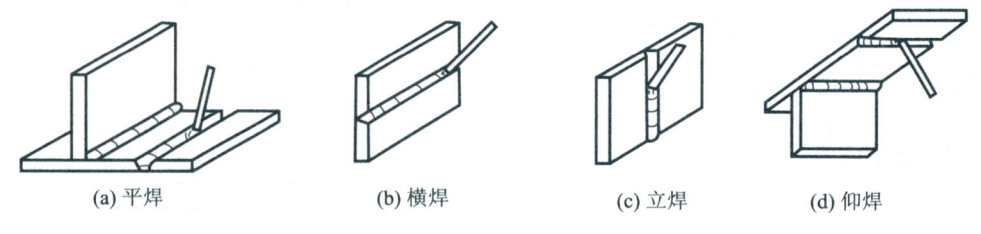

图 11.20　焊缝施焊位置

焊缝按沿长度方向的分布情况来分,有连续角焊缝和断续角焊缝两种形式(图 11.21)。连续角焊缝受力性能较好,为主要的角焊缝形式。断续角焊缝的起、灭弧处容易引起应力集中,重要结构中应避免采用,它只适用于一些次要构件的连接或次要焊缝中,断续角焊

缝的间断距离 L 不宜太长，以免因距离过大使连接不紧密，潮气侵入而引起锈蚀。间断距离 L 一般在受压构件中不应大于 $15t$，在受拉构件中不应大于 $30t$，t 为较薄构件的厚度。

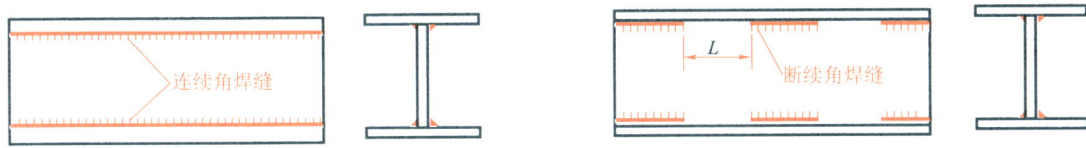

图 11.21 连续角焊缝与断续角焊缝

3. 焊缝的缺陷、质量检验和质量级别

(1) 焊缝缺陷。

焊接过程中产生于焊缝金属或附近热影响区钢材表面或内部的缺陷有裂纹、焊瘤、烧穿、弧坑、气孔、夹渣、咬边、未熔合、未焊透等(图 11.22)，以及焊缝尺寸不符合要求、焊缝成形不良等。

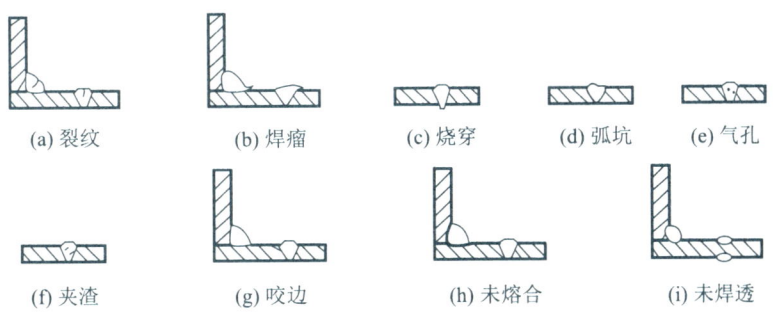

图 11.22 焊缝的缺陷

(2) 焊缝质量检验。

焊缝缺陷的存在将削弱焊缝的受力面积，在缺陷处引起应力集中，故对连接的强度、冲击韧性及冷弯性能等均有不利影响。因此，焊缝质量检验极为重要。

焊缝质量检验一般可用外观检查及内部无损检验。前者检查外观缺陷、几何尺寸，后者用 X 射线、γ 射线、超声波等方法检查内部缺陷。

(3) 焊缝质量级别。

焊缝质量按检验方法和质量要求，分为一级、二级和三级。三级焊缝只要求对全部焊缝做外观检查且符合三级质量标准；一级、二级焊缝则除要求做外观检查外，还要求做一定数量的超声波检验。

《钢结构设计标准》(GB 50017—2017)规定，焊缝的质量级别应根据结构的重要性、荷载特性、焊缝形式、工作环境及应力状态等情况，按一定原则选用。一般情况允许采用三级焊缝，但是，对于需要进行疲劳计算的对接焊缝和要求与母材等强的对接焊缝，除要求焊透之外，对焊缝质量等级均有较高要求，其中受拉的焊缝质量等级又比受压的焊缝质量等级要求更高，此外对承受动力荷载的吊车梁也有较高的要求。

4. 焊缝符号及标注方法

在钢结构施工图上应将焊缝的形式、尺寸和辅助要求用焊缝符号标注出来。《焊缝符号表示法》(GB/T 324—2008)规定，焊缝符号一般由基本符号与指引线组成，必要时还可加上辅助符号、补充符号和焊缝尺寸符号。指引线一般由横线和带箭头的斜线组成，箭头指向图形相应焊缝处，横线上方和下方用来标注基本符号和焊缝尺寸等。基本符号表示焊缝的横截面形状，如用"△"表示角焊缝，用"‖"表示 I 形坡口的对接焊缝。辅助符号是表示焊缝表面形状特征的符号。补充符号补充说明焊缝的某些特征，如用"↑"表示现场焊，用"["表示焊件三面围焊。表 11-2 列出了一些常用焊缝标注方法，可供参考。

表 11-2 常用焊缝标注方法

形式	单面角焊缝	双面角焊缝	现场焊(角焊缝)	相同焊缝(角焊缝)
标注方法	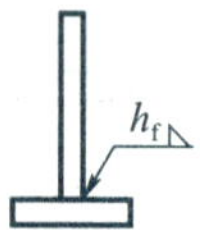	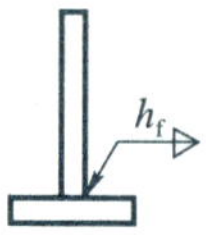		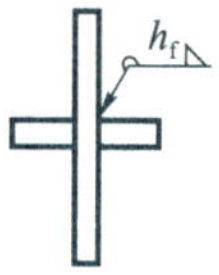
形式	对接焊缝		塞焊	三面围焊(角焊缝)
标注方法				

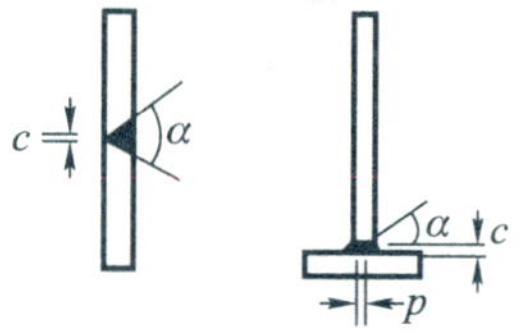

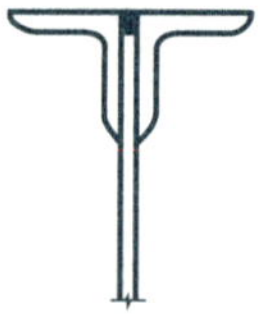

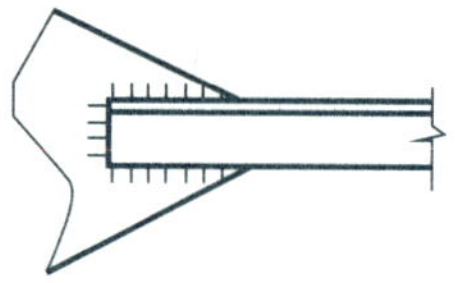

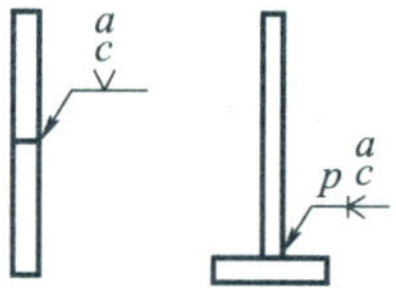

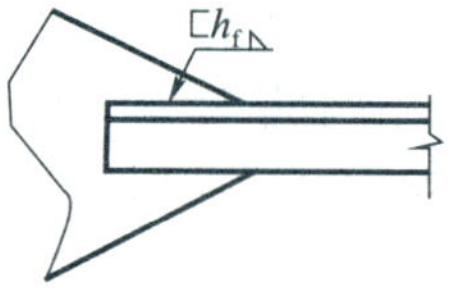

5. 对接焊缝的构造与计算

(1) 对接焊缝的构造要求。

对接焊缝的焊件常需做成坡口，故又叫坡口焊缝。对接焊缝按坡口形式分为 I 形缝、带钝边单边 V 形缝、带钝边 V 形缝(也叫 Y 形缝)、带钝边 U 形缝、带钝边双单边 V 形缝(也叫 K 形缝)和双 Y 形缝(也叫 X 形缝)等(图 11.23)。

当焊件厚度 t 很小($t \leqslant 10mm$)时，可采用不切坡口的 I 形缝。对于一般厚度($t=10\sim20mm$)的焊件，可采用有斜坡口的带钝边单边 V 形缝或带钝边 V 形缝，以便斜坡口和焊缝根部共同形成一个焊条能够运转的施焊空间，使焊缝易于焊透。对于较厚($t>20mm$)的焊件，应采用带钝边 U 形缝或带钝边双单边 V 形缝或双 Y 形缝。对于带钝边 V 形缝和带钝边 U 形缝的根部还需要清除焊根并进行补焊。若没有条件清除焊根和补焊，要事先加垫板[图 11.23(g)、(h)、(i)]以保证焊透。

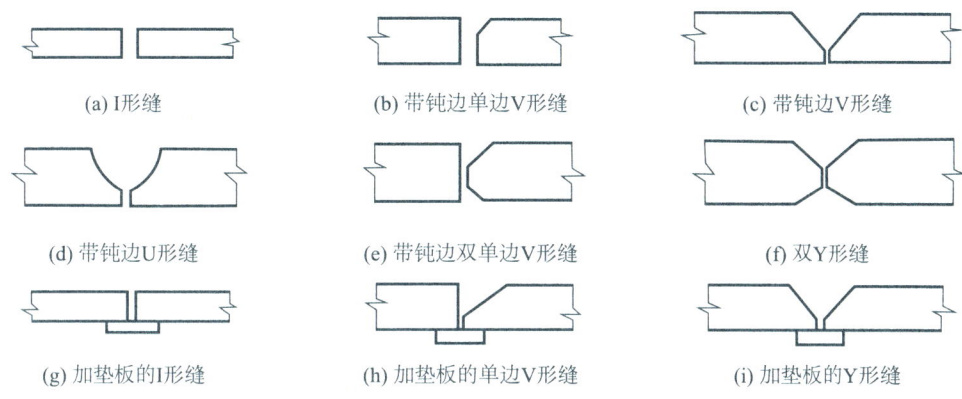

图 11.23　对接焊缝坡口形式

在钢板宽度或厚度有变化的连接中，为了减少应力集中，应从板的一侧或两侧做成坡度不大于 1∶2.5 的斜坡(图 11.24)，形成平缓过渡。如板厚相差不大于 4mm，可不做斜坡[图 11.24(d)]，焊缝的计算厚度取较薄板的厚度。

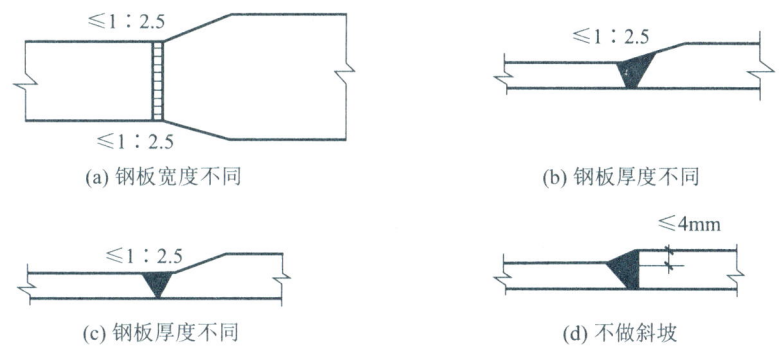

图 11.24　不同宽度或厚度的钢板连接

一般情况下，每条焊缝的两端常因焊接时起弧、灭弧的影响而较易出现弧坑、未熔透等缺陷，常称为焊口，焊口容易引起应力集中，对受力不利。因此，对接焊缝焊接时应在两端设置引弧板(图 11.25)。引弧板的钢材和坡口应与焊件相同，其长度大于或等于 60mm(手工焊)、150mm(自动焊)，焊毕用气割切除，并将板边沿受力方向修磨平整。在工厂焊接时可采用引弧板，在工地焊接时，除受动力荷载的结构外，一般不用引弧板，而是在计算时将焊缝两端各减去一连接板件的最小厚度。

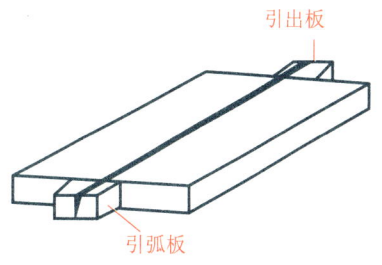

图 11.25　对接焊缝施焊用引弧板

(2) 对接焊缝的计算。

对接焊缝分焊透的和不焊透的两种。在钢结构设计中，有时遇到板件较厚，而板件间连接受力较小时，可以采用部分焊透的对接焊缝。例如，当用四块较厚的钢板焊成箱形截面轴心受压柱时，由于焊缝主要起联系作用，就可以用部分焊透的坡口焊缝，在此情况下，用焊透的坡口焊缝并非必要，而采用角焊缝则外形不够平整，都不如采用部分焊透的坡口焊缝好。当垂直于焊缝长度方向受力时，因部分焊透处的应力集中会带来不利的影响，故对于直接承受动力荷载的连接不宜采用；但当平行于焊缝长度方向受力时，其影响较小，可以采用。部分焊透的对接焊缝，由于它们未焊透，只起类似角焊缝的作用，因此设计中应按角焊缝的计算公式进行计算。

本节只介绍焊透对接焊缝的计算。

对接焊缝的强度与所用钢材的牌号、焊条型号及焊缝质量的检验标准等因素有关。如果焊缝中不存在任何缺陷，则焊缝金属的强度是高于母材的。但由于焊接技术问题，焊缝中可能有气孔、夹渣、咬边、未焊透等缺陷。试验证明，焊接缺陷对受压、受剪的对接焊缝影响不大，故可认为受压、受剪的对接焊缝与母材强度相等，但受拉的对接焊缝对缺陷甚为敏感。当缺陷面积与焊件截面面积之比超过 5% 时，对接焊缝的抗拉强度将明显下降。由于三级检验的焊缝允许存在的缺陷较多，其抗拉强度为母材强度的 85%，而一、二级检验的焊缝的抗拉强度可认为与母材强度相等。由于对接焊缝是焊件截面的组成部分，焊缝中的应力分布情况基本与焊件原来的情况相同，故计算方法与构件的强度计算方法一样。

① 轴心受力对接焊缝的计算。在与焊缝长度方向垂直的轴心拉力或轴心压力作用下（图 11.26），焊缝强度可按式（11-1）计算。

$$\sigma = \frac{N}{l_w t} \leqslant f_t^w \text{ 或 } f_c^w \tag{11-1}$$

式中　N——轴心拉力或压力(N)；

　　　l_w——焊缝计算长度(mm，当采用引弧板时取焊缝的实际长度，当未采用引弧板时取实际长度减去 $2t$，即 $l_w = l - 2t$）；

　　　t——焊缝厚度(mm，在对接连接中为连接件的较小厚度，不考虑焊缝的余高；在 T 形连接中为腹板厚度)；

　　　f_t^w、f_c^w——对接焊缝的抗拉、抗压强度设计值(N/mm²)。

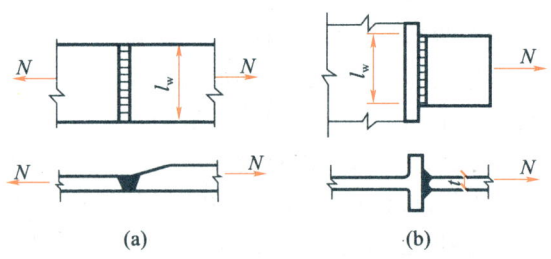

图 11.26　受轴心力作用的对接焊缝

【例 11.1】　如图 11.27 所示，两块钢板采用对接焊缝。已知钢板宽度 b=600mm，板厚 t=8mm，轴心拉力 N=1000kN，钢材为 Q235，焊条用 E43 型，手工焊，不采用引弧板。问焊缝承受的最大应力是多少？

【解】　因轴心拉力通过焊缝重心，假定焊缝受力均匀分布。不采用引弧板，则 l_w 为

$$l_w = l - 2 \times 8 = 600 - 2 \times 8 = 584 \, (\text{mm})$$

$$\sigma_N = \frac{N}{l_w t} = \frac{1000 \times 10^3}{584 \times 8} \approx 214 \, (\text{N/mm}^2)$$

斜对接焊缝受轴心力作用(图 11.28),焊缝强度可按式(11-2)和式(11-3)计算。

$$\sigma = \frac{N \cdot \sin\theta}{l_w t} \leqslant f_t^w \tag{11-2}$$

$$\tau = \frac{N \cdot \cos\theta}{l_w t} \leqslant f_v^w \tag{11-3}$$

式中 θ——轴向力与焊缝长度方向的夹角。

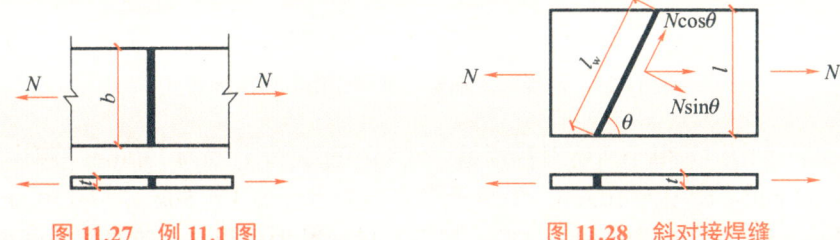

图 11.27 例 11.1 图   图 11.28 斜对接焊缝

斜向受力的焊缝用在焊缝强度低于构件强度的对接中,采用斜对接焊缝后承载能力可以提高,抗动力荷载也较好,但材料较浪费。斜对接焊缝分别按正应力和剪应力验算是近似的。当斜对接焊缝倾角 $\theta \leqslant 56.3°$,即 $\tan\theta \leqslant 1.5$ 时,焊缝的强度不低于母材强度,不用计算。

② 承受弯矩和剪力共同作用的对接焊缝。

a. 矩形截面。如图 11.29(a)所示,钢板对接接头受到弯矩和剪力的共同作用,由于焊缝截面是矩形,正应力与剪应力图形分别为三角形与抛物线形,其最大值应分别满足下列强度条件。

$$\sigma_{\max} = \frac{M}{W_w} = \frac{6M}{l_w^2 t} \leqslant f_t^w \tag{11-4}$$

$$\tau_{\max} = \frac{V S_w}{I_w t} = \frac{3}{2} \cdot \frac{V}{l_w t} \leqslant f_v^w \tag{11-5}$$

式中 M——焊缝承受的弯矩;
   W_w——焊缝计算截面的抵抗矩;
   V——焊缝承受的剪力;
   I_w——焊缝计算截面的惯性矩;
   S_w——焊缝截面计算剪应力处以上部分对中和轴的面积矩。

注:当对接连接、T 形连接与角部连接组合焊缝无法采用引弧板和引出板施焊时,每条焊缝的长度计算时应各减去 $2t$。

b. 工字形截面。工字形截面除应分别验算最大正应力和最大剪应力外,对于同时受有较大正应力和较大剪应力处[如图 11.29(b)所示腹板与翼缘的交接点],还应按式(11-6)验算折算应力。

$$\sqrt{\sigma_1^2 + 3\tau_1^2} \leq 1.1 f_t^w \tag{11-6}$$

式中　σ_1、τ_1——验算点处的焊缝正应力和剪应力，$\sigma_1 = \sigma_{max}\dfrac{h_0}{h}$，$\tau_1 = \dfrac{VS_{w1}}{I_w t_w}$；

　　　1.1——考虑到最大折算应力只在局部出现，而将强度设计值适当提高的系数。

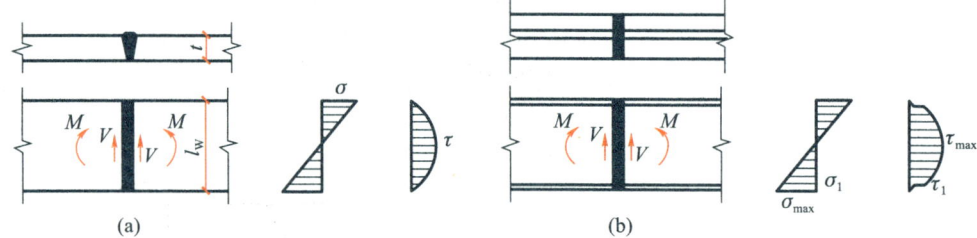

图 11.29　承受弯矩和剪力共同作用的对接焊缝

【**例 11.2**】　如图 11.30(a)所示对接焊缝，已知牛腿翼缘宽度为 130mm，厚度为 12mm，腹板高度为 200mm，厚度为 10mm。牛腿承受竖向力设计值 V=150kN，e=150mm，钢材为 Q345，焊条为 E50 型，施焊时无引弧板，焊缝质量标准为三级。试验算焊缝强度。

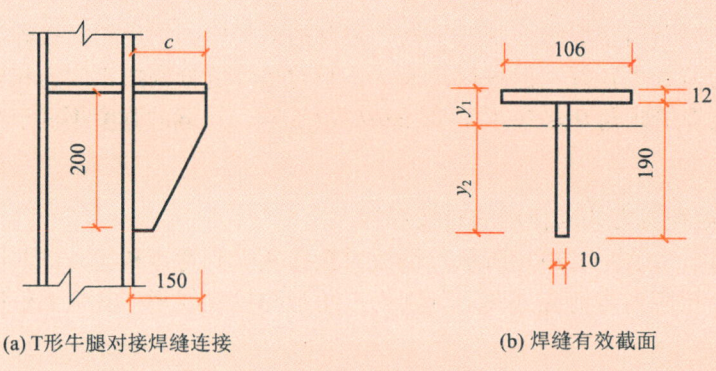

(a) T形牛腿对接焊缝连接　　　　(b) 焊缝有效截面

图 11.30　例 11.2 图

【**解**】　因施焊时无引弧板，翼缘焊缝的计算长度为 106mm，腹板焊缝的计算长度为 190mm。焊缝的有效截面如图 11.30(b)所示。焊缝有效截面形心轴计算为

$$y_1 = \frac{10.6 \times 1.2 \times 0.6 + 19.0 \times 1.0 \times 10.7}{10.6 \times 1.2 + 19.0 \times 1.0} \approx 6.65 \text{(cm)}$$

$$y_2 = 19.0 + 1.2 - 6.65 = 13.55 \text{(cm)}$$

焊缝有效截面惯性矩为

$$I_x = \frac{1}{12} \times 19.0^3 + 19.0 \times 1 \times 4.05^2 + \frac{10.6}{12} \times 1.2^3 + 10.6 \times 1.2 \times 6.05^2 \approx 1350.33 \text{(cm}^4\text{)}$$

剪力 V=150kN 和弯矩 $M = Ve = 150 \times 0.15 = 22.5$ (kN·m)，验算翼缘上边缘处焊缝拉应力：

$$\sigma_t = \frac{My_1}{I_x} = \frac{22.5 \times 66.5 \times 10^6}{1350.33 \times 10^4} \approx 110.8 \text{(N/mm}^2\text{)} < f_t^w = 265 \text{N/mm}^2$$

验算腹板下端焊缝压应力：

$$\sigma_c = \frac{My_2}{I_x} = \frac{22.5 \times 135.5 \times 10^6}{1350.33 \times 10^4} \approx 225.78(\text{N/mm}^2) < f_c^w = 310\text{N/mm}^2$$

为简化计算，可认为剪力由腹板焊缝单独承担，剪应力按均匀分布考虑：

$$\tau = \frac{V}{A_w} = \frac{150 \times 10^3}{190 \times 10} \approx 78.95(\text{N/mm}^2)$$

腹板下端正应力、剪应力均较大，故需要验算腹板下端点的折算应力：

$$\sigma = \sqrt{225.78^2 + 3 \times 78.95^2} \approx 263.95(\text{N/mm}^2) \leqslant 1.1 f_t^w = 1.1 \times 265 = 291.5(\text{N/mm}^2)$$

焊缝强度满足要求。

6．角焊缝的构造与计算

(1) 角焊缝的构造要求。

角焊缝按其截面形状可分为凸形角焊缝和凹形角焊缝，等边角焊缝和不等边(平坡形)角焊缝(图 11.31)。一般情况下采用的等边凸形角焊缝[图 11.31(a)]，因传力线曲折，有一定程度的应力集中。正面角焊缝也可采用平坡凸形或平坡凹形角焊缝。图 11.31(b)所示为平坡凸形角焊缝，其长边顺内力方向。在直接承受动力荷载的结构中，为改善受力性能，可采用等边凹形角焊缝[图 11.31(c)]。

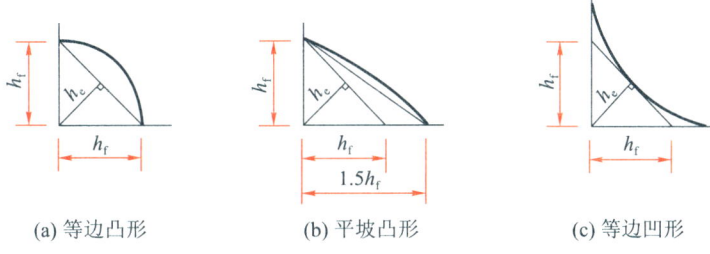

(a) 等边凸形　　　　(b) 平坡凸形　　　　(c) 等边凹形

图 11.31　角焊缝的截面形式

等边凸形角焊缝截面的两个直角边长 h_f 称为**焊脚尺寸**；最小截面在 45°方向。不计凸出部分时的斜高 $h_e(h_e=0.7h_f)$，称为**有效厚度**[图 11.31(a)]；凸出部分约为 $0.1h_e$，在强度计算时不予计入。对于平坡凸形或等边凹形角焊缝，为了强度计算时采用统一公式，其焊脚尺寸 h_f 和有效厚度 h_e 按图 11.31(b)、(c)采用。

角焊缝按两个焊脚边间夹角 α 的不同可分为**直角角焊缝**($\alpha=90°$)和**斜角角焊缝**($\alpha \neq 90°$)(图 11.32)。一般钢结构中采用直角角焊缝。只有当杆件倾斜相交(如倾斜支柱或斜撑与其他构件的连接，或桁架斜腹杆与弦杆间的连接等)，其间不用节点板而直接焊接相交，或其中一根杆件焊在端板上再与另一根杆件连接时，才使用斜角角焊缝。斜角角焊缝两焊脚边的夹角 α 一般为 60°～135°，若夹角 $\alpha > 135°$ 或 $\alpha < 60°$，则不宜作受力焊缝(钢管结构除外)。斜角角焊缝的焊脚尺寸 h_f 和有效厚度 h_e 请参阅《钢结构设计标准》(GB 50017—2017)及相关资料。

角焊缝的焊脚尺寸是指焊缝根角至焊缝外边的尺寸。焊脚尺寸不宜太小，以保证焊缝的最小承载能力，并防止焊缝因冷却过快而产生裂缝；焊脚尺寸不宜太大，以避免焊缝穿透较薄的焊件。因此《钢结构设计标准》(GB 50017—2017)规定：角焊缝的焊脚尺寸 h_f 不得小于 $1.5\sqrt{t}$，$t(\text{mm})$为较厚焊件厚度；对自动焊，最小焊脚尺寸可减小 1mm；对 T 形连接的单面角焊缝,应增加 1mm;当焊件厚度小于或等于 4mm 时,则焊脚尺寸可与焊件厚度相同。h_f不宜大于较薄焊件厚度的 1.2 倍(钢管结构除外),但板件(厚度为 t)边缘的角焊缝为防止咬边,其最大焊脚尺寸尚应符合以下要求:当 $t \leqslant 6$mm 时,$h_{f,max}=t$;当 $t>6$mm 时,$h_{f,max}=t-(1\sim2)$mm;圆孔或槽孔内的 h_f 不宜大于圆孔直径或槽孔短径的 1/3。

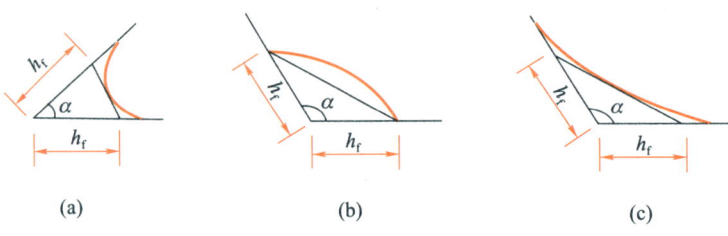

图 11.32 斜角角焊缝

角焊缝计算长度 l_w 也有最大和最小的限制。焊缝的厚度大而长度过小时,会使焊件局部加热严重,且起落弧坑相距太近,加上一些可能产生的缺陷,使焊缝不够可靠,因此,侧面角焊缝或正面角焊缝的计算长度不得小于 $8h_f$ 和 40mm。另外,侧面角焊缝的应力沿其长度分布并不均匀,呈两端大、中间小的状态;它的长度与厚度之比越大,其差别也就越大;当此比值过大时,焊缝端部应力就会达到极值而破坏,而中部焊缝还未充分发挥其承载能力。这种现象对承受动力荷载的构件尤为不利,因此,侧面角焊缝的计算长度不宜大于 $60h_f$。如大于上述数值,焊缝承载力设计值应乘以折减系数 α_f,$\alpha_f = 1.5 - \dfrac{l_w}{120h_f} \geqslant 0.5$。但内力若沿侧面角焊缝全长分布,其计算长度不受此限。例如,梁及柱的翼缘与腹板的连接焊缝,屋架中弦杆与节点板的连接焊缝,梁的支承加劲肋与腹板的连接焊缝。

当板件仅用两条侧焊缝连接时,为了避免应力传递的过分弯折而使板件应力过分不均,宜使 $l_w \geqslant b$,同时为了避免焊缝横向收缩引起板件拱曲太大,宜使 $b \leqslant 16t(t>12$mm 时)或 $b \leqslant 190$mm$(t \leqslant 12$mm 时),t 为较薄焊件厚度。当 b 不满足此规定时,应加正面角焊缝,或加槽焊或塞焊。

搭接连接不能只用一条正面角焊缝传力,并且搭接长度不得小于焊件较小厚度的 5 倍,同时不得小于 25mm。

(2) 角焊缝的计算。

《钢结构设计标准》(GB 50017—2017)规定角焊缝的计算公式为

$$\sqrt{\left(\dfrac{\sigma_f}{\beta_f}\right)^2 + \tau_f^2} \leqslant f_f^w \tag{11-7}$$

式中 β_f——正面角焊缝的强度设计值增大系数(对直角角焊缝,$\beta_f = 1.22$,但对直接承受动力荷载结构中的角焊缝,由于端焊缝的刚度大,韧性差,应取 $\beta_f = 1.0$);

σ_f——按焊缝有效截面计算,垂直于焊缝长度方向的应力(N/mm²);

τ_f——按焊缝有效截面计算,沿焊缝长度方向的剪应力(N/mm²);

f_f^w——角焊缝强度设计值(N/mm²)。

上述实用计算方法虽然与实际情况有一定出入,但通过大量试验证明,该方法是可以保证安全的,已为大多数国家所采用。

① 承受轴心力作用时角焊缝连接计算。

a. 当只有正面角焊缝(力与焊缝长度方向垂直)时，$\tau_f = 0$，假定σ_f均匀分布，则

$$\sigma_f = \frac{N}{h_e \sum l_w} \leqslant \beta_f f_f^w \tag{11-8}$$

b. 当只有侧面角焊缝(力与焊缝长度方向平行)时，$\sigma_f = 0$，假定τ_f均匀分布，则

$$\tau_f = \frac{N}{h_e \sum l_w} \leqslant f_f^w \tag{11-9}$$

c. 当为斜角焊缝时，则

$$\frac{N}{\beta_{f\theta} \sum h_e l_w} \leqslant f_f^w \tag{11-10}$$

$$\beta_{f\theta} = \frac{1}{\sqrt{1 - \frac{\sin^2 \theta}{3}}} \tag{11-11}$$

式中 θ——作用力(或焊缝应力)与焊缝长度方向的夹角；

$\beta_{f\theta}$——斜角焊缝强度增大系数(或有效截面增大系数)，其值为1.0～1.22；

l_w——角焊缝的计算长度，当未采用引弧板时，考虑到起、灭弧的缺陷，计算长度为实际长度减去两端焊脚尺寸，即减去$2h_f$。

② 受轴心力角钢的连接计算。为了避免焊缝偏心受力，焊缝所传递的合力的作用线应与角钢杆件的轴线重合。角钢用两面侧焊连接时[图11.33(a)]，由于角钢截面形心到肢背和肢尖的距离不相等，靠近形心的肢背焊缝承受较大的内力。

设N_1和N_2分别为角钢肢背与肢尖焊缝承担的内力，由平衡条件可知：

$$\left.\begin{array}{l} N_1 + N_2 = N \\ N_1 e_1 = N_2 e_2 \\ e_1 + e_2 = b \end{array}\right\} \tag{11-12}$$

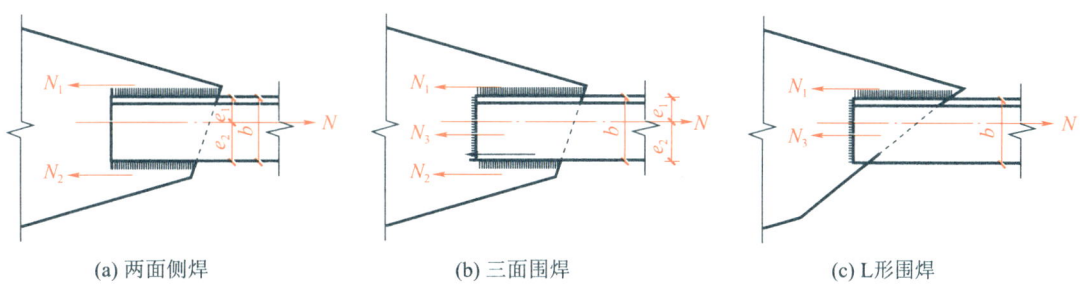

(a) 两面侧焊　　　　(b) 三面围焊　　　　(c) L形围焊

图11.33　角钢与钢板的角焊缝连接

解上式得肢背和肢尖受力为

$$\left.\begin{array}{l} N_1 = \dfrac{e_2}{b} n = k_1 N \\ N_2 = \dfrac{e_1}{b} n = k_2 N \end{array}\right\} \tag{11-13}$$

式中 N——角钢承受的轴心力；

k_1、k_2——角钢角焊缝的内力分配系数，按表11-3采用。

表 11-3 角钢角焊缝的内力分配系数

角钢类型	连接形式	内力分配系数	
		肢背 k_1	肢尖 k_2
等肢角钢		0.70	0.30
不等肢角钢 短肢连接		0.75	0.25
不等肢角钢 长肢连接		0.65	0.35

角钢用三面围焊时[图 11.33(b)]，既要照顾到焊缝形心线基本与角钢形心线一致，又要考虑到侧缝与端缝计算的区别。计算时先选定端缝的焊脚尺寸 h_{f3}，并算出它所能承受的内力。

$$N_3 = 0.7 h_f \sum l_{w3} \beta_f f_f^w \tag{11-14}$$

由平衡条件($\sum M = 0$)可得

$$\begin{aligned} N_1 &= e_2 N/(e_1+e_2) - N_3/2 = k_1 N - N_3/2 \\ N_2 &= e_1 N/(e_1+e_2) - N_3/2 = k_2 N - N_3/2 \end{aligned} \tag{11-15}$$

当采用 L 形围焊时[图 11.30(c)]，令 $N_2 = 0$，由式(11-15)得

$$\left. \begin{aligned} N_3 &= 2k_2 N \\ N_1 &= k_1 N - k_2 N = (k_1 - k_2) N \end{aligned} \right\} \tag{11-16}$$

③ 承受弯矩、轴心力和剪力联合作用的角焊缝连接计算。图 11.34 所示双面角焊缝连接承受偏心斜拉力 P，将 P 分解为 N 和 V 两个分力，则角焊缝可看作同时承受轴心力 N、剪力 V 和弯矩 $M=Ne$ 的共同作用。焊缝计算截面上的应力分布见式(11-17)～式(11-19)，其中 A 点应力最大，为控制设计点，又称危险点。

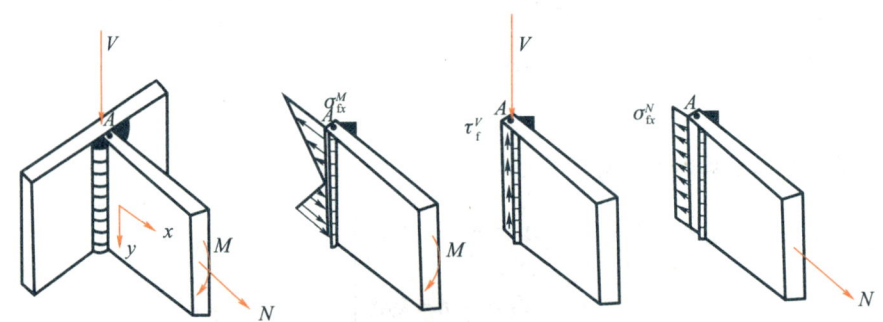

图 11.34 弯矩、轴心力和剪力联合作用的 T 形接头角焊缝

弯矩 M 作用下，x 方向应力为

$$\sigma_{fx}^M = \frac{6M}{2h_e l_w^3} \tag{11-17}$$

轴心力 N 作用下，x 方向应力为

$$\sigma_{fx}^N = \frac{N}{2h_e l_w} \tag{11-18}$$

剪力作用下，y 方向应力为

$$\tau_f^V = \frac{V}{2h_e l_w} \tag{11-19}$$

危险点处的强度条件为

$$\sqrt{\left(\frac{\sigma_{fx}^N + \sigma_{fx}^M}{\beta_f}\right)^2 + \left(\tau_f^V\right)^2} \leqslant f_f^w \tag{11-20}$$

【例 11.3】 图 11.35 所示为 500mm×14mm 钢板用双面盖板和角焊缝的拼接。钢板承受轴心拉力 N=1400kN(设计值，静力荷载)，钢材为 Q235B 钢，焊条为 E43 型。

【解】 拼接板截面选择：根据拼接板和主板承载能力相等原则，拼接板钢材也采用 Q235B 钢，两块拼接板截面面积之和应不小于主板截面面积。考虑拼接板要侧面施焊，取拼接板宽度为 460mm(主板和拼接板宽度差略大于 $2h_f$)。

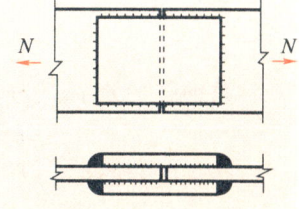

图 11.35 例 11.3 图

拼接板厚度 t_2=500×14/(2×460)≈7.6(mm)，取 8mm，故每块拼接板截面为 460mm×8mm。

角焊缝的焊脚尺寸 h_f 应根据板件厚度确定：由于此处的焊缝在板件边缘施焊，且拼接板厚度 t_2=8mm>6mm，t_2<t_1(主板厚度 14mm)，则 $h_{f,max}=t_2-(1\sim2)$mm=8−(1∼2)=7mm 或 6mm；$h_{f,min}=1.5\sqrt{t_1}=5.6$mm。

取 h_f=6mm，角焊缝强度设计值 f_f^w=160N/mm²。

(1) 考虑用侧面角焊缝——拼接板厚度小于 12mm，仅用侧面角焊缝时两条侧面角焊缝间距 460mm≥构造要求 190mm，故不用。

(2) 考虑用周围角焊缝，正面角焊缝所能承受的内力为

$$N' = 2h_e l_w' \beta_f f_f^w = 2\times0.7\times6\times460\times1.22\times160 \approx 754253(N)$$

所需要连接一侧侧面角焊缝的总长度为

$$\sum l_w = \frac{N-N'}{h_e f_f^w} = \frac{1400000-754253}{0.7\times10\times160} \approx 577(mm)$$

连接一侧共有 4 条侧面角焊缝，则一条侧面角焊缝的长度为

$$l_w = \frac{\sum l_w}{4} + 6 = \frac{577}{4} + 6 \approx 150(mm)，采用 150mm。$$

拼接板的长度为

$$l = 2l_w + 10 = 2\times150 + 10 = 310(mm)$$

【例11.4】 图11.36所示的角钢和节点板两边侧焊缝的连接中，N=660kN(设计值，静力荷载)，角钢为2∟110×10，节点板厚度 t_1=12mm，钢材为Q235钢，焊条为E43系列型，手工焊。试确定所需角焊缝的焊脚尺寸 h_f 和实际长度。

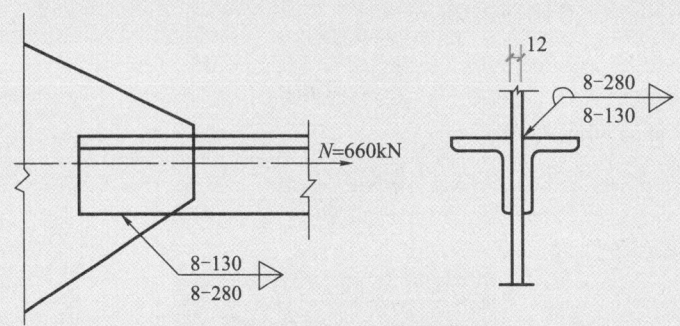

图11.36 例11.4图

【解】 角焊缝的强度设计值 f_f^w 为160N/mm²，角钢厚度 $t_2=10$mm，节点板厚度 $t_1=12$mm。$h_{f,min}$ 为

$$h_{f,min} = 1.5\sqrt{t_1} = 1.5\sqrt{12} \approx 5.2(\text{mm})$$

角钢肢尖处 $h_{f,max}$ 为

$$h_{f,max} = t_2 - (1\sim 2)\text{mm} = 10 - (1\sim 2) = (9\sim 8)(\text{mm})$$

角钢肢背处 $h_{f,max}$ 为

$$h_{f,max} = 1.2t_2 = 1.2 \times 10 = 12(\text{mm})$$

角钢肢尖和肢背都取 $h_f = 8$mm。
焊缝受力为

$$N_1 = k_1 N = 660 \times 0.7 = 462(\text{kN}); \quad N_2 = k_2 N = 660 \times 0.3 = 198(\text{kN})$$

所需焊缝长度为

$$l_{w1} = \frac{N_1}{2h_e f_f^w} = \frac{462 \times 10^3}{2 \times 0.7 \times 0.8 \times 160 \times 10^2} \approx 25.78(\text{cm})$$

$$l_{w2} = \frac{N_2}{2h_e f_f^w} = \frac{198 \times 10^3}{2 \times 0.7 \times 0.8 \times 160 \times 10^2} \approx 11(\text{cm})$$

侧焊缝的实际长度为

$$l_1 = l_{w1} + 1.6 = 25.78 + 1.6 = 27.38(\text{cm})，取 28\text{cm}$$

$$l_2 = l_{w2} + 1.6 = 11 + 1.6 = 12.6(\text{cm})，取 13\text{cm}$$

肢尖焊缝也可改用 6-160。

【例11.5】 如图11.37所示，计算工字形截面牛腿与钢柱连接的对接焊缝强度。其中 F=550kN(设计值)，偏心距 e=300mm。钢材为Q235B钢，焊条为E43型，手工焊。焊缝为三级检验标准，上、下翼缘加引弧板和引出板施焊。

【解】 截面几何特征值和内力。

$$I_x = \frac{1}{12} \times 1.2 \times 38^3 + 2 \times 1.6 \times 26 \times 19.8^2 \approx 38105(\text{cm}^4)$$

$$S_{x1} = 26 \times 1.6 \times 19.8 \approx 824 (\text{cm}^3)$$
$$V = F = 550\text{kN}, \quad M = 550 \times 0.30 = 165(\text{kN} \cdot \text{m})$$

(1) 最大正应力。
$$\sigma_{\max} = \frac{M}{I_x} \cdot \frac{h}{2} = \frac{165 \times 10^6 \times (380 + 16 + 16)}{38105 \times 10^4 \times 2} \approx 89.2(\text{N/mm}^2) < f_t^w = 185\text{N/mm}^2$$

(2) 最大剪应力。
$$\tau_{\max} = \frac{VS_x}{I_x t} = \frac{550 \times 10^3}{38105 \times 10^4 \times 12} \times \left(260 \times 16 \times 198 + 190 \times 12 \times \frac{190}{2}\right)$$
$$\approx 125.1(\text{N/mm}^2) \approx f_v^w = 125\text{N/mm}^2$$

(3) "1"点的折算应力。
$$\sigma_1 = \sigma_{\max} \cdot \frac{190}{206} \approx 82.3(\text{N/mm}^2)$$
$$\tau_1 = \frac{VS_{x1}}{I_x t} = \frac{550 \times 10^3 \times 824 \times 10^3}{38105 \times 10^4 \times 12} \approx 99.1(\text{N/mm}^2)$$
$$\sqrt{\sigma_1^2 + 3\tau_1^2} = \sqrt{82.3^2 + 3 \times 99.1^2} \approx 190.4(\text{N/mm}^2) \leqslant 1.1 \times 185 = 203.5(\text{N/mm}^2)$$

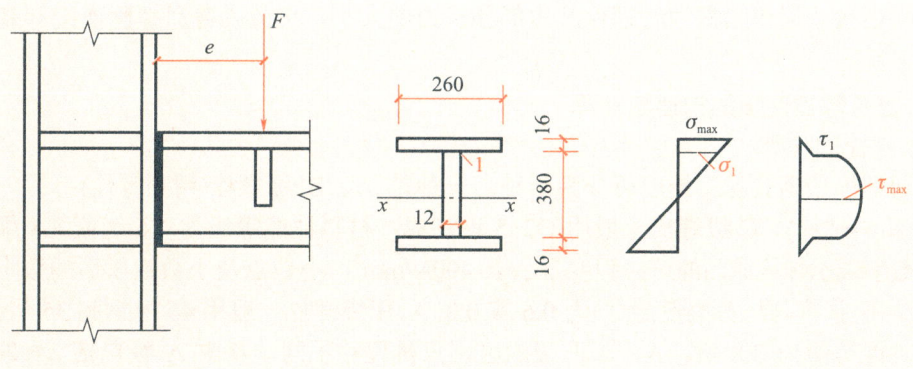

图 11.37 例 11.5 图

7. 焊接残余变形与焊接残余应力

(1) 焊接残余变形与焊接残余应力的概念。

钢结构在施焊过程中，会在焊缝及附近区域局部范围内加热至熔化，焊缝及附近的温度最高可达 1500℃，并由焊缝中心向周围区域急剧降低。这样，施焊完毕冷却过程中，焊件各部分之间热胀冷缩的不同步及不均匀，将使结构在受外力作用之前就在局部形成了变形和应力，这种变形和应力称为焊接残余变形和焊接残余应力。

例如，两块钢板用 V 形坡口焊缝连接，在焊接过程中，焊缝金属被加热到熔融状态时，完全处于塑性状态，两块钢板处于一个平面。此后，熔融金属逐渐冷却、收缩，由于 V 形坡口焊缝靠外圈金属较长，收缩量大，而靠内圈金属相对较短，其收缩量小，因此，冷却凝固后，钢板两端就会因外圈收缩较大而翘起，钢板不再保持原有的平面。

又如，两块钢板用角焊缝组成 T 形连接时，由于同样的原因，角焊缝截面的外圈收缩较大，导致焊接后翼缘弯曲等。

(2) 焊接残余变形和焊接残余应力的危害及预防措施。

焊接残余变形和焊接残余应力是焊接结构的主要缺点。焊接残余变形会使钢结构不能保持原来的设计尺寸及位置，影响结构的正常工作，严重时还会造成各个构件无法正常安装就位；而焊接残余应力会造成结构的刚度及稳定性下降，引起低温冷脆和抗疲劳强度降低。必须对此重视，并在设计与施工时采取必要的预防措施。

① 在设计时，选择适当的焊脚尺寸，以避免因焊脚尺寸过大而引起过大的焊接残余应力；尽可能将焊缝对称布置，尽量避免焊缝过于集中和三向交叉焊缝；连接过渡要平缓；焊缝布置要考虑施焊方便，如避免仰焊。

② 在施工时，选择合理的施工工艺和施工方法，如尽量采用自动焊及半自动焊，制定合理的施焊顺序，对较长焊缝分段退焊，较厚焊缝分层焊，I 形截面对角跳焊，等等；也可采用预先局部加热，预先加反变形或焊后退火，等等。

11.3.3 螺栓连接的构造与计算

螺栓连接依据扭紧螺帽时螺栓产生的预拉力的大小，可分为**普通螺栓连接**和**高强度螺栓连接**。

1. 普通螺栓连接的构造与计算

(1) 螺栓的种类。

普通螺栓依据其加工精度可分为两种：一种是 A、B 级螺栓(精制螺栓)；另一种是 C 级螺栓(粗制螺栓)。C 级螺栓一般用 Q235 钢制成，材料性能等级为 4.6 级或 4.8 级。小数点前的数字表示螺栓成品的抗拉强度不小于 $400N/mm^2$，小数点及小数点以后的数字表示其屈强比(屈服强度与抗拉强度之比)为 0.6 或 0.8。A、B 级螺栓一般用 45 号钢和 35 号钢制成，其材料性能等级为 8.8 级。A、B 两级的区别只是尺寸不同，其中 A 级包括 $d \leqslant 24mm$ 且 $L \leqslant 150mm$ 的螺栓，B 级包括 $d > 24mm$ 或 $L > 150mm$ 的螺栓，d 为螺栓杆直径，L 为螺栓杆长度。C 级螺栓加工粗糙，尺寸不够准确，只要求Ⅱ类孔，成本低，栓径和孔径之差，通常为 1.5～3mm。由于螺栓杆与螺孔之间存在着较大的间隙，传递剪力时，连接较早产生滑移，但传递拉力的性能仍较好，所以 C 级螺栓广泛用于承受拉力的安装连接、不重要的连接或安装时的临时固定。A、B 级螺栓需要机械加工，尺寸准确，要求Ⅰ类孔，栓径和孔径的公称尺寸相同，容许偏差为 0.18～0.25mm。这种螺栓连接传递剪力的性能较好，变形很小，但制造和安装比较复杂，价格昂贵，目前在钢结构中较少采用。

(2) 螺栓的排列。

螺栓的排列有并列式和错列式两种(图 11.38)，其中并列式简单、整齐，比较常用。螺栓在构件上的排列应满足如下要求：

① 受力要求。为避免钢板端部被剪断，螺栓的端距不应小于 $2d_0$，d_0 为螺栓孔径。对于受拉构件，各排螺栓的栓距和线距不应过小，否则螺栓周围应力集中，相互影响较大，且对钢板的截面削弱过多，从而降低其承载能力。对于受压构件，沿作用力方向的栓距不宜过大，否则在被连接的板件间容易发生凸曲现象。

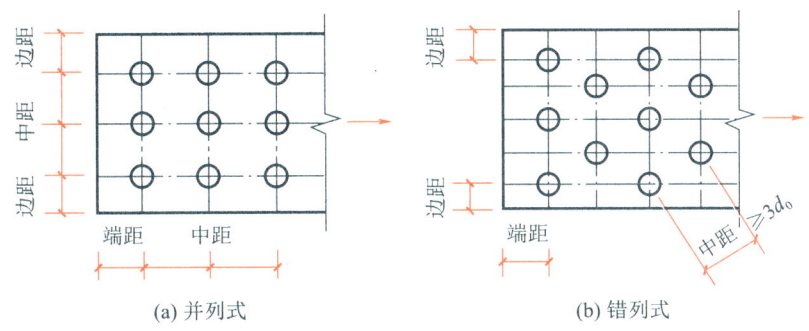

图 11.38 钢板上的螺栓排列

② 构造要求。若栓距及线距过大，则构件接触面不够紧密，潮气易于侵入缝隙面而发生锈蚀。

③ 施工要求。要保证有一定的空间，便于转动螺栓扳手。根据扳手尺寸和工人的施工经验，规定最小中距为 $3d_0$。

根据以上要求，钢板上螺栓的最大容许和最小间距见表 11-4。角钢、普通工字钢、槽钢上螺栓的线距应满足图 11.39 和表 11-5～表 11-7 的要求。H 型钢腹板上的 C 值可参照普通工字钢，翼缘上 e 值或 e_1、e_2 值可根据外伸宽度参照角钢确定。

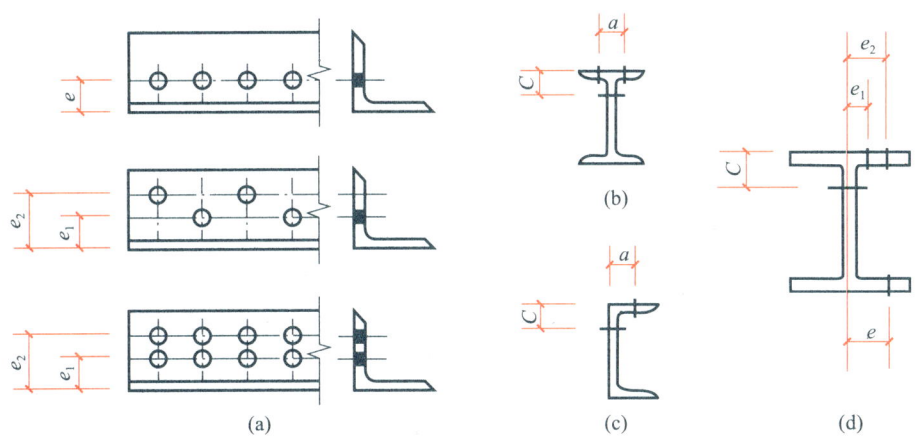

图 11.39 型钢的螺栓排列

表 11-4 螺栓或铆钉的最大、最小容许间距

名称	位置和方向			最大容许间距 (取两者的较小值)	最小容许间距
中心间距	外排(垂直内力方向或顺内力方向)			$8d_0$ 或 $12t$	$3d_0$
	中间排	垂直内力方向		$16d_0$ 或 $24t$	
		顺内力方向	构件受压力	$12d_0$ 或 $18t$	
			构件受拉力	$16d_0$ 或 $24t$	
	沿对角线方向			—	

续表

名称	位置和方向			最大容许间距(取两者的较小值)	最小容许间距
中心至构件边缘的距离	顺内力方向			4d_0 或 8t	2d_0
	垂直内力方向	剪切边或手工气割边			1.5d_0
		轧制边、自动气割或锯割边	高强度螺栓		1.2d_0
			其他螺栓或铆钉		

注：① d_0 为螺栓或铆钉的孔径，t 为外层较薄板件的厚度。
② 钢板边缘与刚性构件(如角钢、槽钢等)相连的高强度螺栓或铆钉的最大间距，可按中间排的数值采用。

表 11-5 角钢上螺栓或铆钉线距

单位：mm

单行排列	角钢肢宽 b	40	45	50	56	63	70	75	80	90	100	110	125
	线距 e	25	25	30	30	35	40	40	45	50	55	60	70
	钉孔最大直径	11.5	13.5	13.5	15.5	17.5	20	22	22	24	24	26	26

双行错排	角钢肢宽 b	125	140	160	180	200	双行并列	角钢肢宽	160	180	200
	e_1	55	60	70	70	80		e_1	60	70	80
	e_2	90	100	120	140	160		e_2	130	140	160
	钉孔最大直径	24	24	26	26	26		钉孔最大直径	24	24	26

表 11-6 工字钢和槽钢腹板上的螺栓线距

工字钢型号	12	14	16	18	20	22	25	28	32	36	40	45	50	56	63
线距 C_{min}/mm	40	45	45	45	50	50	55	60	60	65	70	75	75	75	75
槽钢型号	12	14	16	18	20	22	25	28	32	36	40	—	—	—	—
线距 C_{min}/mm	40	45	50	50	55	55	55	60	65	70	75	—	—	—	—

表 11-7 工字钢和槽钢翼缘上的螺栓线距

工字钢型号	12	14	16	18	20	22	25	28	32	36	40	45	50	56	63
线距 C_{min}/mm	40	40	50	55	60	65	65	70	75	80	80	85	90	95	95
槽钢型号	12	14	16	18	20	22	25	28	32	36	40	—	—	—	—
线距 C_{min}/mm	30	35	35	40	40	45	45	45	50	56	60	—	—	—	—

在钢结构施工图上螺栓、螺栓孔、电焊铆钉的表示方法见表 11-8。

表 11-8 螺栓、螺栓孔、电焊铆钉的表示方法

序号	名　称	图　例	说　明
1	永久螺栓	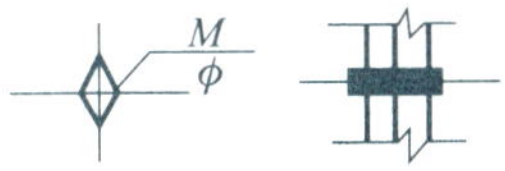	
2	高强度螺栓	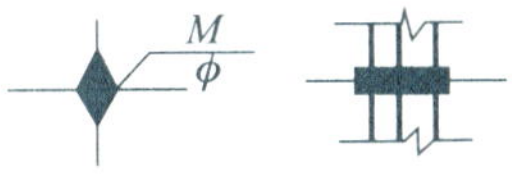	
3	安装螺栓	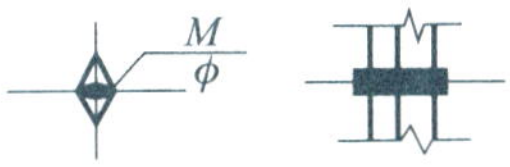	(1) 细"＋"线表示定位线；
4	胀锚螺栓	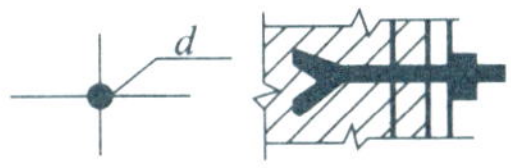	(2) M 表示螺栓型号； (3) ϕ 表示螺栓孔直径； (4) d 表示胀锚螺栓、电焊铆钉直径；
5	圆形螺栓孔	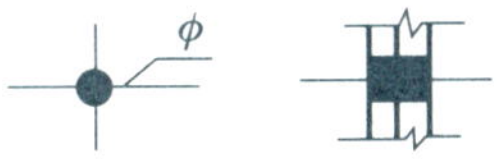	(5) 采用引出线标注螺栓时，横线上标注螺栓规格，横线下标注螺栓孔直径
6	长圆形螺栓孔	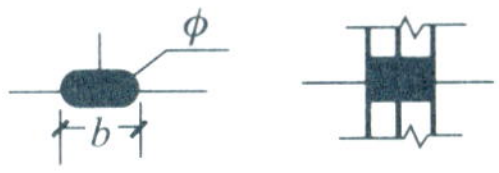	
7	电焊铆钉	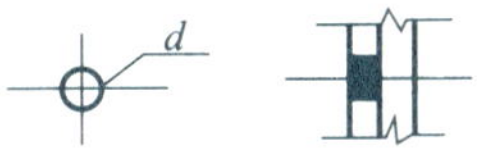	

(3) 螺栓连接的构造要求。

① 为了使连接可靠，每一杆件在节点上以及拼接接头的一端，永久螺栓数不宜少于两个。

② 对于直接承受动力荷载的普通螺栓，应采用双螺帽或采取其他防止螺帽松动的有效措施。

③ 由于 C 级螺栓与孔壁有较大间隙，只宜用于沿其杆轴方向受拉的连接。在承受静力荷载结构的次要连接、可拆卸结构的连接和临时固定构件用的安装连接中，也可用 C 级螺栓受剪。

④ 当采用高强度螺栓连接时，因型钢抗弯刚度大，不能保证摩擦面紧密结合，因此拼接件不能采用型钢，只能采用钢板。

⑤ 在高强度螺栓连接范围内，构件接触面的处理方法应在施工图中说明。

⑥ 沿杆轴方向受拉的螺栓连接中的端板，应适当增强其刚度，以减少撬力对螺栓抗拉承载力的不利影响。

(4) 普通螺栓的工作性能。

普通螺栓连接按螺栓的传力方式可分为抗剪螺栓、抗拉螺栓及同时抗剪和抗拉螺栓。抗剪螺栓依靠螺栓杆的抗剪及螺栓杆对孔壁的承压传递垂直于螺栓杆方向的剪力[图 11.40(a)]；抗拉螺栓则是螺栓杆承受沿杆长方向的拉力[图 11.40(b)]。

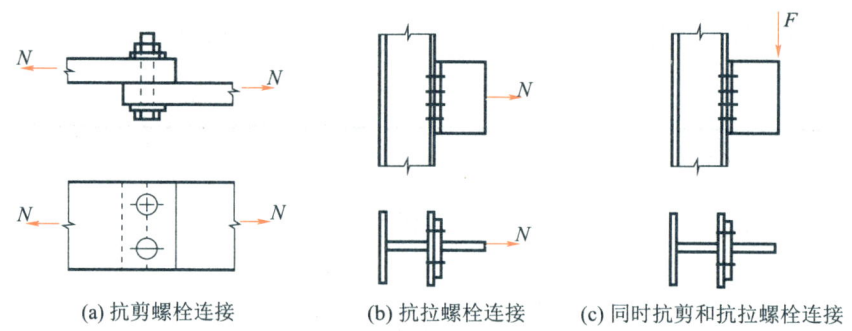

图 11.40　普通螺栓按传力方式分类

在抗拉螺栓连接中，外力使被连接构件的接触面互相脱开而使螺栓受拉，最后螺栓被拉断而破坏。以下将讨论抗剪螺栓连接的工作性能。

抗剪螺栓连接螺帽的拧紧程度为一般，沿螺栓杆产生的轴向拉力不大，因而在抗剪连接中虽然连接件接触面间有一定的摩擦力，但其值甚小，摩擦力会迅速被克服而主要依靠孔壁承压和螺栓杆受剪传递荷载。图 11.41 给出了抗剪螺栓连接的五种可能的破坏形式。

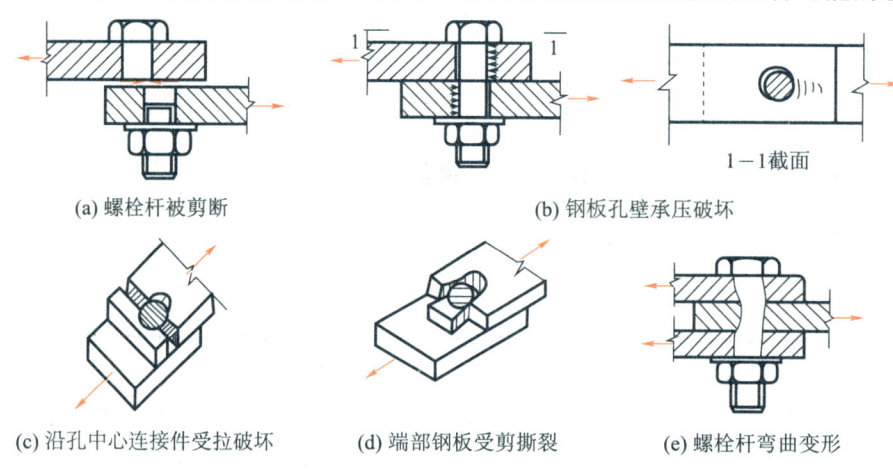

图 11.41　抗剪螺栓连接的破坏形式

图 11.41(a)所示为螺栓杆被剪断，破坏强度取决于制造螺栓的材料。图 11.41(b)所示为钢板孔壁承压破坏，破坏强度主要取决于连接件钢材的种类。图 11.41(c)所示为沿孔中心连接件受拉破坏，破坏主要是因螺栓孔的存在过多地削弱了受拉板件的截面面积。图 11.41(d)所示为螺栓端距不足，端部钢板受剪撕裂，若布置螺栓时按表 11-4 中要求使端距$\geqslant 2d_0$，则不会产生板端撕裂破坏。图 11.41(e)所示为板叠厚度$\sum t$过大致使螺栓杆弯曲变形，一般限制$\sum t \leqslant 5d$ 就可避免螺栓的弯曲。

综上所述，在抗剪螺栓连接中需进行计算的是 3 项：保证螺栓杆不剪断、保证孔壁不会因承压而破坏、要求构件具有足够的净截面面积(保证板件、连接件不被拉断)。

(5) 普通螺栓连接的计算。

① 抗剪螺栓连接的计算。

a. 单个普通螺栓的抗剪承载力。普通螺栓受剪承载力主要由螺栓杆受剪和孔壁承压两种破坏模式控制,应分别计算,取其小值进行设计。

抗剪承载力设计值。 假定螺栓受剪面上的剪应力是均匀分布的,单个抗剪螺栓的抗剪承载力设计值为

$$N_v^b = n_v \frac{\pi d^2}{4} f_v^b \tag{11-21}$$

式中 n_v——受剪面数目,单剪 $n_v = 1$,双剪 $n_v = 2$,四剪 $n_v = 4$(图 11.42);
d——螺栓杆直径;
f_v^b——螺栓抗剪强度设计值。

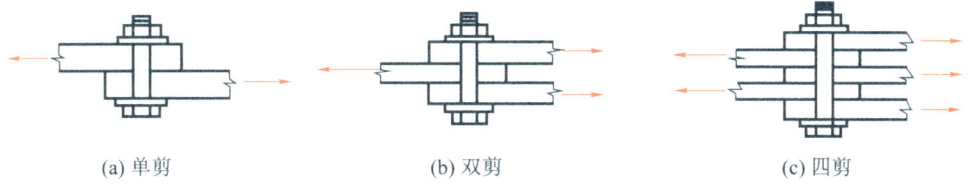

(a) 单剪　　　　　(b) 双剪　　　　　(c) 四剪

图 11.42　剪力螺栓的剪面数和承压厚度

承压承载力设计值。 假定螺栓承压应力分布于螺栓直径平面上,而且该承压面上的应力为均匀分布。单个抗剪螺栓的承压承载力设计值为

$$N_c^b = d \sum t f_c^b \tag{11-22}$$

式中 $\sum t$——在同一受力方向的承压构件的较小总厚度;
f_c^b——螺栓杆承压强度设计值。

综上所述,单个普通螺栓的抗剪承载力 $N_{min}^b = \min[N_v^b, N_c^b]$。

b. 普通螺栓群抗剪连接计算。当连接处于弹性阶段时,螺栓群中各螺栓受力不相等,两端大而中间小(图 11.43),超过弹性阶段出现塑性变形后,因内力重分布使各螺栓受力趋于均匀。但当构件的节点处或拼接缝的一侧螺栓很多,且沿受力方向的连接长度 l_1 过大时,端部的螺栓会因受力过大而首先破坏,随后依次向内发展逐个破坏(即所谓的解纽扣现象)。因此规范规定当 $l_1 > 15d_0$ 时,应将螺栓的承载力乘以折减系数 β ($\beta = 1.1 - \frac{l_1}{150d_0}$,当 $l_1 \geqslant 60d_0$ 时,折减系数为 0.7)。这样,在设计时,当外力通过螺栓群中心时,可认为所有螺栓受力相同,故承受轴心力 N 所需的螺栓数 n 应满足式(11-23)。

$$n \geqslant \frac{N}{\beta N_{min}^b} \tag{11-23}$$

其中 $\beta = 1.1 - \frac{l_1}{150d_0} \geqslant 0.7$,当 $l_1 \geqslant 60d_0$ 时,$\beta = 0.7$;当 $l_1 \leqslant 15d_0$ 时,$\beta = 1.0$。

由于螺栓孔削弱了构件的截面,因此在排列好所需的螺栓后,还需验算构件净截面强度(图 11.44),其表达式为

$$\sigma = \frac{N}{A_n} \leqslant f \tag{11-24}$$

式中 A_n——构件净截面面积,根据螺栓排列形式,取Ⅰ—Ⅰ截面或Ⅱ—Ⅱ截面进行计算;
N——轴心力设计值;
f——钢材抗拉(或抗压)强度设计值。

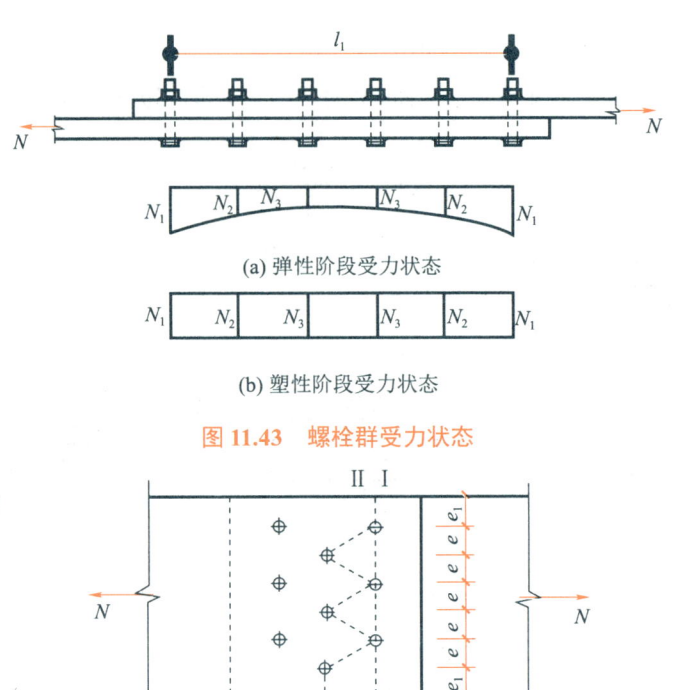

图 11.43　螺栓群受力状态

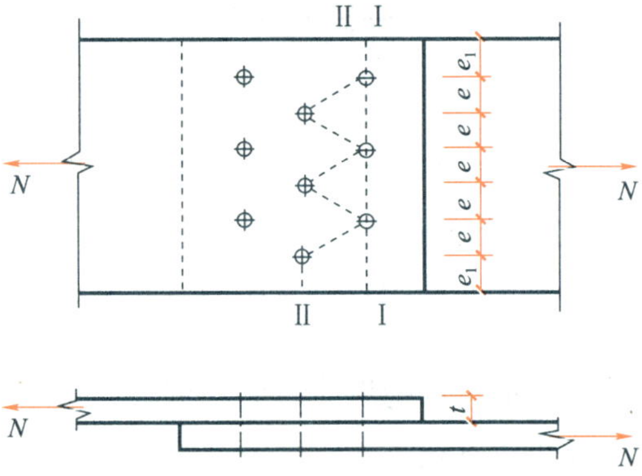

图 11.44　轴心力作用下的剪力螺栓群

② 抗拉螺栓连接的计算。

a. 单个普通螺栓的抗拉承载力。在外力作用下，抗拉螺栓连接构件的接触面有脱开的趋势。此时螺栓受到沿杆轴方向的拉力作用，故抗拉螺栓连接的破坏形式为螺栓杆被拉断。

单个抗拉螺栓的承载力设计值为

$$N_t^b = A_e f_t^b = \frac{1}{4}\pi d_e^2 f_t^b \tag{11-25}$$

式中　d_e——螺栓的有效直径；

A_e——螺栓的有效截面面积；

f_t^b——螺栓抗拉强度设计值。

b. 普通螺栓群抗拉连接计算。

螺栓群在轴心受拉作用下的抗拉计算。螺栓群在轴心力作用下，通常假定每个螺栓平均受力，则连接所需螺栓数为

$$n \geqslant \frac{N}{N_t^b} \tag{11-26}$$

螺栓群在弯矩作用下的抗拉计算。普通 C 级螺栓群在图 11.45 所示弯矩 M 作用下，上部螺栓受拉。与螺栓群拉力相平衡的压力产生于牛腿和柱的接触面上，精确确定中和轴位置的计算比较复杂，通常近似地假定在最下边一排螺栓轴线上，并且忽略压力所提供的力矩(因力臂很小)。

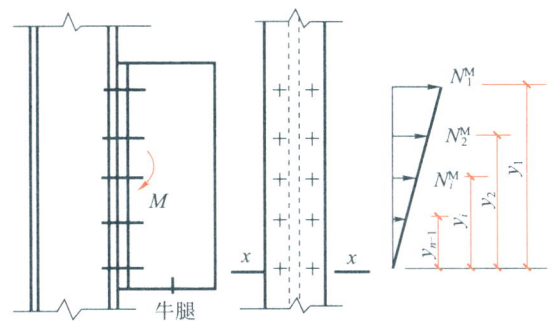

图 11.45　螺栓群在弯矩作用下的抗拉计算

由平衡条件 $M = m\left(N_1^M y_1 + N_2^M y_2 + \cdots + N_{n-1}^M y_{n-1}\right)$（$m$ 为螺栓列数）

假定条件 $\dfrac{N_1^M}{y_1} = \dfrac{N_2^M}{y_2} = \cdots = \dfrac{N_{n-1}^M}{y_{n-1}}$，得

$$N_i^M = My_i / m\sum y_i^2 \tag{11-27}$$

设计时要求受力最大的最外排螺栓 1 的拉力不超过一个螺栓的抗拉承载力设计值，即

$$N_1^M = \dfrac{My_1}{m\sum y_i^2} \leqslant N_t^b \tag{11-28}$$

螺栓群在弯矩和轴心拉力共同作用(即偏心拉力)下的抗拉计算。图 11.46 所示为受弯矩 M 和轴心拉力 N 共同作用的螺栓群，其受力情况有两种，即小偏心受拉(M/N 较小)和大偏心受拉(M/N 较大)。

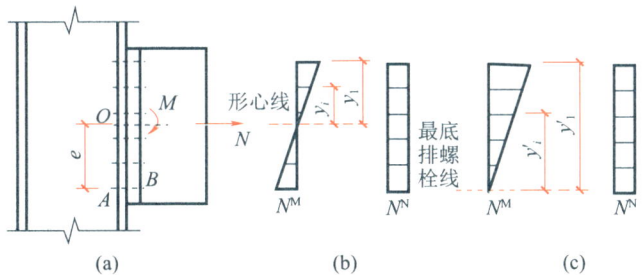

图 11.46　在弯矩和轴心拉力共同作用下螺栓群的受力情况

当为小偏心受拉(M/N 较小)时，构件 B 绕螺栓群的形心 O 转动，假定有 m 列螺栓，在 M 作用下，螺栓受力为 $N_i^M = My_i / m\sum y_i^2$；在 N 作用下，螺栓受力 $N_i^N = \dfrac{N}{n}$，螺栓群的最小和最大螺栓受力为

$$\begin{aligned} N_{\min} &= N/n - My_1 / m\sum y_i^2 \geqslant 0 \\ N_{\max} &= N/n + My_1 / m\sum y_i^2 \leqslant N_t^b \end{aligned} \tag{11-29}$$

式中　　y_1——螺栓群形心轴至螺栓的最大距离；

$\sum y_i^2$——形心轴上、下各螺栓至形心轴距离的平方和。

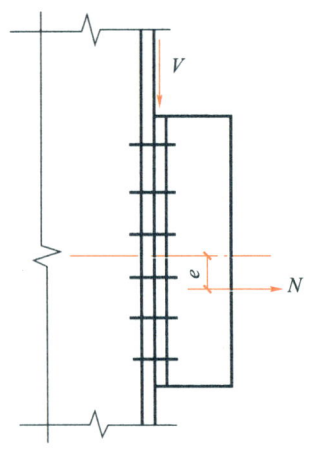

图 11.47 承受剪力和拉力作用的螺栓群

当为大偏心受拉(M/N 较大)时,即式(11-29)算得的 $N_{\min}<0$ 时,在弯矩 M 作用下构件 B 绕 A 点(底排螺栓)转动,螺栓的最大受力为

$$N_{\max}=\frac{(M+Ne)y_i'}{m\sum y_i'^2} \tag{11-30}$$

式中 e——轴心拉力到螺栓转动中心(图 11.46 的 A 点)的距离;

y_i'——各螺栓到 A 点的距离;

y_1'—— y_i' 中的最大值。

③ 普通螺栓受剪力和拉力的连接计算。

图 11.47 所示螺栓群承受剪力 V 和偏心拉力 N(即轴心拉力 N 和弯矩 $M=Ne$)的联合作用。承受剪力和拉力联合作用的普通螺栓可能有两种破坏形式:一种是螺栓杆受剪兼受拉破坏;另一种是孔壁承压破坏。螺栓在拉力和剪力作用下应符合式(11-31)和式(11-32)的要求。

$$\sqrt{\left(\frac{N_v}{N_v^b}\right)^2+\left(\frac{N_t}{N_t^b}\right)^2}\leqslant 1 \tag{11-31}$$

$$N_v=\frac{V}{n}\leqslant N_c^b \tag{11-32}$$

式中 N_v^b——一个普通螺栓的抗剪承载力设计值;

N_c^b——一个普通螺栓的抗压承载力设计值;

N_t^b——一个普通螺栓的抗拉承载力设计值;

N_v——某个普通螺栓所承受的剪力;

N_t——某个普通螺栓所承受的拉力。

【例 11.6】 试设计用普通 C 级螺栓连接的角钢拼接。角钢截面为∟80×5,承受轴心拉力设计值 $N=135\text{kN}$,拼接角钢采用与构件相同的型号。钢材为 Q235 钢,螺栓为 M20,$f_v^b=130\text{N/mm}^2$。

【解】 (1) 计算所需螺栓数并进行排列布置。

一个螺栓的抗剪承载力设计值为

$$N_v^b=n_v\frac{\pi d^2}{4}\cdot f_v^b=1\times\frac{\pi\times 20^2}{4}\times 130=40820(\text{N})$$

一个螺栓的抗压承载力设计值为

$$N_c^b=d\sum tf_c^b=20\times 5\times 305=30500(\text{N})$$

构件一侧所需的螺栓数为

$$n=\frac{N}{N_{\min}^b}=\frac{135\times 10^3}{30500}\approx 4.43$$

取 $n=5$ 个。

螺栓布置如图 11.48 所示,为了安排紧凑,螺栓在角钢两肢上交错排列,螺栓排列的端距、边距和中距均符合要求。

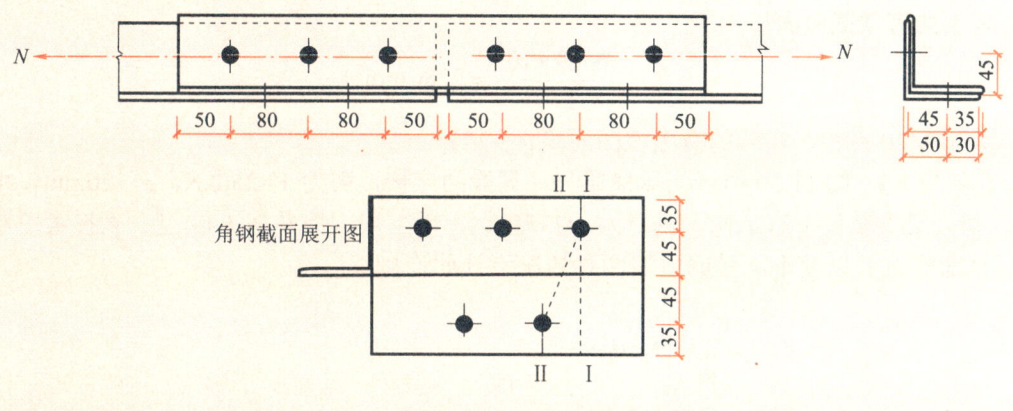

图 11.48 例 11.6 图

(2) 验算构件净截面强度。将角钢展开,查型钢表可得该角钢毛截面面积 $A=7.91\text{cm}^2$,则通过一个螺栓孔的直线截面 I—I 净面积为 $A_{n\text{I}} = A - n_1 d_0 t = 7.91 \times 10^2 - 1 \times 21.5 \times 5 = 683.5 \ (\text{mm}^2)$。

通过两个螺栓孔的直线截面 II—II 净面积为

$$A_{n\text{II}} = (2 \times 35 + \sqrt{40^2 + 90^2} - 2 \times 21.5) \times 5 \approx 627.4 (\text{mm}^2)$$

$$A_{\min} = 627.4 \ \text{mm}^2$$

因此 $\sigma = \dfrac{N}{A_{\min}} = \dfrac{135 \times 10^3}{627.4} \approx 215 (\text{N/mm}^2)$ (满足要求)。

【例 11.7】 设计刚接屋架下弦节点,竖向力由承托承受。螺栓为 C 级,承受偏心拉力。设 $F=250\text{kN}$,$e=100\text{mm}$,$f_t^b = 170\text{N/mm}^2$,螺栓布置如图 11.49 所示。试求所需的 C 级螺栓规格。

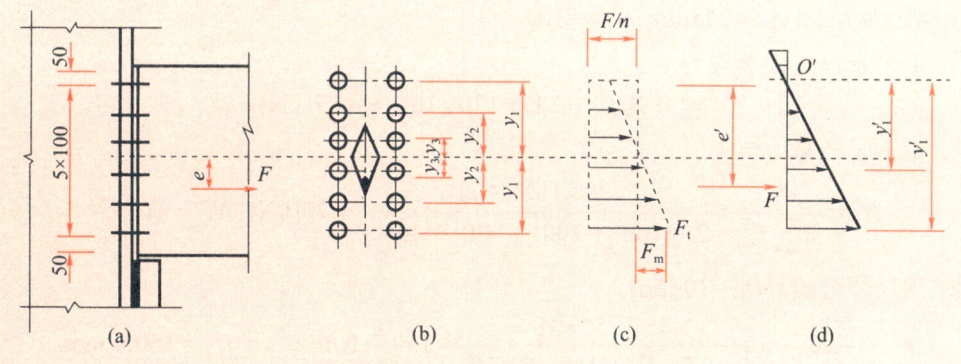

图 11.49 例 11.7 图

【解】 假设螺栓群中心位置为受弯矩 M 作用时的中性轴,则最上排螺栓承受的拉力最小,其值为

$$N_{\min} = \dfrac{F}{n} - \dfrac{Fey_1}{m\sum y_i^2} = \dfrac{250}{12} - \dfrac{250 \times 10 \times 25}{4 \times (5^2 + 15^2 + 25^2)} \approx 2.98 (\text{kN}) \geqslant 0$$

即属于小偏心受拉,故最下排螺栓承受的拉力最大,其值为

$$N_{\max} = \frac{F}{n} + \frac{Fey_1}{m\sum y_i^2} = \frac{250}{12} + \frac{250 \times 10 \times 25}{4 \times (5^2 + 15^2 + 25^2)} \approx 38.69(\text{kN})$$

需要的有效截面面积为

$$A_e = \frac{38.69 \times 10^3}{170} \approx 228(\text{mm}^2)$$

采用 M20 螺栓，实际的有限截面面积 $A_e=245\text{mm}^2$。

【例 11.8】 图 11.50 所示为短横梁与柱翼缘的连接，剪力 $V=250\text{kN}$，$e=120\text{mm}$，螺栓为 C 级，梁端竖板下有承托。钢材为 Q235B 钢，手工焊，焊条为 E43 型。试按考虑承托传递全部剪力 V 以及不承受剪力 V 两种情况设计此连接。

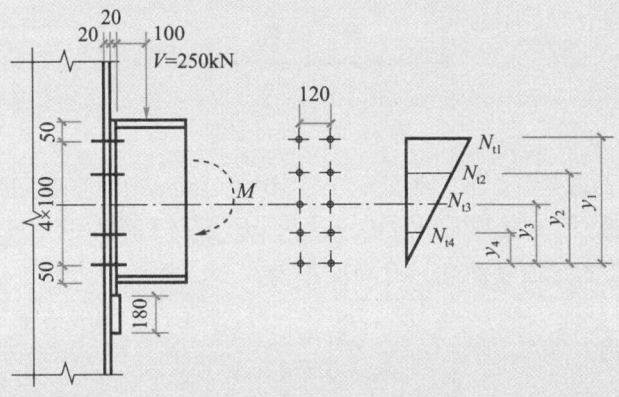

图 11.50 例 11.8 图

【解】(1) 考虑承托传递全部剪力 V，螺栓群受弯矩作用。

$$V = 250\text{kN}, \quad M = Ve = 250 \times 0.12 = 30(\text{kN} \cdot \text{m})$$

设螺栓为 M20($A_e = 245\text{mm}^2$)，$n=10$。

① 单个螺栓抗拉承载力。

$$N_t^b = A_e f_t^b = 245 \times 170 \times 10^{-3} \approx 41.7(\text{kN})$$

② 单个螺栓最大拉力。

$$N_t = \frac{My_1}{m\sum y_i^2} = \frac{30 \times 10^3 \times 400}{2 \times (100^2 + 200^2 + 300^2 + 400^2)} = 20(\text{kN}) < N_t^b = 41.7\text{kN}$$

③ 承托焊缝验算($h_f=10\text{mm}$)。

$$\tau_f = \frac{1.35V}{h_e \sum l_w} = \frac{1.35 \times 250 \times 10^3}{2 \times 0.7 \times 10 \times (180 - 2 \times 10)} \approx 150.7(\text{N/mm}^2) < f_f^w = 160\text{N/mm}^2$$

(2) 不考虑承托传递剪力 V。

① 单个螺栓承载力。

$$N_v^b = n_v \frac{\pi d^2}{4} f_v^b = 1 \times \frac{3.14 \times 20^2}{4} \times 140 \times 10^{-3} \approx 44(\text{kN})$$

$$N_c^b = d \sum t \cdot f_c^b = 20 \times 20 \times 305 \times 10^{-3} = 122(\text{kN})$$

$$N_t^b = 41.7\text{kN}$$

② 单个螺栓受力。

$$N_t = 20\text{kN}, \quad N_v = \frac{V}{n} = \frac{250}{10} = 25(\text{kN}) < N_c^b = 122\text{kN}$$

③ 剪力和拉力联合作用下。

$$\sqrt{\left(\frac{N_v}{N_v^b}\right)^2 + \left(\frac{N_t}{N_t^b}\right)^2} = \sqrt{\left(\frac{25}{44}\right)^2 + \left(\frac{20}{41.7}\right)^2} \approx 0.744 < 1$$

2. 高强度螺栓连接的构造与计算

(1) 高强度螺栓的种类。

高强度螺栓连接有两种类型：一种是只依靠摩擦阻力传力，并以剪力不超过接触面摩擦力为设计准则，即摩擦型连接；另一种是允许接触面滑移，以连接达到破坏的极限承载力为设计准则，即承压型连接。

高强度螺栓一般采用 45 号钢、40B 钢和 20MnTiB 钢加工而成，经热处理后，螺栓抗拉强度应分别不低于 800N/mm^2 和 1000N/mm^2，即前者的性能等级为 8.8 级，后者的性能等级为 10.9 级。摩擦型连接的孔径比螺栓公称直径 d 大 1.5～2mm；承压型连接的孔径比螺栓公称直径 d 大 1.0～1.5mm。

摩擦型连接的剪切变形小、弹性性能好、施工较简单、可拆卸、耐疲劳，特别适用于承受动力荷载的结构。承压型连接的承载力高于摩擦型，其连接紧凑，但剪切变形大，故不得用于承受动力荷载的结构。

(2) 摩擦型高强度螺栓的计算。

① 摩擦型高强度螺栓连接受力特点：通过拧紧螺帽对螺栓施加预拉力 P，对于剪力螺栓，靠接触面的摩擦力来传递外力，而不靠螺栓杆的抗剪和孔壁的承压来传力。高强度螺栓在外力作用下对螺栓杆产生拉力时，螺栓的预拉力 P 改变很小。

② 单个摩擦型高强度螺栓的承载力计算。

a. 螺栓受剪时为

$$N_v^b = 0.9 n_f \mu P \tag{11-33}$$

式中 n_f——传力摩擦面数；

μ——摩擦面的抗滑移系数，按表 11-9 取值；

P——一个高强度螺栓的设计预拉力，按表 11-10 取值。

表 11-9 摩擦面的抗滑移系数 μ 值

连接处构件接触面的处理方法		构件的钢号				
		Q235 钢	Q345 钢	Q390 钢	Q420 钢	Q460 钢
普通钢结构	喷硬质石英砂或铸钢棱角砂	0.45	0.45		0.45	
	抛丸(喷砂)	0.40	0.40		0.40	
	钢丝刷清除浮锈或未经处理的干净轧制面	0.30	0.35		—	
冷弯薄壁型钢结构	抛丸(喷砂)	0.35	0.40	—		
	热轧钢材轧制面清除浮锈	0.30	0.35			
	冷轧钢材轧制面清除浮锈	0.25	—			

注：① 钢丝刷除锈方向应与受力方向垂直。
② 当连接构件采用不同钢号时，μ 按相应较低强度者取值。
③ 采用其他方法处理时，其处理工艺及抗滑移系数值均需要经试验确定。

表 11-10　一个高强度螺栓的设计预拉力 P 值

单位：kN

螺栓的性能等级	螺栓公称直径/mm					
	M16	M20	M22	M24	M27	M30
8.8 级	80	125	150	175	230	280
10.9 级	100	155	190	225	290	355

b. 螺栓受拉时为

$$N_t^b = 0.8P \tag{11-34}$$

③ 螺栓群在轴力作用下的计算。

a. 轴力 N 通过螺栓群形心，则所需螺栓数 n 为

$$n \geq \frac{N}{N_v^b} \tag{11-35}$$

式中　n——螺栓数；

N_v^b——一个高强度螺栓的受剪承载力设计值。

b. 构件的净截面强度验算。摩擦型高强度螺栓依靠被连接件接触面间的摩擦力传递剪力，为简化计算，假定每个螺栓所传递的内力相等，且接触面之间的摩擦力均匀地分布在螺栓孔的四周。根据上述假定，每个螺栓所传递的内力在螺栓孔中心线的前面和后面各传递一半。此时一般只需验算最外排螺栓所在截面，因为此时该截面内力最大。该截面螺栓的孔前传力为 $0.5n_1 N/n$。该截面的计算内力为

$$N' = N - 0.5n_1 \times \frac{N}{n} \tag{11-36}$$

开孔截面的净截面强度按式(11-37)计算。

$$\sigma = \frac{N'}{A_n} = \left(1 - 0.5\frac{n_1}{n}\right)\frac{N}{A_n} \leq f \tag{11-37}$$

式中　n_1——计算截面处的高强度螺栓数；

　　　n——连接一侧高强度螺栓数；

　　　A_n——计算截面处的净截面面积；

　　　f——构件的强度设计值。

④ 拉力螺栓群在轴力作用下的计算。

轴力 N 通过螺栓群形心，则所需螺栓数 n 为

$$n \geq \frac{N}{N_t^b} \tag{11-38}$$

式中　n——螺栓数；

N_t^b——一个高强度螺栓的受拉承载力设计值。

⑤ 螺栓群在剪力和拉力联合作用下的计算。

当摩擦型高强度螺栓同时承受摩擦面间的剪力和螺栓杆轴向的外力时，其承载力应按式(11-39)计算。

$$\frac{N_v}{N_v^b} + \frac{N_t}{N_t^b} \leq 1 \tag{11-39}$$

式中　N_v、N_t——某个摩擦型高强度螺栓所承受的剪力和拉力；
　　　N_v^b、N_t^b——一个摩擦型高强度螺栓的受剪、受拉承载力设计值。

(3) 承压型高强度螺栓的计算。

在受剪连接中，每个承压型高强度螺栓连接的承载力设计值的计算方法与普通螺栓相同，但当剪切面在螺纹处时，其受剪承载力设计值应按螺纹处的有效面积进行计算。

在杆轴方向受拉的连接中，每个承压型高强度螺栓连接的承载力设计值的计算方法与普通螺栓相同。

同时承受剪力和杆轴方向拉力的承压型高强度螺栓连接，承载力应符合式(11-40)和式(11-41)的要求。

$$\sqrt{\left(\frac{N_v}{N_v^b}\right)^2 + \left(\frac{N_t}{N_t^b}\right)^2} \leqslant 1 \tag{11-40}$$

$$N_v \leqslant N_c^b / 1.2 \tag{11-41}$$

式中　N_v、N_t——某个高强度螺栓所承受的剪力和拉力；
　　　N_v^b、N_t^b、N_c^b——一个摩擦型高强度螺栓的受剪、受拉和承压承载力设计值。

【**例 11.9**】试设计一双盖板拼接的钢板连接。钢材为 Q235B 钢，高强度螺栓为 8.8 级的 M20 螺栓，连接处构件接触面用喷砂处理，作用在螺栓群形心处的轴心拉力设计值 N=800kN，试设计此连接。

【**解**】(1) 采用摩擦型连接。

查得 8.8 级 M20 高强度螺栓 P=125kN，$\mu = 0.45$。单个螺栓承载力设计值为

$$N_v^b = 0.9 n_f \mu P = 0.9 \times 2 \times 0.45 \times 125 = 101.25 \text{(kN)}$$

一侧所需螺栓数为

$$n = \frac{N}{N_v^b} = \frac{800}{101.25} \approx 7.9，取 9 个，如图 11.51 虚线右侧所示。$$

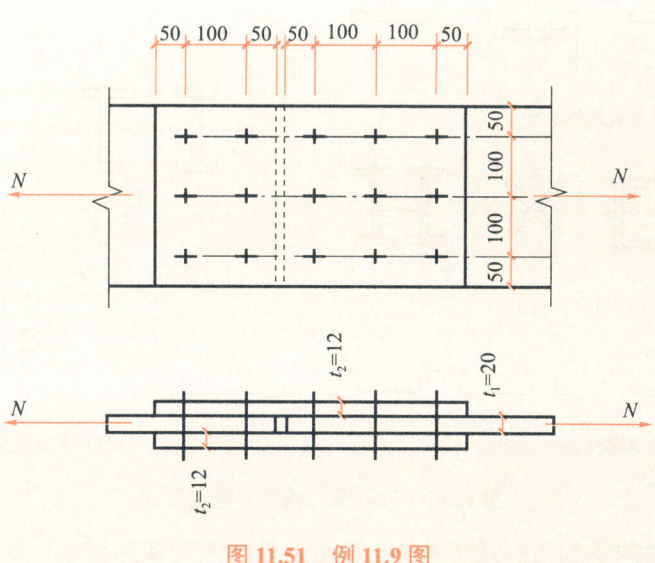

图 11.51　例 11.9 图

(2) 采用承压型连接。
单个螺栓承载力设计值为

$$N_v^b = n_v \frac{\pi d^2}{4} f_v^b = 2 \times \frac{3.14 \times 20^2}{4} \times 250 \times 10^{-3} = 157 \text{(kN)}$$

$$N_c^b = d \sum t \cdot f_c^b = 20 \times 20 \times 470 \times 10^{-3} = 188 \text{(kN)}$$

一侧所需螺栓数为

$$n = \frac{N}{N_{\min}^b} = \frac{800}{157} \approx 5.1，取 6 个，如图 11.51 虚线左侧所示。$$

11.4 钢结构的计算

11.4.1 轴心受力构件计算

1. 轴心受力构件的应用和截面形式

在钢结构建筑中，两端铰接的工作平台柱、屋架、塔架、网架及支撑系统中的杆件，通常为轴心受力的压杆或拉杆。构件按照用途、所受荷载、长度等不同，采用的截面形式也不同，通常有实腹式和格构式两种（图 11.52）。格构式柱的柱肢由缀材连接，缀材一般为角钢。

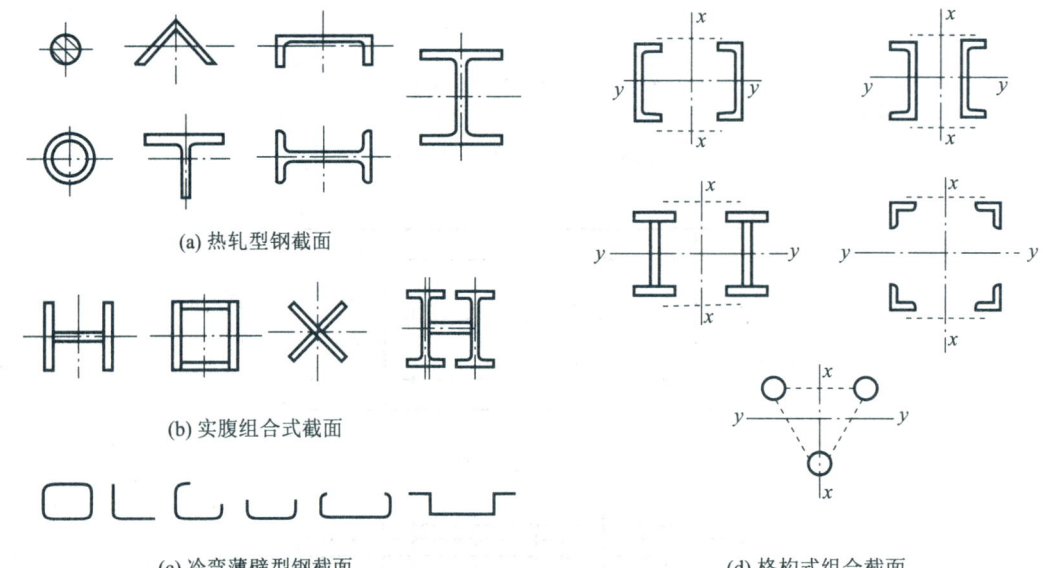

图 11.52 轴心受力构件的截面形式

轴心受力构件的承载力由强度条件、稳定条件、刚度条件控制，所以轴心受力构件的截面形式一般应考虑以下因素：截面面积应满足所受荷载的强度要求；截面开展、壁厚应满足构件稳定承载力及刚度要求；截面形式应方便与其他构件连接；制作成本低。

2. 轴心受力构件的破坏形式

轴心受拉构件的破坏是钢材屈服后产生很大变形，最后被拉断，属于强度破坏。而轴心受压构件的整体破坏形式要复杂一些，可能的情况有：构件长细比较小(短而粗)或某截面有较多孔洞削弱时发生强度破坏；构件长细比较大，在荷载作用下构件弯曲(或截面发生扭转)，随荷载增大变形也增加，最后发生整体失稳破坏；当组成构件截面的板件较薄时，板件在均布压力作用下首先发生屈曲，从而导致构件提前丧失整体稳定性。

3. 轴心受拉构件的计算

(1) 强度计算。

轴心受拉构件以构件净截面的平均应力不超过钢材的抗拉强度设计值为承载力极限状态，其计算公式为

$$\sigma = \frac{N}{A_n} \leqslant f \tag{11-42}$$

式中　N——轴心拉力的设计值；

　　　A_n——构件的净截面面积；

　　　f——钢材的抗拉强度设计值。

(2) 刚度计算。

依正常使用状态的要求，轴心受拉、受压构件均应具有一定的刚度，以保证构件在使用、运输、安装过程中不至于发生过大的挠度、颤动和变形。对轴心受拉构件，限制其长细比以满足使用要求，即

$$\lambda \leqslant [\lambda] \tag{11-43}$$

式中　λ——构件两主轴方向长细比较大值，$\lambda = l_0 / i$；

　　　$[\lambda]$——构件的容许长细比，见表 11-11 和表 11-12。

表 11-11　受拉构件的容许长细比

项次	构件名称	承受静力荷载或间接承受动力荷载的结构		直接承受动力荷载的结构
		一般建筑结构	有重级工作制吊车的厂房	
1	桁架的杆件	350	250	250
2	吊车梁或吊车桁架以下的柱间支撑	300	200	—
3	其他拉杆、支撑、系杆 (张紧的圆钢除外)	400	350	—

注：① 承受静力荷载的结构中，可仅计算受拉构件在竖向平面内的长细比。
　　② 对于直接或间接承受动力荷载的结构，计算单角钢受拉构件的长细比时，应采用角钢的最小回转半径；但在计算交叉杆件平面外的长细比时，应采用与角钢肢边平行轴的回转半径。
　　③ 中、重级工作制吊车桁架的下弦杆长细比不宜超过 200。
　　④ 在设有夹钳吊车或刚性料耙吊车的厂房中，支撑(表中第 2 项除外)的细长比不宜超过 300。
　　⑤ 受拉构件在永久荷载与风荷载组合作用下受压时，其长细比不宜超过 250。
　　⑥ 跨度等于或大于 60m 的桁架，其受拉弦杆和腹杆的长细比不宜超过 300(承受静力荷载)或 250(承受动力荷载)。

表 11-12 受压构件的容许长细比

项 次	构件名称	容许长细比
1	柱、桁架和天窗架中的压杆	150
1	柱的缀条、吊车梁或吊车桁架以下的柱间支撑	150
2	支撑(吊车梁或吊车桁架以下的柱间支撑除外)	200
2	用以减小受压构件长细比的杆件	200

注：① 桁架(包括空间桁架)的受压腹杆，当其内力等于或小于承载能力的50%时，容许长细比可取为200。
② 计算单角钢受压构件的长细比时，应采用角钢的最小回转半径；但在计算交叉杆件平面外的长细比时，应采用与角钢肢边平行轴的回转半径。
③ 跨度等于或大于60m的桁架，其受压弦杆和端压杆的容许长细比宜取为100，其他受压腹杆可取为150(承受静力荷载)或120(承受动力荷载)。

> **特别提示**
>
> 式(11-43)对轴心受压构件也适用。受拉和受压构件的刚度是通过保证其长细比来实现的，当构件的长细比太大时，会产生不利影响：在运输或安装过程中产生弯曲或过大的变形；在使用期间因自重而明显下挠；在动力荷载作用下发生较大的振动；使构件的极限承载能力显著降低。

【例 11.10】 图 11.53 所示为中级工作制吊车的厂房屋架的双角钢拉杆，钢材为 Q235 钢，截面为 2∟100×10，角钢上有交错排列的普通螺栓孔，孔径 $d=20$mm。试计算此拉杆所能承受的最大拉力及容许达到的最大计算长度(2∟100×10 角钢，$i_x = 3.05$cm，$i_y = 4.52$cm，$f = 215$N/mm^2)。

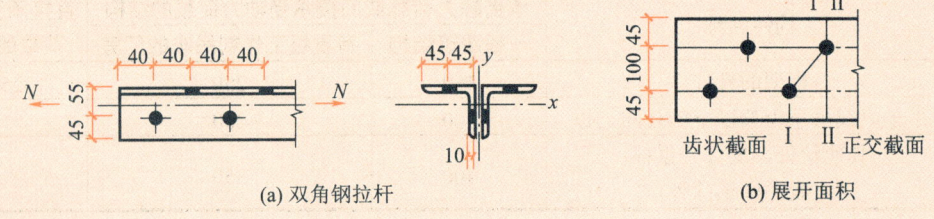

图 11.53 例 11.10 图

【解】 角钢的厚度为 10mm，在确定危险截面之前先把它展开，如图 11.53(b)所示。
正交截面的净截面面积为
$$A_n = 2 \times (45 + 100 + 45 - 20 \times 1) \times 10 = 3400 (\text{mm}^2)$$
齿状截面的净截面面积为
$$A_n = 2 \times \left(45 + \sqrt{100^2 + 40^2} + 45 - 20 \times 2\right) \times 10 \approx 3154 (\text{mm}^2)$$

危险截面是齿状截面，此拉杆所能承受的最大拉力为
$$N = A_n f = 3154 \times 215 = 678110(\text{N}) \approx 678\text{kN}$$
容许的最大计算长度对 x 轴为
$$l_{0x} = [\lambda] \cdot i_x = 350 \times 3.05 = 1067.5(\text{cm})$$
对 y 轴为
$$l_{0y} = [\lambda] \cdot i_y = 350 \times 4.52 = 1582(\text{cm})$$

4．实腹式轴心受压构件

(1) 截面形式。

实腹式轴心受压柱一般采用双轴对称截面，以避免弯扭失稳。常用截面形式有轧制普通工字钢截面、H 型钢截面、焊接工字形截面、型钢和钢板的组合截面、圆管和方管截面等，如图 11.54 所示。

在选择实腹式轴心受压柱的截面时，应考虑以下几个原则：材料的面积分布应尽量开展，以增加截面的惯性矩和回转半径，提高柱的整体稳定和刚度；使两个主轴方向等稳定性，即使 $\varphi_x = \varphi_y$，以达到经济效果；便于与其他构件连接；尽可能构造简单，制造省工，取材方便。

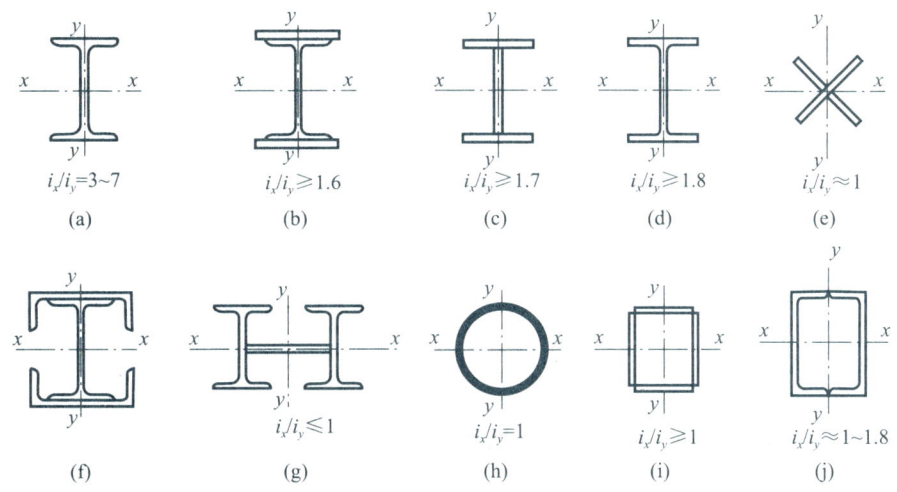

图 11.54 实腹式轴心受压柱常用截面

进行截面选择时，一般应根据内力大小、两个方向的计算长度以及制造加工量、材料供应等情况综合进行考虑。单根轧制普通工字钢[图 11.54(a)]由于 y 轴的回转半径小得多，因而只适用于计算长度 $l_{0x} \geqslant 3l_{0y}$ 的情况。热轧宽翼缘 H 型钢[图 11.54(d)]的最大优点是制造省工，腹板较薄，因而具有很好的截面特性。用三块板焊接而成的工字形截面[图 11.54(c)]及十字形截面[图 11.54(e)]组合灵活，容易实现截面分布合理，制造并不复杂。用型钢和钢板组合而成的截面[图 11.54(b)、(f)、(g)]适用于压力很大的柱。管形截面[图 11.54(h)、(i)、(j)]从受力性能来看，其两个方向的回转半径相近，因而适用于两个方向计算长度相等的轴心受压柱。这类构件为封闭式，内部不易生锈，但与其他构件的连接和构造比较麻烦。

(2) 强度计算。

轴心受压构件的强度计算的公式与轴心受拉构件相同。

(3) 整体稳定计算。

轴心受压构件的整体稳定承载力计算公式为

$$\frac{N}{\varphi A} \leqslant f \tag{11-44}$$

式中　N——轴心压力的设计值；

　　　A——构件毛截面面积；

　　　f——钢材的抗压强度设计值；

　　　φ——轴心受压构件的稳定系数(依据构件的长细比、钢材的屈服强度和截面的分类，查相关规范确定)。

(4) 局部稳定计算。

局部稳定计算一般指构件的板件稳定计算，通过板件的宽厚比确定。以工字钢截面为例(图 11.55)，为保证板件在荷载作用下不首先屈曲，进而影响构件的整体稳定承载力，规范规定其板件的宽厚比应满足：

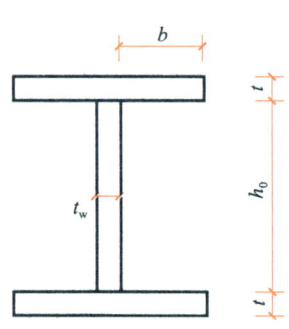

图 11.55　板件的尺寸

翼缘

$$\frac{b}{t} \leqslant (10+0.1\lambda)\sqrt{\frac{235}{f_y}} \tag{11-45}$$

腹板

$$\frac{h_0}{t_w} \leqslant (25+0.5\lambda)\sqrt{\frac{235}{f_y}} \tag{11-46}$$

(5) 刚度计算。

轴心受压构件的刚度计算公式与轴心受拉构件相同，但轴心受压构件的容许长细比要小得多。

5. 格构柱

轴心受压格构柱一般采用双轴对称截面，如用两根槽钢[图 11.56(a)、(b)]或 H 型钢[图 11.56(c)]作为肢件，两肢间用缀条或缀板连成整体。槽钢肢件的槽口可以向内，也可以向外，前者外观平整优于后者。通过调整格构柱的两肢件的距离可实现两个主轴方向的等稳定性。

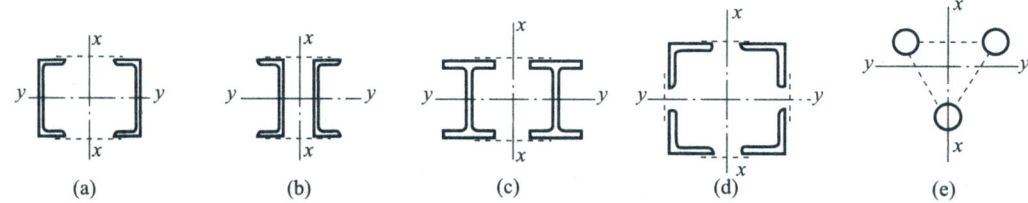

图 11.56　格构式构件的常用截面形式

在柱的横截面上穿过肢件腹板的轴称为实轴[图 11.56(a)、(b)、(c)中的 y 轴]，穿过两肢之间缀材面的轴称为虚轴[图 11.56(a)、(b)、(c)中的 x 轴]。

用四根角钢组成的四肢柱，四面用缀材相连，适用于长度较大、受力较小的柱，两个

主轴 $x-x$ 和 $y-y$ 均为虚轴。三面用缀材相连的三肢柱，一般用圆管作肢件，其截面是几何不变的三角形，受力性能较好，两个主轴也都为虚轴。四肢柱和三肢柱的缀材通常采用缀条。缀条一般采用单角钢制成，而缀板通常采用钢板制成。

格构柱绕实轴的稳定计算与实腹式构件相同。格构柱绕虚轴的整体稳定临界力比长细比相同的实腹式构件低。轴心受压构件整体弯曲后，沿杆长各截面将存在弯矩和剪力。对实腹式构件，剪力引起的附加变形很小，对临界力的影响只占3/1000左右。因此，在确定实腹式轴心受压构件整体稳定的临界力时，仅仅考虑由弯矩作用所产生的变形，而忽略剪力所产生的变形。对于格构柱，当绕虚轴失稳时，情况有所不同，因为肢件之间并不是连续的板，而是每隔一定距离用缀条或缀板联系起来的。柱的剪切变形较大，剪力造成的附加挠曲影响就不能忽略。在格构柱的设计中，对虚轴失稳的计算，常以加大长细比的办法来考虑剪切变形的影响，加大后的长细比称为换算长细比。缀条柱和缀板柱采用不同的换算长细比计算公式。格构式构件的缀材布置如图 11.57 所示。

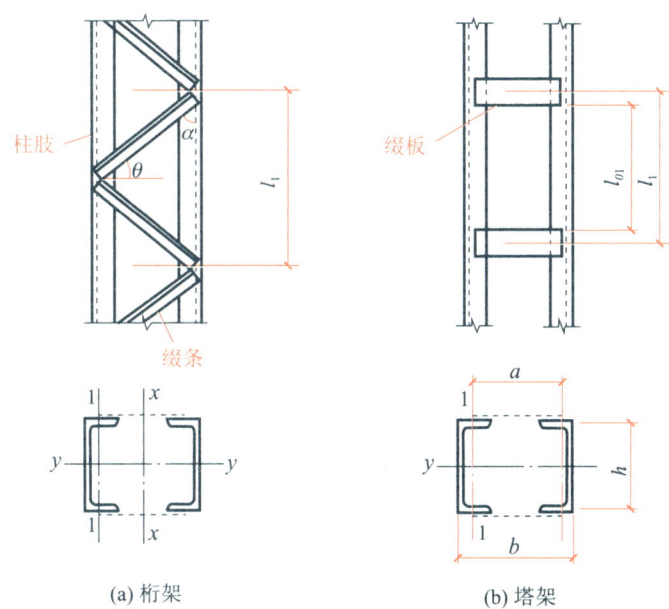

图 11.57 格构式构件的缀材布置

6．柱头和柱脚

单个构件必须通过相互连接才能形成结构整体，轴心受压柱通过柱头直接承受上部结构传来的荷载，同时通过柱脚将柱身的内力可靠地传给基础。梁与柱的连接节点设计必须遵循传力可靠、构造简单和便于安装的原则。

(1) 梁与柱的连接。

梁与轴心受压柱的连接只能是铰接(图 11.58)，若为刚接，则柱将承受较大弯矩成为受压受弯柱。梁与柱铰接时，梁可支承在柱顶上[图 11.58(a)、(b)、(c)]，也可连于柱的侧面 [图 11.58(d)、(e)]。梁支承于柱顶时，梁的支座反力通过柱顶板传给柱身。顶板与柱用焊缝连接，顶板厚度一般取 16～20mm。为了安装定位，梁与顶板用普通螺栓连接。图 11.58(a)所示的构造方案，将梁的反力通过支承加劲肋直接传给柱的翼缘。两相邻梁之间留一定的空隙，以便于安装，最后用夹板和构造螺栓连接。这种连接方式构造简单，对梁长度尺寸的制作要求不高。其缺点是当柱顶两侧梁的反力不等时，将使柱偏心受压。图 11.58(b)所示的构造方案，梁的反力通过端部加劲肋的突出部分传到柱的轴线附近，因此即使两相邻梁的反力不等，柱仍接近于轴心受压。梁端加劲肋的底面应刨平顶紧于柱顶板。由于梁的反力大部分传给柱的腹板，因而腹板不能太薄而必须用加劲肋加强。两相邻梁之间可留一些空隙，安装时可嵌入合适尺寸的填板并用普通螺栓连接。对于格构柱[图 11.58(c)]，为了保证传力均匀并托住顶板，应在两柱肢之间设置竖向隔板。

在多层框架的中间梁柱中，横梁只能在柱侧相连，图 11.58(d)、(e)所示为梁连接柱侧面的铰接构造。梁的反力由端部加劲肋传给承托，承托可采用 T 形，承托与柱翼缘间用角焊缝连接。用厚钢板做承托的方案适用于承受较大压力的情况，但制作与安装的精度要求较高。承托的端面必须刨平并与梁的端部加劲肋顶紧，以便直接传递压力。考虑到荷载偏心的不利影响，承托与柱的连接焊缝按梁支座反力的 1.25 倍计算。为方便安装，梁端与柱间应留空隙加填板并设置构造螺栓。当两侧梁的支座反力相差较大时，应考虑偏心，按压弯柱计算。

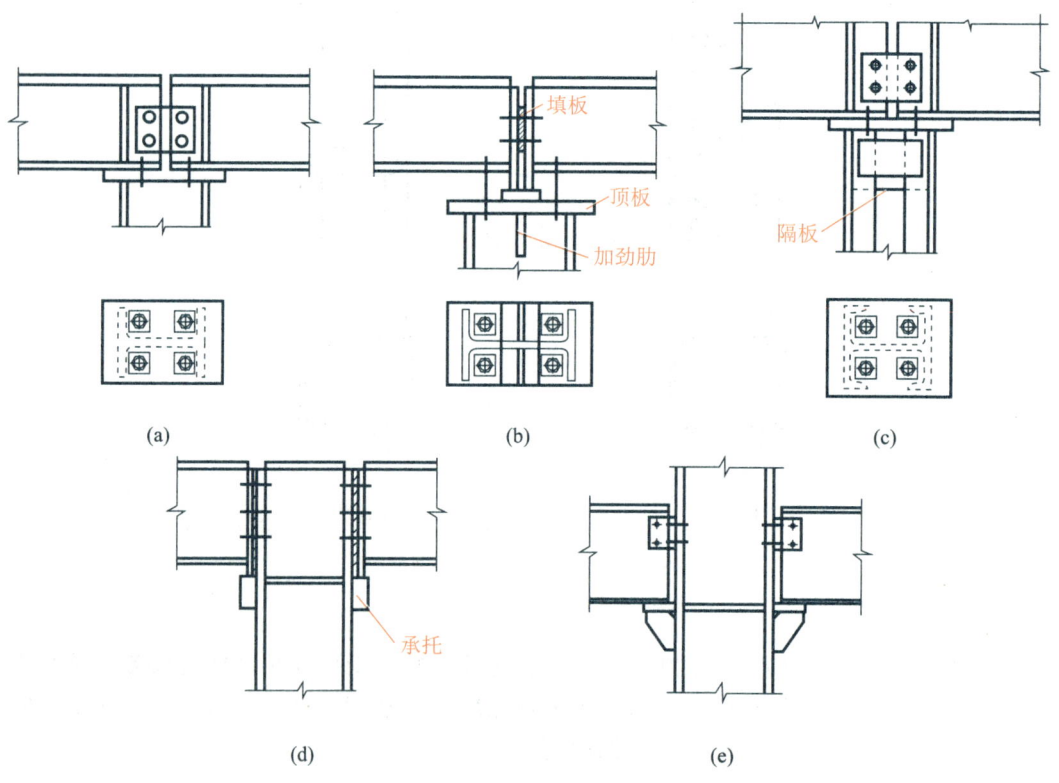

图 11.58 梁与柱的铰接连接

(2) 柱脚。

柱脚应和基础牢固地连接，使柱身的内力可靠地传给基础。轴心受压柱的柱脚主要传递轴心压力，与基础连接一般采用铰接。

图 11.59 所示为几种常见的平板式铰接柱脚。由于基础混凝土强度远比钢材低，所以

必须增大柱底的面积，以增加其与基础顶部的接触面积。

图 11.59(a)所示为一种最简单的柱脚构造形式，在柱下端仅焊一块底板，柱中压力由焊缝传至底板，再传给基础。这种柱脚只能用于小型柱，如果用于大型柱，底板会太厚。

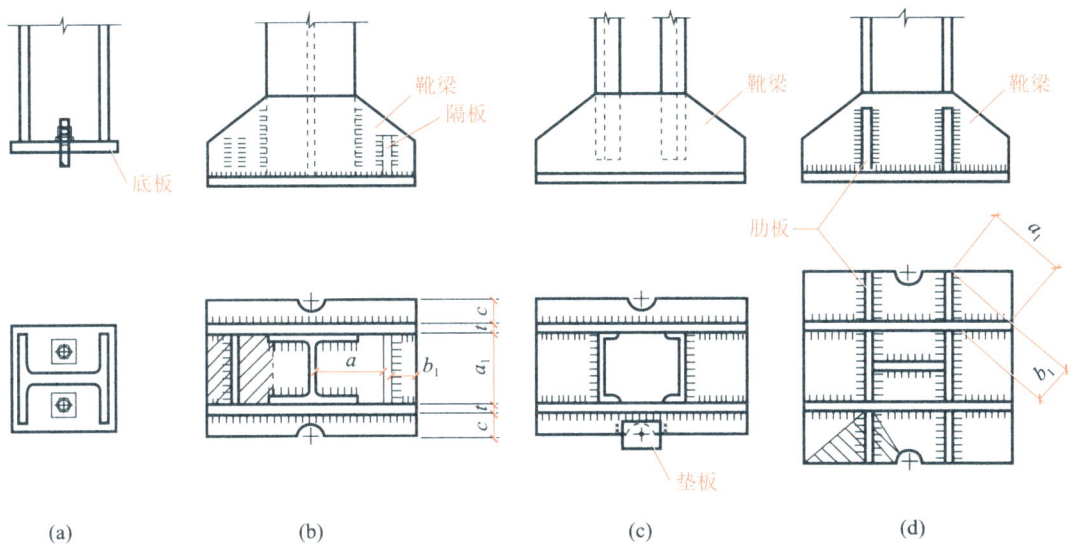

图 11.59　平板式铰接柱脚

一般的铰接柱脚采用图 11.59(b)、(c)、(d)所示的形式，在柱端部与底板之间增设一些中间传力部件，如靴梁、隔板和肋板等，这样可以将底板分隔成几个区格，使底板的弯矩减小，同时也增加柱与底板的连接焊缝长度。图 11.59(d)中，在靴梁外侧设置肋板，底板做成正方形或接近正方形。

布置柱脚中的连接焊缝时，应考虑施焊的方便与可能。例如图 11.59(b)中隔板的内侧，图 11.59(c)、(d)中靴梁中央部分的内侧，都不宜布置焊缝。柱脚是利用预埋在基础中的锚栓来固定其位置的。铰接柱脚连接中，两个基础预埋锚栓在同一轴线上。铰接柱脚底板的抗弯刚度较小，锚栓受拉时，底板会产生弯曲变形，柱端的转动抗力不大。如果用完全符合力学图形的铰，将给安装工作带来很大困难，而且构造复杂，一般情况没有这种必要。

铰接柱脚不承受弯矩，只承受轴向压力和剪力。剪力通常由底板与基础表面的摩擦力传递。当此摩擦力不够时，应在柱脚底板下设置抗剪键(图 11.60)，抗剪键可用方钢、短 T 字钢或 H 型钢做成。

铰接柱脚通常按仅承受轴向压力计算，轴向压力 N 一部分由柱身传给靴梁、肋板等，再传给底板，最后传给基础；另一部分是经柱身与底板间的连接焊缝传给底板，再传给基础。然而在实际工程中，柱端一般难以做到齐平，而且为了便于控制柱长的准确性，柱端可能比靴梁缩进一些。

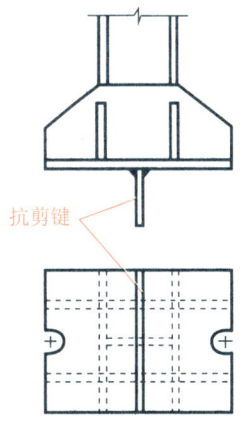

图 11.60　柱脚的抗剪键

11.4.2 受弯构件

1. 受弯构件的应用及截面形式

受弯构件通常为梁式构件,主要用以承受横向荷载。钢梁在工业与民用建筑中常见的有平台梁、楼盖梁、墙架梁、吊车梁及檩条等,一般可分为型钢梁和组合梁。型钢梁加工简单、制作方便、成本较低,广泛用于小型钢梁。当跨度较大时,由于工厂轧制条件限制,型钢尺寸有限,不能满足构件承载能力和刚度的要求,必须采用组合梁。钢梁的截面形式如图 11.61 所示。

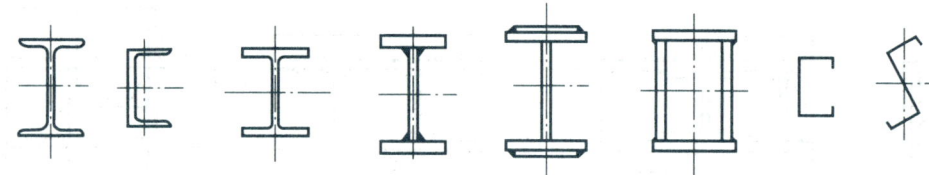

图 11.61 钢梁的截面形式

2. 受弯构件的破坏形式

受均布荷载作用的简支工字形截面梁,其弯矩、剪力如图 11.62 所示。随着荷载的不断增加,梁的承载能力极限状态的破坏形式一般有以下 3 种情况。

(1) 在弯矩最大截面(跨中截面)出现塑性铰,截面上的应力值达到 f_y,不能继续承受荷载,结构破坏。

(2) 当梁的跨度很大时,如上翼缘无侧向支撑,随着荷载的增加,梁上翼缘在压应力的作用下偏出原平面位置,梁产生弯扭变形,最终导致梁整体失稳破坏,如图 11.63 所示。

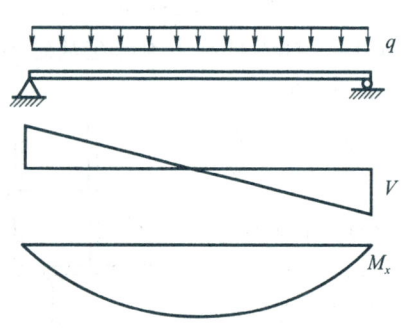

图 11.62 均布荷载简支梁的弯矩、剪力

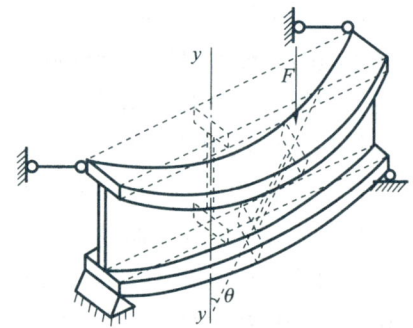

图 11.63 梁的整体失稳

(3) 若梁的翼缘或腹板的板件过薄,在压应力作用下发生凸起或凹进变形,首先发生局部屈曲,削弱梁的刚度、强度及整体稳定性,在荷载进一步加大时导致破坏。

3. 强度计算

梁的抗弯强度计算如下。

(1) 单向受弯。

$$\sigma_{max} = \frac{M_x}{\gamma_x W_{nx}} \leqslant f \tag{11-47}$$

(2) 双向受弯。

$$\sigma_{\max} = \frac{M_x}{\gamma_x W_{nx}} + \frac{M_y}{\gamma_y W_{ny}} \leqslant f \tag{11-48}$$

式中 M_x、M_y——绕截面 $x-x$、$y-y$ 轴的弯矩设计值(对工字形截面，x 为强轴，y 为弱轴)；

W_{nx}、W_{ny}——对 $x-x$、$y-y$ 轴的净截面模量；

γ_x、γ_y——截面塑性发展系数，查规范可得；

f——钢材抗弯强度设计值。

> **特别提示**
>
> 梁在弯矩作用下，横截面上的正应力有弹性阶段——此时正应力为直线分布，梁最外边的正应力没有达到屈服应力值；弹塑性阶段——梁边缘部分出现塑性，应力达到屈服应力值，而中性轴附近材料仍然处于弹性；塑性阶段——梁全面进入塑性，应力均等于屈服应力值，形成塑性铰。一般结构设计按弹性阶段计算。为节约钢材，《钢结构设计标准》(GB 50017—2017)规定，对于承受静力荷载或间接承受动力荷载的构件，应适当考虑截面中的塑性发展，在强度计算式中增加一个塑性发展系数 γ。在强度设计中，凡直接承受动力荷载的受弯构件均不考虑塑性发展，即取 $\gamma_x = \gamma_y = 1.0$。

(3) 最大剪应力验算。

$$\tau_{\max} = \frac{VS}{It_w} \leqslant f_v \tag{11-49}$$

式中 V——计算截面沿腹板平面作用的剪力设计值；

S——计算剪应力处以上或以下毛截面对中和轴的面积矩；

I——构件毛截面惯性矩；

t_w——腹板厚度；

f_v——钢材的抗剪强度设计值。

> **特别提示**
>
> 型钢梁腹板较厚，一般能满足抗剪强度要求，如最大剪力处截面无削弱可不必进行抗剪验算。

4. 刚度验算

$$v \leqslant [v] \tag{11-50}$$

式中 v——由荷载标准值产生的梁的最大挠度；

$[v]$——规范规定的受弯构件的容许挠度。

5. 梁的整体稳定计算

梁的整体稳定承载力与很多因素有关，比如跨度、荷载形式及作用的位置。在承载过程中有无整体失稳，往往会使梁的承载力相差甚远。梁的整体稳定按式(11-51)计算。

$$M_x \leqslant \varphi_b \gamma_x f W_x \tag{11-51}$$

式中　M_x——梁绕强轴(x轴)作用的最大弯矩设计值；

　　　W_x——按受压最大纤维确定的梁毛截面模量；

　　　φ_b——梁的整体稳定性系数(按规范规定计算取值，其值小于或等于1)；

　　　γ_x——截面塑性发展系数。

> **特别提示**
>
> 梁的工作大多能使其整体稳定得到保证，如梁上有刚性铺板(各种钢筋混凝土板和钢板)与其牢固连接，能够阻止梁上翼缘的侧向位移。另外，当梁上翼缘有侧向支撑(如有次梁与其相连)且侧向支撑间距与梁上翼缘的宽度之比满足规范的要求时，也可以不验算梁的整体稳定。

6. 梁的局部稳定

普通钢结构中的型钢梁板件的宽厚比能满足局部稳定要求，不需要验算。对于一般的焊接组合梁，为了保证板件的屈曲不先于梁的整体破坏，规范规定如下。

(1) 对翼缘限制其板件的宽厚比，即梁的受压翼缘自由外伸宽度b与其厚度t之比应满足：

$$\frac{b}{t} \leqslant 13\sqrt{\frac{235}{f_y}} \tag{11-52}$$

(2) 对腹板采用增加其厚度的方法将会大大增加用钢量，也会使梁的自重增加，通常采用配置加劲肋的方法，提高其局部稳定性。

11.4.3　拉弯和压弯构件

1. 拉弯和压弯构件的应用及截面形式

拉弯和压弯构件是钢结构中常用的构件形式，尤其是压弯构件的应用更为广泛。单层厂房的柱、多层或高层房屋的框架柱、承受不对称荷载的工作平台柱，以及支架柱、塔架、桅杆塔等常是压弯构件；桁架中承受节间荷载的杆件则是拉弯或压弯构件。拉弯和压弯构件常见的截面形式如图11.64所示。

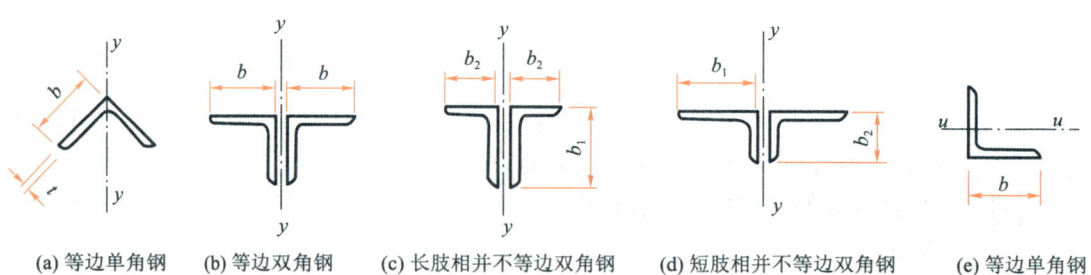

图11.64　拉弯和压弯构件常见的截面形式

拉弯或压弯构件通常在弯矩作用方向具有较大的截面尺寸,使其在该方向有较大的截面模量、回转半径和抗弯刚度,以便更好地承受弯矩。在格构式构件中,通常使虚轴垂直于弯矩作用平面,以便能根据弯矩大小调整分肢间的距离。另外,可根据正负弯矩的大小情况采用双轴对称截面或单轴对称截面。

2. 拉弯和压弯构件的计算

拉弯构件的设计一般只考虑强度、刚度,但对以承受弯矩为主的拉弯构件,当截面一侧边缘纤维产生较大的压应力时,也应考虑构件的整体稳定和局部稳定。压弯构件的设计应考虑强度、刚度、整体稳定和局部稳定4个方面。

11.5 钢屋盖的设计

钢屋盖包括屋架、屋盖支撑系统、檩条、屋面板,有时还有托架和天窗等。图 11.65 所示为钢屋盖的结构组成。根据屋面材料和屋面结构布置的不同,钢屋盖可分为有檩体系和无檩体系两类,如图 11.66 所示。有檩体系屋盖常采用较轻和小块的屋面材料,如压型钢板,屋面荷载通过檩条传递给屋架,有檩体系屋盖的整体刚度差,常见于中小型厂房;无檩体系屋盖多采用钢筋混凝土等大型屋面板,屋面荷载直接传给屋架,其整个屋架刚度大。托架用于支撑在纵向柱距大于 6m 的柱间设置的屋架,属于屋盖系统的支撑结构。天窗架支撑固定于屋架的上弦节点,用于设置天窗。

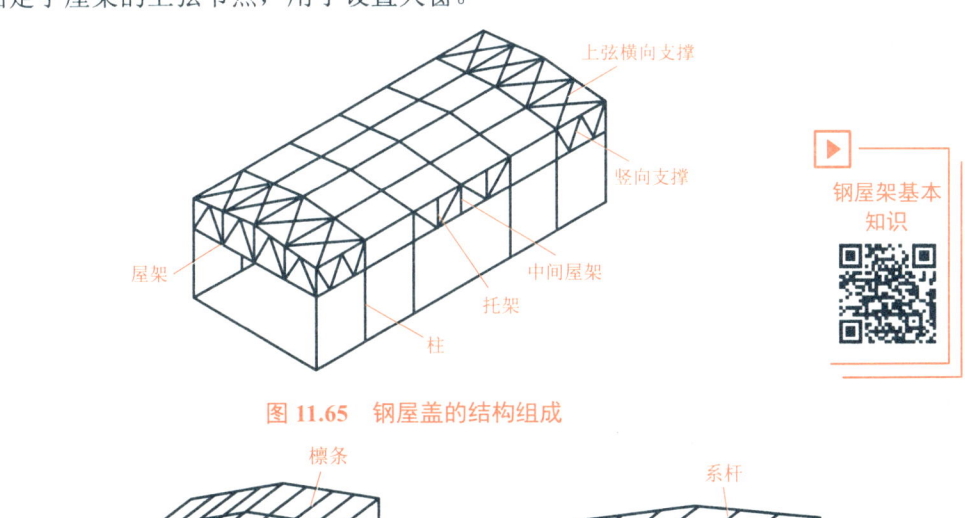

图 11.65 钢屋盖的结构组成

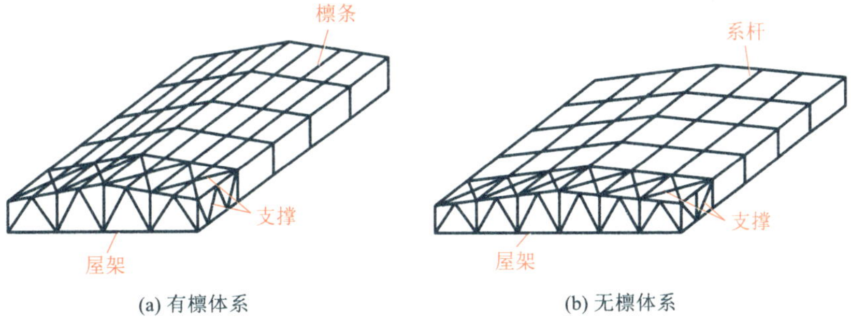

(a) 有檩体系　　(b) 无檩体系

图 11.66 钢屋盖的结构形式

整个钢屋盖结构的形式、屋架的布置、屋面材料的选择等，需根据建筑要求、柱网布置、跨度大小、当地材料供应情况、经济条件等来决定。

11.5.1 钢屋架

普通钢屋架杆件通常采用普通角钢制成，可用于 18～36m 跨度。钢屋架的外形主要有三角形、梯形、平行弦形和曲拱形等，如图 11.67 所示。钢屋架一般具有耗钢量小、自重轻、平面内刚度大和容易按需制成各种不同外形的特点。

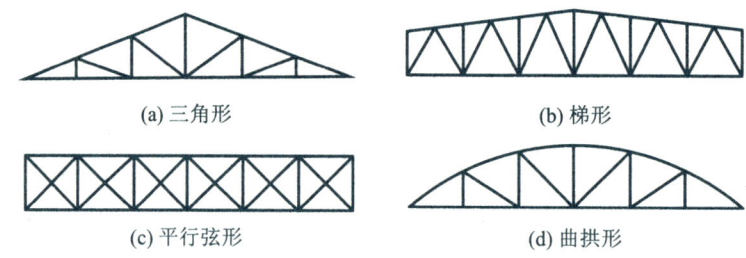

图 11.67　钢屋架的外形

1. 钢屋架的选型原则

在确定钢屋架外形时，应满足使用要求，同时考虑建筑造型和制造安装方便等。

(1) 满足使用要求。钢屋架的外形应与屋面排水的要求相适应。

(2) 考虑建筑造型。钢屋架的外形应尽量与弯矩图相近，以使钢屋架弦杆的内力沿全长均匀分布，能充分发挥材料的作用；腹杆的布置应使短杆受压，长杆受拉，且数量少而总长度短，杆件夹角宜为 30°～60°，最好是 45°左右；还要使弦杆尽量不产生局部弯矩。

(3) 考虑制造安装方便。钢屋架的节点要简单、数目宜少；应便于制造、运输和安装。同时满足上述要求是比较困难的，一般要根据具体情况合理设计。

2. 各种钢屋架的特性和使用范围

(1) 三角形钢屋架。

三角形钢屋架主要用于屋面坡度较大的有檩屋盖结构或中小跨度的轻型屋面结构中。钢屋架多与柱子铰接，横向刚度较小。钢屋架的外形与均布荷载的弯矩图差别大，弦杆的内力变化大。支座弦杆内力大，跨中弦杆内力小。当荷载和跨度较大时，采用三角形钢屋架不经济。

(2) 梯形钢屋架。

梯形钢屋架受力情况较三角形钢屋架好，其腹杆较短，与柱可刚接，也可铰接，一般用于屋面坡度较小的钢屋盖结构中，现已成为工业厂房钢屋盖结构的基本形式。

(3) 平行弦形钢屋架。

平行弦形钢屋架的腹杆长度相等，杆件类型少，节点构造统一，便于制造，符合标准化、工业化的要求；其排水较差，跨中弯矩大，弦杆内力大。它一般用于单坡屋面的钢屋架及托架或支撑体系中。

(4) 曲拱形钢屋架。

曲拱形钢屋架的外形最符合弯矩图，受力最合理，但上弦(或下弦)要弯成曲线形比较费工，改为折线形则较好。它一般用于有特殊要求的房屋中。

11.5.2　托架

支承中间屋架的桁架称为托架。托架一般采用平行弦形桁架，其腹杆采用带竖杆的人字形体系，直接支承于钢筋混凝土柱上的托架常采用下承式；支承于钢柱上的托架常采用上承式。托架高度应根据所支承的屋架端部高度、刚度要求、经济要求以及有利于节点构造的原则来决定，一般为跨度的 1/10～1/5。托架的节间长度一般为 2m 或者 3m。

当托架跨度大于 18m 时，可做成双壁式，此时，上下弦采用平放的 H 型钢以满足平面外刚度要求。

11.5.3　檩条

钢檩条一般采用单跨简支，有实腹式和桁架式两大类，在此仅介绍实腹式檩条。

实腹式檩条具有构造简单、制造及安装方便等优点，常用于 3～6m 的跨度。檩条通常采用普通工字钢、角钢、槽钢和冷弯薄壁型钢。普通工字钢因自重较大、不易安装，一般用得不多，角钢常用于荷载跨度小的屋盖，槽钢和 Z 形冷弯薄壁型钢因节省材料且自重较轻，最为常用。檩条的截面高度取决于跨度、檩距和荷载大小等因素，一般取檩条跨度的 1/50～1/35。实腹式檩条截面形式如图 11.68 所示。

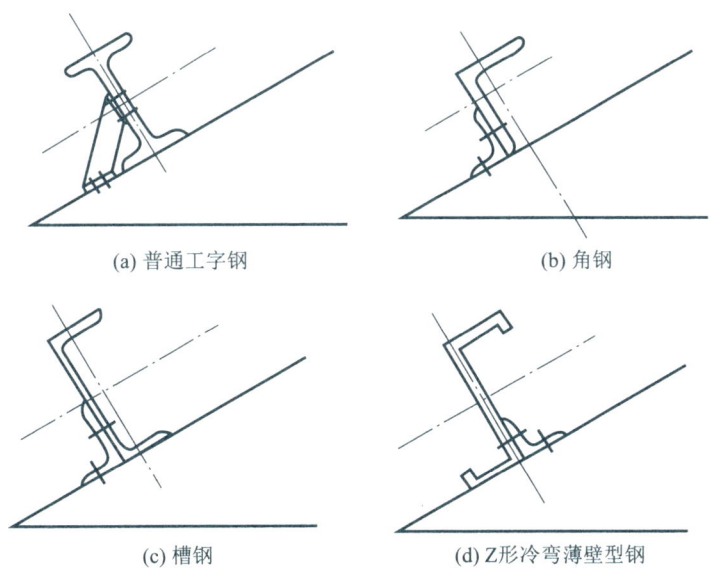

图 11.68　实腹式檩条截面形式

实腹式檩条通过檩托与屋架上弦连接，檩托用短角钢做成，先焊在屋架上弦，屋架吊装就位后用螺栓或焊缝与檩条连接，如图11.69所示。

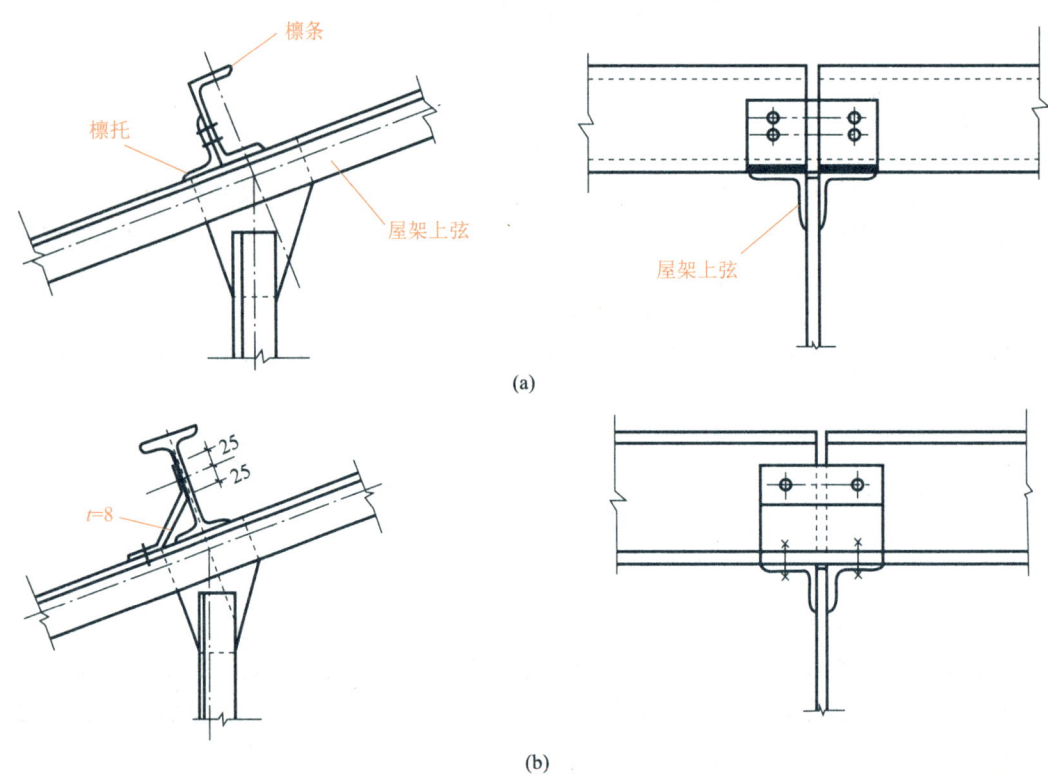

图 11.69 实腹式檩条与屋架上弦的连接

垂直于屋架坡度放置的檩条，在竖向荷载作用下，两个主轴方向分别受到 q_x 和 q_y 作用（图11.70）。按简支梁计算，两个方向弯矩为

$$M_x = \frac{1}{8}q_y l^2 = \frac{1}{8}q l^2 \cos\alpha \tag{11-53}$$

$$M_y = \frac{1}{8}q_x l^2 = \frac{1}{8}q l^2 \sin\alpha \tag{11-54}$$

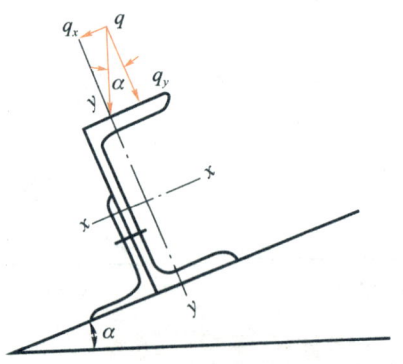

图 11.70 实腹式檩条计算

式中　q——檩条承受的屋面荷载(包括自重)设计值，$q_y = q\cos\alpha$，$q_x = q\sin\alpha$；
　　　l——檩条跨度；
　　　α——屋面倾斜角度。
　　檩条受弯曲的强度验算公式为

$$\frac{M_x}{\gamma_x W_{nx}} + \frac{M_y}{\gamma_y W_{ny}} \leqslant f \tag{11-55}$$

式中　W_{nx}、W_{ny}——对 $x-x$ 轴和 $y-y$ 轴的净截面模量；
　　　γ_x、γ_y——截面塑性发展系数。
　　按弹性方法验算挠度。当有拉条时，可只验算垂直于屋面坡度的挠度；当无拉条时，应验算竖向总挠度。有拉条时挠度验算公式为

$$\omega = \frac{5q_y' l^2}{384 EI_x} \leqslant [\omega] \tag{11-56}$$

式中　I_x——截面对 $x-x$ 轴的惯性矩；
　　　$[\omega]$——容许挠度(对无积灰的瓦楞铁等屋面为 $l/150$；对压型钢板、积灰的瓦楞铁等屋面为 $l/200$；对其他屋面为 $l/200$)；
　　　q_y'——檩条所承担的屋面荷载标准值。

> **特别提示**
>
> 　　一般情况下，檩条截面的 W_{ny} 比 W_{nx} 小得多，因此 M_y 即使很小，产生的截面应力却很大，为减小 M_y，应沿屋面对檩条设置拉条，以减小檩条在最小刚度平面内的计算跨度。若屋面的连系有足够的保证，则檩条的整体稳定不必验算。

11.5.4　屋盖支撑

屋盖支撑布置

　　屋盖支撑系统包括上弦横向水平支撑、下弦横向水平支撑、下弦纵向水平支撑、垂直支撑、系杆等，如图 11.71 所示。

1. 屋盖支撑作用

　　单榀屋架支撑在柱顶或墙上，屋架平面内具有较大的强度和刚度，但垂直于屋架平面方向的强度和刚度较小。若不设置足够的支撑，在荷载作用下，可能使整个屋架沿垂直于屋架方向失稳。因此，必须设置屋盖支撑系统。屋盖支撑系统的作用如下。

　　(1) <u>保证屋盖结构的几何稳定性</u>。在屋盖结构中屋架是主要的承重构件，当各个屋架仅用檩条或大型屋面板来连接时，屋盖结构属于几何可变体系，在荷载作用下或者甚至在安装时，各屋架会向一侧倾倒，当用支撑系统合理连接时，才能组成几何不变的屋盖结构。

　　(2) <u>增强屋盖的刚度和整体稳定性</u>。横向水平支撑是一个水平放置(或接近水平放置)的桁架，桁架两端的支座是柱或垂直支撑，桁架高度常为 6m(柱距方向)，在屋面平面内具有很大的抗弯刚度。在山墙风荷载或在吊车纵向刹车力作用下，横向水平支撑可以保证屋盖结构不产生过大的变形。

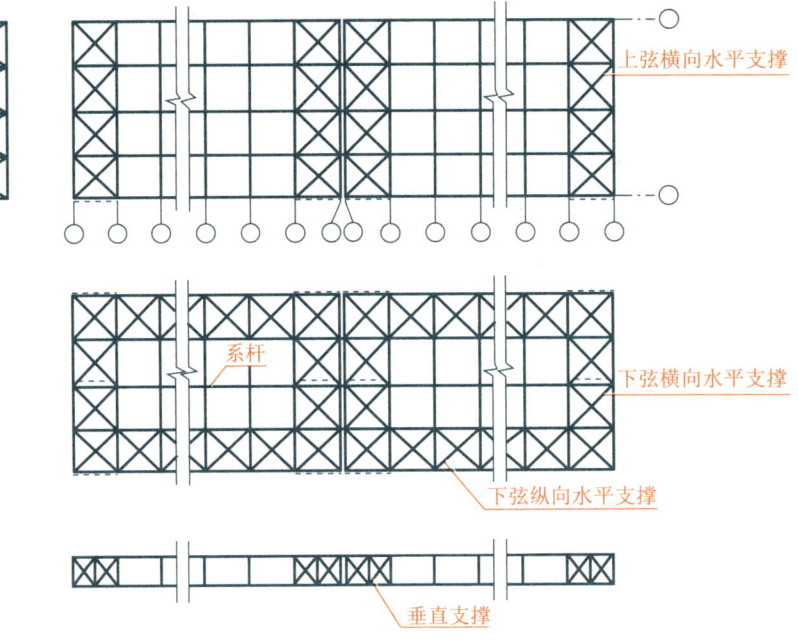

图 11.71 屋盖支撑系统

下弦纵向水平支撑提供的抗弯刚度能使各框架协同工作,形成空间整体结构,以减小横向水平荷载作用下的变形。

由屋面系统及各类支撑、系杆所组成的屋盖结构,在各个方向都具有一定的刚度,并保持空间整体性。

(3) 增强屋架的侧向稳定。支撑可作为弦杆的侧向支承点,减小弦杆在屋架平面外的计算长度,保证受压的上弦杆的侧向稳定,并使受拉下弦杆保持足够的侧向刚度。

(4) 承担并传递屋盖的水平荷载。

(5) 便于屋盖的安装与施工。

2. 屋盖支撑布置

(1) 上弦横向水平支撑。

在有檩体系或无檩体系只采用大型屋面板的屋盖中都应设置屋架上弦横向水平支撑,当有天窗架时,天窗架上弦也应设置横向水平支撑。

在能保证每块大型屋面板与屋架的三个焊点的焊接质量时,大型屋面板在屋架上弦平面内的刚度很大,此时可不设上弦横向水平支撑。但考虑到工地焊接的施工条件不易保证焊点质量,所以一般仅考虑大型屋面板起系杆的作用。

上弦横向水平支撑应设置在房屋的两端或当有横向伸缩缝时设置在伸缩缝区的两端,一般设在第一柱间或第二柱间。上弦横向水平支撑的间距 L_0 以不超过 60m 为宜,所以在一个温度区段(120m、180m 或 220m)的中间还要布置一道或几道。

在屋盖体系中,一般都应设置上弦横向水平支撑(包括天窗架的横向水平支撑)。

(2) 下弦横向水平支撑。

一般情况下,在屋盖体系中应设置下弦横向水平支撑。当跨度较小($L \leqslant 18m$),且没有悬挂式吊车，或虽有悬挂式吊车但起重量不大，厂房内也没有较大的振动设备时，可不设下弦横向水平支撑。下弦横向水平支撑与上弦横向水平支撑设在同一柱间，以形成空间稳定体。

(3) 下弦纵向水平支撑。

当屋盖体系中设有托架，或有较大吨位的重级、中级工作制的桥式吊车，或有壁行吊车，或有锻锤等大型振动设备，以及房屋较高、跨度较大、空间刚度要求高时，均应在屋架下弦(三角形屋架可在下弦或上弦)端节间设置纵向水平支撑。纵向水平支撑与横向水平支撑形成闭合框，用以加强屋盖结构的整体性并能提高房屋纵、横向的刚度。

(4) 垂直支撑。

屋盖体系中均应设置垂直支撑。梯形屋架在跨度 $L \leqslant 30m$，三角形屋架在跨度 $L \leqslant 24m$ 时，仅在跨度中央设置一道垂直支撑，当跨度大于上述数值时宜在跨度 1/3 附近或天窗架侧柱处设置两道垂直支撑。梯形屋架不分跨度大小，其两端还应各设一道垂直支撑，当有托架时则由托架代替。垂直支撑布置如图 11.72 所示。

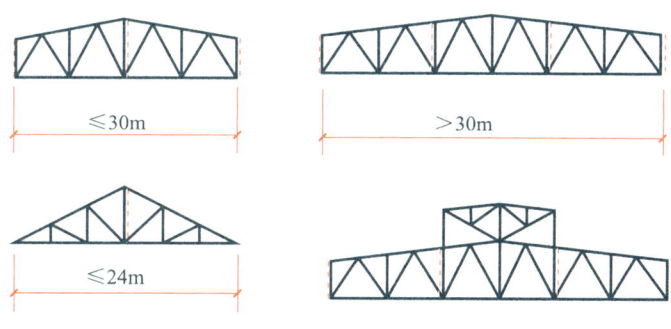

图 11.72 垂直支撑布置

> **特别提示**
>
> 屋架安装时，每隔 4～5 个柱间设置一道垂直支撑，以保证安装稳定。

(5) 系杆。

没有参与组成空间稳定体的屋架，其上下弦的侧向支承点由系杆来充当，系杆的另一端连接于垂直支撑或上下弦横向水平支撑的节点上。能承受拉力也能承受压力的系杆，截面要大一些，叫作刚性系杆；只能承受拉力的系杆，截面可以小些，叫作柔性系杆。

上弦平面内，大型屋面板的肋可起系杆的作用，此时一般只在屋脊及两端设系杆，当采用檩条时，檩条可代替系杆。有天窗时，屋脊节点的系杆对于保证屋架的稳定有重要意义，因为屋架在天窗范围内没有屋面板或檩条。

下弦平面内，在跨中或跨中附近设置一道或两道系杆，此外，在两端设置系杆。系杆的布置原则是：在垂直支撑平面内一般设置上下弦系杆；在屋脊节点及主要支撑节点处需设置刚性系杆，在天窗侧柱及下弦跨中附近设置柔性系杆；当屋架横向支撑设在端部第二柱间时，第一柱间所有系杆均应为刚性系杆。

11.5.5 网架结构

网架结构是由多根杆件按照一定的网格形式通过节点连接而成的空间结构。它具有空间受力好、自重轻、刚度大、抗震性能好等优点，可用作体育馆、影剧院、展览厅、候车厅、体育场看台雨篷、飞机库、双向大柱距车间等建筑的屋盖。其缺点是汇交于节点上的杆件数量较多，制作安装较平面结构复杂。

1. 网架结构的分类

网架结构根据外形不同，可分为**双层板型网架结构**、**单层和双层壳型网架结构**，如图 11.73 所示。双层板型网架和双层壳型网架的杆件分为上弦杆、下弦杆和腹杆，主要承受拉力和压力；单层壳型网架的杆件，除承受拉力和压力外，还承受弯矩及剪力。目前我国的网架结构绝大部分采用双层板型网架结构。

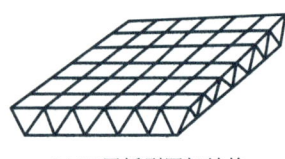
(a) 双层板型网架结构

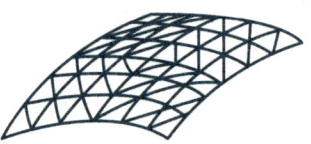
(b) 单层壳型网架结构

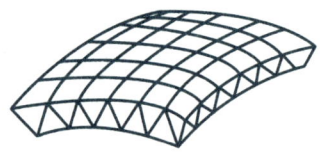
(c) 双层壳型网架结构

图 11.73 网架结构

2. 杆件截面设计与节点构造

网架结构的杆件截面应根据强度和稳定性计算确定。为减小压杆的计算长度、增加其稳定性，可采用增设再分杆及支撑杆等措施。用钢材制作的双层板型网架及双层壳型网架的节点，主要有**十字板节点**、**焊接空心球节点**及**螺栓球节点**三种形式。十字板节点适用于型钢杆件的网架结构，杆件与节点板的连接，采用焊接或高强度螺栓连接。焊接空心球节点及螺栓球节点适用于钢管杆件的网架结构。单层壳型网架的节点应能承受弯曲内力。一般情况下，节点的耗钢量占整个钢网架结构用钢量的 15%～20%。

3. 网架结构的施工安装

网架结构的施工安装方法分两类：一类是在地面拼装的整体顶升法、整体提升法和整体吊装法；另一类是高空就位的散装、分条分块就位组装和高空滑移就位组装等方法。

本章小结

钢结构的特点：强度高，塑性和韧性好；自重轻；材质均匀，和力学计算的假定比较符合；钢结构制作简便，施工工期短；钢结构密闭性较好；钢结构耐腐蚀性差；钢材耐热但不耐火；在低温和其他条件下，可能发生脆性断裂。

钢结构用钢材的性能要求：较高的强度、足够的变形能力、良好的加工性能。

钢结构的连接方法主要有焊缝连接、螺栓连接和铆钉连接。焊缝连接依据计算方法不同分为对接焊缝连接和角焊缝连接。螺栓连接分为普通螺栓连接和高强度螺栓连接。普通

第11章 钢结构

螺栓分为 A、B、C 三级，A、B 级称为精制螺栓，C 级称为粗制螺栓。高强度螺栓连接若以摩擦阻力被克服为承载能力极限状态，则称之为高强度螺栓摩擦型连接；若以螺栓杆被剪坏或者孔壁被压坏为承载能力极限状态，则称之为高强度螺栓承压型连接。高强度螺栓本身与普通螺栓并无差别(有 8.8 级和 9.9 级)，只是计算方式不同而已。

轴心受力构件的常用截面形式可分为实腹式和格构式两大类。轴心受压构件的整体稳定系数与构件截面种类、钢材品种和构件长细比有关。

习 题

一、判断题

1. ∟100×80×8 表示不等边角钢的长边宽为 100mm，短边宽为 80mm，厚为 8mm。
 (   )
2. 螺栓排列分为并列和错列两种形式，其中并列比较简单整齐，布置紧凑，所用连接板尺寸小，但对构件截面的削弱较大。 (   )
3. 《钢结构设计标准》(GB/T 50017—2017)规定角焊缝中的最小焊脚尺寸 $h_f = 1.5\sqrt{t}$，其中 t 为较厚焊件的厚度。 (   )
4. 屋架的外形首先取决于建筑物的用途，其次考虑用料经济、施工方便、与其他构件的连接以及结构的刚度等问题。 (   )
5. 构件的长细比是计算长度与相应截面面积之比。 (   )
6. 在静力或间接动力荷载作用下，正面角焊缝的强度增大系数 $\beta_f = 1.22$；但对直接承受动力荷载的结构，应取 $\beta_f = 1.0$。 (   )

二、单选题

1. 钢材的设计强度是根据(   )确定的。
  A. 比例极限 B. 弹性极限
  C. 屈服点 D. 抗拉强度
2. 每个受剪力作用的摩擦型高强度螺栓所受的拉力应低于其预应力的(   )倍。
  A. 1.0 B. 0.5 C. 0.8 D. 0.7
3. 钢材的三项主要力学性能为(   )。
  A. 抗拉强度、屈服点、伸长率 B. 抗拉强度、屈服点、冷弯性能
  C. 抗拉强度、冷弯性能、伸长率 D. 冷弯性能、屈服点、伸长率
4. 高强度螺栓摩擦型连接与承压型连接相比(   )。
  A. 承载力计算方法不同 B. 施工方法相同
  C. 没有本质区别 D. 材料不同
5. 一宽度为 b、厚度为 t 的钢板有一直径为 d_0 的孔，则钢板的净截面面积为(   )。
  A. $A_n = b \times t - \dfrac{d_0}{2}$ B. $A_n = b \times t - \dfrac{\pi d_0^2}{4} \times t$
  C. $A_n = b \times t - \pi d_0 \times t$ D. $A_n = b \times t - d_0 \times t$

6. 焊接工字形截面梁腹板设置加劲肋的目的是( )。
   A．提高梁的抗弯强度   B．提高梁的抗剪强度
   C．提高梁的整体稳定性   D．提高梁的局部稳定性
7. 单轴对称截面的压弯构件，一般宜使弯矩( )。
   A．绕非对称轴作用   B．绕对称轴作用
   C．绕任意轴作用   D．视情况绕对称轴和非对称轴作用
8. 一个承受剪力作用的普通螺栓在抗剪连接中的承载力是( )。
   A．螺栓杆的抗剪承载力   B．被连接构件(板)的承压承载力
   C．A、B 中的较大值   D．A、B 中的较小值
9. 钢材的伸长率 δ 是反映材料( )的性能指标。
   A．承载能力   B．抵抗冲击荷载能力
   C．塑性变形能力   D．弹性变形能力
10. 钢结构对动力荷载适应性较强，是由于钢材具有( )。
    A．良好的塑性   B．高强度和良好的塑性
    C．良好的韧性   D．质地均匀、各向同性

三、简答题

1. 高强度螺栓连接和普通螺栓连接的主要区别是什么？
2. 抗剪普通螺栓有哪几种可能的破坏形式？如何防止？
3. 简述钢结构连接方法的种类。
4. 衡量结构钢材质量标准的力学性能主要有哪几项？试各自说明其意义。
5. 钢材有哪几种规格？型钢用什么符号表示？

四、计算题

1. 如图 11.74 所示，构件用直角角焊缝连接，手工焊，焊条为 E43 型，钢材 Q235。已知 $f_f^w = 160\text{N/mm}^2$，$h_f = 8\text{mm}$，试求此连接能承受的最大偏心力 F。

2. 如图 11.75 所示，钢材为 Q235 钢，采用 10.9 级摩擦型高强度螺栓 M20 连接，接触面采用喷砂处理，则 $\mu = 0.45$，$P = 155\text{kN}$。试求此连接能承受的最大斜向力 F。

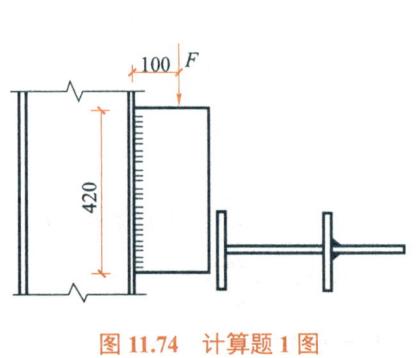

图 11.74 计算题 1 图

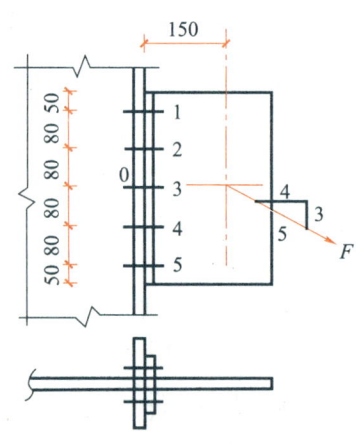

图 11.75 计算题 2 图

3. 计算图 11.76 所示连接的承载力设计值 N。螺栓为 M20，孔径为 21.5mm，钢材为 Q235A 钢。已知：$f=215\text{N/mm}^2$，$f_v^b=130\text{ N/mm}^2$，$f_c^b=305\text{ N/mm}^2$。

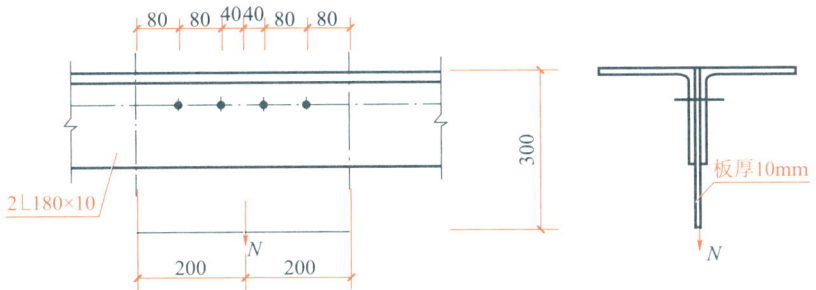

图 11.76　计算题 3 图

在线答题

第 12 章　建筑结构抗震设计

教学目标

通过对建筑结构抗震设计相关知识的学习，了解地震的成因、抗震设防与概念设计的基本理念，熟悉框架结构、砌体结构和底部框架-抗震墙结构的构造措施。

教学要求

能力目标	知识要点	权重	自评分数
了解地震相关知识	地震的成因与类型	10%	
	抗震设防与概念设计	10%	
	基本烈度与设防烈度	10%	
掌握建筑场地与地基基础抗震设计	掌握建筑场地类别划分	10%	
	液化的判别	10%	
熟悉抗震结构的构造措施	抗震设计的基本规定	20%	
	框架结构的构造措施	10%	
	砌体结构的构造措施	10%	
	底部框架-抗震墙结构构造措施	10%	

第 12 章 建筑结构抗震设计

章节导读

本章主要介绍地震的成因,震级和烈度的划分,我国建筑结构抗震设计的策略、建筑场地的划分、地基基础的要求、房屋抗震设计方法与构造措施。

引例

我国近代发生的破坏性地震如下所列。

2010 年 4 月 17 日 8 时 58 分 56.9 秒,西藏自治区那曲地区聂荣县发生 5.2 级地震。

2010 年 4 月 14 日 9 时 25 分 17.8 秒,青海省玉树藏族自治州玉树县发生 6.3 级地震。

2010 年 4 月 14 日 7 时 49 分许,青海省玉树藏族自治州玉树县(北纬 33.1°,东经 96.7°)发生 7.1 级地震。

2010 年 2 月 25 日 12 时 56 分 51 秒,北纬 25° 24′,东经 101° 54′,在云南省楚雄彝族自治州禄丰县、元谋县交界处发生 5.1 级地震,深度为 16km。

2008 年 6 月 2 日 0 时 59 分台湾台北市发生 6.0 级地震。

2008 年 5 月 12 日 14 时 28 分四川汶川地震(8.0 级)。

2005 年 11 月 26 日江西九江地震(5.7 级)。

1999 年 9 月 21 日台湾花莲西南地震(7.6 级)。

1998 年 1 月 10 日河北尚义地震(6.2 级)。

1996 年 2 月 3 日云南丽江地震(7.0 级)。

1976 年 8 月 16 日四川松潘—平武地震(7.2 级)。

1976 年 7 月 28 日河北唐山地震(7.8 级)。

1976 年 5 月 29 日云南龙陵地震(7.4 级)。

1975 年 2 月 4 日辽宁海城地震(7.3 级)。

1974 年 5 月 11 日云南大关地震(7.1 级)。

1973 年 2 月 6 日四川炉霍地震(7.6 级)。

1970 年 1 月 5 日云南通海地震(7.7 级)。

1969 年 7 月 18 日渤海湾地震(7.4 级)。

1966 年 3 月 22 日河北邢台地震(7.2 级)。

1966 年 3 月 8 日河北邢台地震(6.8 级)。

1950 年 8 月 15 日西藏墨脱地震(8.6 级)。

1920 年 12 月 16 日宁夏海原地震(8.5 级)。

主要地震灾害损失如下。

1. 邢台地震

1966 年 3 月 8 日 5 时 29 分 14 秒,河北省邢台专区隆尧县(北纬 37° 21′,东经 114° 55′)发生震级为 6.8 级的大地震,震中烈度 9 度;1966 年 3 月 22 日 16 时 19 分 46 秒,河北省邢台专区宁晋县(北纬 37° 32′,东经 115° 03′)发生震级为 7.2 级的大地震,震中烈度 10 度。两次地震共死亡 8064 人,伤 38000 人,经济损失 10 亿元,如图 12.1 所示。

2. 唐山地震

1976 年 7 月 28 日 3 点 42 分 53.8 秒在河北唐山发生 7.8 级地震,震中烈度达 11 度,震源深度 12km。唐山地震无明显前震,余震持续时间长,衰减过程起伏大。据统计唐山地震共造成24.2万多人死亡。唐山地震是20世纪十大自然灾害之一，图12.2所示为唐山大地震后的唐山车站。

图12.1　邢台地震(1966年)

图12.2　唐山地震后的唐山车站(1976年)

3. 汶川地震

2008年5月12日14时28分04秒，在四川汶川发生8.0级的强烈地震。图12.3所示为汶川地震现场图。

图12.3　汶川地震现场图(2008年)

4. 马那瓜地震

1972年12月23日，马那瓜发生地震，此次地震中，市区1万多栋楼房被夷为平地，但2栋距离不远的高层建筑——15层高的马那瓜中央银行大厦和18层高的美洲银行大厦没被摧毁，震后马那瓜中央银行大厦因为损坏严重被拆除，美洲银行大厦稍加修复即可继续使用。美洲银行大厦采用"多道设防"设计思想，在地震作用下，只是主体结构中的连梁发生剪切破坏，但主体结构并未发生严重破坏。

引例小结

地球上每年都要发生500多万次地震，其中能够造成损失的有100多次，大部分地震人们感觉不到。我国位于环太平洋地震带与欧亚地震带之间，是一个多震国家，地震给建筑造成的损害及损失是很大的，因此建筑结构抗震设计是结构设计中至关重要的一部分。

《建筑抗震设计标准》(2024年版)(GB/T 50011—2010)对各种结构做了详细的构造措施要求，这些构造措施是基于建筑物抗震等级与抗震设防烈度来要求的。

建筑抗震设计包括结构计算、构造措施及抗震概念设计。合理的构造措施及抗震概念设计，能够起到事半功倍的作用。同时，在建筑结构设计中，应严格遵守相关规范中的建筑布局及构造措施。

目前多数国家包括中国的抗震设计规范都采用静力计算或者拟静力计算方法，静力计算方法就是把地震的动力荷载简化为静力荷载进行计算。

第 12 章 建筑结构抗震设计

地震是发生频度高、不可预测和震后危害大的一种自然灾害。抗震防灾已经成为保障我国社会主义可持续发展的重大战略。因此，回顾典型历史震害，开展抗震性能评估，提升社会责任，研究新型抗震体系，增强创新意识，剖析结构概念设计，建立规则意识，培养职业责任感、使命感和大国工匠精神等是非常必要的。

12.1 地震基础知识

12.1.1 地震成因与类型

地球是一个平均半径为 6371km 的椭圆形球体，地球地面至地球中心依次分为：地壳(平均厚度为 17km)、地幔(厚度 2900km 左右)、地核。地壳主要由各种岩体组成，厚度由于地形不同而不同，部分岩石由于风化作用成为土；由地表至地心的部分为地幔，其温度逐渐升高，最下部分由于温度的升高而呈液体状态出现；外地核是液态，内地核是固态。地幔深处的液体流动带动地幔表面以及地壳发生移动，致使地壳的碰撞。

地震类型和成因

地壳在地球内力、外力的作用下，发生能量的聚集，当聚集的能量突然得到释放，就会发生地震。

地震按形成的原因可分为 自然地震 和 诱发地震。

自然地震可分为构造地震、火山地震和塌陷地震。构造地震是由于地下深处的岩层错动、碰撞或者破裂造成的地震，多数地震属于该类地震，其破坏力也最大，如汶川地震、印度洋大地震就属于构造地震。火山地震是由于火山作用引起的地震。塌陷地震是由于地下存在岩洞或者采空区，在地球内力或者外力作用下造成塌陷而引起的地震。

诱发地震发生的原因主要是人工活动。人工诱发原因主要包括水库、人工爆炸、高层建筑的重量等因素可能改变局部地层的应力状态。

12.1.2 震级与烈度

地震 震级 是地震能量的大小，是根据地震仪记录的地震波振幅来测定的，一般采用里氏震级标准。震级(M)用距震中 100km 处的标准地震仪(周期 0.8s，衰减常数约等于 1，放大倍率 2800 倍)所记录的地震波最大振幅值的对数来表示。

建筑结构抗震简介

$$M = \lg A \tag{12-1}$$

式中 A——距震中 100km 处记录的以微米($1\mu m = 10^{-6}m$)为单位的最大地动位移。

震源放出的能量越大，地震震级也越大。地震震级分为 9 级，一般小于 2.5 级的地震人无感觉，2.5 级以上人有感觉，5 级以上的地震会造成破坏。

地震发生后，各地区的影响程度不同，通常用地震烈度来描述。世界上多数国家采用的是 12 个等级划分的烈度表。

> **特别提示**
>
> 我们居住的地球上每天都要发生上万次地震，这些地震都发生在地壳和地幔中的特殊部位，我们把地球内部发生地震的地方叫作震源。震源在地面的投影叫震中。实际上震中是一个区域，即震中区。震源到地面的垂直距离叫震源深度。根据震源深度可把地震分为浅源地震（$h \leqslant 70km$）、中源地震（$h=70 \sim 300km$）和深源地震（$h > 300km$）。

地震烈度是地震对地面建筑的破坏程度。一个地区的地震烈度，不仅与这次地震的释放能量(即震级)、震源深度、距离震中的远近有关(图 12.4)，还与地震波传播途径中的工程地质条件和工程建筑物的特性有关。

抗震设防烈度

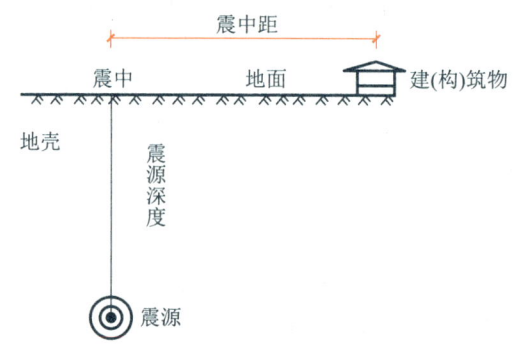

图 12.4　地震基本术语示意图

同一次地震的震级只有一个，但是对不同位置的地面建筑破坏程度是不一样的。也就是说，一次地震只有一个震级，但是对于不同的位置，地震烈度是不同的。震级与烈度的关系，见表 12-1。

表 12-1　震级与烈度的关系

震级/级	3 以下	3	4	5	6	7	8	8 以上
震中烈度/度	Ⅰ～Ⅱ	Ⅲ	Ⅳ～Ⅴ	Ⅵ～Ⅶ	Ⅶ～Ⅷ	Ⅸ～Ⅹ	Ⅺ	Ⅻ

注：Ⅰ度：无感——仅仪器能记录到。
　　Ⅱ度：微有感——个别敏感的人在完全静止中有感。
　　Ⅲ度：少有感——室内少数人在静止中有感，悬挂物轻微摆动。
　　Ⅳ度：多有感——室内大多数人，室外少数人有感，悬挂物摆动，不稳器皿作响。
　　Ⅴ度：惊醒——室外大多数人有感，家畜不宁，门窗作响，墙壁表面出现裂纹。
　　Ⅵ度：惊慌——人站立不稳，家畜外逃，器皿翻落，简陋棚舍损坏，陡坎滑坡。
　　Ⅶ度：房屋损坏——房屋轻微损坏，牌坊、烟囱损坏，地表出现裂缝及喷砂冒水。
　　Ⅷ度：建筑物破坏——房屋多有损坏，少数破坏，路基塌方，地下管道破裂。
　　Ⅸ度：建筑物普遍破坏——房屋大多数破坏，少数倾倒，牌坊、烟囱等崩塌，铁轨弯曲。
　　Ⅹ度：建筑物普遍摧毁——房屋倾倒，道路毁坏，山石大量崩塌，水面大浪扑岸。
　　Ⅺ度：毁灭——房屋大量倒塌，路基堤岸大段崩毁，地表产生很大变化。
　　Ⅻ度：山川易景——建筑物普遍毁坏，地形剧烈变化，动植物遭毁灭。

12.1.3 抗震设防烈度

抗震设防烈度为在 50 年期限内，一般场地条件下，可能遭遇的超越概率为 10%的地震烈度值，相当于 474 年一遇的地震烈度值。多遇地震为在 50 年期限内，一般场地条件下，可能遭遇的超越概率为 63%的地震烈度值，相当于 50 年一遇的地震烈度值。罕遇地震为在 50 年期限内，一般场地条件下，可能遭遇的超越概率为 2%～3%的地震烈度值。

12.2 抗震设防与概念设计

12.2.1 抗震设防

我国抗震设防目标分为"三个水准"：当遭受低于本地区抗震设防烈度的多遇地震影响时，主体结构不受损坏或不需修理可继续使用；当遭受相当于本地区抗震设防烈度的设防地震影响时，可能发生损坏，但经一般性修理仍可继续使用；当遭受高于本地区抗震设防烈度的罕遇地震影响时，不会倒塌或发生危及生命的严重破坏。

建筑抗震概念设计

具体在设计时，一般分为两阶段设计：遭遇多遇地震影响时，要求建筑大部分为弹性变形，建筑结构可采用反应谱弹性分析；遭遇抗震设防烈度影响时，结构会发生塑性变形与破坏，但经过维修可以继续使用；遭遇罕遇地震影响时，结构发生弹塑性变形，但是结构不会发生倒塌。

简单地说，抗震设防的目标是"小震不坏，中震可修，大震不倒"，即"三设防目标，两阶段设计"。

12.2.2 概念设计

根据建筑结构的特性以及地震动力学等基本原理，不通过详细计算而确定建筑的总体布局以及结构的细部构造的过程，叫作概念设计。

抗震概念设计

在抗震概念设计中，尽量减少脆性破坏，使结构具备更多延性以实现延性破坏，以达到地震时耗散能量或者改变结构周期的目的，同时这种结构在地震发生时，人员有充分的时间进行躲避以及逃生。在地震概念设计中，"强柱弱梁，强剪弱弯，强节点弱构件"的设计理念，已经被工程界广为接受。

《建筑抗震设计标准》(2024 年版)(GB/T 50011—2010)中对于各种结构的高度限制、体型限制及构造措施，很多是基于概念设计。

在概念设计中，主要从以下方面考虑。

1. 建筑场地的选择

选择建筑场地时，应尽量选择建筑抗震有利地段，避开抗震不利及抗震危险地段。

不同的建筑场地有不同的卓越周期，当结构自振周期与所在建筑场地的卓越周期相同或者接近时，在地震作用下结构易与建筑场地发生共振，这样会放大地震对结构的破坏。因此在选择建筑场地或者设计建筑结构时，应使结构的自振周期避开建筑场地的卓越周期。

2. 地形的选择

《建筑抗震设计标准》(2024年版)(GB/T 50011—2010)规定，当需要在条状突出的山嘴、高耸孤立的山丘、非岩石和强风化岩石的陡坡、河岸和边坡边缘等不利地段建造丙类及丙类以上建筑时，除保证其在地震作用下的稳定性外，尚应估计不利地段对设计地震动参数可能产生的放大作用，其水平地震影响系数最大值应乘以增大系数。其值应根据不利地段的具体情况确定，为 1.1～1.6。

3. 结构体型的选择

结构在平面与立面布置上尽量选择形状规则的布置方式。平面上尽量使结构的质量中心与结构的刚度中心一致，避免或减少结构在地震作用下的扭转。

在结构设计中，宜使结构中间刚度相对较大，这样有利于结构的整体稳定性。在结构抗震设计中，基于这种刚度分布的考虑，楼梯宜尽量设置在结构中间，避开结构端部，以更好地适应抗震要求。

4. 结构材料的选择

钢筋选择延性较好的中强度钢筋，为加强混凝土对钢筋锚固的作用，混凝土不宜选择强度较低的混凝土，但是也不宜选择延性较差的高强度混凝土。

5. 多道抗震设防线

在抗震设计中，多道抗震设防线的设置也是很重要的，如设置必要的防震缝等。

12.3 建筑场地与地基基础抗震设计

12.3.1 建筑场地

建筑场地是建筑结构所在地，按照《建筑抗震设计标准》(2024年版)(GB/T 50011—2010)规定，建筑场地范围相当于厂区、居民小区和自然村或不小于 $1.0km^2$ 的平面面积。

(1) 建筑场地的划分。在选择建筑场地时，应按表 12-2 划分对建筑抗震有利、一般、不利和危险的地段。

根据《建筑抗震设计标准》(2024年版)(GB/T 50011—2010)，建筑的场地类别，应根据土层等效剪切波速和场地覆盖层厚度，划分为四类。各类建筑场地的覆盖层厚度，见表 12-3。

表 12-2　有利、一般、不利和危险地段的划分

地段类别	地质、地形、地貌
有利地段	稳定基岩，坚硬土，开阔、平坦、密实、均匀的中硬土等
一般地段	不属于有利、不利和危险的地段
不利地段	软弱土，液化土，条状突出的山嘴，高耸孤立的山丘，陡坡，河岸和边坡边缘，平面分布上成因、岩性、状态明显不均匀的土层(如古河道、疏松的断层破碎带、暗埋的沟谷和半填半挖地基)等
危险地段	地震时可能发生滑坡、崩塌、地陷、地裂、泥石流等，地震断裂带上可能发生地表错位的部位

表 12-3　各类建筑场地的覆盖层厚度

单位：m

土层等效剪切波速 /(m/s)	场地类别				
	I_0	I_1	II	III	IV
$v_{se} > 800$	0				
$800 \geqslant v_{se} > 500$		0			
$500 \geqslant v_{se} > 250$		<5	⩾5		
$250 \geqslant v_{se} > 150$		<3	3～50	>50	
$v_{se} \leqslant 150$		<3	3～15	>15～80	>80

土层剪切波速可以按照《建筑抗震设计标准》(2024 年版)(GB/T 50011—2010)，通过钻孔测量，测量钻孔个数可以按照规范取用。当无实测剪切波速时，可根据当地经验按照表 12-4 的剪切波速范围估计土层的剪切波速。

表 12-4　土的类型划分和土层剪切波速范围

土的类型	岩土名称和性状	土层剪切波速范围/(m/s)
岩石	坚硬、较硬且完整的岩石	$v_s > 800$
坚硬土或软质岩石	破碎和较破碎的岩石或软和较软的岩石，密实的碎石土	$800 \geqslant v_s > 500$
中硬土	中密、稍密的碎石土，密实、中密的砾、粗、中砂，$f_{ak} > 150$kPa 的黏性土和粉土，坚硬黄土	$500 \geqslant v_s > 250$
中软土	稍密的砾、粗、中砂，除松散外的细、粉砂，$f_{ak} \leqslant 150$kPa 的黏性土和粉土，$f_{ak} > 130$kPa 的填土，可塑黄土	$250 \geqslant v_s > 150$
软弱土	淤泥和淤泥质土，松散的砂，新近沉积的黏性土和粉土，$f_{ak} \leqslant 130$kPa 的填土，流塑黄土	$v_s \leqslant 150$

注：f_{ak} 为由荷载试验等方法得到的地基承载力特征值；v_s 为土层剪切波速。

(2) 场地覆盖层厚度的确定，应符合以下要求。

① 一般情况下，应按地面至剪切波速大于 500m/s 且其下卧各土层的剪切波速均不小于 500m/s 的土层顶面的距离确定。

② 当地面 5m 以下存在剪切波速大于其上部各土层剪切波速 2.5 倍的土层，且该层及

其下卧各土层的剪切波速均不小于 400m/s 时，可按地面至该土层顶面的距离确定。

③ 剪切波速大于 500m/s 的孤石、透镜体，应视同周围土层。

④ 土层中的火山岩硬夹层，应视为刚体，其厚度应从覆盖土层中扣除。

(3) 土层等效剪切波速，应按式(12-2)和式(12-3)计算。

$$v_{se} = d_0 / t \tag{12-2}$$

$$t = \sum_{i=1}^{n}(d_i / v_{si}) \tag{12-3}$$

式中　v_{se}——土层等效剪切波速(m/s)；

　　　d_0——计算深度(m)，取覆盖层厚度和 20m 两者中的较小者；

　　　t——剪切波在地面至计算深度之间的传播时间(s)；

　　　d_i——计算深度范围内第 i 土层的厚度(m)；

　　　v_{si}——计算深度范围内第 i 土层的剪切波速(m/s)；

　　　n——计算深度范围内土层的分层数。

12.3.2　地基基础抗震设计

1. 天然地基和基础竖向承载力验算

地震区建筑物地基应用地震静力方法验算地基承载力。验算天然地基地震作用下的竖向承载力时，按地震作用效应标准组合的基础底面平均压力和边缘最大压力应符合式(12-4)～式(12-6)的要求。

$$p \leqslant f_{aE} \tag{12-4}$$

$$p_{max} \leqslant 1.2 f_{aE} \tag{12-5}$$

$$f_{aE} = \zeta_a f_a \tag{12-6}$$

式中　p——地震作用效应标准组合的基础底面平均压力；

　　　p_{max}——地震作用效应标准组合的基础边缘最大压力；

　　　f_{aE}——调整后的地基抗震承载力；

　　　ζ_a——地基承载力调整系数，$\zeta_a \geqslant 1.0$；

　　　f_a——深宽修正后的地基承载力特征值。

2. 饱和砂土和粉土的液化判别

根据《建筑抗震设计标准》(2024 年版)(GB/T 50011—2010)，饱和砂土和粉土在地震作用下，存在液化的可能。对存在液化可能性的饱和砂土和粉土，应进行液化判别。

液化判别应先进行初步判别。

饱和砂土和粉土(不含黄土)，当符合下列条件之一时，可初步判别为不液化或可不考虑液化影响。

(1) 地质年代为第四纪晚更新世(Q_3)及其以前时，7 度、8 度时可判为不液化。

(2) 粉土的黏粒(粒径小于 0.005mm 的颗粒)含量百分率，7 度、8 度和 9 度分别不小于 10%、13%和 16%时，可判为不液化土。

注：用于液化判别的黏粒含量是采用六偏磷酸钠作分散剂测定，采用其他方法时应按有关规定换算。

(3) 天然地基上的建筑，当上覆非液化土层厚度和地下水位深度符合下列条件之一时，可不考虑液化影响：

$$d_u > d_0 + d_b - 2 \tag{12-7}$$

$$d_w = d_0 + d_b - 3 \tag{12-8}$$

$$d_u + d_w > 1.5d_0 + 2d_b - 4.5 \tag{12-9}$$

式中 d_w——地下水位深度(m)，宜按设计基准期内年平均最高水位采用，也可按近期内年最高水位采用；

d_u——上覆盖非液化土层厚度(m)，计算时宜将淤泥和淤泥质土层扣除；

d_b——基础埋置深度(m)，不超过2m时应采用2m；

d_0——液化土特征深度(m)，可按表12-5采用。

表12-5 液化土特征深度

单位：m

饱和土类型	7度	8度	9度
粉土	6	7	8
砂土	7	8	9

注：当区域的地下水位处于变动状态时，应按不利的状况考虑。

当初步判别认为需进一步进行液化判别时，对于饱和粉土和砂土，应采用标准贯入试验判别法判别地面下20m深度范围内土的液化。当饱和土标准贯入锤击数(未经杆长修正)小于或等于液化判别标准贯入锤击数临界值时，应判为液化土。

在地面下20m深度范围内，液化判别标准贯入锤击数临界值可按式(12-10)计算。

$$N_{cr} = N_0 \beta \left[\ln(0.6d_s + 1.5) - 0.1d_w \right] \sqrt{3/\rho_c} \tag{12-10}$$

式中 N_{cr}——液化判别标准贯入锤击数临界值；

N_0——液化判别标准贯入锤击数基准值，应按表12-6采用。

d_s——饱和土标准贯入点深度(m)；

d_w——地下水位(m)；

ρ_c——黏粒含量百分率(当小于3%或为砂土时，应采用3%)；

β——调整系数(设计地震第一组取0.80，第二组取0.95，第三组取1.05)。

表12-6 液化判别标准贯入锤击数基准值

设计基本地震加速度	0.10g	0.15g	0.20g	0.30g	0.40g
液化判别标准贯入锤击数基准值	7	10	12	16	19

对存在液化土层的地基，应探明各液化土层的深度和厚度，按式(12-11)计算每个钻孔的液化指数，并按表12-7综合划分地基的液化等级。

$$I_{lE} = \sum_{i=1}^{n} \left(1 - \frac{N_i}{N_{cri}}\right) d_i W_i \tag{12-11}$$

式中　I_{lE}——液化指数；
　　　n——在判别深度范围内每一个钻孔标准贯入试验点的总数；
N_i、N_{cri}——分别为 i 点标准贯入锤击数的实测值和临界值(当实测值大于临界值时应取临界值；当只需判别 15m 深度范围内的液化时，15m 以下的实测值可按临界值采用)；
　　　d_i——i 点所代表的土层厚度(m)，可采用与该标准贯入试验点相邻的上、下两标准贯入试验点深度差的一半，但上界不高于地下水位深度，下界不深于液化深度；
　　　W_i——i 土层单位土层厚度的层位影响权函数值(m^{-1})。当该层中点深度不大于 5m 时应采用 10，等于 20m 时应采用零值，5～20m 时应按线性内插法取值。

表 12-7　液化等级划分表

液化等级	轻微	中等	严重
液化指数	$0 < I_{lE} \leq 6$	$6 < I_{lE} \leq 18$	$I_{lE} > 18$

12.4　多层与高层钢筋混凝土结构房屋主要抗震构造要求

12.4.1　抗震设计的一般规定

建筑结构的抗震等级以及建筑场地的抗震设防烈度不同，其构造措施是不同的。抗震设防应根据结构的抗震等级和建筑场地的抗震设防烈度，按照相关规范进行抗震构造措施设防。

《建筑工程抗震设防分类标准》(GB 50223—2008)中规定，建筑根据结构使用功能的重要性，可以分为甲类、乙类、丙类和丁类 4 个类别。

(1) 特殊设防类：指使用上有特殊设施，涉及国家公共安全的重大建筑工程和地震时可能发生严重次生灾害等特别重大灾害后果，需要进行特殊设防的建筑，简称甲类。

(2) 重点设防类：指地震时使用功能不能中断或需尽快恢复的生命线相关建筑，以及地震时可能导致大量人员伤亡等重大灾害后果，需要提高设防标准的建筑，简称乙类。

(3) 标准设防类：指大量的除(1)、(2)、(4)款以外按标准要求进行设防的建筑，简称丙类。

(4) 适度设防类：指使用上人员稀少且震损不致产生次生灾害，允许在一定条件下适度降低要求的建筑，简称丁类。

现浇钢筋混凝土房屋适用的最大高度，应符合表 12-8 的要求。

表 12-8 现浇钢筋混凝土房屋适用的最大高度

单位：m

结构类型	烈度				
	6	7	8(0.2g)	8(0.3g)	9
框架结构	60	55	40	35	24
框架-抗震墙结构	130	120	100	80	50
抗震墙结构	140	120	100	80	60
部分框支抗震墙结构	120	100	80	50	不应采用
框架-核心筒结构	150	130	100	90	70
筒中筒结构	180	150	120	100	80
板柱-抗震墙结构	80	70	55	40	不应采用

在结构设计图纸的设计总说明中，应明确标识建筑结构的抗震等级和建筑场地的抗震设防烈度；施工单位则应根据结构设计总说明的抗震等级和抗震设防烈度，根据相关规范的构造措施进行施工。

现浇钢筋混凝土房屋的抗震等级应按照《建筑抗震设计标准》(2024 年版)(GB/T 50011—2010)进行分级，分级主要依据为设防类别、烈度、结构类型和房屋高度。

现浇钢筋混凝土房屋的抗震等级应按照表 12-9 确定。

表 12-9 现浇钢筋混凝土房屋的抗震等级

结构类型		设防烈度								
		6		7		8			9	
框架结构	高度/m	≤24	>24	≤24	>24	≤24	>24		≤24	
	框架	四	三	三	二	二	一		一	
	剧场、体育馆等大跨度公共建筑	三		二		一			一	
框架-抗震墙结构	高度/m	≤60	>60	≤24	25～60	>60	≤24	25～60	>60	≤24	25～50
	框架	四	三	四	三	二	三	二	一	二	一
	抗震墙	三		三		二	二		一		
抗震墙结构	高度/m	≤80	>80	≤24	25～80	>80	≤24	25～80	>80	≤24	25～60
	剪力墙	四	三	四	三	二	三	二	一	二	一
部分框支抗震墙结构	高度/m	≤80	>80	≤24	25～80	>80	≤24	25～80			
	抗震墙 一般部位	四	三	四	三	二	三	二			
	抗震墙 加强部位	三	二	三	二	一	二	一			
	框支层框架	二		二		一					
框架-核心筒结构	框架	三		二		一			一		
	核心筒	二		二		一			一		
筒中筒结构	外筒	三		二		一			一		
	内筒	三		二		一			一		
板柱-抗震墙结构	高度/m	≤35	>35	≤35	>35	≤35	>35				
	框架、板柱的柱	三	二	二	二	一	二				
	抗震墙	二	二	二	一	二	一				

抗震结构中的混凝土强度等级，在一级抗震设计中，框支梁、框支柱及抗震等级为一级的框架梁、柱、节点核心区，不应低于 C30，其他不应低于 C25。为保证延性性能，设防烈度为 9 度时混凝土强度等级不应大于 C60，设防烈度为 8 度时不应大于 C70。

纵向受力钢筋宜选用符合抗震性能指标的不低于 HRB400 级的热轧钢筋。

12.4.2 框架结构抗震构造措施

框架结构抗震构造措施

1. 梁的构造措施

梁截面宽度不宜小于 200mm，截面高宽比不宜大于 4，净跨与截面高度之比不宜小于 4。

梁的纵向钢筋配置：上部和下部的通长钢筋，第一、第二抗震等级不应少于 2Φ14，且不应少于梁端上部和下部纵向钢筋中较大截面面积的 1/4，第三、第四抗震等级不应少于 2Φ12；框架梁的截面高宽比，不宜大于 4；梁净跨与截面高度之比，不宜小于 4。

框架梁端部纵向受拉钢筋的配筋率不应大于 2.5%，且混凝土受压区高度与截面有效高度之比，第一抗震等级不应大于 0.25，第二、第三抗震等级不应大于 0.35。

框架梁端部箍筋应进行加密，端部加密区的箍筋配置，即加密区长度、箍筋最大间距和最小直径，应按表 12-10 采用。

表 12-10 梁端箍筋加密区长度、箍筋最大间距和最小直径

抗震等级	加密区长度(采用较大值)/mm	箍筋最大间距(采用最小值)/mm	箍筋最小直径/mm
一	$2h_b$，500	$h_b/4$，$6d$，100	10
二	$1.5h_b$，500	$h_b/4$，$8d$，100	8
三	$1.5h_b$，500	$h_b/4$，$8d$，150	8
四	$1.5h_b$，500	$h_b/4$，$8d$，150	6

注：d 为纵向钢筋直径；h_b 为梁截面高度。

加密区箍筋的肢距，第一、第二抗震等级不宜大于 200mm，第三、第四抗震等级不宜大于 250mm。

2. 柱的构造措施

框架柱的截面尺寸要求：柱的截面宽度和高度，抗震等级为四级或层数不超过 2 层时不宜小于 300mm，抗震等级为一、二、三级且层数超过 2 层时不宜小于 400mm；圆柱的直径，抗震等级为四级或层数不超过 2 层时不宜小于 350mm，抗震等级为一、二、三级且层数超过 2 层时不宜小于 450mm。柱截面的长边与短边的边长比不宜大于 3。同时，柱应满足《建筑抗震设计标准》(2024 年版)(GB/T 50011—2010)规定的轴压比限制。

柱的纵向钢筋宜对称布置，间距不宜大于 200mm，总配筋率不应大于 5%，最小总配筋率应按表 12-11 采用，且每一侧配筋率不应小于 0.2%。

柱的净高与截面高度之比宜大于 4。

框架柱的箍筋加密范围：柱端，取截面高度、柱净高的 1/6 和 500mm 三者中的最大值；底层柱的下端不小于柱净高的 1/3。

表 12-11　柱截面纵向钢筋最小总配筋率

类　　别	抗震等级			
	一	二	三	四
中柱和边柱	0.9%(1.0%)	0.7%(0.8%)	0.6%(0.7%)	0.5%(0.6%)
角柱、框支柱	1.1%	0.9%	0.8%	0.7%

注：表中括号数值用于框架结构的柱。

柱箍筋加密区的箍筋最大间距和最小直径应符合表 12-12 的规定。

表 12-12　柱箍筋加密区的箍筋最大间距和最小直径

抗震等级	箍筋最大间距(采用最小值)/mm	箍筋最小直径/mm
一	6d，100	10
二	8d，100	8
三	8d，150(柱根 100)	8
四	8d，150(柱根 100)	6(柱根 8)

注：d 为柱纵向钢筋最小直径。

12.4.3　框架-抗震墙结构抗震构造措施

框架-抗震墙结构的抗震墙厚度不应小于 160mm，且不应小于层高的 1/20，底部加强部位的抗震墙厚度不应小于 200mm 和层高的 1/16。

抗震墙的竖向和横向分布钢筋，配筋率不应小于 0.25%，钢筋直径不宜小于 10mm，间距不宜大于 300mm，并应双排布置，双排分布钢筋间应设置拉结钢筋，拉结钢筋间距不应大于 600mm，直径不小于 6mm。

抗震墙的周边应设置圈梁(或暗梁)和端柱组成的边框。

其他构造措施应符合框架以及抗震墙的有关要求。

12.5　砌体结构房屋的主要抗震构造要求

12.5.1　多层砌体结构的震害特点

本节适用于普通砖(包括烧结、蒸压、混凝土普通砖)、多孔砖(包括烧结、混凝土多孔砖)和混凝土小型空心砌块(简称小砌块)等砌体承重的房屋结构。

多层砌体有一定的抗震能力，未经抗震设防的砌体结构在 7 度地震作用下，大部分破坏发生在女儿墙等处，主体结构发生一定破坏，主要是墙体产生裂缝等；在 8 度以上地震作用下，主体结构发生不同程度的破坏。

根据以前发生的地震破坏数据，多层砌体在经过抗震构造措施设计以后，在高于抗震设防烈度一度的情况下，结构的破坏很小。

12.5.2 多层砌体结构抗震设计的一般规定

根据《建筑抗震设计标准》(2024 年版)(GB/T 50011—2010)的规定，多层砌体房屋的结构体系应优先采用横墙承重或纵横墙共同承重的结构体系，不应采用砌体墙和混凝土墙混合承重的结构体系。

纵横墙的布置宜均匀对称，沿平面向宜对齐，沿竖向应上下连续；同一轴线上的窗间墙宽度宜均匀；楼梯间不宜设置在房屋的尽端和转角处；不应采用无锚固的钢筋混凝土预制挑檐。

房屋有下列情况之一时宜设置防震缝，缝两侧均应设置墙体，缝宽应根据烈度和房屋高度确定，可采用 70～100mm。

(1) 房屋立面高差在 6m 以上。
(2) 房屋有错层，且楼板高差大于错层处对应楼层的层高的 1/4。
(3) 各部分结构刚度、质量差异较大。

教学楼、医院等横墙较少、跨度较大的房屋，宜采用现浇混凝土楼、屋盖。

多层砌体结构主要用于低层或多层结构的设计，房屋的层数和总高限值应符合表 12-13 的规定。

表 12-13　房屋的层数和总高限值

房屋类别	最小抗震墙厚度/mm	烈度和设计基本地震加速度											
		6		7				8				9	
		0.05g		0.10g		0.15g		0.20g		0.30g		0.40g	
		高度/m	层数	高度/m	层数	高度/m	层数	高度/m	层数	高度/m	层数	高度/m	层数
普通砖	240	21	7	21	7	21	7	18	6	15	5	12	4
多孔砖	240	21	7	21	7	18	6	18	6	15	5	9	3
	190	21	7	18	6	15	5	15	5	12	4	—	—
小砌块	190	21	7	21	7	18	6	18	6	15	5	9	3

抗震砌体结构的材料选择如下。

(1) 普通砖和多孔砖的强度等级不应低于 MU10，其砌筑砂浆强度等级不应低于 M5。
(2) 小砌块的强度等级不应低于 MU7.5，其砌筑砂浆强度等级不应低于 Mb7.5。
(3) 框支梁、框支柱的混凝土强度等级不应低于 C30；构造柱、芯柱、圈梁及其他各类构件的混凝土强度等级不应低于 C20。
(4) 普通钢筋宜与框架结构的钢筋级别相同。

12.5.3 多层砌体结构的抗震构造措施

1. 多层砖砌体抗震构造措施

多层砖砌体房屋均应设置现浇钢筋混凝土构造柱(简称构造柱),构造柱的设置应符合表 12-14 的规定。

表 12-14　多层砖砌体房屋的构造柱设置要求

房屋层数				设置部位	
6度	7度	8度	9度		
4、5	3、4	2、3	—	(1) 楼、电梯间四角；楼梯斜梯段上下端对应的墙体处； (2) 外墙四角和对应转角； (3) 错层部位横墙与外纵墙交接处； (4) 较大房间内外墙交接处； (5) 较大洞口两侧	隔 12m 或单元横墙与外纵墙交接处；楼梯间对应的另一侧内横墙与外纵墙交接处
6	5	4	2		隔开间横墙(轴线)与外墙交接处；山墙与内纵墙交接处
7	≥6	≥5	≥3		内墙(轴线)与外墙交接处；内墙的局部较小墙垛处；内纵墙与横墙(轴线)交接处

构造柱最小截面可采用 240mm×180mm，纵向钢筋宜采用 4φ12，箍筋间距不宜大于 250mm，且柱上下端应适当加密。

构造柱与墙交接处应砌成马牙槎，并沿墙高每隔 500mm 设 2φ6 拉结钢筋和 φ4 钢筋网片，每边深入墙内不宜小于 1m。

砖砌体房屋抗震结构应按照《建筑抗震设计标准》(2024 年版)(GB/T 50011—2010)设计现浇钢筋混凝土圈梁(表 12-15)。

表 12-15　多层砖砌体房屋现浇钢筋混凝土圈梁设置要求

墙　类	烈　度		
	6、7	8	9
外墙与内纵墙	屋盖处及每层楼盖处	屋盖处及每层楼盖处	屋盖处及每层楼盖处
内横墙	同上；屋盖处间距不应大于 4.5m；楼盖处间距不应大于 7.2m；构造柱对应部位	同上；各层所有横墙，且间距不应大于 4.5m；构造柱对应部位	同上；各层所有横墙

圈梁应闭合，遇有洞口，圈梁应上下搭接。圈梁宜与预制板设在同一标高处或紧靠底板；圈梁的截面高度不应小于 120mm，最小纵筋不应小于 4φ10，最大箍筋间距不应大于 250mm。

2. 多层小砌块房屋抗震构造措施

多层小砌块房屋应按《建筑抗震设计标准》(2024 年版)(GB/T 50011—2010)设置钢筋混凝土芯柱。

多层小砌块房屋芯柱应按表 12-16 设置。

表 12-16 多层小砌块房屋芯柱设置要求

房屋层数				设置部位	设置数量
6 度	7 度	8 度	9 度		
4、5	3、4	2、3	—	外墙转角，楼、电梯间四角，楼梯斜梯段上下端对应的墙体处；大房间内外墙交接处；隔 12m 或单元横墙与外纵墙交接处	外墙转角，灌实 3 个孔；内外墙交接处，灌实 4 个孔；楼梯斜梯段上下端对应的墙体处，灌实 2 个孔
6	5	4	—	同上；隔开间横墙(轴线)与外纵墙交接处	
7	6	5	2	同上；各内墙(轴线)与外纵墙交接处；内纵墙与横墙(轴线)交接处和洞口两侧	外墙转角，灌实 5 个孔；内外墙交接处，灌实 4 个孔；内墙交接处，灌实 4~5 个孔；洞口两侧各灌实 1 个孔
—	7	≥6	≥3	同上；横墙内芯柱间距不大于 2m	外墙转角，灌实 7 个孔；内外墙交接处，灌实 5 个孔；内墙交接处，灌实 4~5 个孔；洞口两侧各灌实 1 个孔

注：外墙转角、内外墙交接处、楼(电)梯间四角等部位，应允许采用钢筋混凝土构造柱代替部分芯柱。

芯柱截面尺寸不宜小于 120mm×120mm，芯柱混凝土强度等级不应小于 Cb20，插筋不应小于 1φ12。

多层小砌块房屋中也可用钢筋混凝土构造柱替代芯柱，代替芯柱的混凝土构造柱，最小截面尺寸为 190mm×190mm，纵向配筋为 4φ12，箍筋间距不宜大于 250mm，且在柱上下端应适当加密。

多层小砌块房屋的现浇钢筋混凝土圈梁宽度不应小于 190mm，配筋不小于 4φ12，箍筋间距不应大于 200mm。

12.6 底部框架-抗震墙结构抗震构造措施

12.6.1 底部框架-抗震墙结构的震害特点

底部框架-抗震墙结构下部为框架和抗震墙，上部为砌体墙结构，两种结构类型不同，其刚度也不同，下部框架和抗震墙柔性相对较大，上部砌体墙结构相对刚度较大，形成一种"上刚下柔"的组合结构。

底部框架-抗震墙结构在地震作用下的破坏形式主要为底部或者转换层产生倒塌性破坏。

12.6.2 底部框架-抗震墙结构设计的一般规定

底部框架-抗震墙结构的底部应做双向抗震设计,在底部框架内设置一定的混凝土抗震墙(剪力墙),可加强底部的刚度,使下部结构具有两道抗震防线。

在概念设计上应注意平面与竖向的规则与对称。设计时宜尽量避免或减少托墙梁的出现。

12.6.3 底部框架-抗震墙结构的抗震构造措施

底部框架-抗震墙房屋的上部应设置钢筋混凝土构造柱或芯柱。

钢筋混凝土构造柱的设置部位,应根据房屋的总层数,按本书第 12.5.3 节的规定设置。过渡层尚应在底部框架柱对应位置处设置构造柱。

构造柱的截面,不宜小于 240mm×240mm,构造柱的纵向钢筋不宜小于 4Φ14,箍筋间距不宜大于 200mm。构造柱应与每层圈梁连接,或与现浇楼板可靠拉结。

过渡层构造柱的纵向钢筋,设防烈度为 6、7 度时不宜小于 4Φ16,为 8 度时不宜小于 4Φ18。一般情况下,纵向钢筋应锚入下部的框架柱内;当纵向钢筋锚固在托墙梁内时,托墙梁的相应位置应加强。

上部砌体墙的中心线宜与底部的框架梁、抗震墙的中心线相重合;构造柱宜与框架柱上下贯通。

(1) 底部框架-抗震墙房屋的楼盖应符合下列要求。

① 过渡层的底板应采用现浇钢筋混凝土板,板厚不应小于 120mm;并应少开洞、开小洞,当洞口尺寸大于 800mm 时,洞口周边应设置边梁。

② 其他楼层,采用装配式钢筋混凝土楼板时均应设现浇圈梁,采用现浇钢筋混凝土楼板时应允许不另设圈梁,但楼板沿抗震墙体周边应加强配筋并应与相应的构造柱可靠连接。

(2) 底部框架-抗震墙房屋的钢筋混凝土托墙梁,其截面和构造应符合下列要求。

① 梁的截面宽度不应小于 300mm,梁的截面高度不应小于跨度的 1/10。

② 箍筋的直径不应小于 8mm,间距不应大于 200mm;梁端在 1.5 倍梁高且不小于 1/5 梁净跨范围内,以及上部墙体的洞口处和洞口两侧各 500mm 且不小于梁高的范围内,箍筋间距不应大于 100mm。

③ 沿梁高应设腰筋,数量不应少于 2Φ14,间距不应大于 200mm。

④ 梁的纵向受力钢筋和腰筋应按受拉钢筋的要求锚固在柱内,且支座上部的纵向钢筋在柱内的锚固长度应符合钢筋混凝土框支梁的有关要求。

(3) 底部框架-抗震墙房屋底部的抗震墙,其截面和构造应符合下列要求。

① 抗震墙周边应设置边框梁(或暗梁)和边框柱(或框架柱)组成的边框;边框梁的截面宽度不宜小于墙板厚度的 1.5 倍,截面高度不宜小于墙板厚度的 2.5 倍;边框柱的截面高度不宜小于墙板厚度的 2 倍。

② 抗震墙墙板的厚度不宜小于 160mm，且不应小于墙板净高的 1/20；抗震墙宜开设洞口形成若干墙段，各墙段的高宽比不宜小于 2。

③ 抗震墙的竖向和横向分布钢筋配筋率均不应小于 0.30%，并应采用双排布置；双排分布钢筋间拉结钢筋的间距不应大于 600mm，直径不应小于 6mm。

(4) 底部框架-抗震墙房屋的材料强度等级，应符合下列要求。

① 框架柱、抗震墙和托墙梁的混凝土强度等级，不应低于 C30。

② 过渡层墙体的砌筑砂浆强度等级，不应低于 M10。

砌体部分的构造措施尚应符合相应砌体的构造措施要求。

本 章 小 结

本章是结构设计中十分重要的内容，我国是一个多震国家，在结构设计中应注重抗震概念设计，良好的概念设计对抗震设计至关重要。

在抗震设计中，首先应进行地基基础的抗震设计，其主要内容包括场地类别划分、饱和砂土和粉土的液化判别。对于处于液化场地的地基土，应按相关规范进行地基土的处理，以达到完全或局部消除液化的目的。

在上部结构中，除进行承载力计算外，抗震构造措施是结构设计的重要内容。《建筑抗震设计标准》(2024 年版)(GB/T 50011—2010)针对不同的结构类型，规定了不同的结构构造措施，在结构设计与建筑施工中，应熟悉规范中的抗震构造措施。

习 题

一、判断题

1. 《建筑抗震设计标准》(2024 年版)(GB/T 50011—2010)规定，建筑抗震设防烈度从 5 度开始。　　　　　　　　　　　　　　　　　　　　　　　　　　　　　(　　)

2. 抗震设计的概念设计与理论计算都很重要。　　　　　　　　　　　　(　　)

二、单选题

1. 在抗震设防烈度中，小震对应的是(　　)。
   A. 小型地震　　　B. 多遇地震　　　C. 偶遇地震　　　D. 罕遇地震

2. 下列哪种结构形式对抗震是最有利的？(　　)。
   A. 框架结构　　　B. 砌体结构　　　C. 剪力墙结构　　　D. 钢结构

3. 下列结构类型中，抗震性能最佳的是(　　)。
   A. 钢结构　　　　　　　　　　　　B. 现浇钢筋混凝土结构
   C. 预应力混凝土结构　　　　　　　D. 装配式钢筋混凝土结构

4. 抗震设防烈度为 6 度时，除《建筑抗震设计标准》(2024 年版)(GB/T 50011—2010)有具体规定外，对下列哪些类别建筑可不进行地震作用计算？(　　)

A．甲类   B．乙类   C．丙类   D．丁类

5．下列哪些结构布置对抗震是不利的？（　　）

A．结构不对称   B．各楼层屈服强度按层高变化

C．同一楼层的各柱等刚度   D．采用变截面抗震墙

三、简答题

1．我国的抗震设防目标是什么？

2．我国的抗震设计阶段有哪几个？

3．什么是抗震概念设计？

4．简述抗震概念设计中的主要注意事项。

5．建筑场地承载力计算的主要公式是什么？

6．建筑场地的液化判别条件是什么？

7．判别场地类别和计算土层等效剪切波速时的覆盖层厚度是否相同？若不同，请指出其区别。

8．试指出下列结构中的主要抗震构造措施。

(1) 框架结构。

(2) 砌体结构。

(3) 框架-抗震墙结构。

在线答题

附录 1

附表 1　混凝土结构的环境类别

环境类别	环境条件
一	室内干燥环境 无侵蚀性静水浸没环境
二 a	室内潮湿环境 非严寒和非寒冷地区的露天环境 非严寒和非寒冷地区与无侵蚀性的水或土壤直接接触的环境 严寒和非寒冷地区的冰冻线以下与无侵蚀性的水或土壤直接接触的环境
二 b	干湿交替环境 水位频繁变动环境 严寒和寒冷地区的露天环境 严寒和寒冷地区冰冻线以上与无侵蚀性的水或土壤直接接触的环境
三 a	严寒和寒冷地区的冬季水位变动区环境 受除冰盐影响环境 海风环境
三 b	盐渍土环境 受除冰盐作用环境 海岸环境
四	海水环境
五	受人为或自然的侵蚀性物质影响的环境

注：① 室内潮湿环境是指构件表面经常处于结露或湿润状态的环境。
　　② 严寒和寒冷地区的划分应符合国家现行标准《民用建筑热工设计规范》(GB 50176—2016)的有关规定。
　　③ 海岸环境和海风环境宜根据当地情况，考虑主导风向及结构所处迎风、背风部位等因素的影响，由调查研究和工程经验确定。
　　④ 受除冰盐影响环境是指受到冰盐雾影响的环境；受除冰盐作用环境是指被除冰盐溶液溅射的环境以及使用除冰盐地区的洗车房、停车楼等建筑。
　　⑤ 暴露的环境是指混凝土结构表面所处的环境。

附表 2　混凝土强度标准值

单位：N/mm²

符号	混凝土强度等级												
	C20	C25	C30	C35	C40	C45	C50	C55	C60	C65	C70	C75	C80
f_{ck}	13.4	16.7	20.1	23.4	26.8	29.6	32.4	35.5	38.5	41.5	44.5	47.4	50.2
f_{tk}	1.54	1.78	2.01	2.20	2.39	2.51	2.64	2.74	2.85	2.93	2.99	3.05	3.11

附表 3　混凝土强度设计值

单位：N/mm²

符号	混凝土强度等级												
	C20	C25	C30	C35	C40	C45	C50	C55	C60	C65	C70	C75	C80
f_c	13.4	16.7	20.1	23.4	26.8	29.6	32.4	35.5	38.5	41.5	44.5	47.4	50.2
f_t	1.54	1.78	2.01	2.20	2.39	2.51	2.64	2.74	2.85	2.93	2.99	3.05	3.11

附表 4　混凝土弹性模量

单位：N/mm²

混凝土强度等级	C20	C25	C30	C35	C40	C45	C50	C55	C60	C65	C70	C75	C80
E_c	2.55×10^4	2.80×10^4	3.00×10^4	3.15×10^4	3.25×10^4	3.35×10^4	3.45×10^4	3.55×10^4	3.60×10^4	3.65×10^4	3.70×10^4	3.75×10^4	3.80×10^4

注：① 有可靠试验依据时，弹性模量可根据实测数据确定。
　　② 当混凝土中掺有大量矿物掺合料时，弹性模量可按规定龄期根据实测数据确定。

附表 5　钢筋强度标准

单位：N/mm²

牌号	符号	级别	公称直径 d/mm	屈服强度标准值 f_{yk}	极限强度标准值 f_{stk}
HPB300	Φ	Ⅰ级	6～14	300	420
HRB400	Φ	Ⅲ级	6～50	400	540
HRBF400	ΦF				
RRB400	ΦR				
HRB500	Φ	Ⅳ级	6～50	500	630
HRBF500	ΦF				

附表 6　普通钢筋强度设计值

单位：N/mm²

牌　号	抗拉强度设计值 f_y	抗压强度设计值 f'_y
HPB300	270	270
HRB400、HRBF400、RRB400	360	360
HRB500、HRBF500	435	435

附表 7　预应力筋强度标准值

单位：N/mm²

种　类		符号	公称直径 d/mm	屈服强度标准值 f_{pyk}	极限强度标准值 f_{ptk}
中强度预应力钢丝	光面	ϕ^{PM}	5、7、9	620	800
	螺旋肋	ϕ^{HM}		780	970
				980	1270

续表

种类		符号	公称直径 d/mm	屈服强度标准值 f_{pyk}	极限强度标准值 f_{ptk}
预应力螺纹钢筋	螺纹	ϕ^T	18、25、32、40、50	785	980
				930	1080
				1080	1230
消除应力钢丝	光面	ϕ^P	5	—	1570
				—	1860
			7	—	1570
	螺旋肋	ϕ^H	9	—	1470
				—	1570
钢绞线	1×3(三股)	ϕ^S	8.6、10.8、12.9	—	1570
				—	1860
				—	1960
	1×7(七股)		9.5、12.7、15.2、17.8	—	1720
				—	1860
				—	1960
			21.6	—	1860

注：极限强度标准值为 1960N/mm² 的钢绞线作后张预应力配筋时，应有可靠的工程经验。

附表8 预应力筋强度设计值

单位：N/mm²

种类	极限强度标准值 f_{ptk}	抗拉强度设计值 f_{py}	抗压强度设计值 f'_{py}
中强度预应力钢丝	800	510	410
	970	650	
	1270	810	
消除应力钢丝	1470	1040	410
	1570	1110	
	1860	1320	
钢绞线	1570	1110	390
	1720	1220	
	1860	1320	
	1960	1390	
预应力螺纹钢筋	980	650	400
	1080	770	
	1230	900	

注：当预应力筋的强度标准值不符合附表8的规定时，其强度设计值应进行相应的比例换算。

附表9 钢筋弹性模量

单位：N/mm²

项次	牌号或种类	弹性模量 E_s
1	HPB300 钢筋	$2.10×10^5$
2	HRB400、HRB500 钢筋	$2.00×10^5$
	HRBF400、HRBF500 钢筋	
	RRB400 钢筋	
	预应力螺纹钢筋	
3	消除应力钢丝、中强度预应力钢丝	$2.05×10^5$
4	钢绞线	$1.95×10^5$

附表 10　钢筋混凝土矩形和 T 形截面受弯构件正截面抗弯能力计算表

ξ	γ_s	α_s	ξ	γ_s	α_s
0.01	0.995	0.010	0.32	0.840	0.269
0.02	0.990	0.020	0.33	0.835	0.275
0.03	0.985	0.030	0.34	0.830	0.282
0.04	0.980	0.039	0.35	0.825	0.289
0.05	0.975	0.048	0.36	0.820	0.295
0.06	0.970	0.053	0.37	0.815	0.301
0.07	0.965	0.067	0.38	0.810	0.309
0.08	0.960	0.077	0.39	0.805	0.314
0.09	0.955	0.085	0.40	0.800	0.320
0.10	0.950	0.095	0.41	0.795	0.326
0.11	0.945	0.104	0.42	0.790	0.332
0.12	0.940	0.113	0.43	0.785	0.337
0.13	0.935	0.121	0.44	0.780	0.343
0.14	0.930	0.130	0.45	0.775	0.349
0.15	0.925	1.139	0.46	0.770	0.354
0.16	0.920	0.147	0.47	0.765	0.359
0.17	0.915	0.155	0.48	0.760	0.365
0.18	0.910	0.164	0.49	0.755	0.370
0.19	0.905	0.172	0.50	0.750	0.375
0.20	0.900	0.180	0.51	0.745	0.380
0.21	0.895	0.188	0.518	0.741	0.384
0.22	0.890	0.196	0.52	0.740	0.385
0.23	0.885	0.203	0.53	0.735	0.390
0.24	0.880	0.211	0.54	0.730	0.394
0.25	0.875	0.219	0.55	0.725	0.400
0.26	0.870	0.226	0.56	0.720	0.404
0.27	0.865	0.234	0.57	0.715	0.403
0.28	0.860	0.241	0.58	0.710	0.412
0.29	0.855	0.243	0.59	0.705	0.416
0.30	0.850	0.255	0.60	0.700	0.420
0.31	0.845	0.262	0.614	0.693	0.426

注：① 表中 $M = \alpha_s \alpha_1 f_c b h_0^2$，$\xi = \dfrac{x}{h_0} = \dfrac{f_y A_s}{\alpha_1 f_c b h_0}$，$A_s = \dfrac{M}{f_y \gamma_s h_0}$ 或者 $A_s = \xi \dfrac{\alpha_1 f_c}{f_y} b h_0$。

② 表中 $\xi = 0.518$ 以下的数值不适用于 HRB400 级钢筋。

附表11　钢筋的计算截面面积及理论质量

直径 d /mm	计算截面面积/mm², 当根数 n 为									理论质量 /(kg/m)
	1	2	3	4	5	6	7	8	9	
2.5	4.9	9.8	14.7	19.6	24.5	29.1	34.3	39.2	44.1	0.039
3	7.1	14.1	21.2	23.3	35.3	42.1	49.5	56.5	63.6	0.055
4	12.6	25.1	37.7	50.2	62.8	75.1	87.9	100.5	113	0.099
5	19.6	39	59	79	98	118	138	157	177	0.154
6	28.3	57	85	113	142	170	198	226	255	0.222
7	38.5	77	115	154	192	231	269	308	346	0.302
8	50.3	101	151	201	252	302	352	402	453	0.395
9	63.5	127	191	254	318	382	445	509	572	0.499
10	78.5	157	236	314	393	471	550	6281	707	0.617
11	95.0	190	285	380	475	570	665	760	855	0.750
12	113.1	226	339	452	565	678	791	904	1017	0.888
13	132.7	265	398	531	664	796	929	1062	1195	1.040
14	153.9	308	416	615	769	928	1077	1230	1387	1.208
15	176.7	353	530	707	884	1050	1237	1414	1512	1.390
16	201.1	402	603	804	1005	1206	1407	1608	1809	1.578
17	227.0	454	681	908	1135	1305	1589	1816	2043	1.780
18	254.5	509	763	1017	1272	1526	1780	2036	2200	1.998
19	283.5	567	851	1134	1418	1701	1985	2268	2552	2.230
20	314.2	628	941	1256	1570	1881	2200	2513	2827	2.466
21	346.4	693	1039	1385	1732	2078	2425	2771	3117	2.720
22	380.1	760	1140	1520	1900	2281	2661	3041	3421	2.984
23	415.5	831	1246	1662	2077	2498	2908	3324	3739	3.260
24	452.4	904	1366	1808	2262	2714	3167	3619	4071	3.551
25	490.9	982	1473	1964	2454	2945	3436	3927	4418	3.85
26	530.9	1062	1593	2124	2655	3186	3717	4247	4778	4.17
27	572.6	1144	1716	2291	2865	3435	4008	4580	5153	4.495
28	615.3	1232	1847	2463	3079	3695	4310	4926	5542	4.83
30	706.9	1413	2121	2327	3534	4241	4948	5655	6362	5.55
32	804.3	1609	2418	3217	4021	4826	5630	6434	7238	6.31
34	907.9	1816	2724	3632	4540	5448	6355	7263	8171	7.13
35	962.0	1924	2886	3818	4810	5772	6734	7696	8658	7.50
36	1017.9	2036	3054	4072	5080	6107	7125	8143	9161	7.99
40	1256.1	2513	3770	5027	6283	7540	8796	10053	11310	9.865

附录 1

附表 12　钢筋混凝土板每米宽的钢筋面积

单位：mm²

钢筋间距/mm	钢筋直径/mm											
	3	4	5	6	6/8	8	8/10	10	10/12	12	12/14	14
70	101.0	180.0	280.0	404.0	561.0	719.0	920.0	1121.0	1369.0	1616.0	1907.0	2199.0
75	94.2	168.0	262.0	377.0	524.0	671.0	859.0	1047.0	1277.0	1508.0	1780.0	2052.0
80	88.4	157.0	245.0	354.0	491.0	629.0	805.0	981.0	1198.0	1414.0	1669.0	1924.0
85	83.2	148.0	231.0	333.0	462.0	592.0	758.0	924.0	1127.0	1331.0	1571.0	1811.0
90	78.5	140.0	218.0	314.0	437.0	559.0	716.0	872.0	1064.0	1257.0	1483.0	1710.0
95	74.5	132.0	207.0	298.0	414.0	529.0	678.0	826.0	1008.0	1190.0	1405.0	1620.0
100	70.6	126.0	196.0	283.0	393.0	503.0	644.0	785.0	958.0	1131.0	1335.0	1539.0
110	64.2	114.0	178.0	257.0	357.0	457.0	585.0	714.0	871.0	1028.0	1214.0	1399.0
120	58.9	105.0	163.0	236.0	327.0	419.0	537.0	654.0	798.0	942.0	1113.0	1283.0
125	56.5	101.0	157.0	226.0	314.0	402.0	515.0	628.0	766.0	905.0	1068.0	1231.0
130	54.4	96.6	151.0	218.0	302.0	387.0	495.0	604.0	737.0	870.0	1027.0	1184.0
140	50.5	89.8	140.0	202.0	281.0	359.0	460.0	561.0	684.0	808.0	954.0	1099.0
150	47.1	83.8	131.0	198.0	262.0	335.0	429.0	523.0	639.0	754.0	890.0	1026.0
160	44.1	78.5	123.0	177.0	246.0	314.0	403.0	491.0	599.0	707.0	834.0	962.0
170	41.5	73.9	115.0	166.0	231.0	296.0	379.0	462.0	564.0	665.0	785.0	905.0
180	39.2	69.8	109.0	157.0	218.0	279.0	358.0	436.0	532.0	628.0	742.0	855.0
190	37.2	66.1	103.0	149.0	207.0	265.0	339.0	413.0	504.0	595.0	703.0	810.0
200	35.3	62.8	98.2	141.0	196.0	251.0	322.0	393.0	479.0	505.0	668.0	770.0
220	32.1	57.1	89.2	129.0	179.0	229.0	293.0	357.0	436.0	514.0	607.0	700.0
240	29.4	52.4	81.8	118.0	164.0	210.0	268.0	327.0	399.0	471.0	556.0	641.0
250	28.3	50.3	78.5	113.0	157.0	201.0	258.0	314.0	383.0	452.0	534.0	616.0
260	27.2	48.3	75.5	109.0	151.0	193.0	248.0	302.0	369.0	435.0	513.0	592.0
280	25.2	44.9	70.1	101.0	140.0	180.0	230.0	280.0	342.0	404.0	477.0	550.0
300	23.6	41.9	65.5	94.2	131.0	168.0	215.0	262.0	319.0	377.0	445.0	513.0
320	22.1	39.3	61.4	88.4	123.0	157.0	201.0	245.0	299.0	353.0	417.0	481.0

附表 13　钢绞线、钢丝公称直径、截面面积及理论质量

种类	公称直径/mm	公称截面面积/mm²	理论质量/(kg/m)
1×3	8.6	37.4	0.295
	10.8	59.3	0.465
	12.9	85.4	0.671
1×7 标准型	9.5	54.8	0.432
	11.1	74.2	0.580
	12.7	98.7	0.774
	15.2	139	1.101

附表 14　钢丝公称直径、公称截面面积及理论质量

公称直径/mm	公称截面面积/mm²	理论质量/(kg/m)
4.0	12.57	0.099
5.0	19.63	0.154
6.0	28.27	0.222
7.0	38.48	0.302
8.0	50.26	0.394
9.0	63.62	0.499

附表 15　均布荷载和集中荷载作用下等跨连续梁的内力系数

均布荷载：$M = kql_0^2$　　　$M = k_1 q l_0^2$

集中荷载：$M = kFl_0$　　　$V = k_1 F$

式中　q——单位长度上的均布荷载；

　　　F——集中荷载；

　　　k, k_1——内力系数，由表中相应栏内查得。

附表 15-1　两跨梁

序号	荷载简图	跨内最大弯矩		支座弯矩	横向剪力			
		M_1	M_2	M_B	V_A	$V_{B左}$	$V_{B右}$	V_C
1		0.070	0.070	−0.125	0.375	−0.625	0.625	−0.375
2		0.096	−0.025	−0.063	0.427	−0.563	0.063	0.063
3		0.156	0.156	−0.188	0.312	−0.688	0.688	−0.312
4		0.203	−0.047	−0.094	0.406	−0.594	0.094	0.094
5		0.222	0.222	−0.333	0.667	−1.333	1.333	−0.667
6		0.278	−0.056	−0.167	0.833	−1.167	0.167	0.167

附表 15-2　三跨梁

序号	荷载简图	跨内最大弯矩		支座弯矩		横向剪力					
		M_1	M_2	M_B	M_C	V_A	$V_{B左}$	$V_{B右}$	$V_{C左}$	$V_{C右}$	V_D
1		0.080	0.025	-0.100	-0.100	0.400	-0.600	0.500	-0.500	0.600	-0.400
2		0.101	—	-0.050	-0.050	0.450	-0.550	0.000	0.000	0.550	-0.450
3		-0.025	0.075	-0.050	-0.050	-0.050	-0.050	0.500	-0.500	0.050	0.050
4		0.073	0.054	-0.117	-0.033	0.383	-0.617	0.583	-0.417	0.033	0.033
5		0.094	—	-0.067	0.017	0.433	-0.567	0.083	0.083	-0.017	-0.017
6		0.175	0.100	-0.150	-0.150	0.350	-0.650	0.500	-0.500	0.650	-0.350
7		0.213	-0.075	-0.075	-0.075	0.425	-0.575	0.000	0.000	0.575	-0.425
8		-0.038	0.175	-0.075	-0.075	-0.075	-0.075	0.500	-0.500	0.075	0.075
9		0.162	0.137	-0.175	-0.050	0.325	-0.675	0.625	-0.375	0.050	0.050
10		0.200	—	-0.100	0.025	0.400	-0.600	0.125	0.125	-0.025	-0.025
11		0.244	0.067	-0.267	-0.267	0.733	-1.267	1.000	-1.000	1.267	-0.733
12		0.289	-0.133	-0.133	-0.133	0.866	-1.134	0.000	0.000	1.134	-0.866
13		-0.044	0.200	-0.133	-0.133	-0.133	-0.133	1.000	-1.000	0.133	0.133
14		0.229	0.170	-0.311	-0.089	0.689	-1.311	1.222	-0.778	0.089	0.089
15		0.274	—	-0.178	0.044	0.822	-1.178	0.222	0.222	-0.044	-0.044

附表 15-3　四跨梁

序号	荷载简图	跨内最大弯矩				支座弯矩				横向剪力							
		M_1	M_2	M_3	M_4	M_B	M_C	M_D		V_A	$V_{B左}$	$V_{B右}$	$V_{C左}$	$V_{C右}$	$V_{D左}$	$V_{D右}$	V_E
1		0.077	0.036	0.036	0.077	−0.107	−0.071	−0.107		0.393	−0.607	0.536	−0.464	0.464	−0.536	0.607	−0.393
2		0.100	−0.045	−0.081	0.023	−0.054	−0.036	−0.054		0.446	−0.554	0.018	0.018	0.482	−0.518	0.054	0.054
3		0.072	0.061	—	0.098	−0.121	−0.018	−0.058		0.380	−0.620	0.603	−0.397	−0.040	−0.040	0.558	−0.442
4		—	0.056	0.056	—	−0.036	−0.107	−0.036		−0.036	−0.036	0.429	−0.571	0.571	−0.429	0.036	0.036
5		0.094	—	—	—	−0.067	0.018	−0.004		0.433	−0.567	0.085	0.085	−0.022	−0.022	0.004	0.004
6		—	0.071	—	—	−0.049	−0.054	0.013		−0.049	−0.049	0.496	−0.504	0.067	0.067	−0.013	−0.013
7		0.169	0.116	0.116	0.169	−0.161	−0.107	−0.161		0.339	−0.661	0.553	−0.446	0.446	−0.554	0.661	−0.339
8		0.210	−0.067	0.183	−0.040	−0.080	−0.054	−0.080		0.420	−0.580	0.027	0.027	0.473	−0.527	0.080	0.080
9		0.159	0.146	—	0.206	−0.181	−0.027	−0.087		0.349	−0.681	0.654	−0.346	−0.060	−0.060	0.587	−0.413
10		—	0.142	0.142	—	−0.054	−0.161	−0.054		0.054	−0.054	0.393	−0.607	0.607	−0.393	0.054	0.054

附录1

续表

序号	荷载简图	跨内最大弯矩				支座弯矩			横向剪力						
		M_1	M_2	M_3	M_4	M_B	M_C	M_D	V_A	$V_{B左}$	$V_{B右}$	$V_{C左}$	$V_{C右}$	$V_{D左}$	$V_{D右}$	V_E
11		0.202	—	—	—	−0.100	−0.027	−0.007	0.400	−0.600	0.127	0.127	−0.033	−0.033	0.007	0.007
12		—	0.173	—	—	−0.074	−0.080	0.020	−0.074	−0.074	0.4933	−0.507	0.100	0.100	−0.020	−0.020
13		0.238	0.111	0.111	0.238	−0.286	−0.191	−0.286	0.714	−1.286	1.095	−0.905	0.905	−1.095	1.286	−0.714
14		0.286	−0.111	0.222	−0.048	−0.143	−0.095	−0.143	0.875	−1.143	0.048	0.048	0.952	−1.048	0.143	0.143
15		0.226	0.194	—	0.282	−0.321	−0.048	−0.155	0.679	−1.321	1.274	−0.726	−0.107	−0.107	1.155	−0.845
16		—	0.175	0.175	—	0.095	−0.286	−0.095	−0.095	−0.095	0.810	−1.190	1.190	−0.810	0.095	0.095
17		0.274	—	—	—	−0.178	0.048	−0.012	0.822	−1.178	0.226	0.226	−0.060	−0.060	0.012	0.012
18		—	0.198	—	—	−0.131	−0.143	0.036	−0.131	−0.131	0.988	−1.012	0.178	0.178	−0.036	−0.036

附表 15-4　五跨梁

序号	荷载简图	跨内最大弯矩			支座弯矩				横向剪力								
		M_1	M_2	M_3	M_B	M_C	M_D	M_E	V_A	$V_{B左}$	$V_{B右}$	$V_{C左}$	$V_{C右}$	$V_{D左}$	$V_{D右}$	$V_{E左}$	$V_{E右}$	V_F
1		0.78	0.033	0.046	−0.105	−0.079	−0.079	−0.105	0.394	−0.606	0.526	−0.474	0.500	−0.500	0.474	−0.526	0.606	−0.394
2		0.100	−0.046	0.085	−0.053	−0.040	−0.040	−0.053	0.447	−0.553	0.013	0.013	0.500	−0.500	−0.013	−0.013	0.553	−0.447
3		−0.026	0.078	−0.040	−0.053	−0.040	−0.040	−0.053	−0.053	−0.053	0.513	−0.487	0.500	0.000	0.4487	−0.513	0.053	0.053
4		0.073	0.059	—	−0.119	−0.022	−0.044	−0.051	0.380	−0.620	0.598	−0.402	−0.023	−0.023	0.493	−0.507	0.052	0.052
5		—	0.055	0.064	−0.035	−0.111	−0.020	−0.057	−0.035	−0.035	0.424	−0.576	0.591	−0.049	−0.037	−0.037	0.557	−0.443
6		0.094	—	—	−0.067	0.018	−0.005	0.001	0.433	−0.567	0.085	0.085	−0.023	−0.023	0.006	0.006	0.001	−0.001
7		—	0.074	—	−0.049	−0.054	−0.014	−0.004	−0.049	−0.049	0.495	−0.505	0.068	0.068	−0.018	−0.018	0.004	0.004
8		—	—	0.072	0.013	−0.053	−0.053	0.013	0.013	0.013	−0.066	−0.066	0.500	−0.500	0.066	0.066	−0.013	−0.013
9		0.171	0.112	0.132	−0.158	−0.118	−0.118	−0.158	0.342	−0.658	0.540	−0.460	0.500	−0.500	0.460	−0.540	0.658	−0.342
10		0.211	−0.069	0.191	−0.079	−0.059	−0.059	−0.079	0.421	−0.579	0.020	0.020	0.500	−0.500	−0.020	−0.020	0.579	−0.421

附录 1

续表

序号	荷载简图	跨内最大弯矩			支座弯矩					横向剪力						
		M_1	M_2	M_3	M_B	M_C	M_D	M_E	V_A	$V_{B左}$	$V_{B右}$	$V_{C左}$	$V_{C右}$	$V_{D左}$	$V_{D右}$	$V_{E左}$	$V_{E右}$	V_F
11		0.039	0.181	−0.059	−0.079	−0.059	−0.059	−0.079	−0.079	−0.079	0.520	−0.480	0.000	0.000	0.480	−0.520	0.079	0.079
12		0.160	0.144	—	−0.179	−0.032	−0.066	−0.077	0.321	−0.679	0.647	−0.353	−0.034	−0.034	0.489	−0.511	0.077	0.077
13		—	0.140	0.151	−0.052	−0.167	−0.031	−0.086	−0.052	−0.052	0.385	−0.615	0.637	−0.363	−0.056	−0.056	0.586	−0.414
14		0.200	—	—	−0.100	0.027	−0.007	0.002	0.400	−0.600	0.127	0.127	−0.034	−0.034	0.009	0.009	−0.002	−0.002
15		—	0.173	—	−0.073	−0.081	0.022	−0.005	−0.073	−0.073	0.493	−0.507	0.102	0.102	−0.027	−0.027	0.005	0.005
16		—	—	0.171	0.020	−0.079	−0.079	0.020	0.020	0.020	−0.099	−0.099	0.500	0.500	−0.500	0.099	−0.020	−0.020
17		0.240	0.100	0.122	−0.281	−0.211	−0.211	−0.281	0.719	−1.281	1.070	−0.930	1.000	−1.000	0.930	−1.070	1.281	−0.719
18		0.287	−0.117	0.228	−0.140	−0.105	−0.105	−0.140	0.860	−1.140	0.035	0.035	1.000	−1.000	−0.035	−0.035	1.140	−0.860
19		−0.047	−0.216	−0.105	−0.140	−0.105	−0.105	−0.140	−0.140	−0.140	1.035	−0.965	0.000	0.000	0.965	−1.035	0.140	0.140
20		0.227	0.189	—	−0.319	−0.057	−0.118	−0.137	0.681	−1.319	1.262	−0.738	−0.061	−0.061	0.981	−1.019	0.137	0.137
21		—	0.172	0.198	−0.093	−0.297	−0.054	−0.153	−0.093	−0.093	0.796	−1.204	1.243	−0.757	−0.099	−0.099	1.153	−0.847
22		0.274	—	—	−0.179	0.048	−0.013	0.003	0.821	−1.179	0.227	0.227	−0.061	−0.061	0.016	0.016	−0.003	−0.003
23		—	0.198	—	−0.131	−0.144	0.038	−0.010	−0.131	−0.131	0.987	−1.013	0.182	0.182	−0.048	−0.048	0.010	0.010
24		—	—	0.193	0.035	−0.140	−0.140	0.035	0.035	0.035	−0.175	−0.175	1.000	1.000	−1.000	0.175	−0.035	−0.035

附表 16　砌体的抗压强度设计值

龄期为 28d 的以毛截面计算的各类砌体抗压强度设计值，当施工质量控制等级为 B 级时，根据块材和砂浆的强度等级可分别按附表 16-1～附表 16-6 采用(施工阶段砂浆尚未硬化的新砌砌体的强度和稳定性，可按砂浆强度为零进行验算)。

附表 16-1　烧结普通砖和烧结多孔砖砌体的抗压强度设计值 f

单位：MPa

砖强度等级	砂浆强度等级					砂浆强度
	M15	M10	M7.5	M5	M2.5	
MU30	3.94	3.27	2.93	2.59	1.26	1.15
MU25	3.60	2.98	2.68	2.37	2.06	1.05
MU20	3.22	2.67	2.39	1.12	1.84	0.94
MU15	2.79	2.31	2.07	1.83	1.60	0.82
MU10	—	1.89	1.69	1.50	1.30	0.67

附表 16-2　蒸压灰砂砖和蒸压粉煤灰砖砌体的抗压强度设计值 f

单位：MPa

砖强度等级	砂浆强度等级				砂浆强度
	M15	M10	M7.5	M5	
MU25	3.60	2.98	2.68	2.37	1.05
MU20	3.22	2.67	2.39	1.12	0.94
MU15	2.79	2.31	2.07	1.83	0.82
MU10	—	1.89	1.69	1.50	0.67

附表 16-3　单排孔混凝土和轻骨料混凝土砌块砌体的抗压强度设计值 f

单位：MPa

砖强度等级	砂浆强度等级				砂浆强度
	Mb15	Mb10	Mb7.5	Mb5	
MU20	5.68	4.95	4.44	3.94	2.33
MU15	4.61	4.02	3.61	3.20	1.89
MU10	—	2.79	2.50	1.22	1.31
MU7.5	—	—	1.93	1.71	1.01
MU5	—	—	—	1.19	0.70

注：① 对错孔砌筑砌体，应按表中数值乘以 0.8。
② 对独立柱或厚度为双排组砌的砌块砌体，应按表中数值乘以 0.7。
③ 对 T 形截面砌体，应按表中数值乘以 0.85。
④ 表中轻骨料混凝土砌块为煤矸石和水泥煤渣混凝土砌块。

附表 16-4　孔洞率不大于 35%的双排孔或多排孔轻骨料混凝土砌块砌体的抗压强度设计值 f

单位：MPa

砖强度等级	砂浆强度等级			砂浆强度
	Mb10	Mb7.5	Mb5	
MU10	3.08	2.76	2.45	1.44
MU7.5	—	1.13	1.88	1.12
MU5	—	—	1.31	0.78

注：① 表中的砌块为火山渣、浮石和陶粒轻骨料混凝土砌块。
　　② 对厚度方向为双排组砌的轻骨料混凝土砌块砌体的抗压强度设计值，应按表中数值乘以 0.8。

附表 16-5　毛料石砌体的抗压强度设计值 f

单位：MPa

石材强度等级	砂浆强度等级			砂浆强度
	M7.5	M5	M2.5	
MU100	5.42	4.80	4.18	1.13
MU80	4.85	4.29	3.73	1.91
MU60	4.20	3.71	3.23	1.65
MU50	3.83	3.39	2.95	1.51
MU40	3.43	3.04	2.64	1.35
MU30	2.97	2.63	1.29	1.17
MU20	2.42	1.15	1.87	0.95

注：对下列各类料石砌体，应按表中数值分别乘以系数，细料石砌体 1.5，半细料石砌体 1.3，粗料石砌体 1.2，干砌勾缝石砌体 0.8。

附表 16-6　毛石砌体的抗压强度设计值 f

单位：MPa

石材强度等级	砂浆强度等级			砂浆强度
	M7.5	M5	M2.5	
MU100	1.27	1.12	0.98	0.34
MU80	1.13	1.00	0.87	0.30
MU60	0.98	0.87	0.76	0.26
MU50	0.90	0.80	0.69	0.23
MU40	0.80	0.71	0.62	0.21
MU30	0.69	0.61	0.53	0.18
MU20	0.56	0.51	0.44	0.15

对于下列情况，附表 16-1～附表 16-6 所列各种砌体的抗压强度设计值应乘以调整系数 γ_a。

(1) 吊车房屋砌体，跨度不小于 9m 的梁下烧结普通砖砌体，跨度不小于 7.5m 的梁下烧结多孔砖、蒸压灰砂砖、蒸压粉煤灰砖砌体，混凝土和轻骨料混凝土砌块砌体，$\gamma_a=0.9$。
(2) 无筋砌体构件，其截面面积 A 小于 $0.3m^2$ 时，$\gamma_a=0.7+A$，其中 A 以 m^2 为单位。
(3) 当砌体用水泥砂浆砌筑时，$\gamma_a=0.9$。
(4) 当验算施工中房屋的构件时，$\gamma_a=1.1$。
(5) 当施工质量控制等级为 C 级时，$\gamma_a=0.89$。

附表 17　焊缝强度设计值

单位：N/mm²

焊接方法和焊条型号	构件钢材		对接焊缝				角焊缝
	牌号	厚度或直径/mm	抗压 f_c^w	焊缝质量为下列等级时，抗拉 f_t^w		抗剪 f_v^w	抗拉、抗压和抗弯 f_f^w
				一级、二级	三级		
自动焊、半自动焊和E43型焊条的手工焊	Q235钢	≤16	215	215	185	125	160
		16～40	205	205	175	120	
		40～60	200	200	170	115	
		60～100	190	190	160	110	
自动焊、半自动焊和E50型焊条的手工焊	Q345钢	≤16	310	310	265	180	200
		16～35	295	295	250	170	
		35～50	265	265	225	155	
		50～100	250	250	210	145	
自动焊、半自动焊和E55型焊条的手工焊	Q390钢	≤16	350	350	300	205	220
		16～35	335	335	285	190	
		35～50	315	315	270	180	
		50～100	295	295	250	170	
	Q420钢	≤16	380	380	320	220	220
		16～35	360	360	305	210	
		35～50	340	340	290	195	
		50～100	325	325	275	185	

附表 18　螺栓连接的强度设计值

单位：N/mm²

螺栓的性能等级、锚栓和构件钢材的牌号		普通螺栓					锚栓	承压型连接高强度螺栓		
		C 级螺栓			A 级、B 级螺栓					
		抗拉 f_t^b	抗剪 f_v^b	承压 f_c^b	抗拉 f_t^b	抗剪 f_v^b	承压 f_c^b	抗拉 f_t^a	抗拉 f_t^b	抗剪 f_v^b	承压 f_c^b
普通螺栓	4.6级、4.8级	170	140	—	—	—	—	—	—	—	—
	5.6级	—	—	—	210	190	—	—	—	—	—
	8.8级	—	—	—	400	320	—	—	—	—	—
锚栓	Q235钢	—	—	—	—	—	—	140	—	—	—
	Q345钢	—	—	—	—	—	—	180	—	—	—
承压型连接高强度螺栓	8.8级	—	—	—	—	—	—	—	400	250	—
	10.9级	—	—	—	—	—	—	—	500	310	—
构件	Q235钢	—	—	305	—	—	405	—	—	—	470
	Q345钢	—	—	385	—	—	510	—	—	—	590
	Q390钢	—	—	400	—	—	530	—	—	—	615
	Q420钢	—	—	425	—	—	560	—	—	—	655

附录2 伴学内容及提示词

序号	AI 伴学内容	AI 提示词
1	AI 伴学工具	生成式人工智能（AI）工具，如 DeepSeek、Kimi、豆包、通义千问、文心一言、ChatGPT 等
2	绪论	建筑结构的发展历史
3		建筑结构的概念
4		建筑结构的分类有哪些
5		结构材料的发展趋势
6		建筑结构涉及的有关标准、规范、规程有哪些
7	第1章 建筑结构计算基本原则	举例说明荷载分类
8		荷载代表值、荷载设计值
9		建筑结构的功能要求
10		建筑结构的极限状态有哪些
11		举例说明当结构或构件出现下列状态时，即认为超过了承载能力极限状态
12		举例说明当结构或构件出现下列状态时，即认为超过了正常使用极限状态
13	第2章 钢筋和混凝土的力学性能	混凝土结构所用钢筋的种类有哪些
14		混凝土结构如何选用钢筋
15		如何测定混凝土的立方体抗压强度和轴心抗压强度
16		混凝土的应力-应变曲线的分析
17		钢筋和混凝土之间的黏结力组成
18		影响黏结强度的因素
19		钢筋的基本锚固长度如何确定
20		出一套关于钢筋和混凝土的力学性能的自测题
21	第3章 钢筋混凝土受弯构件	受弯构件一般构造要求有哪些
22		举例说明钢筋的连接方式有哪些
23		对比不同配筋对正截面承载力贡献的动画
24		动画演示单筋矩形截面受弯构件正截面的破坏
25		双筋矩形截面梁基本计算公式及适用条件
26		受弯构件变形和裂缝的验算方法及减少措施
27		混凝土受弯构件设计如何与 AI 结合
28		出一套关于 钢筋混凝土受弯构件的自测题
29	第4章 钢筋混凝土纵向受力构件	混凝土受压构件构造要求有哪些
30		混凝土轴心受压构件的正截面承载力计算
31		钢筋混凝土偏心受压构件的分类
32		动画演示偏心受压构件的破坏特征
33		大偏心受压构件正截面承载能力如何计算

续表

序号	AI 伴学内容	AI 提示词
34	第4章 钢筋混凝土纵向受力构件	钢筋混凝土纵向受力构件如何与 AI 结合
35		出一套关于钢筋混凝土纵向受力构件的自测题
36	第5章 钢筋混凝土受扭构件	受扭构件的受力特点有哪些
37		动画演示受扭构件的破坏
38		矩形截面纯扭构件承载力如何计算
39		矩形截面弯剪扭构件的承载力如何计算
40		弯剪扭构件的构造要求有哪些
41		钢筋混凝土受扭构件如何与 AI 结合
42		出一套关于钢筋混凝土受扭构件的自测题
43	第6章 预应力混凝土构件	预应力混凝土基本原理
44		预应力混凝土的优缺点有哪些
45		预应力的施加方法有哪些
46		预应力混凝土构件对材料的要求有哪些
47		举例说明预应力损失有哪些
48		预应力混凝土构件一般构造规定有哪些
49		预应力混凝土构件如何与 AI 结合
50		出一套关于预应力混凝土构件的自测题
51	第7章 钢筋混凝土梁板结构	钢筋混凝土楼盖按施工方法的分类有哪些
52		单向板与双向板如何区分
53		单向板肋梁楼盖的内力如何计算
54		混凝土梁的塑性铰的概念
55		塑性内力重分布的概念
56		装配式楼盖的连接构造有哪些
57		现浇板式楼梯的计算要点
58		出一套关于钢筋混凝土楼盖的自测题
59	第8章 钢筋混凝土单层厂房	列举单层工业厂房结构的组成
60		单层厂房的结构布置中要考虑设置哪些变形缝
61		单层厂房的支撑体系有哪些
62		排架结构内力如何计算
63		牛腿的分类和受力特点有哪些
64		牛腿的构造要求有哪些
65	第9章 多层及高层钢筋混凝土结构	举例说明钢筋混凝土结构常见的结构体系
66		框架结构的类型及结构布置的特点有哪些
67		框架结构梁柱的构造要求有哪些
68		剪力墙结构的概念、分类及受力特点有哪些
69		剪力墙的构造要求有哪些
70		框架-剪力墙结构的受力特点
71		出一套关于多层及高层钢筋混凝土结构的自测题
72	第10章 砌体结构	举例说明砌体的分类
73		砌体的材料有哪些

续表

序号	AI 伴学内容	AI 提示词
74	第 10 章 砌体结构	动画模拟砌体轴心受压从加载直到破坏，按照裂缝的出现、发展和最终破坏，大致经历 3 个阶段
75		影响砌体抗压强度的因素有哪些
76		无筋砌体轴心受压构件、偏心受压承载力如何计算
77		无筋砌体局部受压破坏形态有哪几种
78		砌体局部受压时的承载力如何计算
79		网状配筋砖砌体受压构件的承载力如何计算
80		网状配筋砖砌体构件的构造应符合哪些规定
81		砌体结构房屋中，高厚比的概念，验算高厚比的目的
82		举例说明墙、柱高厚比验算
83		砌体结构房屋构造要求有哪些
84		说明砌体结构裂缝的产生原因及防治措施
85		过梁的概念及分类
86		挑梁的构造要求有哪些
87		出一套关于砌体结构的自测题
88	第 11 章 钢结构	钢结构的特点有哪些
89		钢材的主要性能有哪些
90		钢材的品种及规格有哪些
91		举例说明钢结构的连接方法
92		焊缝连接形式及焊缝形式
93		焊缝连接的计算及构造要求
94		焊缝的缺陷、质量检验和质量级别
95		螺栓的种类有哪些
96		普通螺栓和高强螺栓连接的计算及构造有哪些
97		钢结构轴心受力构件的截面形式
98		实腹式轴心受压构件截面形式有哪些
99		钢结构轴心受拉构件的计算
100		受弯构件的截面形式有哪些
101		钢屋盖支撑系统有哪些
102		出一套关于钢结构的自测题
103	第 12 章 建筑结构抗震设计	地震成因与类型
104		震级与烈度
105		三设防目标，两阶段设计
106		在概念设计中，主要从哪些方面考虑
107		饱和砂土和粉土的液化如何判别
108		框架结构抗震构造措施有哪些
109		多层砌体结构抗震设计的一般规定
110		出一套关于钢结构抗震设计的自测题

参 考 文 献

侯治国，周绥平，2011．建筑结构[M]．3 版．武汉：武汉理工大学出版社．
胡兴福，2021．建筑力学与结构[M]．5 版．武汉：武汉理工大学出版社．
胡兴福，等，2021．建筑结构[M]．5 版．北京：中国建筑工业出版社．
李爱群，丁幼亮，高振世，2023．工程结构抗震设计[M]．4 版．北京：中国建筑工业出版社．
李国强，李杰，陈素文，等，2023．建筑结构抗震设计[M]．5 版．北京：中国建筑工业出版社．
谢征勋，罗章，2013．工程事故分析与工程安全[M]．2 版．北京：北京大学出版社．
杨太生，2019．建筑结构基础与识图[M]．4 版．北京：中国建筑工业出版社．
杨志勇，吴辉琴，2012．建筑结构[M]．2 版．武汉：武汉理工大学出版社．
张学宏，2016．建筑结构[M]．4 版．北京：中国建筑工业出版社．